中 国 国 家 标 准 汇 编

788

GB 35797～35843

（2018 年制定）

中国标准出版社　编

中国标准出版社

北　京

图书在版编目(CIP)数据

中国国家标准汇编:2018年制定.788:
GB 35797～35843/中国标准出版社编.—北京:
中国标准出版社,2020.6
ISBN 978-7-5066-9604-3

Ⅰ.①中… Ⅱ.①中… Ⅲ.①国家标准-
汇编-中国-2018 Ⅳ.①T-652.1

中国版本图书馆CIP数据核字(2020)第069790号

中国标准出版社出版发行
北京市朝阳区和平里西街甲2号(100029)
北京市西城区三里河北街16号(100045)

网址 www.spc.net.cn
总编室:(010)68533533 发行中心:(010)51780238
读者服务部:(010)68523946

中国标准出版社秦皇岛印刷厂印刷
各地新华书店经销

*

开本 880×1230 1/16 印张 35.75 字数 1 082 千字
2020年6月第一版 2020年6月第一次印刷

*

定价 220.00 元

出 版 说 明

《中国国家标准汇编》是一部大型综合性国家标准全集。自 1983 年起，每年按国家标准顺序号分册汇编出版，分为"制定"卷和"修订"卷两种形式。

"制定"卷收入上一年度我国发布的、新制定的国家标准，视篇幅分成若干分册，封面和书脊上注明"20××年制定"字样及分册号，分册号一直连续。各分册中的标准是按照标准编号顺序连续排列的，如有标准顺序号缺号的，除特殊情况注明外，暂为空号。

"修订"卷收入上一年度我国发布的、被修订的国家标准，视篇幅分设若干分册，但与"制定"卷分册号无关联，仅在封面和书脊上注明"20××年修订-1，-2，-3，……"字样。"修订"卷各分册中的标准，仍按标准编号顺序排列(但不连续)；如有遗漏的，均在当年最后一分册中补齐。需提请读者注意的是，个别非顺延前年度标准编号的新制定国家标准没有收入在"制定"卷中，而是收入在"修订"卷中。

读者购买每年出版的《中国国家标准汇编》"制定"卷和"修订"卷则可收齐由我社出版的上一年度制定和修订的全部国家标准。

2018 年我国制修订国家标准共 2 684 项。本分册为《中国国家标准汇编》制定卷第 788 分册，收入国家标准 GB 35797～35843 的最新版本。

中国标准出版社

2020 年 3 月

目　　录

ICS 71.100.70
Y 42

中华人民共和国国家标准

GB/T 35797—2018

化妆品中帕地马酯的测定 高效液相色谱法

Determination of padimates in cosmetics—High performance liquid chromatography

2018-02-06 发布　　2018-09-01 实施

中华人民共和国国家质量监督检验检疫总局
中国国家标准化管理委员会　发布

前　言

本标准按照GB/T 1.1—2009给出的规则起草。

本标准由中国轻工业联合会提出。

本标准由全国香料香精化妆品标准化技术委员会(SAC/TC 257)归口。

本标准起草单位:中国检验检疫科学研究院、上海市日用化学工业研究所。

本标准主要起草人:马强、李文涛、孟宪双、白虹、郭兴洲、付艳玲、夏德富、沈敏。

引　　言

本标准的被测物质帕地马酯A是我国《化妆品安全技术规范》规定的禁用物质。

禁用物质是指不能作为化妆品生产原料即组分添加到化妆品中的物质。《化妆品安全技术规范》规定：若技术上无法避免禁用物质作为杂质带入化妆品时，应进行安全性风险评估，确保在正常、合理及可预见的使用条件下不得对人体健康产生危害。

目前我国尚未规定这些物质的限量值，本标准的制定，仅对化妆品中测定这些物质提供检测方法。

化妆品中帕地马酯的测定 高效液相色谱法

1 范围

本标准规定了化妆品中帕地马酯 A 和帕地马酯 O 的高效液相色谱测定方法。

本标准适用于膏霜类、唇膏类、水剂类、散粉类及香波类化妆品中帕地马酯 A 和帕地马酯 O 的测定。

本标准的检出限和定量限:帕地马酯 A 和帕地马酯 O 的检出限为 2 mg/kg,定量限为 5 mg/kg。

2 规范性引用文件

下列文件对于本文件的应用是必不可少的。凡是注日期的引用文件,仅注日期的版本适用于本文件。凡是不注日期的引用文件,其最新版本(包括所有的修改单)适用于本文件。

GB/T 6682 分析实验室用水规格和试验方法

3 原理

试样经溶剂、离心、微孔滤膜过滤后,用高效液相色谱测定,外标法定量,液相色谱-质谱法确认。

4 试剂和材料

除非另有说明,所用试剂均为分析纯,水为 GB/T 6682 规定的一级水。

4.1 甲醇:色谱纯。

4.2 乙腈:色谱纯。

4.3 四氢呋喃。

4.4 氯化钠。

4.5 帕地马酯 A 标准物质:分子式 $C_{14}H_{21}NO_2$,CAS 号 14779-78-3,纯度不小于 97%,INCI 名称、INCI 中文名称、《化妆品安全技术规范》名称、相对分子质量、结构式参见附录 A 的表 A.1。

4.6 帕地马酯 O 标准物质:分子式 $C_{17}H_{27}NO_2$,CAS 号 21245-02-3,纯度不小于 97%,INCI 名称、INCI 中文名称、《化妆品安全技术规范》名称、相对分子质量、结构式参见附录 A 的表 A.1。

4.7 帕地马酯 A 和帕地马酯 O 标准储备液:分别准确称取帕地马酯 A 标准物质(4.5)和帕地马酯 O 标准物质(4.6)各 10 mg,精确至 0.1 mg,分别置于 10 mL 容量瓶中,用甲醇(4.1)溶解并定容至刻度,摇匀,配制成浓度为 1 000 mg/L 的标准储备液,于 4 ℃ 保存,可使用 3 个月。

4.8 帕地马酯 A 和帕地马酯 O 混合标准储备液:分别准确移取帕地马酯 A 和帕地马酯 O 标准储备液(4.7)各 1 mL 于 10 mL 容量瓶中,用甲醇(4.1)稀释至刻度,该溶液中帕地马酯 A 和帕地马酯 O 的浓度均为 100 mg/L。

5 仪器和设备

5.1 高效液相色谱(HPLC)仪:配有紫外检测器或二极管阵列检测器。

5.2 液相色谱-质谱/质谱(LC-MS/MS)仪:配有电喷雾离子源(ESI)。

5.3 分析天平:感量为0.000 1 g和0.001 g。

5.4 离心机:转速不低于5 000 r/min。

5.5 超声波清洗器。

5.6 具塞塑料离心管:30 mL。

5.7 微孔滤膜:0.45 μm,材质为聚四氟乙烯。

6 分析步骤

6.1 样品处理

6.1.1 膏霜类样品

称取0.2 g(精确至0.001 g)试样置于30 mL具塞塑料离心管(5.6)中,加入0.4 g氯化钠(4.4),加入20 mL甲醇(4.1),摇匀,超声提取20 min,5 000 r/min离心15 min后,上清液经0.45 μm微孔滤膜(5.7)过滤，滤液供高效液相色谱测定。

6.1.2 唇膏类样品

称取0.2 g(精确至0.001 g)试样置于30 mL具塞塑料离心管(5.6)中,加入0.5 mL四氢呋喃(4.3),加入19.5 mL甲醇(4.1),摇匀,超声提取20 min,5 000 r/min离心15 min后,上清液经0.45 μm微孔滤膜(5.7)过滤，滤液供高效液相色谱测定。

6.1.3 水剂类、散粉类及香波类样品

称取0.2 g(精确至0.001 g)试样置于30 mL具塞塑料离心管(5.6)中,摇匀,加入20 mL甲醇(4.1),超声提取20 min,5 000 r/min离心15 min后,上清液经0.45 μm微孔滤膜(5.7)过滤,滤液供高效液相色谱测定。

6.2 测定条件

高效液相色谱参考条件如下:

a) 色谱柱:XTerra MS C_{18},5 μm,250 mm × 4.6 mm(内径);

b) 流动相:乙腈+水=90+10(体积比);

c) 流速:1.0 mL/min;

d) 柱温:30 ℃;

e) 检测波长:310 nm;

f) 进样量:10 μL。

6.3 标准曲线的绘制

用甲醇(4.1)将帕地马酯A和帕地马酯O混合标准储备液(4.7)逐级稀释到浓度为0.02 mg/L、0.05 mg/L、0.1 mg/L、0.2 mg/L、0.5 mg/L、1 mg/L 、2 mg/L、5 mg/L、10 mg/L的混合标准工作溶液。按6.2测定条件浓度依次由低向高进样测定,以峰面积-浓度作图,绘制标准工作曲线。

帕地马酯A和帕地马酯O标准品的高效液相色谱图参见附录B的图B.1,帕地马酯A和帕地马酯O标准品的紫外吸收光谱图参见附录B的图B.2和图B.3。

6.4 测定

按6.2测定条件对待测样品进行测定,如果检出的帕地马酯A和帕地马酯O的色谱峰的保留时间

与标准品一致，并且在扣除背景后的样品色谱图中，该物质的紫外吸收光谱图与标准品一致，则可初步认定样品中存在帕地马酯A和帕地马酯O，用外标法定量。帕地马酯A和帕地马酯O含量应在标准曲线之内，超出线性范围则应稀释后再进行分析。必要时，阳性样品需用液相色谱-质谱进行确认试验，确认试验参见附录C。

6.5 空白试验

除不称取样品外，均按上述测定条件和步骤进行。

7 结果计算

结果按式(1)计算，计算结果保留两位小数，计算结果应扣除空白值：

$$W=\frac{c\times V}{m} \qquad \cdots\cdots(1)$$

式中：

W ——样品中帕地马酯的含量，单位为毫克每千克(mg/kg)；

c ——从标准工作曲线上查出的试样溶液中帕地马酯的浓度，单位为毫克每升(mg/L)；

V ——样液最终定容体积，单位为毫升(mL)；

m ——试样的质量，单位为克(g)。

8 检出限和定量限

帕地马酯A和帕地马酯O的检出限为2 mg/kg，定量限为5 mg/kg。

9 回收率和精密度

在添加浓度5 mg/kg～80 000 mg/kg浓度范围内，帕地马酯A和帕地马酯O的回收率在89.1%～112.5%之间，相对标准偏差为1.1%～7.7%。

10 允许差

在重复性条件下获得的两次独立测定结果的绝对差值不应超过算术平均值的10%。

附　录　A
（资料性附录）
帕地马酯 A 和帕地马酯 O 的 INCI 名称、INCI 中文名称、《化妆品安全技术规范》名称、CAS 号、分子式、相对分子质量、结构式

帕地马酯 A 和帕地马酯 O 的 INCI 名称、INCI 中文名称、《化妆品安全技术规范》名称、CAS 号、分子式、相对分子质量、结构式见表 A.1。

表 A.1　帕地马酯 A 和帕地马酯 O 的 INCI 名称、INCI 中文名称、《化妆品安全技术规范》名称、CAS 号、分子式、相对分子质量、结构式

名称	INCI 名称	INCI 中文名称	《化妆品安全技术规范》名称	CAS 号	分子式	相对分子质量	结构式
帕地马酯 A	Pentyl dimethyl PABA	二甲基 PABA 戊酯	4-二甲氨基苯甲酸戊酯	14779-78-3	$C_{14}H_{21}NO_2$	235.36	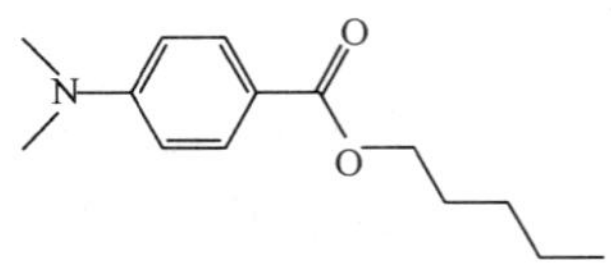
帕地马酯 O	Ethylhexyl dimethyl PABA	二甲基 PABA 乙基己酯	二甲基 PABA 乙基己酯	21245-02-3	$C_{17}H_{27}NO_2$	277.41	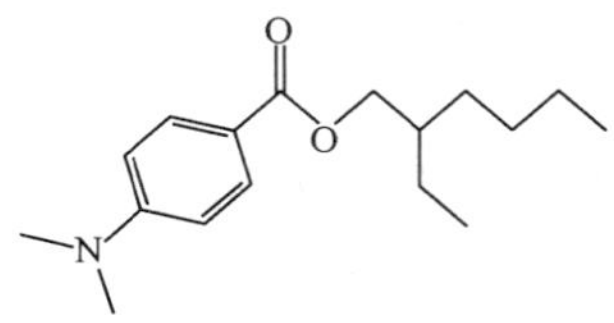

附 录 B
（资料性附录）
帕地马酯 A 和帕地马酯 O 的高效液相色谱图和紫外吸收光谱图

帕地马酯 A 和帕地马酯 O 标准品的高效液相色谱图见图 B.1；帕地马酯 A 标准品的紫外吸收光谱图见图 B.2；帕地马酯 O 标准品的紫外吸收光谱图见图 B.3。

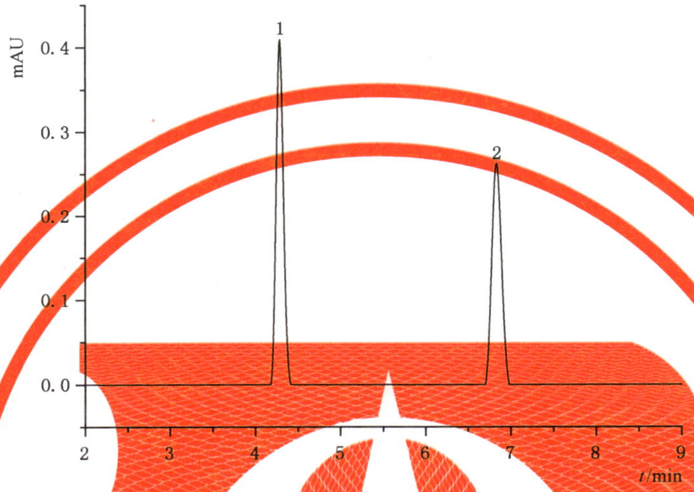

说明：

1——帕地马酯 A；

2——帕地马酯 O。

图 B.1 帕地马酯 A 和帕地马酯 O 标准品的高效液相色谱图

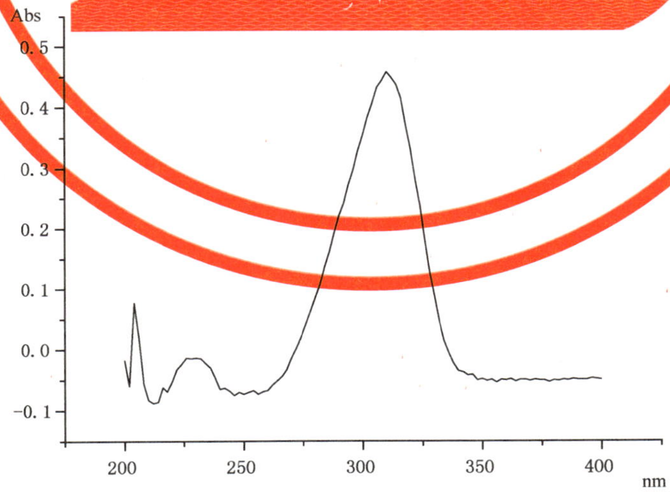

图 B.2 帕地马酯 A 标准品的紫外吸收光谱图

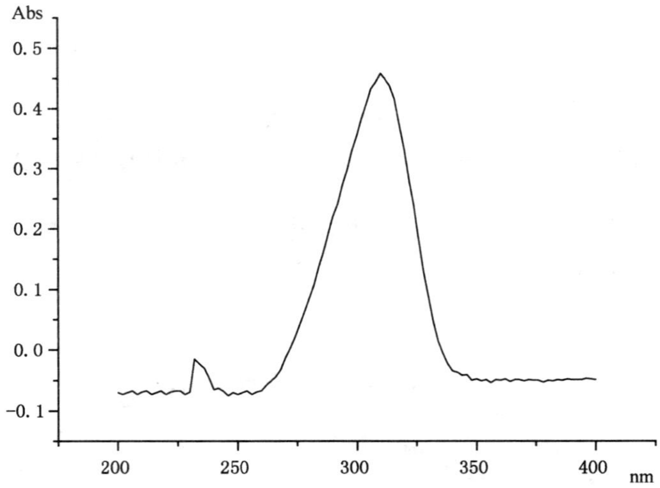

图 B.3 帕地马酯 O 标准品的紫外吸收光谱图

附 录 C
（资料性附录）
确认试验

C.1 液相色谱条件

液相色谱测定的参考条件如下：

a) 色谱柱：XBridgeC_{18}，3.5 μm，150 mm × 2.1 mm（内径），或相当者。
b) 流动相：0.1%甲酸水溶液＋乙腈＝10＋90（体积比）。
c) 流速：0.4 mL/min。
d) 柱温：40 ℃。
e) 进样量：5 μL。

C.2 质谱条件

质谱测定的参考条件如下：

a) 离子源：电喷雾离子源。
b) 离子化模式：正离子模式。
c) 毛细管电压：0.6 kV（请确认该电压数值）。
d) 萃取电压：2.9 V。
e) 离子源温度：150 ℃。
f) 脱溶剂气温度：350 ℃。
g) 数据采集方式：多反应监测。

C.3 定性测定

进行试样测定时，将样液适当稀释，按液相色谱-质谱条件测定样液和标准工作溶液，如果所选择的离子均出现，而且所选择的离子比与标准物质的相对丰度一致，允许偏差不超过表 C.1 规定的范围，则可判断样品中含有帕地马酯。帕地马酯 A 标准品的选择离子色谱图参见图 C.1。帕地马酯 O 标准品的选择离子色谱图参见图 C.2。

表 C.1 帕地马酯 A 和帕地马酯 O 的质谱分析参数

化合物	定量离子对 m/z	定性离子对 m/z	锥孔电压 V	碰撞能量 eV	相对离子丰度 %	允许相对偏差 %
帕地马酯 A	236.2/151.1	236.2/166.2	38	28,20	100,67	±20
帕地马酯 O	278.3/166.2	278.3/151.1	40	20,28	100,97	±20

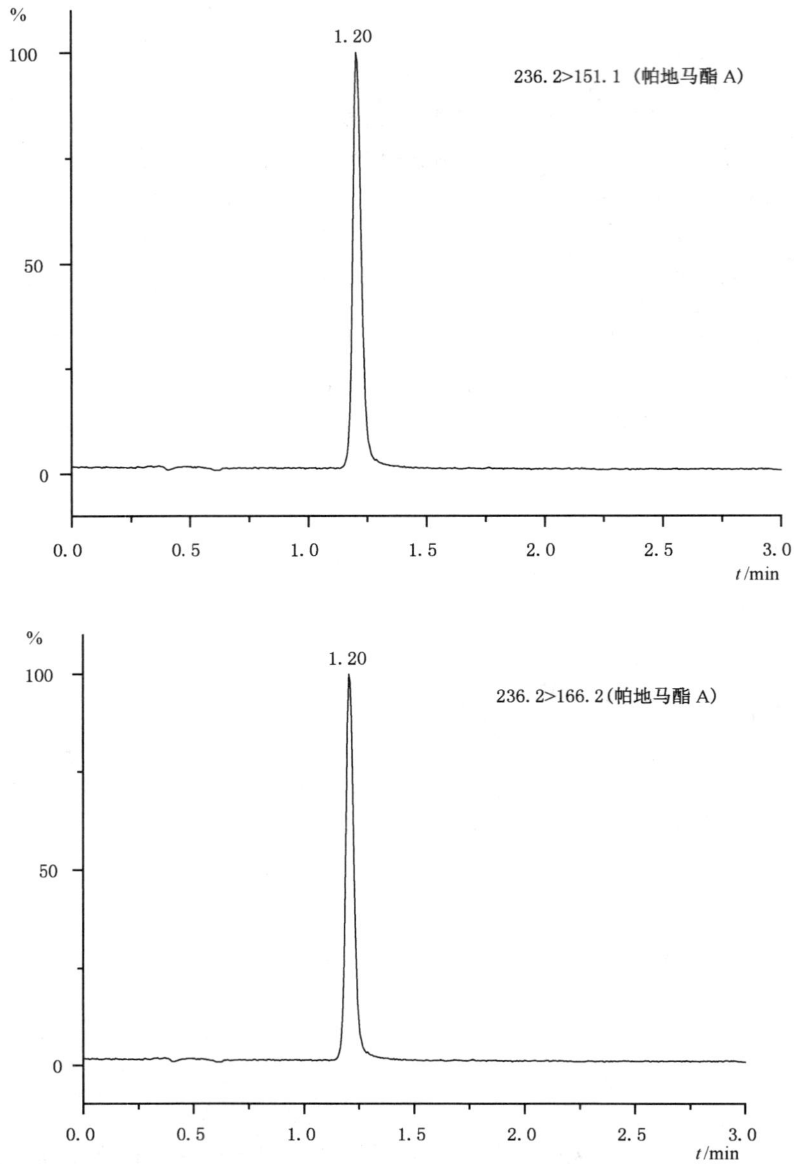

图 C.1　帕地马酯 A 标准品的选择离子色谱图

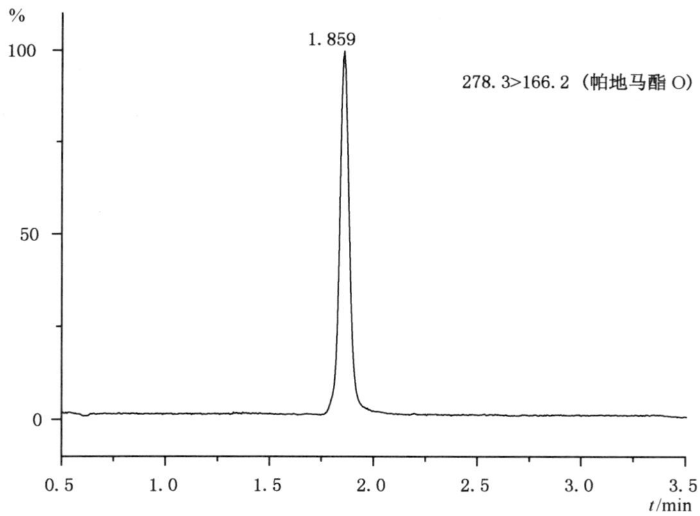

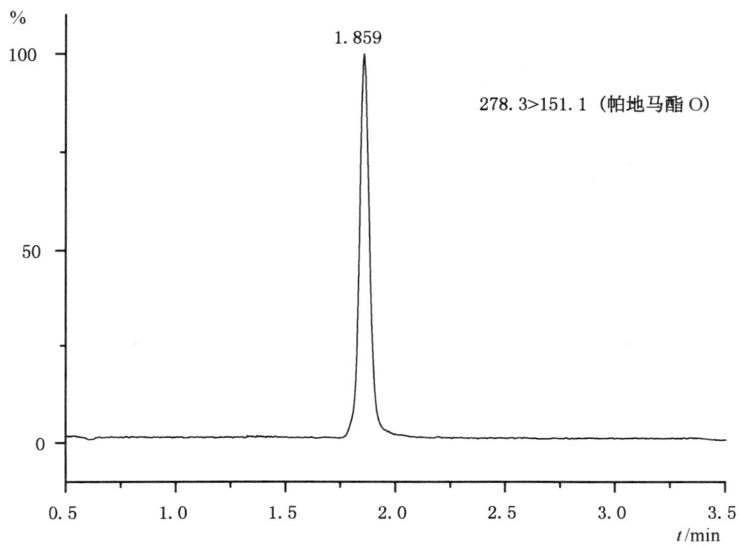

图 C.2 帕地马酯 O 标准品的选择离子色谱图

ICS 71.100.70
Y 42

中华人民共和国国家标准

GB/T 35798—2018

化妆品中香豆素及其衍生物的测定 高效液相色谱法

Determination of coumarin and its derivatives in cosmetics—High performance liquid chromatography

2018-02-06 发布　　　　2018-09-01 实施

中华人民共和国国家质量监督检验检疫总局
中国国家标准化管理委员会　发布

前　言

本标准按照 GB/T 1.1—2009 给出的规则起草。

本标准由中国轻工业联合会提出。

本标准由全国香料香精化妆品标准化技术委员会(SAC/TC 257)归口。

本标准起草单位:中国检验检疫科学研究院、上海市日用化学工业研究所。

本标准主要起草人:孟宪双、马强、王宏伟、吕庆、李俊芳、李亚辉、王峰、沈敏。

引　言

本标准的部分被测物质(双香豆素、7-甲氧基香豆素、二氢香豆素、醋硝香豆素、7-甲基香豆素、7-乙氧基-4-甲基香豆素和环香豆素)是我国《化妆品安全技术规范》规定的禁用物质。

禁用物质是指不能作为化妆品生产原料即组分添加到化妆品中的物质。《化妆品安全技术规范》规定:若技术上无法避免禁用物质作为杂质带入化妆品时,应进行安全性风险评估,确保在正常、合理及可预见的使用条件下不得对人体健康产生危害。

目前我国尚未规定这些物质的限量值,本标准的制定,仅对化妆品中测定这些物质提供检测方法。

化妆品中香豆素及其衍生物的测定 高效液相色谱法

1 范围

本标准规定了化妆品中香豆素及二氢香豆素等7种香豆素衍生物的高效液相色谱测定方法。

本标准适用于水剂、膏霜、香波、散粉和唇膏类化妆品中香豆素及二氢香豆素等7种香豆素衍生物的测定。

本标准的检出限和定量限:香豆素的检出限为4 mg/kg,定量限为8 mg/kg;二氢香豆素的检出限为10 mg/kg,定量限为20 mg/kg;7-甲氧基香豆素、7-甲基香豆素、7-乙氧基-4-甲基香豆素、环香豆素、双香豆素和醋硝香豆素的检出限为5 mg/kg,定量限为10 mg/kg。

2 规范性引用文件

下列文件对于本文件的应用是必不可少的。凡是注日期的引用文件,仅注日期的版本适用于本文件。凡是不注日期的引用文件,其最新版本(包括所有的修改单)适用于本文件。

GB/T 6682 分析实验室用水规格和试验方法

3 原理

试样经溶剂提取、离心、微孔滤膜过滤后,用高效液相色谱测定,外标法定量,液相色谱-质谱确认。

4 试剂和材料

除非另有说明,所用试剂均为分析纯,水为GB/T 6682规定的一级水。

4.1 乙腈:色谱纯。

4.2 甲醇:色谱纯。

4.3 二氯甲烷。

4.4 四氢呋喃。

4.5 乙酸铵。

4.6 冰醋酸。

4.7 氢氧化钠。

4.8 0.05 mol/L乙酸铵溶液:称取1.925 g乙酸铵(4.5),加水溶解后转移至500 mL容量瓶中,用水定容至刻度,摇匀,备用。

4.9 0.1 mol/L氢氧化钠溶液:称取0.400 g氢氧化钠(4.7),加水溶解后转移至100 mL容量瓶中,定容至刻度。

4.10 0.1 mol/L氢氧化钠-乙腈混合溶液(1+ 9)(体积+体积):量取90 mL乙腈(4.1)至100 mL容量瓶中,加入0.1 mol/L氢氧化钠溶液(4.9)至刻度,混匀。

4.11 香豆素、二氢香豆素、7-甲氧基香豆素、7-甲基香豆素、7-乙氧基-4-甲基香豆素、环香豆素、双香豆素和醋硝香豆素的中文名称、英文名称、CAS号、分子式、结构式和相对分子质量参见附录A中的表 A.1,标准品纯度均不小于 98%。

4.12 香豆素及其衍生物的标准储备溶液(1 000 mg/L):分别称取各标准品(4.11)10 mg(精确至 0.1 mg)至 10 mL 容量瓶中,除双香豆素先用 5 mL 二氯甲烷(4.3)溶解,再用乙腈(4.1)定容至刻度外,其余标准品均以甲醇(4.2)溶解并定容至刻度,于 4 ℃ 避光保存,可使用 3 个月。

4.13 香豆素及其衍生物的混合标准溶液:分别移取 1 mL 香豆素及其衍生物的标准储备液(4.12)至 10 mL 容量瓶中,用甲醇(4.2)定容至刻度,根据需要用甲醇(4.2)稀释成适宜浓度的混合标准工作溶液,于 4 ℃ 避光保存,可使用 3 个月。

5 仪器和设备

5.1 高效液相色谱(HPLC)仪:配有二极管阵列检测器。

5.2 液相色谱-质谱/质谱(LC-MS/MS)仪:配有电喷雾离子源(ESI)。

5.3 超声波水浴。

5.4 离心机:转速不低于 5 000 r/min。

5.5 涡旋混合器。

5.6 分析天平:感量为 0.000 1 g 和 0.001 g。

5.7 具塞比色管:25 mL。

5.8 具塞塑料离心管:10 mL。

5.9 微孔滤膜:0.45 μm,有机相。

6 测定步骤

6.1 样品处理

6.1.1 水剂、膏霜、香波和散粉类样品

称取 0.5 g(精确至 0. 001 g)试样于 25 mL 具塞比色管(5.7)中,加入 8 mL 0.1 mol/L 氢氧化钠-乙腈混合溶液(4.10),涡旋混合后,在超声波水浴(5.3)中超声提取 30 min,以冰醋酸(4.6)调节 pH 至中性,并用乙腈定容至 10 mL 刻度,混匀。取部分溶液转移至 10 mL 具塞塑料离心管(5.8)中,以 5 000 r/min离心 10 min,上清液经 0.45 μm 微孔滤膜(5.9)过滤,供高效液相色谱测定。

6.1.2 唇膏类样品

称取 0.5 g(精确至 0. 001 g)试样于 25 mL 具塞比色管(5.7)中,加入 2 mL 四氢呋喃(4.4),涡旋混合后再加入 6 mL 0.1 mol/L 氢氧化钠-乙腈混合溶液(4.10),涡旋混合,以下步骤同 6.1.1。

6.2 测定条件

高效液相色谱测定条件如下:

a) 色谱柱:ZORBAX SB-C_{18},5 μm,250 mm × 4.6 mm(内径),或相当者;

b) 流动相:见表 1;

c) 流速:1.0 mL/ min;

d) 柱温:30 ℃;

e) 检测波长:香豆素、二氢香豆素、7-甲基香豆素和环香豆素:280 nm,双香豆素和醋硝香豆素:306 nm,7-甲氧基香豆素和 7-乙氧基-4-甲基香豆素:320 nm;

f) 进样量:10 μL。

表 1　流动相

步骤	时间/min	0.05 mol/L 乙酸铵溶液（含 0.25%乙酸）/%	乙腈/%
0	0	70	30
1	5.0	55	45
2	8.0	50	50
3	8.2	10	90
4	13.0	10	90
5	13.2	5	95
6	16.0	5	95
7	16.2	70	30
8	18.0	70	30
注：%表示体积分数。			

6.3　标准曲线的绘制

用甲醇(4.2)将香豆素及其衍生物的混合标准溶液逐级稀释得到浓度为 0.2 μg/mL、0.5 μg/mL、1 μg/mL、2 μg/mL、5 μg/mL、10 μg/mL、20 μg/mL 的混合标准工作溶液，按 6.2 的测定条件浓度由低到高进样测定，以峰面积-浓度作图，得到标准曲线回归方程。

香豆素及其衍生物的高效液相色谱图参见附录 B 中的图 B.1。

6.4　测定

按 6.2 的测定条件对待测样液进行测定，用外标法定量。待测试样中对香豆素及其衍生物的响应值应在标准曲线的线性范围内，超过线性范围则应稀释后再进样分析。进行样品测定时，如果检出香豆素或其衍生物的色谱峰保留时间与标准品相一致，并且在扣除背景后的样品色谱图中，该物质的紫外吸收光谱与标准品一致，则可初步确认样品中存在被测香豆素或其衍生物。必要时，阳性样品需用液相色谱-质谱进行确认试验，试验方法参见附录 C。

6.5　空白试验

除不称取样品外，均按上述测定条件和步骤进行。

7　结果计算

结果按式(1)计算，计算结果保留两位小数(计算结果应扣除空白值)：

$$W = \frac{c \times V}{m} \quad \cdots\cdots(1)$$

式中：

W ——化妆品中香豆素或其衍生物的含量，单位为毫克每千克(mg/kg)；

c ——从标准工作曲线上查出的样液中被测香豆素或其衍生物的浓度，单位为微克每毫升(μg/mL)；

V ——样液最终定容体积，单位为毫升(mL)；

m ——试样的质量，单位为克(g)。

8 检出限和定量限

本标准的检出限和定量限：香豆素的检出限为 4 mg/kg，定量限为 8 mg/kg；二氢香豆素的检出限为 10 mg/kg，定量限为 20 mg/kg；7-甲氧基香豆素、7-甲基香豆素、7-乙氧基-4-甲基香豆素、环香豆素、双香豆素和醋硝香豆素的检出限为 5 mg/kg，定量限为 10 mg/kg。

9 回收率和精密度

在添加浓度 8 mg/kg ～ 200 mg/kg 范围内，回收率在 86.5% ～ 100.7%之间，相对标准偏差为 0.8% ～ 9.7%。

10 允许差

在重复性条件下获得的两次独立测定结果的绝对差值不应超过算术平均值的 10%。

附 录 A
（资料性附录）
香豆素及其衍生物的中文名称、英文名称、CAS号、分子式、结构式和相对分子质量

香豆素及其衍生物的中文名称、英文名称、CAS号、分子式、结构式和相对分子质量见表A.1。

表A.1 香豆素及其衍生物的中文名称、英文名称、CAS号、分子式、结构式和相对分子质量

中文名称	英文名称	CAS号	分子式	结构式	相对分子质量
香豆素	Coumarin	91-64-5	$C_9H_6O_2$	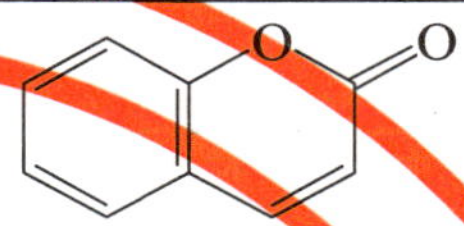	146.15
双香豆素	Dicoumarolum	66-76-2	$C_{19}H_{12}O_6$	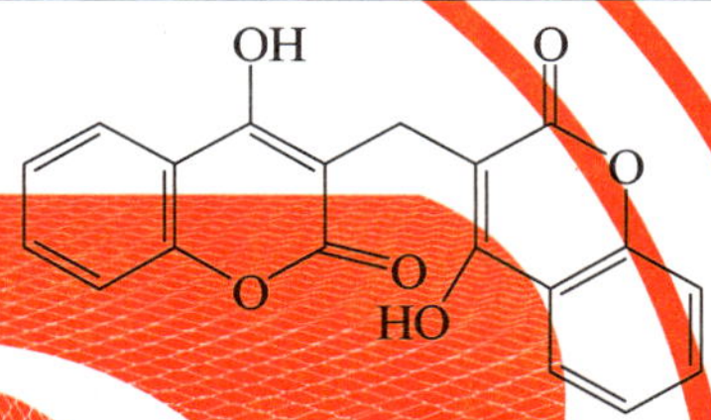	336.30
7-甲氧基香豆素	7-Methoxycoumarin	531-59-9	$C_{10}H_8O_3$	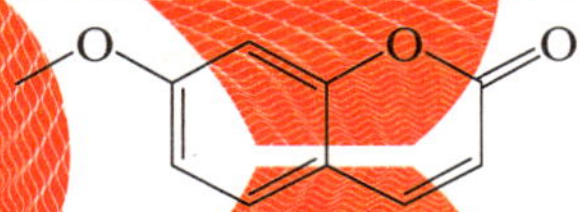	176.17
二氢香豆素	Dihydrocoumarin	119-84-6	$C_9H_8O_2$	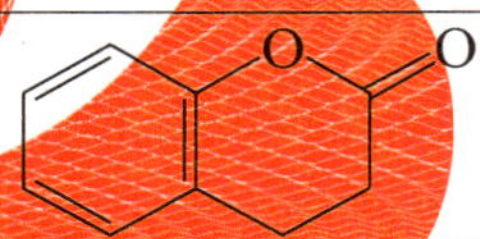	148.17
醋硝香豆素	Acenocoumarol	152-72-7	$C_{19}H_{15}NO_6$	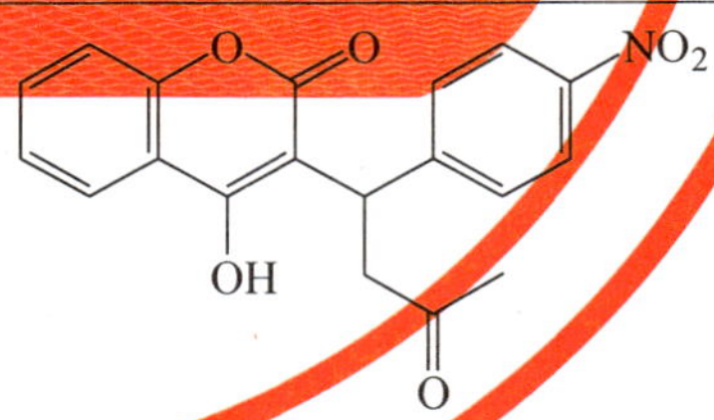	353.33
7-甲基香豆素	7-Methylcoumarin	2445-83-2	$C_{10}H_8O_2$	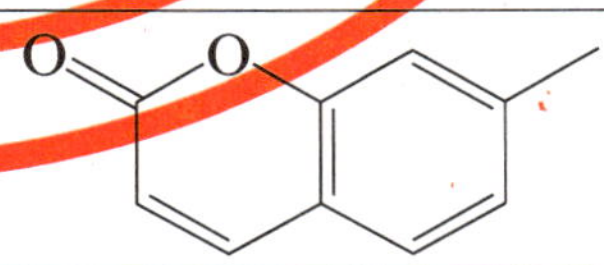	160.17
7-乙氧基-4-甲基香豆素	7-Ethoxy-4-methylcoumarin	87-05-8	$C_{12}H_{12}O_3$	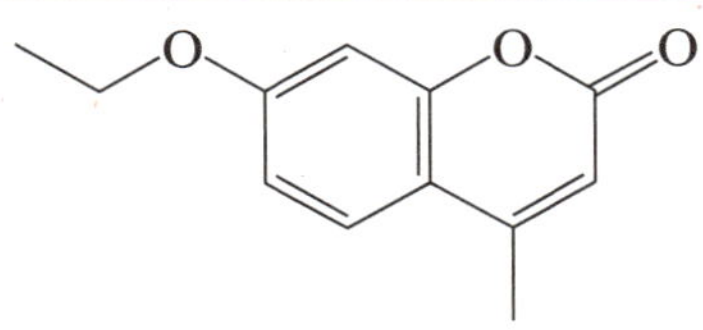	204.22
环香豆素	Pyranocoumarin	518-20-7	$C_{20}H_{18}O_4$	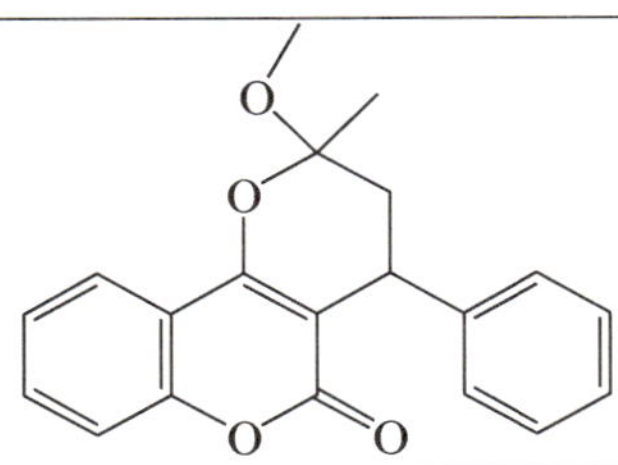	322.35

附 录 B
（资料性附录）
香豆素及其衍生物的高效液相色谱图

香豆素及其衍生物的高效液相色谱图见图 B.1。

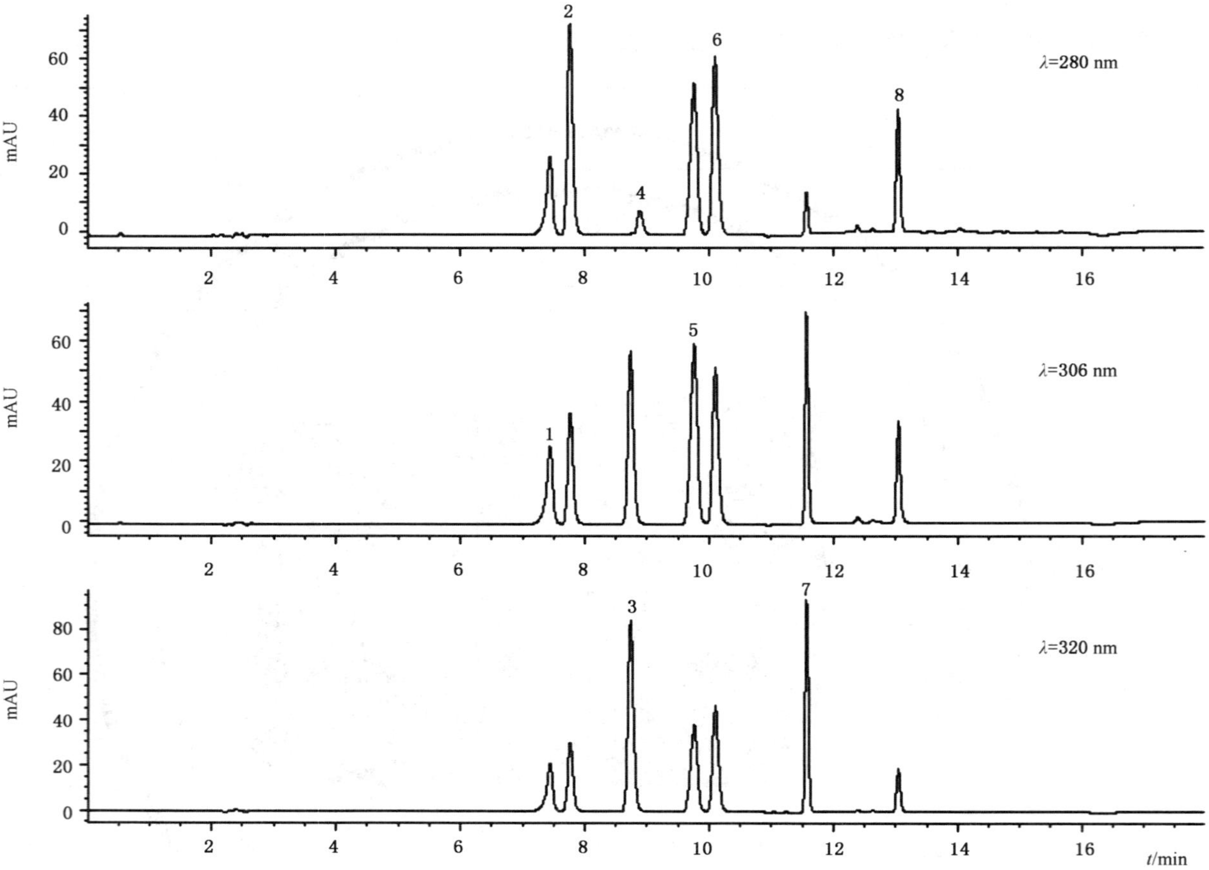

说明：
1——双香豆素；
2——香豆素；
3——7-甲氧基香豆素；
4——二氢香豆素；
5——醋硝香豆素；
6——7-甲基香豆素；
7——7-乙氧基-4-甲基香豆素；
8——环香豆素。

图 B.1 香豆素及其衍生物的高效液相色谱图

附 录 C
（资料性附录）
确认试验

C.1 液相色谱条件

液相色谱测定参考条件如下：

a) 色谱柱：XBridge C_{18}柱，3.5 μm，150 mm × 2.1 mm（内径），或相当者；
b) 流动相：见表 C.1；
c) 流速：0.3 mL/min；
d) 柱温：35 ℃；
e) 进样量：5 μL。

表 C.1 流动相

步骤	时间/min	水/%	乙腈/%
0	0	70	30
1	4.5	35	65
2	5.0	5	95
3	6.0	5	95
4	6.1	70	30
5	8.0	70	30

C.2 质谱条件

质谱测定参考条件如下：

a) 电离方式：电喷雾电离；
b) 毛细管电压：3.0 kV；
c) 萃取电压：3.0 V；
d) 射频透镜电压：0.0 V；
e) 离子源温度：150 ℃；
f) 脱溶剂气：氮气，流速 1 000 L/h，温度 500 ℃；
g) 锥孔气：氮气，流速 50 L/h；
h) 碰撞气：氩气；
i) 扫描模式：多反应监测，香豆素及其衍生物的保留时间、电离方式、定性离子对、定量离子对、锥孔电压、碰撞能量、相对丰度和允许偏差参见表 C.2。

表 C.2 香豆素及其衍生物的保留时间、电离方式、定性离子对、定量离子对、锥孔电压、碰撞能量、相对丰度和允许偏差

中文名称	保留时间 min	电离方式	定性离子对 m/z	定量离子对 m/z	锥孔电压 V	碰撞能量 eV	相对丰度 %	允许偏差 %
双香豆素	2.04	ESI^-	335.3/161.3 335.3/117.2	335.3/161.3	17	15 39	100 67	±20%
香豆素	2.92	ESI^+	147.1/103.1 147.1/91.1	147.1/103.1	26	16 22	100 72	±20%
7-甲氧基香豆素	3.23	ESI^+	177.3/121.3 177.3/133.3	177.3/121.3	30	22 17	100 46	±25%
二氢香豆素	3.41	ESI^+	149.1/121.1 149.1/107.1	149.1/107.1	26	15 16	21 100	±25%
7-甲基香豆素	3.66	ESI^+	161.1/105.2 161.1/117.2	161.1/105.2	26	20 15	100 58	±20%
醋硝香豆素	3.70	ESI^-	352.1/295.3 352.1/265.2	352.1/265.2	36	22 30	51 100	±20%
7-乙氧基-4-甲基香豆素	4.48	ESI^+	205.2/177.2 205.2/121.1	205.2/177.2	28	18 25	100 30	±25%
环香豆素	6.33	ESI^+	323.5/251.4 323.5/173.3	323.5/251.4	22	18 32	29 100	±25%

C.3 定性判定

按照上述条件测定试样和标准工作溶液，如果试样中的质量色谱峰保留时间与标准工作溶液一致（变化范围在±2.5%之内），且试样中目标化合物的两个子离子的相对丰度与浓度相当标准溶液的相对丰度一致，相对丰度偏差不超过表 C.2 规定的范围，则可判断样品中存在对应的香豆素或其衍生物。

香豆素及其衍生物的选择离子质量色谱图参见图 C.1。

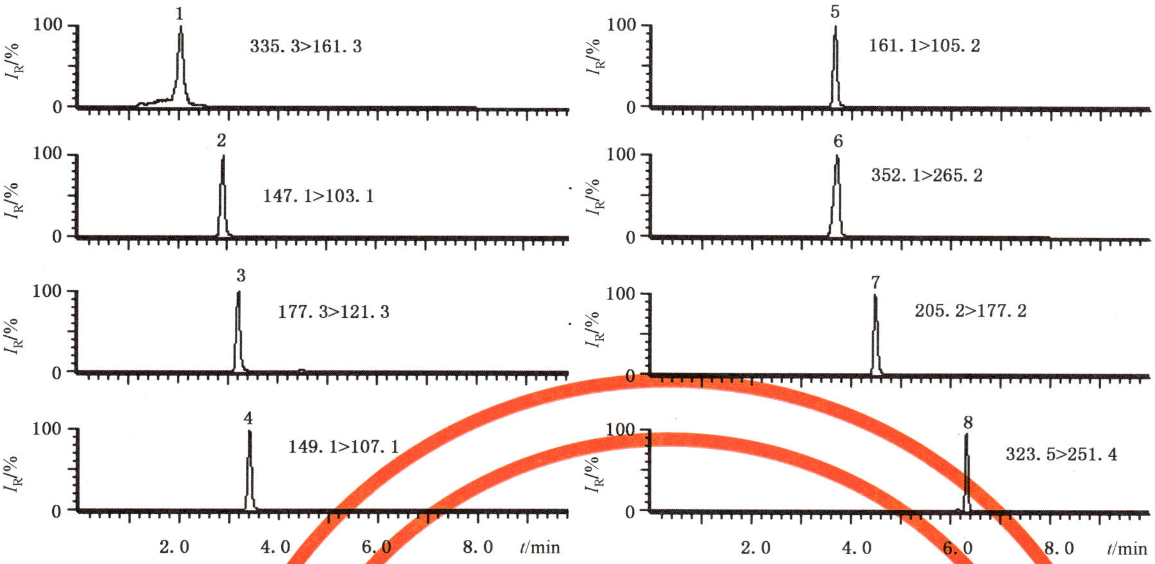

说明：

1——双香豆素；

2——香豆素；

3——7-甲氧基香豆素；

4——二氢香豆素；

5——7-甲基香豆素；

6——醋硝香豆素；

7——7-乙氧基-4-甲基香豆素；

8——环香豆素。

图 C.1　香豆素及其衍生物的选择离子质量色谱图

ICS 71.100.70
Y 42

中华人民共和国国家标准

GB/T 35799—2018

化妆品中吡咯烷酮羧酸钠的测定 高效液相色谱法

Determination of sodium PCA in cosmetics—High performance liquid chromatography

2018-02-06 发布　　　　2018-09-01 实施

中华人民共和国国家质量监督检验检疫总局
中国国家标准化管理委员会　发布

前　言

本标准按照 GB/T 1.1—2009 给出的规则起草。

本标准由中国轻工业联合会提出。

本标准由全国香料香精化妆品标准化技术委员会(SAC/TC 257)归口。

本标准起草单位:上海市质量监督检验技术研究院(国家保洁产品质量监督检验中心)。

本标准主要起草人:葛宇、杜茹芸、聂磊、林毅侃、印杰、潘煜辰。

化妆品中吡咯烷酮羧酸钠的测定 高效液相色谱法

1 范围

本标准规定了化妆品中吡咯烷酮羧酸钠(以吡咯烷酮羧酸计)的高效液相色谱测定方法。

本标准适用于膏霜、乳、液类化妆品中吡咯烷酮羧酸钠(以吡咯烷酮羧酸计)的测定。

本标准对于吡咯烷酮羧酸钠(以吡咯烷酮羧酸计)的检出限为0.003%,定量限为0.01%。

2 规范性引用文件

下列文件对于本文件的应用是必不可少的。凡是注日期的引用文件,仅注日期的版本适用于本文件。凡是不注日期的引用文件,其最新版本(包括所有的修改单)适用于本文件。

GB/T 6682　分析实验室用水规格和试验方法

3 原理

试样经饱和氯化钠破乳,流动相超声提取、离心,0.45 μm的滤膜过滤,溶液注入高效液相色谱仪检测,外标法定量。

4 试剂和材料

除另有说明外,所用试剂均为分析纯,水为GB/T 6682规定的一级水。

4.1　磷酸:优级纯。

4.2　氯化钠。

4.3　甲醇:色谱纯。

4.4　磷酸二氢钾。

4.5　0.02 mol/L磷酸二氢钾(pH=3.0):称取2.72 g磷酸二氢钾(4.4),加水溶解,用磷酸(4.1)调节pH至3.0,加水定容至1 000 mL。经0.45 μm滤膜过滤。

4.6　饱和氯化钠:称取35.2 g氯化钠(4.2),加入97.8 g水,搅拌溶解后使用。

4.7　吡咯烷酮羧酸标准品:纯度不小于99.0%,中文名称、英文名称、INCI名称、CAS号、分子式、相对分子质量和结构式参见附录A中表A.1。

4.8　吡咯烷酮羧酸标准储备液:准确称取吡咯烷酮羧酸标准品0.1 g,精确到0.000 1 g,于100 mL的容量瓶中,用水溶解并定容至刻度。即得吡咯烷酮羧酸溶液浓度为1 000 mg/L的标准储备液。4 ℃冰箱冷藏保存,一周内有效。

4.9　标准工作溶液:用0.02 mol/L磷酸二氢钾溶液(4.5)将上述标准储备液(4.8)分别配成一系列浓度0 mg/L、2.0 mg/L、10 mg/L、50 mg/L、100 mg/L、200 mg/L的标准工作溶液,现用现配。

5 仪器和设备

5.1　液相色谱仪,配有紫外检测器或者二极管阵列检测器。

5.2 分析天平,感量为 0.000 1 g。

5.3 超声振荡器。

5.4 离心机:转速≥10 000 r/min。

5.5 滤膜:孔径 0.45 μm。

5.6 离心管:10 mL。

5.7 涡旋振荡器。

6 测定步骤

6.1 样品处理

称取样品约 0.2 g(精确至 0.001 g)于 10 mL 离心管中,加入 1.0 mL 饱和氯化钠溶液(4.6),旋涡振摇 1 min,加入 5.0 mL 0.02 mol/L 磷酸二氢钾(4.5),超声提取 30 min,用 0.02 mol/L 磷酸二氢钾(4.5)稀释至刻度。浑浊样品可取适量 10 000 r/min 离心 10 min。经 0.45 μm 滤膜过滤,滤液作为待测样液备用。

6.2 测定条件

高效液相色谱测定参考条件如下:

a) 色谱柱:C_{18}反相柱,250 mm×4.6 mm(粒径 5 μm),或其他性能相当者;

b) 流动相:甲醇(4.3)+0.02 mol/L 磷酸二氢钾溶液(pH =3.0)(4.5)=2+98(体积比);

c) 流速:1.0 mL/min;

d) 柱温:40 ℃;

e) 检测波长:205 nm;

f) 进样量:20 μL。

6.3 标准工作曲线绘制

按 6.2 色谱条件检测,分别吸取 20 μL 标准工作溶液(4.9)注入高效液相色谱仪,以色谱峰的峰面积为纵坐标,对应的溶液浓度为横坐标,进行线性回归得到标准曲线方程。

吡咯烷酮羧酸标准品的 HPLC 色谱图参见附录 B 中的图 B.1。

6.4 试样测定

按 6.2 的色谱条件,取 6.1 步骤中滤液进样,得到试样溶液的峰面积,根据保留时间和二极管阵列的光谱图定性,吡咯烷酮羧酸标准品的 DAD 光谱图见附录 B 中的图 B.2。从标准曲线上查得试样溶液中吡咯烷酮羧酸的含量。

试样溶液中吡咯烷酮羧酸的响应值应在标准曲线线性范围内,超过线性范围则应将提取液稀释后测定或增加提取溶液的量重新检测。

6.5 空白试验

除不称取试样外,均按上述步骤进行。

6.6 平行试验

样品中的吡咯烷酮羧酸钠(以吡咯烷酮羧酸计)的含量应根据两次独立的平行试验结果平均值确定。

7 结果计算

试样中吡咯烷酮羧酸钠(以吡咯烷酮羧酸计)含量的计算按式(1)计算:

$$X = \frac{c \times V}{m} \times 10^{-4} \quad \cdots\cdots(1)$$

式中:

X ——样品中吡咯烷酮羧酸钠(以吡咯烷酮羧酸计)的含量,%;

c ——从标准曲线查得吡咯烷酮羧酸的浓度,单位为毫克每升(mg/L);

V ——样品稀释后的总体积,单位为毫升(mL);

m ——样品质量,单位为克(g)。

计算结果保留3位有效数字。

8 回收率和精密度

在添加浓度0.01%~1.0%浓度范围内,回收率在90%~110%之间,相对标准偏差小于10%。

9 允许差

在重复条件下获得的两次独立测定结果的绝对差值不得超过算术平均值的10%。

附 录 A
（资料性附录）
吡咯烷酮羧酸的中文名称、英文名称、INCI 名称、CAS 号、分子式、相对分子质量和结构式

吡咯烷酮羧酸的中文名称、英文名称、INCI 名称、CAS 号、分子式、相对分子质量和结构式见表 A.1。

表 A.1 吡咯烷酮羧酸的中文名称、英文名称、INCI 名称、CAS 号、分子式、相对分子质量和结构式

中文名称	(S)-(-)-2-吡咯烷酮-5-羧酸
英文名称	(S)-(-)-2-Pyrrolidone-5-carboxylic acid
INCI 名称	PCA
CAS 号	98-79-3
分子式	$C_5H_7NO_3$
相对分子质量	129.11
结构式	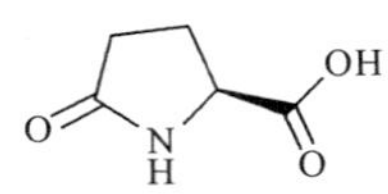

附 录 B
（资料性附录）
吡咯烷酮羧酸标准品 HPLC 色谱图和 DAD 光谱图

吡咯烷酮羧酸标准品的 HPLC 色谱图见图 B.1，DAD 光谱图见图 B.2。

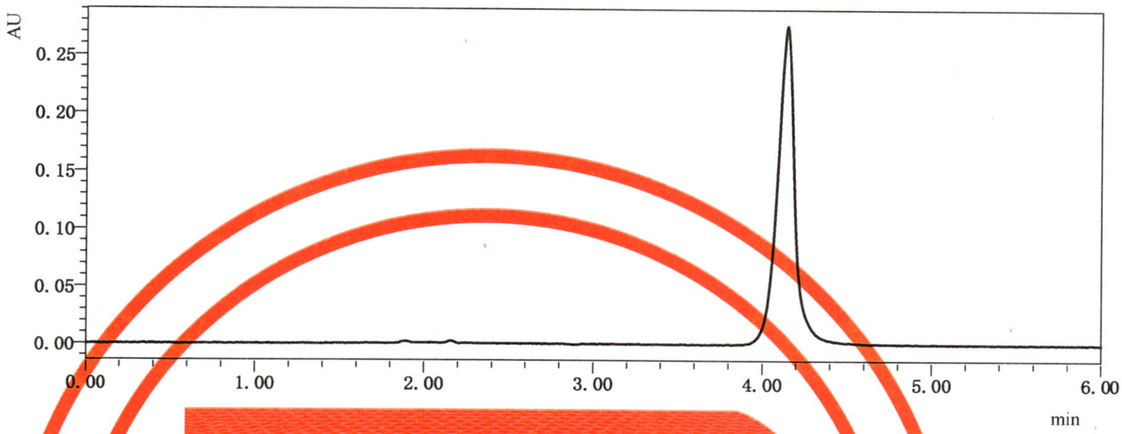

注：吡咯烷酮羧酸参考保留时间为 4.1 min。

图 B.1　吡咯烷酮羧酸标准品的 HPLC 色谱图

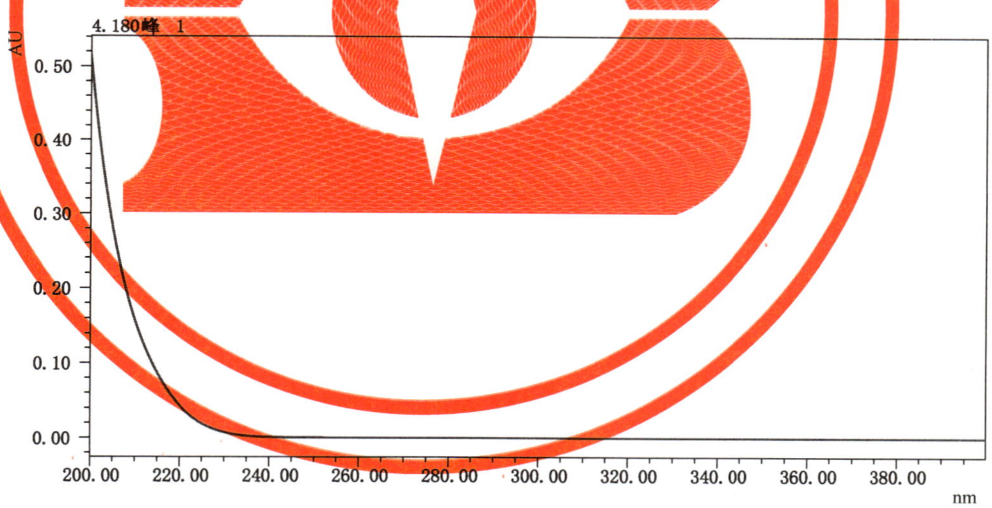

图 B.2　吡咯烷酮羧酸标准品的 DAD 光谱图

ICS 71.100.70
Y 42

中华人民共和国国家标准

GB/T 35800—2018

化妆品中防腐剂己脒定和氯己定及其盐类的测定　高效液相色谱法

Determination of hexamidine, chlorhexidine and their salts as preservatives in cosmetics—High performance liquid chromatography

2018-02-06 发布　　2018-09-01 实施

中华人民共和国国家质量监督检验检疫总局
中国国家标准化管理委员会　发布

前　言

本标准按照 GB/T 1.1—2009 给出的规则起草。

本标准由中国轻工业联合会提出。

本标准由全国香料香精化妆品标准化技术委员会(SAC/TC 257)归口。

本标准起草单位:中国检验检疫科学研究院、上海市日用化学工业研究所。

本标准主要起草人:孟宪双、马强、白桦、张庆、肖海清、赵卫哲、孙雨婷、沈敏。

化妆品中防腐剂己脒定和氯己定及其盐类的测定 高效液相色谱法

1 范围

本标准规定了化妆品中防腐剂己脒定和氯己定及其盐类的高效液相色谱测定方法。

本标准适用于水剂、膏霜、香波、散粉和唇膏类化妆品中防腐剂己脒定和氯己定及其盐类的测定。

本标准的检出限和定量限：己脒定和氯己定及其盐类的检出限为0.002%，定量限为0.004%。

2 规范性引用文件

下列文件对于本文件的应用是必不可少的。凡是注日期的引用文件，仅注日期的版本适用于本文件。凡是不注日期的引用文件，其最新版本(包括所有的修改单)适用于本文件。

GB/T 6682 分析实验室用水规格和试验方法

3 原理

试样经溶剂提取、离心、微孔滤膜过滤后，用高效液相色谱测定，外标法定量，液相色谱-质谱确认。

4 试剂和材料

除非另有说明，所用试剂均为分析纯，水为GB/T 6682规定的一级水。

4.1 乙腈：色谱纯。

4.2 甲醇：色谱纯。

4.3 四氢呋喃。

4.4 三氟乙酸。

4.5 氯化钠。

4.6 饱和氯化钠溶液：称取40 g 氯化钠(4.5)，置于100 mL容量瓶中，用水定容至刻度，摇匀，备用。

4.7 己脒定二(羟乙基磺酸)盐和氯己定的中文名称、英文名称、CAS号、分子式和相对分子质量参见附录A中的表A.1，结构式参见附录A中的图A.1。

4.8 己脒定和氯己定标准储备溶液(1 000 mg/L)：称取己脒定二(羟乙基磺酸)盐标准品(4.7)17.1 mg(精确至0.1 mg)至10 mL容量瓶中，用水溶解并定容至刻度；称取氯己定标准品10.0 mg(精确至0.1 mg)至10 mL容量瓶中，用甲醇溶解并定容至刻度，均于4 ℃避光保存，可使用3个月。

4.9 己脒定和氯己定混合标准溶液：分别移取1 mL己脒定和氯己定标准储备溶液(4.8)至10 mL容量瓶中，用甲醇(4.2)定容至刻度，根据需要用甲醇(4.2)稀释成适宜浓度的混合标准工作溶液，于4 ℃避光保存，可使用3个月。

5 仪器和设备

5.1 高效液相色谱仪(HPLC)：配有二极管阵列检测器。

5.2 液相色谱-质谱/质谱(LC-MS/MS)仪:配有电喷雾离子源(ESI)。

5.3 超声波水浴。

5.4 离心机:转速不低于 5 000 r/min。

5.5 涡旋混合器。

5.6 分析天平:感量为 0.000 1 g 和 0.001 g。

5.7 具塞聚四氟乙烯离心管:50 mL。

5.8 微孔滤膜:0.45 μm,材质为尼龙。

6 测定步骤

6.1 样品处理

6.1.1 水剂、膏霜、香波和散粉类样品

称取 0.5 g(精确至 0. 001 g)试样于 50 mL 具塞聚四氟乙烯离心管(5.7)中,加入 1 mL 饱和氯化钠溶液(4.6),涡旋混合,再加入 9 mL 水,涡旋混合后,以 5 000 r/min 离心 10 min,上清液转移至另一 50 mL具塞聚四氟乙烯离心管中。试样残渣继续加入 10 mL 甲醇(4.2),在超声波水浴(5.3)中超声提取 20 min,以 5 000 r/min 离心 10 min,合并上清液,经 0.45 μm 微孔滤膜(5.8)过滤,供高效液相色谱测定。

6.1.2 唇膏类样品

称取 0.5 g(精确至 0. 001 g)试样于 50 mL 具塞聚四氟乙烯离心管(5.7)中,加入 2 mL 四氢呋喃(4.3),涡旋混合,再加入 8 mL 水,涡旋混合后,以 5 000 r/min 离心 10 min,上清液转移至另一 50 mL 具塞聚四氟乙烯离心管中。试样残渣继续加入 10 mL 甲醇(4.2),在超声波水浴(5.3)中超声提取 20 min,以 5 000 r/min离心 10 min,合并上清液,经 0.45 μm 微孔滤膜(5.8)过滤,供高效液相色谱测定。

6.2 测定条件

高效液相色谱测定条件如下:

a) 色谱柱:XTerra MS C_{18},5 μm,250 mm × 4.6 mm(内径),或相当者;

b) 流动相:见表 1;

c) 流速:1.0 mL/ min;

d) 柱温:30 ℃;

e) 检测波长:260 nm;

f) 进样量:10 μL。

表 1 流动相

步骤	时间/min	水(含 0.1%三氟乙酸)/%	乙腈(含 0.1%三氟乙酸)/%
0	0	70	30
1	5.0	2	98
2	9.0	2	98
3	9.1	70	30
4	12.0	70	30

6.3 标准曲线的绘制

用甲醇将己脒定和氯己定标准储备溶液逐级稀释得到浓度为 0.5 μg/mL、1 μg/mL、2 μg/mL、5 μg/mL、10 μg/mL、20 μg/mL、50 μg/mL 和 100 μg/mL 的标准工作溶液，按 6.2 测定条件浓度由低到高进样测定，以色谱峰面积为横坐标，浓度为纵坐标作图，得到标准曲线回归方程。

己脒定和氯己定的液相色谱图参见附录 B 的图 B.1。

6.4 测定

按 6.2 测定条件对待测样液进行测定，如果检出己脒定和氯己定的色谱峰的保留时间与标准品相一致，并且在扣除背景后的样品色谱图中，该物质的紫外吸收光谱图与标准品一致，则可初步认定样品中存在相对应的目标分析物，外标法定量。待测试样中己脒定和氯己定及其盐类的响应值应在标准曲线的线性范围内，超过线性范围则应稀释后再进样分析。必要时阳性样品需用液相色谱-质谱进行确认试验。确认试验参见附录 C。

己脒定和氯己定的选择离子质量色谱图参见图 C.1。

6.5 空白试验

除不称取样品外，均按上述测定条件和步骤进行。

7 结果计算

结果按式(1)计算，计算结果保留两位小数(计算结果应扣除空白值)：

$$W = \frac{c \times V}{m \times 10^4} \times 100\% \qquad \cdots\cdots(1)$$

式中：

W ——试样中被测己脒定和氯己定及其盐类的百分比含量(分别以己脒定和氯己定计)，%；

c ——从标准工作曲线上查出的试样中己脒定和氯己定的浓度，单位为微克每毫升(μg/mL)；

V ——样液最终定容体积，单位为毫升(mL)；

m ——试样的质量，单位为克(g)。

8 检出限和定量限

己脒定和氯己定及其盐类的检出限为 0.002%，定量限为 0.004%。

9 回收率和精密度

在添加浓度 0.004% ～ 0.3%范围内，己脒定和氯己定及其盐类的回收率在 84.1% ～ 99.7%之间，相对标准偏差为 1.1% ～ 7.8%。

10 允许差

在重复性条件下获得的两次独立测定结果的绝对差值不应超过算术平均值的 10%。

附 录 A
（资料性附录）
己脒定二(羟乙基磺酸)盐和氯己定标准品的基本信息

己脒定二(羟乙基磺酸)盐和氯己定标准品的基本信息见表 A.1 和图 A.1。

表 A.1 己脒定二(羟乙基磺酸)盐和氯己定的 CAS 号、分子式、结构式及相对分子质量等信息

中文名称	英文名称	CAS 号	分子式	相对分子质量
己脒定二(羟乙基磺酸)盐	Hexamidine diisethionate	659-40-5	$C_{20}H_{26}N_4O_2 \cdot 2C_2H_6O_4S$	606.7
氯己定	Chlorhexidine	55-56-1	$C_{22}H_{30}Cl_2N_{10}$	505.4

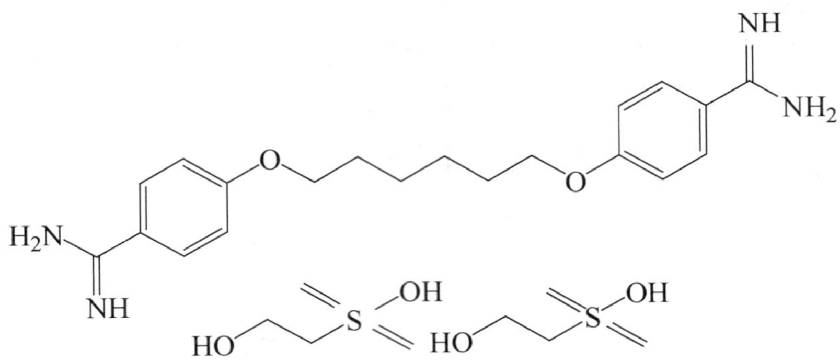

己脒定二（羟乙基磺酸）盐

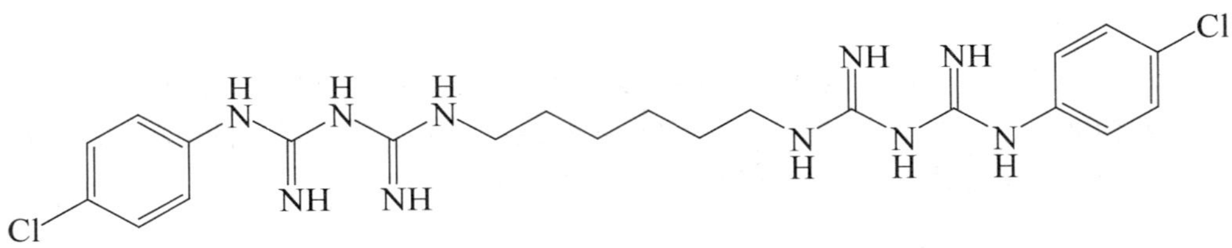

氯己定

图 A.1 己脒定二(羟乙基磺酸)盐和氯己定的结构式

附 录 B
(资料性附录)
己脒定和氯己定的液相色谱图

己脒定和氯己定的液相色谱图见图 B.1。

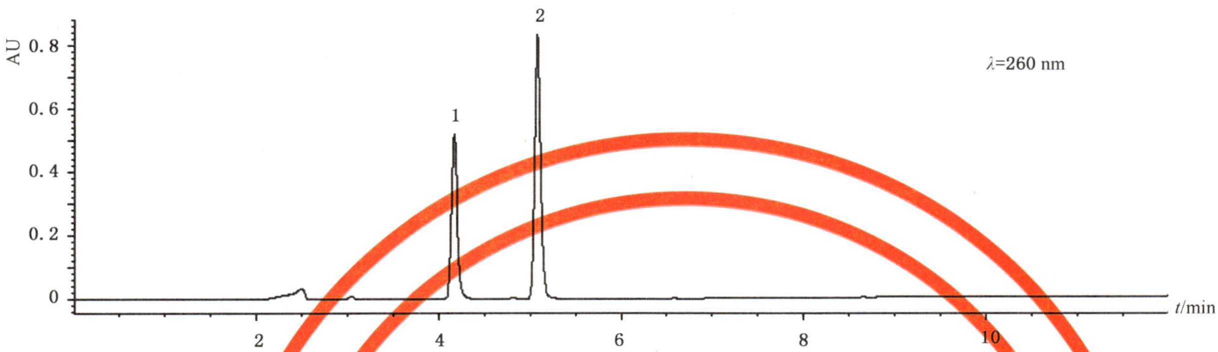

说明:

1——己脒定;

2——氯己定。

图 B.1 己脒定和氯己定的液相色谱图

附 录 C
（资料性附录）
确认试验

C.1 液相色谱条件

液相色谱测定的参考条件如下：

a) 色谱柱：XBridge C_{18}柱，150 mm × 2.1 mm（内径），3.5 μm，或相当者；
b) 流动相：0.1%三氟乙酸-水（A）和0.1%三氟乙酸-乙腈（B）；
c) 流速：0.3 mL/ min；
d) 柱温：30 ℃；
e) 进样量：5 μL；
f) 梯度洗脱程序见表C.1。

表 C.1 梯度洗脱程序

时间/min	A/%	B/%
0	60	40
1.0	60	40
2.0	40	60
3.0	40	60
3.1	60	40
5.0	60	40

C.2 质谱条件

质谱测定的参考条件如下：

a) 电离方式：电喷雾电离；
b) 毛细管电压：3.0 kV；
c) 萃取电压：3.0 V；
d) 离子源温度：150 ℃；
e) 脱溶剂气：氮气，流速1 000 L/h，温度500 ℃；
f) 锥孔气：氮气，流速50 L/h；
g) 碰撞气：氩气；
h) 扫描模式：多反应监测（MRM），定性离子对、定量离子对、锥孔电压和碰撞能量见表C.2。

表 C.2 己脒定和氯己定的串联质谱分析参数

物质名称	电离方式	保留时间 min	母离子 m/z	子离子 m/z	锥孔电压 V	碰撞能量 eV	离子丰度比
己脒定	ESI^+	1.39	355.0	338.2*，120.2	45	21，21	100，83
氯己定	ESI^+	2.38	505.0	353.2，336.2*	38	16，20	84，100
* 丰度较高离子。							

C.3 定性判定

按照上述条件测定试样和标准工作溶液，如果试样中质量色谱峰保留时间与标准工作溶液一致(变化范围在±2.5%之内)，且试样中目标化合物两个子离子的相对丰度与浓度相当标准溶液的相对丰度一致，则可判断样品中存在相应的目标化合物。

己脒定和氯己定的选择离子质量色谱图参见图 C.1。

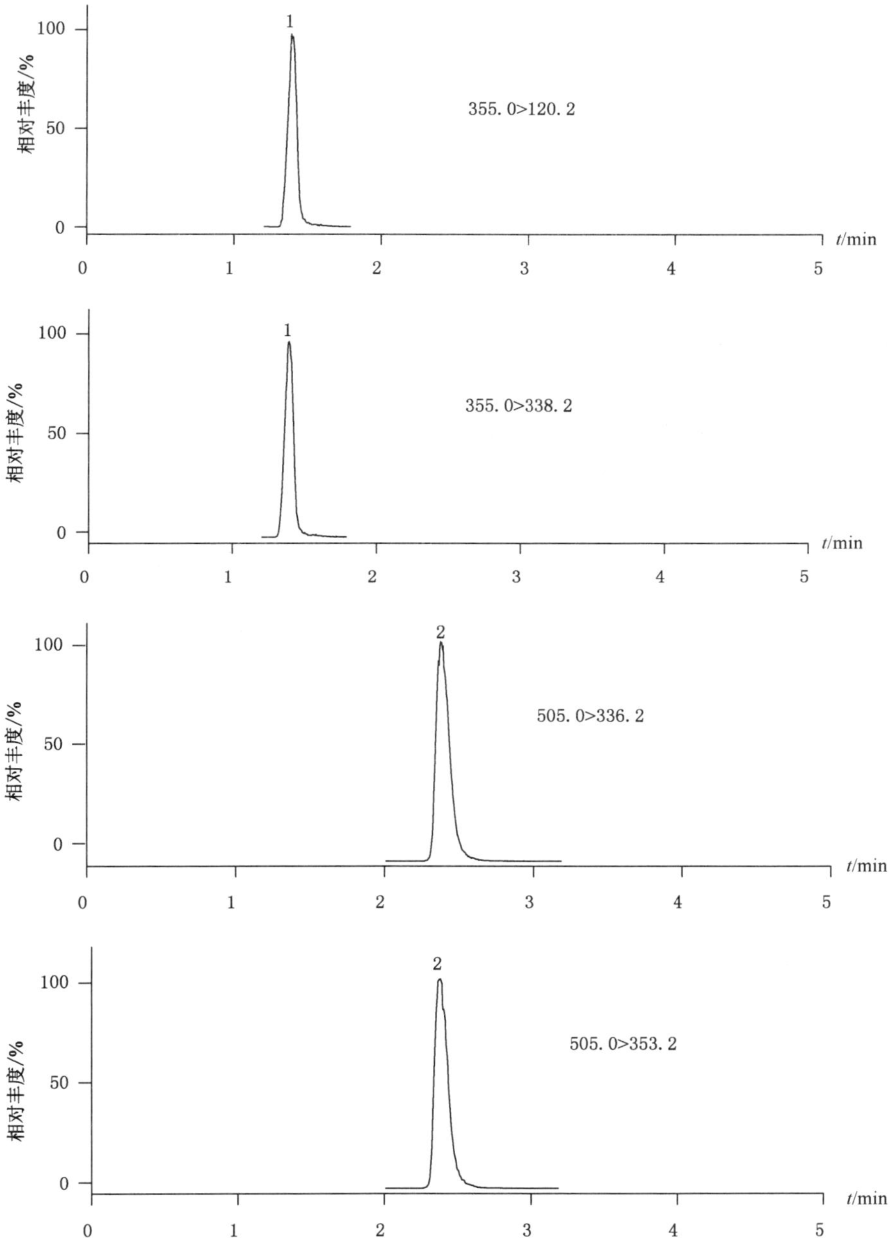

说明：

1——己脒定；

2——氯己定。

图 C.1 己脒定和氯己定的选择离子质量色谱图

ICS 71.100.70
Y 42

中华人民共和国国家标准

GB/T 35801—2018

化妆品中禁用物质克霉丹的测定 高效液相色谱法

Determination of prohibited captan in cosmetics—High performance liquid chromatography

2018-02-06 发布 2018-09-01 实施

中华人民共和国国家质量监督检验检疫总局
中国国家标准化管理委员会 发布

前　言

本标准按照 GB/T 1.1—2009 给出的规则起草。

本标准由中国轻工业联合会提出。

本标准由全国香料香精化妆品标准化技术委员会(SAC/TC 257)归口。

本标准起草单位:中国检验检疫科学研究院、上海市日用化学工业研究所。

本标准主要起草人:郭项雨、马强、席广成、李焘、孟慧、喜飞、李仪贤、沈敏。

引　　言

本标准的被测物质是我国《化妆品安全技术规范》规定的禁用物质。

禁用物质是指不能作为化妆品生产原料即组分添加到化妆品中的物质。《化妆品安全技术规范》规定：若技术上无法避免禁用物质作为杂质带入化妆品时，应进行安全性风险评估，确保在正常、合理及可预见的使用条件下不得对人体健康产生危害。

目前我国尚未规定这些物质的限量值，本标准的制定，仅对化妆品中测定这些物质提供检测方法。

化妆品中禁用物质克霉丹的测定
高效液相色谱法

1 范围

本标准规定了化妆品中禁用物质克霉丹的高效液相色谱测定方法。

本标准适用于膏霜类、水剂类、散粉类化妆品中克霉丹的测定。

本标准对克霉丹的检出限为 2 mg/kg,定量限为 5 mg/kg。

2 规范性引用文件

下列文件对于本文件的应用是必不可少的。凡是注日期的引用文件,仅注日期的版本适用于本文件。凡是不注日期的引用文件,其最新版本(包括所有的修改单)适用于本文件。

GB/T 6682 分析实验室用水规格和试验方法

3 原理

试样经溶剂超声提取,离心过滤后,用高效液相色谱法进行测定,外标法定量,液相色谱-质谱确认。

4 试剂和材料

除非另有说明,所用试剂均为分析纯,水为 GB/T 6682 规定的一级水。

4.1 乙腈:色谱纯。

4.2 甲醇:色谱纯。

4.3 四氢呋喃。

4.4 氯化钠。

4.5 克霉丹标准品:分子式 $C_9H_8Cl_3NO_2S$, CAS 号 133-06-2,纯度不小于 98%,结构式参见附录 A 中图 A.1。

4.6 克霉丹标准储备液:称取克霉丹标准品(4.5)10 mg(精确至 0.000 1 g),置于 100 mL 容量瓶中,用甲醇(4.2)溶解并定容至刻度,摇匀,配制成浓度为 100 mg/L 的标准储备液,于 4 ℃保存,可使用三个月。

4.7 克霉丹标准工作液:用甲醇(4.2)将克霉丹标准储备液(4.6)逐级稀释成浓度为 0.2 mg/L、0.5 mg/L、1 mg/L 、2 mg/L、5 mg/L、10 mg/L 标准工作液。

5 仪器和设备

5.1 高效液相色谱(HPLC)仪:配有紫外检测器或二极管阵列检测器。

5.2 液相色谱-质谱/质谱(LC-MS/MS)仪:配有电喷雾离子源(ESI)。

5.3 分析天平:感量为 0.000 1 g 和 0.001 g。

5.4 离心机:转速不低于 5 000 r/min。

5.5 超声波清洗器。

5.6 具塞塑料离心管:10 mL。

5.7 微孔滤膜:0.45 μm,材质为聚四氟乙烯。

6 分析步骤

6.1 样品处理

6.1.1 膏霜类样品

称取 1 g(精确至 0.001 g)试样置于 10 mL 具塞塑料离心管(5.6)中,加入 2 g 氯化钠(4.4),加入 10 mL 甲醇(4.2),摇匀,超声提取 20 min,5 000 r/min 离心 15 min 后,上清液经 0.45 μm 微孔滤膜过滤,供高效液相色谱测定。

6.1.2 水剂类和散粉类样品

称取 1 g(精确至 0.001 g)试样置于 10 mL 具塞塑料离心管(5.6)中,摇匀,加入 10 mL 甲醇(4.2),超声提取 20 min,5 000 r/min 离心 15 min 后,上清液经 0.45 μm 微孔滤膜过滤,供高效液相色谱测定。

6.2 测定条件

高效液相色谱参考条件如下:

a) 色谱柱:C_{18},5 μm,250 mm×4.6 mm(内径),或相当者;
b) 流速:1.0 mL/min;
c) 流动相:乙腈+水= 65+35(体积比);
d) 检测波长:206 nm;
e) 柱温:30 ℃;
f) 进样量:10 μL。

6.3 标准曲线的绘制

将克霉丹标准工作液(4.7)按 6.2 测定条件浓度由低到高进样测定,以峰面积-浓度作图,绘制标准工作曲线。

克霉丹标准品溶液的高效液相色谱图参见附录 A 中图 A.2,克霉丹标准品的紫外吸收光谱图参见附录 A 中图 A.3。

6.4 测定

按 6.2 测定条件对待测样品进行测定,如果检出的克霉丹的色谱峰的保留时间与标准品一致,并且在扣除背景后的样品色谱图中,该物质的紫外吸收光谱图与标准品一致,则可初步认定样品中存在克霉丹,用外标法定量。克霉丹含量应在标准曲线之内,超出线性范围则应稀释后再进行分析。必要时,阳性样品需用液相色谱-质谱进行确认试验,确认试验参见附录 B。

6.5 空白试验

除不称取样品外,均按上述测定条件和步骤进行。

7 结果计算

结果按式(1)计算,计算结果保留两位小数,计算结果应扣除空白值:

$$W = \frac{c \times V}{m} \quad \cdots\cdots (1)$$

式中：

W ——样品中克霉丹的含量，单位为毫克每千克(mg/kg)；

c ——从标准工作曲线上查出的试样溶液中克霉丹的浓度，单位为毫克每升(mg/L)；

V ——样液最终定容体积，单位为毫升(mL)；

m ——试样的质量，单位为克(g)。

8 检出限和定量限

克霉丹的检出限为 2 mg/kg，定量限为 5 mg/kg。

9 回收率和精密度

在添加浓度 5 mg/kg～100 mg/kg 浓度范围内，测得回收率为 88.2%～114.7%，相对标准偏差为 1.7%～9.3%。

10 允许差

在重复性条件下获得的两次独立测定结果的绝对差值不应超过算术平均值的 10%。

附 录 A
（资料性附录）
克霉丹标准品的结构式、高效液相色谱图和紫外吸收光谱图

克霉丹标准品的结构式见图 A.1；克霉丹标准品溶液（添加浓度为 5 mg/kg）的高效液相色谱图见图 A.2；克霉丹标准品的紫外吸收光谱图见图 A.3。

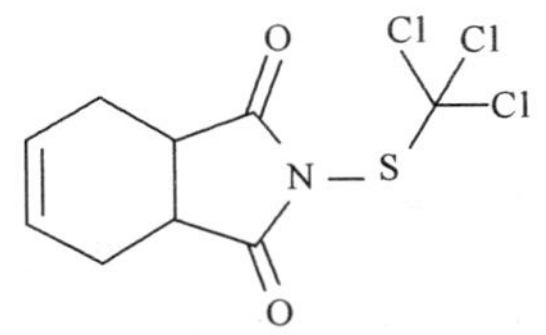

图 A.1 克霉丹标准品的结构式

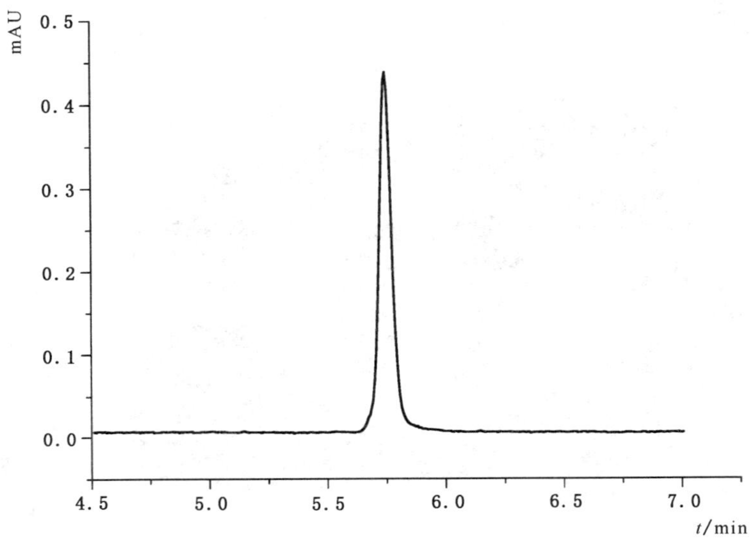

图 A.2 克霉丹标准品溶液（添加浓度为 5 mg/kg）的高效液相色谱图

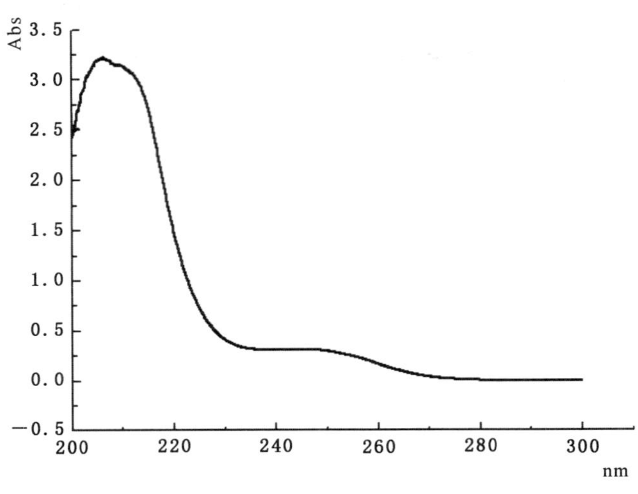

图 A.3 克霉丹标准品的紫外吸收光谱图

附 录 B
（资料性附录）
确认实验

B.1 液相色谱条件

液相色谱测定的参考条件如下：

a) 色谱柱：XBridge C_{18}，3.5 μm，150 mm×2.1 mm(内径)；
b) 流动相：0.1%甲酸溶液＋乙腈＝10＋90(体积比)；
c) 流速：0.3 mL/min；
d) 柱温：30 ℃；
e) 进样量：5 μL。

B.2 质谱条件

质谱测定的参考条件如下：

a) 离子源：电喷雾离子源；
b) 离子化模式：正离子模式；
c) 毛细管电压：3.5 kV；
d) 萃取电压：3.0 V；
e) 离子源温度：150 ℃；
f) 脱溶剂气温度：500 ℃；
g) 数据采集方式：多反应监测。

B.3 定性测定

进行试样测定时，将样液适当稀释，按液相色谱-质谱条件测定样液和标准工作溶液，如果所选择的离子均出现，而且所选择的离子比与标准物质的相对丰度一致，允许偏差不超过表 B.1 规定的范围，则可判断样品中含有克霉丹。克霉丹标准品的选择离子质量色谱图参见图 B.1。

表 B.1 克霉丹质谱分析参数

化合物	定量离子对 m/z	定性离子对 m/z	锥孔电压 V	碰撞能量 eV	相对离子丰度 %	允许相对偏差 %
克霉丹	301.6/238.1	301.6/266.1	15	12,8	100,52	±20

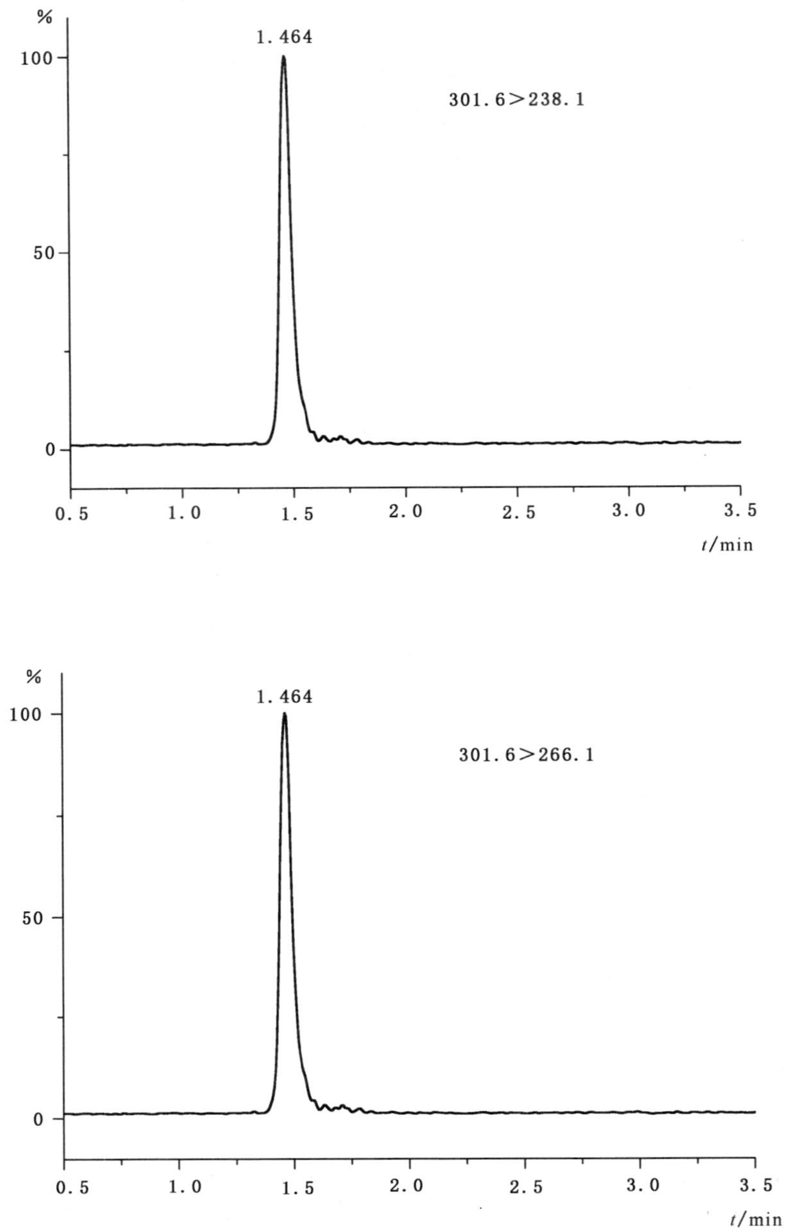

图 B.1 克霉丹标准品的选择离子质量色谱图

ICS 71.020
G 01

中华人民共和国国家标准

GB/T 35802—2018

碳酸钠生产技术规范

Production technical regulation for sodium carbonate

2018-02-06 发布 2018-09-01 实施

中华人民共和国国家质量监督检验检疫总局
中国国家标准化管理委员会 发布

53

前　言

本标准按照 GB/T 1.1—2009 给出的规则起草。

本标准由中国石油和化学工业联合会提出。

本标准由全国化学标准化技术委员会无机化工分技术委员会(SAC/TC 63/SC 1)归口。

本标准起草单位:唐山三友化工股份有限公司、中海油山东海化股份有限公司、青岛碱业股份有限公司、河南中源化学股份有限公司、江苏华昌化工股份有限公司、江苏井神盐化股份有限公司、杭州龙山化工有限公司、天津渤化永利化工股份有限公司、大化集团有限责任公司、正镶白旗洋丰化工有限公司、中海油天津化工研究设计院。

本标准主要起草人:郑存强、陈洪涛、于英明、李山岭、齐玉娥、陈建如、王远、胡浩德、王加德、王明志、丁忠虎、陆思伟、云玉娥、韩国杰、窦在英、刘二明、肖袁忠、丁超然、沈亮、张福进、张伟。

碳酸钠生产技术规范

1 范围

本标准规定了碳酸钠生产技术的术语和定义、基本生产要求、设计要求、生产过程控制、生产设备维护和保养、产品品质及包装要求、生产工艺安全、工业卫生设计及工作场所有害因素职业接触限值。

本标准适用于现有、新建(含改、扩建)的采用氨碱法、联碱法和天然碱加工法生产工业碳酸钠的生产工艺过程。

2 规范性引用文件

下列文件对于本文件的应用是必不可少的。凡是注日期的引用文件,仅注日期的版本适用于本文件。凡是不注日期的引用文件,其最新版本(包括所有的修改单)适用于本文件。

GB 210.1—2004 工业碳酸钠及其试验方法 第1部分:工业碳酸钠

GB 4053.1 固定式钢梯及平台安全要求 第1部分:钢直梯

GB 4053.2 固定式钢梯及平台安全要求 第2部分:钢斜梯

GB 4053.3 固定式钢梯及平台安全要求 第3部分:工业防护栏杆及钢平台

GB 12348 工业企业厂界环境噪声排放标准

GB 50016 建筑设计防火规范

GB 50046 工业建筑防腐蚀设计规范

GB 50187 工业企业总平面设计规范

GB 50489 化工企业总图运输设计规范

GBZ 1 工业企业设计卫生标准

GBZ 2.1 工作场所有害因素职业接触限值 第1部分:化学有害因素

3 术语和定义

下列术语和定义适用于本文件。

3.1

碳酸钠生产企业 sodium carbonate enterprise

以原盐为原料,采用联碱法(侯氏制碱法)、氨碱法(索尔维法)生产碳酸钠的企业和以天然碱加工法生产碳酸钠的企业。

3.2

联碱法 combined-soda process

侯氏制碱法 hou's soda process

以合成氨装置生产的氨和二氧化碳及原盐为原料生产碳酸钠并联产氯化铵的方法。

3.3

氨碱法 ammonia-soda process

索尔维法 Solvay soda Process

以原盐和石灰石为主要原料,以氨为中间辅助材料生产碳酸钠的方法。

3.4

天然碱加工法　trona process

以天然碱为原料，通过蒸发或碳酸化生产加工碳酸钠的方法。

3.5

生产过程控制　production process control

生产过程控制是为确保生产过程处于受控状态，对直接或间接影响产品质量的生产、安装和服务过程所采取的作业技术和生产过程的分析、诊断和监控。

4　基本生产要求

4.1　装置规模

新建、改建、扩建的碳酸钠生产装置规模应符合碳酸钠行业的准入规定。

4.2　工艺过程

4.2.1　氨碱法

氨碱法工艺过程应包括：盐水精制、石灰石煅烧、精盐水吸氨、氨盐水碳酸化、过滤、蒸馏、压缩、重碱煅烧、重灰工序工艺系统。

4.2.2　联碱法

联碱法工艺过程应包括：原盐精制、氯化铵结晶、湿铵干燥、冰机制冷、氨吸收、氨母液Ⅱ碳酸化（其中包括脱碳气工艺和变换气工艺）、重碱过滤、重碱煅烧、二氧化碳压缩系统。

4.2.3　天然碱加工法

天然碱加工法包括倍半碱工艺和碳酸化工艺，倍半碱工艺和碳酸化工艺过程应包括：

a）倍半碱工艺应包括蒸发结晶、过滤、离心、轻灰煅烧、轻灰水合工艺系统。

b）碳酸化工艺应包括碳酸化、湿分解、压缩、过滤、煅烧工艺系统。

5　设计要求

5.1　厂址选择及总图布置

5.1.1　厂址选择

5.1.1.1　企业选址应依据我国现行的卫生、安全生产和环境保护等法律法规、标准和拟建企业建设项目生产过程的卫生特征及其对环境的要求、职业性有害因素的危害状况，结合建设地点现状与当地政府的整体规划，以及水文、地质、气象等因素，进行综合分析而确定。

5.1.1.2　企业选址宜避开自然疫源地；对于因建设工程需要等原因不能避开的，应设计具体的疫情综合预防控制措施。

5.1.1.3　企业选址宜避开可能产生或存在危害健康的场所和设施，如垃圾填埋场、污水处理厂、气体输送管道，以及水、土壤可能已被原工业企业污染的地区；建设工程需要但又难以避开的，应首先进行卫生学评估，并根据评估结果采取必要的控制措施。设计单位应明确要求施工单位和建设单位制定施工期间和投产运行后突发公共卫生事件应急救援预案。

5.1.1.4　企业应设在当地夏季最小频率风向被保护对象的上风侧，并应符合国家规定的卫生防护距离要求，以避免与周边地区产生相互影响。对于目前国家尚未规定卫生防护距离要求的，宜进行健康影响评估，并根据实际评估结果作出判定。

5.1.1.5　联合企业内在同一区域布置不同卫生特征的企业时，宜避免不同有害因素产生交叉污染和联合作用。

5.1.1.6　企业的厂址选择除符合上述要求外，还应符合 GB 50489 和 GB 50187 的有关规定。

5.1.2　总图布置

5.1.2.1　厂区总平面布置应明确功能分区，可分为生产区、非生产区、辅助生产区。其工程用地应根据卫生要求，结合工业企业性质、规模、生产流程、交通运输、场地自然条件、技术经济条件等合理布局。

5.1.2.2　企业总平面布置，包括建（构）筑物现状、拟建建筑物位置、道路、卫生防护、绿化等应符合 GB 50016、GB 50489、GB 50187、GBZ 1 等国家相关标准规范的要求。

5.1.2.3　企业厂区总平面功能分区的分区原则应遵循：分期建设项目宜一次整体规划，使各单体建筑均在其功能区内有序合理，避免分期建设时破坏原功能分区；行政办公用房应设置在非生产区；生产车间及与生产有关的辅助用房应布置在生产区内；产生有害物质的建筑（部位）与环境质量较高要求的或有较高洁净要求的建筑（部位）应有适当的间距或分隔。

5.1.2.4　可能发生急性职业病危害的有毒、有害的生产车间应设置与相应事故防范和应急救援相配套的设备、设施，并留有应急通道。

5.1.2.5　煅烧工序应靠近碳酸化工序，以使重碱的运输路线短而方便。煅烧工序到包装厂房的距离不宜太远，同时包装厂房的布置应便于装车外运。

5.1.2.6　压缩工序的位置应考虑煅烧炉炉气管线（包括氨碱厂的石灰窑窑气管线）不应过长，而且到碳酸化的管线也应较短。

5.1.2.7　热电站（锅炉房）的位置应靠近用汽中心，避免蒸汽管线过长。同时，热电站（或全厂总降压站）至各配电室的电缆走向应合理，电缆长度宜短。

5.1.2.8　氨碱法生产企业的石灰工序布置除应考虑石灰石及焦炭的运输，同时石灰乳至蒸馏工序、窑气至压缩工序的管线长度宜短。当使用固体盐为原料时，为减少固体运输，化盐工序宜设在附近的盐场或厂内的盐堆场区，便于化盐后将饱和盐水送至盐水精制工序。

5.1.2.9　联碱法生产企业的洗盐工序宜靠近盐堆场布置，便于盐的运输。同时应考虑到洗盐（或精盐）到盐析结晶器的距离，冷冻工序应靠近氯化铵工序的外冷器，以减少冷损失。

5.1.2.10　联碱法生产企业的总平面布置除满足合成氨装置、联碱装置的各自要求外，还应充分考虑到两个装置之间的密切关系，以缩短管线，便于生产。

5.2　竖向布置

5.2.1　放散大量热量或有害气体的厂房宜采用单层建筑。当厂房是多层建筑物时，放散热和有害气体的生产过程宜布置在建筑物的高层。如必须布置在下层时，应采取有效措施防止污染上层工作环境。

5.2.2　噪声与振动较大的生产设备宜安装在单层厂房内。当设计需要将这些生产设备安置在多层厂房内时，宜将其安装在底层，并采取有效的隔声和减振措施。

5.2.3　含有挥发性气体、蒸气的各类管道不宜从仪表控制室和劳动者经常停留或通过的辅助用室的空中和地下通过；若需通过时，应严格密闭，并应具备抗压、耐腐蚀等性能，以防止有害气体或蒸气逸散至室内。

5.3　厂房设计

5.3.1　厂房建筑方位应能使室内有良好的自然通风和自然采光，相邻两建筑物的间距一般不宜小于二者中较高建筑物的高度。

5.3.2 以自然通风为主的厂房，车间天窗设计应满足卫生要求：阻力系数小，通风量大，便于开启，适应不同季节要求，天窗排气口的面积应略大于进风窗口及进风门的面积之和。热加工厂房应设置天窗挡风板，厂房侧窗下缘距地面不宜高于 1.2 m。

5.3.3 高温、热加工、有特殊要求和人员较多的建筑物应避免西晒。厂房侧窗上方宜设置遮阳、遮雨的固定板(棚)，避免阳光直射，方便雨天通风。

5.3.4 产生噪声、振动的厂房设计和设备布局应采取降噪和减振措施。

5.3.5 车间办公室宜靠近厂房布置，但不宜与处理危险、有毒物质的场所相邻。应满足采光、照明、通风、隔声等要求。

5.3.6 具有腐蚀性环境的厂房建筑物结构应符合 GB 50046 的要求。

5.4 工艺设计

5.4.1 劳动安全卫生防护设施、环境保护设施和消防设施应做到与主体工程同时设计、同时施工、同时投产使用。

5.4.2 工艺设计应优化工艺流程，合理优化设备配置，充分考虑安全设施、环保设施和消防设施与工艺装置的结合。

5.4.3 工艺设计应采用先进的工艺、设备，做到生产过程自动化，宜采用 DCS 集中控制系统。氨碱、联碱生产企业，应根据本企业工艺特点，装备功能完善的自动化控制系统，严格工艺、设备管理。对使用重点监管的危险化学品数量构成重大危险源的生产、储存装置，应装备自动化控制系统，实现对温度、压力、液位等重要参数的实时监测。

5.4.4 同一性质的生产工艺设备，宜集中布置，并充分考虑操作、检修、安全通道等的间距要求。

5.5 建(构)筑物

5.5.1 厂房建(构)筑物应符合安全健康、消防、当地地震等级等相关要求，并具有足够使用的高度和面积，利于通风。

5.5.2 生产厂房等建(构)筑物的地面、墙体、梁、柱等应采取有效的防腐蚀措施。

5.5.3 生产车间地面应平整，易于清扫，清污分流。

5.5.4 固定式钢梯及平台的安全要求应符合 GB 4053.1、GB 4053.2、GB 4053.3 的规定。

6 生产过程控制

6.1 氨碱法

6.1.1 流程概述

以原盐、石灰石为原料，以氨为中间媒介，通过盐水精制、石灰石煅烧、精盐水吸氨、氨盐水碳酸化、重碱过滤、母液蒸馏、重碱煅烧及气体压缩等生产过程制得轻质碳酸钠；轻质碳酸钠一部分经过冷却送至成品包装，另一部分进一步加工制得重质碳酸钠经冷却后送至成品包装。

6.1.2 盐水精制工序

6.1.2.1 工序任务

将原盐溶解于水，制成饱和粗盐水。通过对粗盐水进行精制，制备符合吸氨工序和碳化工序要求的精盐水，盐水精制过程主要是除去盐水中的钙、镁离子及水不溶物等，包括以下内容：

a) 减轻吸氨过程中管道与塔器的结疤堵塞现象，延长使用周期，提高设备生产能力。粗盐水中的钙、镁在吸氨过程中可与氨、二氧化碳反应生成钙、镁的单盐或复盐的沉淀使管道与塔器结疤

堵塞,使设备管道的使用周期缩短,且明显降低设备生产能力;

b) 提高碳酸钠质量。由于粗盐水吸氨和碳化时都会析出钙、镁沉淀物残留在产品中,致使碳酸钠中的水不溶物含量增加,影响产品质量;

c) 减少生产过程中的氨、盐损失。若盐水未经过精制,吸氨时结疤速度加快,使塔器、管道清理次数增加,频繁的开停倒换,造成氨、盐水的流失,增加盐、氨消耗。

6.1.2.2 工艺方法

6.1.2.2.1 石灰-碳酸铵法

石灰-碳酸铵法分两步除去盐水所含的镁、钙杂质:

a) 在反应器内加入石灰乳使二价镁离子转化成为氢氧化镁沉淀析出,在一次盐水澄清桶内将沉淀物沉降而分离。反应方程式为:

$$Mg^{2+} + Ca(OH)_2 \longrightarrow Mg(OH)_2 \downarrow + Ca^{2+}$$

b) 在除钙塔内通入碳化尾气(含氨及二氧化碳),使一次盐水中的二价钙离子转化成为碳酸钙沉淀析出而除去之(在二次盐水澄清桶内沉降而分离)。反应方程式为:

$$Ca^{2+} + 2NH_3 + CO_2 + H_2O \longrightarrow CaCO_3 \downarrow + 2NH_4{}^{+}$$

6.1.2.2.2 石灰-碳酸钠法

首先将石灰乳与碳酸钠按一定比例(依粗盐水钙、镁含量)混合反应后消除碱液中的碳酸氢钠,将最终有效成分为氢氧化钠和碳酸钠的混合液(也称苛化液)送至盐水反应器,使粗盐水中钙、镁离子同时沉淀下来。反应方程式为:

$$NaHCO_3 + Ca(OH)_2 = NaOH + CaCO_3 \downarrow + H_2O$$

除钙、镁离子反应式为:

$$Mg^{2+} + 2OH^{-} \longrightarrow Mg(OH)_2 \downarrow$$

$$Ca^{2+} + CO_3{}^{2-} \longrightarrow CaCO_3 \downarrow$$

6.1.2.3 工艺流程

6.1.2.3.1 石灰-碳酸铵法

原盐经计量后送入化盐桶上部,与其底部进入的淡盐水(精杂水)逆流接触,制成近饱和的粗盐水,粗盐水自流或经泵送到调和槽内,加入适量二次泥浆(助沉剂)和石灰乳,混合均匀反应彻底后,加入适量的絮凝剂(聚丙烯酰胺),混合均匀后自流进入一次盐水澄清桶进行澄清。

由一次盐水澄清桶上部出来的清液(一次盐水)用泵送到除钙塔除钙段顶圈(除钙塔分两段,上部为净氨段、下部为除钙段),以吸收从除钙塔底部进来的碳酸化尾气中的氨和二氧化碳,进行除钙反应。

从除钙塔底部出来的液体(塔出卤),自流进入二次盐水澄清桶进行澄清。由二次盐水澄清桶上部出来的清液(二次盐水或精盐水),用泵送至吸氨系统进行吸氨。

除钙塔除钙段出气进入其上部的净氨段,用不含氨的低温水洗涤尾气中残留的氨。净氨段出来的水自流于混泥地槽与海水、一次泥混合经泵送入洗泥桶。

二次盐水澄清桶底部排出的二次泥经泵送至调和槽,作为一次盐水澄清的助沉剂,用于回收二次盐水泥中的氨。一次盐水澄清桶底部排出的一次盐水泥进入混合料槽,与除钙净氨段出水、海水混合(混合料)经泵送至洗泥桶中心桶。洗水自洗泥桶下层进入洗泥桶中与混合料逆流接触洗涤,洗涤后的淡盐水(精杂水)自上层溢流至杂水桶,经杂水泵送至化盐桶化盐,洗泥桶底部排出的废泥经泵送至净化工序处理后外排,或将废泥进行压滤处理,清液回收用于化盐,滤饼用于垫地。

6.1.2.3.2 石灰-碳酸钠法

原盐经计量后送入化盐桶或化盐池上部，与其底部进入的淡盐水逆流接触，形成的饱和粗盐水用粗盐水泵送至反应器中，在反应器中加入配制好的苛化液，混合后粗盐水自反应器出口溢流至曲径槽（在曲径槽加入助沉剂）、澄清桶，在澄清桶内澄清后，合格的精盐水从其上部溢流至精盐水槽，经精盐水泵送至吸氨工序。

澄清桶底部盐泥排至洗泥桶上层套桶内。洗水自洗泥桶底层进入，盐泥与洗水在洗泥桶中经逆流洗涤，洗涤后的淡盐水自上层溢流至淡盐水槽经淡盐水泵送至化盐桶或化盐池化盐，洗泥桶尖底排泥送至碱渣废液前池与碱渣一起排至渣场或将废盐泥送至压滤工序进行脱水，淡盐水回收，滤饼堆存。

6.1.2.4 工艺过程控制

6.1.2.4.1 工艺指标

6.1.2.4.1.1 石灰-碳酸铵法

石灰-碳酸铵法盐水精制工序工艺指标应符合表1要求。

表1 石灰-碳酸铵法盐水精制工序工艺指标

项　　目		指　　标
精盐水（以 Cl^- 计）浓度/(mol/L)	≥	5.25
精盐水浊度/(mg/L)	≤	80
精盐水游离氨（以 NH_3 计）浓度/(mol/L)		0.4～0.7
精盐水二氧化碳（CO_2）浓度/(mL/20 mL)		18～50

6.1.2.4.1.2 石灰-碳酸钠法

石灰-碳酸钠法盐水精制工序工艺指标应符合表2要求。

表2 石灰-碳酸钠法盐水精制工序工艺指标

项　　目		指　　标
精盐水（以 Cl^- 计）浓度/(mol/L)	≥	5.25
精盐水中钙（以 Ca^{2+} 计）含量/(mg/L)	≤	5
精盐水中镁（以 Mg^{2+} 计）含量/(mg/L)	≤	5
精盐水浊度/(mg/L)	≤	50

6.1.2.4.2 操作要点

6.1.2.4.2.1 石灰-碳酸铵法盐水精制工序

石灰-碳酸铵法盐水精制工序的正常操作应遵循以下要点：

a) 保证化盐桶内盐层距液面 0.5 m～1.0 m，确保粗盐水盐分在合格范围；
b) 尽可能地保证杂水温度控制在 40 ℃～45 ℃之间；
c) 根据原盐中镁含量及时调节石灰乳加入量，调和液过剩灰控制在合格范围内，确保粗盐水除镁效果；

d) 根据一次盐水澄清桶清液层情况及时调节絮凝剂加入量、各桶物料进出量及一次泥排量，确保一次盐水质量合格；

e) 保证除钙塔各塔温度，各塔出卤温差不应大于 5 ℃；

f) 根据除钙情况、二次盐水澄清桶清液层情况及时调节各塔进气、进卤及各桶进出量、二次泥排量，确保二次盐水质量合格；

g) 进洗泥桶盐泥浆与洗水之比尽量保持在 1∶3.5～1∶4.0 之间，使废泥氯差在合格范围，并保持洗泥桶出水澄清。

6.1.2.4.2.2 石灰-碳酸钠法盐水精制工序

石灰-碳酸钠法盐水精制工序的正常操作应遵循以下要点：

a) 保证化盐桶内有效盐层不小于 2.5 m，确保粗盐水盐分在合格范围；

b) 淡盐水温差最大波动不应大于 4 ℃；

c) 根据粗盐水中的钙、镁离子含量配制合格苛化液，并及时调节苛化液的加入量，确保除钙、镁粗盐水过剩氢氧根和过剩碳酸根离子合格；

d) 根据澄清桶清液层情况及时调节助剂加入量及盐泥排量，确保精盐水质量合格；

e) 进洗泥桶盐泥浆与洗水之比尽量保持在 1∶3.5～1∶4.0 之间，使废泥氯差在合格范围，并保持洗泥桶出水澄清。

6.1.2.5 设备选用

6.1.2.5.1 石灰-碳酸铵法盐水精制工序主要设备

石灰-碳酸铵法盐水精制工序主要设备有化盐桶、调和槽、澄清桶、除钙塔、洗泥桶。其中澄清桶一般选用结构简单、操作容易、运行稳定及澄清效率高的澄清桶，如：一次盐水澄清桶一般采用道尔型澄清桶、外溢流式澄清桶；二次盐水澄清桶一般采用辐射外溢流澄清桶和道尔型二次澄清桶，均为蜂窝填料型聚乙烯塑料斜管；除钙塔为吸收反应塔，由除钙段和净氨器两个部分组成，分菌帽塔和穿流式筛板塔两种；洗泥桶一般选用效率较高的三层逆流洗泥桶。

6.1.2.5.2 石灰-碳酸钠法盐水精制工序主要设备

石灰-碳酸钠法盐水精制工序主要设备有化盐桶（或化盐池）、精制反应器、澄清桶及洗泥桶。其中澄清桶一般选用结构简单、操作容易、运行稳定及澄清效率高的澄清桶，如斯堡丁式澄清桶、斜板式澄清桶等。而洗泥桶一般选用效率较高的三层逆流洗泥桶。

6.1.3 石灰石煅烧工序

6.1.3.1 工序任务

在石灰窑内利用焦炭（或白煤）的燃烧热，使石灰石高温分解为窑气及生石灰，对产生的窑气进行净化处理，使之符合氨盐水碳酸化的要求；同时将生石灰与温水在化灰机内进行消化反应制得合格的石灰乳供蒸馏工序回收氨及盐水精制除镁。

6.1.3.2 工艺方法

将符合工艺要求的石灰石和焦炭（或白煤）均匀分布于石灰窑体内，石灰石利用焦炭（或白煤）的燃烧热煅烧分解，其分解反应为吸热反应，提高煅烧温度，可加速碳酸钙分解，但温度过高会使石灰石过烧，降低氧化钙活性，严重时将产生大瘤块。温度过低将影响碳酸钙的分解速度。燃烧过程所需空气的加入量应与加入的燃料量相对应。空气不足燃烧不充分，产生大量的一氧化碳；空气过量会冲淡窑气，使氧气含量增加，二氧化碳浓度降低，同时热损失增加。石灰石分解主要反应为可逆反应，因此产生的二氧化碳气体应及时导出，否则二氧化碳分压过高将抑制碳酸钙的持续分解，主要反应为：

$$CaCO_3(s) \longrightarrow CaO(s) + CO_2(g) - 179.6\ kJ/moL$$

$$C(s) + O_2(g) \longrightarrow CO_2(g) + 395.4\ kJ/moL$$

生石灰中加入适量的水，使氧化钙形成氢氧化钙悬浮液（石灰乳），主要反应为：

$$CaO + H_2O \longrightarrow Ca(OH)_2 + 66.7\ kJ/moL$$

石灰乳中悬浮粒子的分散程度很重要，粒子小易形成均匀不易沉降的乳状物，便于输送和使用。分散度高，有利于蒸氨过程中和氯化铵充分反应，提高氢氧化钙的利用率。影响悬浮粒子大小的因素有石灰的纯度、水量、水温、搅拌强度等。消化用水温度偏低，灰乳中悬浮粒子的分散度差，易沉积；消化用水温度高，可加速消化，并呈现悬浮松软极细的粉末状，分散度好。

6.1.3.3 工艺流程

将符合工艺要求的石灰石和焦炭（或白煤），分别称量后从石灰窑顶部经分石器均匀撒入窑内。石灰窑内的混合料经预热、煅烧、冷却三个阶段，石灰石被煅烧分解成生石灰，同时产生窑气。生石灰送入石灰仓，由加灰机送入化灰机前端，同时温水也进入化灰机，石灰、水在机内进行消化，由块状消化成一定浓度的灰乳。灰乳及未消化的块状物（大部分为返石、返砂、瘤块、焦核）被推至化灰机尾部，经三层不同孔径筛网筛分。筛分后的粗灰乳经溜槽进入灰乳转筛，进一步分离出 2.5 mm 以上的颗粒。从灰乳转筛下部流出的灰乳经溜槽进入灰乳罐后经灰乳泵送往蒸氨工序及盐水车间，剩余灰乳经回灰管道返回灰乳罐。化灰机尾部返石经水洗后，排至返石带式输送机，经返石筛筛分，大块颗粒排入返石仓成为返石，被输送到石灰石仓回收利用。

助燃空气经鼓风机由窑底送入，冷却生石灰，助燃空气得到了预热。窑气由窑顶引出，经过旋风分离器及窑气洗涤塔粗略除尘后，进入电除尘器再次净化后送至压缩机，以保证压缩机的运转周期和正常工作。

6.1.3.4 工艺过程控制

6.1.3.4.1 工艺指标

石灰石煅烧工序工艺指标应符合表 3 要求。

表 3 石灰石煅烧工序工艺指标

项目			指标
以白煤为燃料的窑气成分	二氧化碳(CO_2)φ/%	≥	38.5
	氧(O_2)φ/%	≤	1.5
	一氧化碳(CO)φ/%	≤	2.0
	白煤与石灰石比值		7.5～11.5
以焦炭为燃料的窑气成分	二氧化碳(CO_2)φ/%	≥	40
	氧(O_2)φ/%	≤	1.0
	一氧化碳(CO)φ/%	≤	1.5
	焦炭与石灰石比值		6.5～8.0
灰乳浓度/(mol/L)			4～4.625
窑气含尘/(mg/m^3)		≤	10

6.1.3.4.2 操作要点

石灰石煅烧工序的正常操作应遵循以下要点：

a) 在石灰石煅烧操作中，配焦炭(或白煤)率直接影响石灰窑的各项指标。配焦炭(或白煤)率高，则窑气二氧化碳浓度降低，并引起石灰石过烧或结瘤；如配焦炭(或白煤)率低，则使石灰石生烧，产生带石心石块增多，使返石量增加。

b) 控制石灰石粒度。石灰石粒度应控制在一定的范围内而且均匀。石灰石的最小粒度不得小于0.01 D(D为窑体直径)，最小块石灰石与最大石灰石的粒径比例极限为1∶3。较小粒度的石灰石，配焦率可能降低，且煅烧时间短，石灰窑的生产强度大。但粒度过小，窑内通风不良，煅烧不均匀，生产能力反而下降。粒度过大，在相同的煅烧温度下，煅烧时间延长，降低石灰窑的生产能力。

c) 控制燃料粒度。燃料粒度应与石灰石的粒度相匹配，且应大小均匀，最理想的块数比为1∶1。一般燃料燃烧持续的时间应接近于最大块石灰石分解持续的时间，焦炭粒度应是石灰石最大粒度的1/3～1/2。过大，焦炭烧不透，石灰中夹带焦核较多，燃料消耗增加；过小，不但使石灰窑内通风不良，而且会在很短时间内将燃料消耗完，大块的石灰石烧不透，造成生烧。

d) 控制混合料在窑内截面分布。石灰石和焦炭(或白煤)在整个窑身截面均匀分布是保证石灰窑工艺控制正常进行的基本条件之一。使石灰石和焦炭(或白煤)充分混合并分布均匀，主要取决于一次混合和窑内分布。窑内分布又取决于布料器的结构和旋转角度，理论上旋转角度重合的几率越少越好。

e) 控制出气、出灰温度。在高效率的操作下，窑顶出气及窑底出灰温度均应低控，出气及出灰温度过高，则带走热量多，热效率下降，增加配焦炭(或白煤)率，使窑气中的二氧化碳浓度相应降低。

f) 风量和风压控制。风压大小(扣除窑顶出气压力)即表示混合料层阻力大小。它取决于物料层高度、石灰石和焦炭(或白煤)的粒度大小及形状、燃料用量多少和生产强度等。在风量和风压二者之间，在操作上一般以风量为主，风量的加入量应与石灰窑的生产能力相适应，实践证明空气过剩系数应小于1.05，否则氧气含量增加，窑气浓度降低。长时间的风量不适当会引起煅烧区位置的变化。

g) 控制窑顶出气压力。窑顶出气压力应维持正压，以避免空气进入窑内，使窑气二氧化碳浓度降低。但压力过大，则使碳酸钙分解速度下降，使石灰窑生产能力下降，同时鼓风机电能消耗增加。一般窑顶出气压力应在100 Pa～500 Pa。

h) 控制灰水比。灰水比的合适与否，直接决定着灰乳浓度的高低。灰水比受灰质、灰仓储量、水质等因素影响，应经常调节进水量和进灰量，保证灰乳浓度合格稳定，以减少灰乳的浪费。

i) 控制化灰水温。化灰用水温度高，可使反应速度加快，石灰消化完全。同时制得的石灰乳粒子细腻、分散均匀，有利于蒸氨。尤其在化灰机生产能力受限时，化灰水温低则浪费大量的石灰。化灰水温是化灰操作中重要控制要素。一般化灰用水的温度控制在50 ℃～60 ℃范围内。

6.1.3.5 设备选用

石灰石煅烧工序主要设备有石灰窑、化灰机及静电除尘器等。石灰窑种类较多，应用最广泛的有竖窑和回转窑两种，较理想的石灰窑为混料式机械化竖窑，其优点是可以产出高品质的石灰，且可以制得高浓度的二氧化碳气体。常用的化灰机为圆筒回转卧式化灰机，圆筒直径视生产规模而异。根据石灰和灰乳是否在化灰机同一端进出，将化灰机分为两种类型：同一端进出石灰和灰乳的称为逆流式，其特点是化灰机内设有内套筒，流程简单，便于操作管理，但灰乳浓度低，灰乳内砂子较多，化灰机能力低；不同端进出的称为顺流式，其特点是出灰乳处设有筛子，物料填充容积大，灰乳浓度高，在同样消化条件下，其生产能力大，灰乳含砂量少。

6.1.4 精盐水吸氨工序

6.1.4.1 工序任务

将符合要求的精盐水吸收由蒸馏工序送来的氨、二氧化碳气以及液氨库来的液氨，制备成合格的氨盐水，送碳化工序使用。

6.1.4.2 工艺方法

精盐水的主要成分为氯化钠，蒸馏工序送来的气体主要成分为氨和二氧化碳，精盐水在吸收塔内吸收，主要反应式为：

$$NH_3(g)+H_2O(l) \longrightarrow NH_4OH(aq)+34.785\ kJ/moL$$

$$CO_2(g)+H_2O(l) \longrightarrow H_2CO_3(aq)+20.152\ kJ/moL$$

$$2NH_4OH(l)+H_2CO_3(l) \longrightarrow (NH_4)_2CO_3(aq)+2H_2O(l)+73.836\ kJ/moL$$

氨的吸收反应为放热反应，是非等温吸收过程，反应后气体体积大幅度减小，为了控制反应温度，在吸收过程中设置冷却装置。

根据反应方程式，从化学平衡的角度来看，降低温度、提高压力，有利于吸氨反应的进行，但蒸馏和吸收是一个封闭系统，真空条件下吸氨可以降低蒸馏塔压，从而达到节约蒸馏汽耗的目的，另根据氨的易挥发特性，综合考虑，吸收塔应控制一定的真空度。

6.1.4.3 工艺流程

由上道工序送来的合格精盐水，进入吸收尾气净氨塔顶部，吸收尾气中的氨和二氧化碳制成淡氨盐水自流入淡氨盐水贮桶，经淡氨盐水泵送入吸收塔顶部。进入吸收塔的淡氨盐水和来自蒸馏工序的气氨及补充的液氨逆流或并流接触，吸收其中的氨和二氧化碳形成热氨盐水，热氨盐水经澄清、冷却送至碳化工序。吸收尾气从吸收塔引出，入吸收尾气净氨塔经洗涤净氨后，净氨尾气(主要成分为二氧化碳)经真空泵排出，送入炉气总管与炉气混合后送压缩工序作下段气用(或达标排放)。

6.1.4.4 工艺过程控制

6.1.4.4.1 工艺指标

精盐水吸氨工序工艺指标应符合表 4 要求。

表 4 精盐水吸氨工序工艺指标

项　目		指　标
氨盐水游离氨(F_{NH_3})浓度/(mol/L)		5～5.2
氨盐水总氯(T_{Cl^-})浓度/(mol/L)		4.45～4.55
氨盐水游离氨(F_{NH_3})与总氯(T_{Cl^-})比		1.12～1.17
氨盐水铁(以 Fe^{3+} 计)浓度/(mg/L)	≤	12
氨盐水浊度/(mg/L)	≤	100

6.1.4.4.2 操作要点

6.1.4.4.2.1 氨盐水质量要求

氨盐水质量对碳酸钠产量、质量，以及盐、氨、石灰石等主要原料消耗都有直接或间接的重大影响，应逐项予以严密控制：

a) 氨盐水游离氨浓度维持 5 mol/L～5.2 mol/L 为宜，即氨盐水经制碱后液相的总氨较总氯高约 0.1 mol/L～0.15 mol/L。游离氨过低，钠离子利用率低；过高，氨损失大，而且易在制碱塔底部生成碳酸氢铵结晶。

b) 氨盐水总氯以 4.45 mol/L～4.55 mol/L 为佳。过高，则易盐析，堵塞冷却器通道；过低，氨盐水当量大，钠离子利用率也低。总氨因故偏离正常范围，以按游离氨与钠离子之比在 1.12～1.17 之间控制为准则。

c) 控制氨盐水二价硫离子、三氧化二铁的量。调节硫化钠溶液加入量，以维持氨盐水二价硫离子在规定范围。如果吸氨、碳化工序倒换或系统有大的波动(系统大修后开车、停车)，根据需要，将二价硫离子酌情提高。严格控制氨盐水三氧化二铁不超过 12 mg/L，以确保获得较高的优级品率。控制吸收温度不至于过高，减少二价硫离子损耗，保护硫化铁膜。同时，严格执行新开(包括大修后再开)设备清锈、吹扫、硫洗、冲洗、清塔等规定。

d) 氨盐水浊度维持 100 mg/L 以下，浊度过高对产品质量及后工序操作有很大影响。

6.1.4.4.2.2 正常操作

精盐水吸氨工序的正常操作应遵循以下要点：

a) 维持适宜的吸收温度，以保证氨盐水质量合格及氨的完全吸收，除保证来气温度合格以外，还应采用调节水量及合理分配负荷的方法，防止反应区上移，发生热顶现象。

b) 精盐水温度维持 38 ℃～42 ℃，过高，吸收不完全；过低，有盐析现象。吸收塔出气温度不超过 40 ℃，过高，氨损失大；过低，尾气及吸收塔顶部易造成结晶。

c) 氨盐水的出塔温度控制在 60 ℃～70 ℃，其维持温度指标主要是通过及时调节各层冷却水量来完成。

d) 控制各段真空度及各点之间真空差在正常范围。目的是协调蒸、吸氨对压力大小的不同要求，及时发现气、液流动有无不畅的因素存在(如液面满，气路结晶)，并判明原因，加以解决。维持各贮桶适当的真空度，防止桶罐不严密，恶化环境，造成氨浪费。

e) 维持冷氨盐水温度在合格范围 35 ℃～45 ℃。该温度对碳化塔制碱能力及氨、氯化钠、二氧化碳利用率影响很大，应加以控制，其手段有：

   1) 调节吸收塔冷却水量，使出塔氨盐水温度不至于过高；

   2) 及时调节各冷却器水量或倒换、清洗钛板冷却器，保证钛板冷却器效率。

6.1.4.5 设备选用

该工序主要设备有吸收塔、氨盐水冷却器、吸收尾气净氨塔及氨盐水澄清桶等。较先进的吸收塔为内冷式吸收塔(一般分为菌帽塔及筛板塔两种)，塔主要结构特征是将吸收与冷却作业合于一体，在需要降温的部位，布入冷却水箱，水箱传热管的管内空间进冷却水，将反应热导出，管外空间进行气液传质吸收，冷却箱既是传热设备又是吸收的接触部件，吸收与散热交叉进行，吸收效果好且生产能力高；较常用的氨盐水冷却设备为钛板换热器，具有高效、紧凑、耐蚀等特点。吸收塔及冷却器在使用一段时间后，应定期进行酸洗，以除掉吸收塔壁、分布器、冷却水管及钛板换热器上的结疤，否则影响其生产能力。

6.1.5 氨盐水碳酸化工序

6.1.5.1 工序任务

利用氨盐水在碳化塔内吸收二氧化碳并经适当而充分的冷却降温，制得碳酸氢钠结晶悬浮液，送往滤过工序进行固液分离。本工序是碳酸钠生产中涉及的工艺条件最多、环境因素最广、物理和化学变化最频繁的一个工序，整个过程要求维持较高的碳化转化率和良好的结晶质量。

6.1.5.2 工艺方法

氨盐水与二氧化碳在碳化塔内接触进行反应，生成碳酸氢钠。由于碳酸氢钠的溶解度小，在溶液中达到一定的过饱和度时，从溶液中析出结晶。碳酸氢钠结晶析出后，在塔内从上至下，不断长大，最后从塔底排出。为了提高碳酸氢钠结晶质量，应降低析出瞬间碳酸氢钠的过饱和度，即应在塔的中部有效控制反应速度，使其反应结晶析出速度小于反应结晶生长速度。为了降低碳酸氢钠的溶解度，增加碳酸氢钠的析出量，提高氯化钠的利用率，碳化塔下部应通入一定量的冷却水来降低碳化取出液温度。化学反应式为：

$$NaCl(ag)+NH_3(ag)+CO_2(g)+H_2O(l) \longrightarrow NaHCO_3(s)\downarrow +NH_4Cl(aq)+95.05\ kJ/moL$$

6.1.5.3 工艺流程

吸氨工序送来的成品氨盐水由上部进入各组碳化塔的清洗塔，清洗塔底部通入压缩工序送来的清洗气及少量中段气（或仅通入清洗气），气液在塔内逆流接触进行预碳化，并清洗塔内结疤。从清洗塔底部流出的中和水，正常温度在 40 ℃左右，经泵加压后，大部分送至各组碳化塔的制碱塔，一小部分用于清洗出碱管，然后返回清洗塔内。在制碱塔内，中和水与压缩工序送来的中段气和下段气逆流接触，进行化学吸收反应，生成碳酸氢钠结晶悬浮液。从制碱塔底流出的出碱液经塔底出碱管自压至出碱槽，然后送到滤过工序进行分离。

碳化过程的制碱及清洗过程均为放热过程，需要换热降温，在塔的水箱部分通入温度较低的冷却水，控制出液温度在 28 ℃～35 ℃之间。冷却水从塔底部进入，从塔上部分三段或二段取出，用以改变碳化塔水箱冷却面积。

碳化尾气的处理因盐水精制方法不同，其流程也所不同，主要有下列两种流程：

a) 石灰-碳酸钠法精制盐水尾气流程

各塔的尾气从塔顶排出，进入尾气总管。从尾气中分离出的液体用管道引入各中和水泵入口以回收利用。尾气经压力调节后进入各碳化尾气净氨塔底圈与精盐水逆流接触，精盐水吸收其中的氨和二氧化碳后从净氨塔底部流出，经 U 型液封自压到吸收工序的淡氨盐水贮桶内，净氨后的尾气放空。

b) 石灰-碳酸铵法精制盐水流程

各塔尾气经管线送入除钙塔底部，与从塔顶圈进入的一次精盐水进行逆流接触，进行除钙反应制备二次精盐水，除钙塔尾气进入净氨器，用不含氨温水洗涤尾气中残留的氨后放空。

6.1.5.4 工艺过程控制

6.1.5.4.1 工艺指标

氨盐水碳酸化工序工艺指标应符合表 5 要求。

表 5 氨盐水碳酸化工序工艺指标

项目			指标
转化率/%	夏天	≥	73.5
	冬天	≥	75
沉降时间/s		≤	180

6.1.5.4.2 操作要点

6.1.5.4.2.1 重要指标控制

氨盐水碳酸化工序中的重要指标控制主要包括碳化转化率、碳酸氢钠结晶和色碱的产生及控制：

a) 碳化转化率控制。在生产中应尽可能维持较高的碳化转化率，要求做到：
   1) 保持温度、压力、流量以及物料成分等操作条件的优化，尽可能按比例提高氨盐水中氯化钠和氨的浓度，以及提高进塔气体中的二氧化碳浓度，使反应平衡向生成碳酸氢钠的方向移动；
   2) 适当降低出碱温度，可以在允许析出少量碳酸氢铵固体的同时较多的析出碳酸氢钠结晶，从而达到较高的氯化钠转化率；
   3) 提高氨盐水的氨盐比，可以减弱温度对碳化转化率的影响，尤其在夏季尤为重要。
b) 碳酸氢钠结晶的控制。颗粒大的结晶，过滤性能良好，减少洗水用量，降低溶解和穿透损失，颗粒细小的结晶，难以过滤，影响生产过程的顺利进行，导致物料损耗大。生产上要制取颗粒粗大的结晶需做到以下几点：
   1) 维持适宜的碳化塔中部温度，使碳酸氢钠晶核在较高温度 60 ℃～68 ℃段生成，适当长大后，在冷却过程中析出的碳酸氢钠就可以在已有晶核的基础上继续长大，不会过多地产生二次晶核形成新的结晶；
   2) 精心调节碳化冷却水量，当生产条件波动，碳化塔进液量、进气量和二氧化碳气体浓度被迫减少或降低时，及时减慢出碱速度和减少冷却水量，避免“中温”过低，以致碳酸氢钠结晶变坏。特别应注意新制碱塔(包括倒换的和新开用的塔)冷却水的调节，中部温度达到一定指标以前，不应开水或少开水，加水时应缓慢，不应早开猛加。严格控制碳化液与冷却水之间的温差在 15 ℃～20 ℃，防止过饱和度过大的积累和过速的消除，结晶变坏及造成局部碱疤堵塔；
   3) 严格控制影响碳化塔进气二氧化碳浓度的各个环节，尽可能提高二氧化碳的浓度。二氧化碳浓度高，进气体积小，气流主体分压大，可以增加吸收的推动力，加快吸收速度。这一点对下段气来说更为重要；
   4) 合理掌握碳化塔的生产负荷，实现综合优化控制，以保证必要的碳化液在塔内的停留时间和结晶成长时间。从碳酸氢钠析出点开始，碳化液应在塔内停留 60 min～80 min。
c) 色碱产生原因。产生色碱的主要原因是由于铁制的生产设备遭受腐蚀所形成的腐蚀产物(铁的氧化物和硫化物等)，由所接触的液体或固体介质带入所致。腐蚀产物进入碳化取出液中，是导致产品着色的主要原因。上述腐蚀产物的主要来源有两方面：
   1) 吸氨设备的腐蚀产物，由氨盐水带入碳化塔；
   2) 碳化塔本身的腐蚀产物。这些物质随碱带出碳化塔，通过滤碱机，部分遗留于重碱之中。
d) 色碱的预防。防止设备内表层腐蚀是预防产生色碱的关键，主要包括：
   1) 对新开用的吸氨及碳化系统相关设备用硫化钠溶液循环清洗，使设备内表面形成一层硫化铁保护膜，达到防腐目的，在正常生产时，均匀连续地向吸收塔内加入适量的含硫分的溶液，用以补充设备表面由于原有保护膜的破坏和脱落需要重新“挂膜”所需的硫分；
   2) 采用耐腐蚀的金属材料，作为吸氨和碳化过程中容易腐蚀的设备部件；
   3) 采用防腐蚀化学材料作为设备构件的表面涂料或容器衬里；采用新的防腐蚀工艺及新型防腐材料等。

6.1.5.4.2.2 正常操作

氨盐水碳酸化工序的正常操作应遵循以下要点：

a) 制定最佳制碱及清洗作业周期，在保证清洗干净、全周期可以维持正常工作的前提下，应尽量提高设备利用率；

b) 经常注意氨盐水质量、温度是否合格,发现问题应及时与相关岗位联系;

c) 调节各清洗塔氨盐水进量,保证各塔的塔压合格;

d) 经常关注三段气总管压力、温度、浓度是否合格,发现问题应及时与有关岗位联系;

e) 控制清洗塔进气量,保证中和水中二氧化碳浓度合格;

f) 调节各制碱塔中和水进量,保证各塔塔压合格;

g) 调节出碱量、进气量(中下段气量比值),保证制碱塔中上部温度合格;

h) 及时调节冷却进水量,保证中和水及出碱温度合格;

i) 经常检查碳化尾气压力、温度、含二氧化碳的量是否合格,发现问题应及时调整。

6.1.5.5 设备选用

碳化过程中的主要设备为碳化塔,也是碳酸钠生产中的关键性设备。它利用气液对流原理,维持气液连续稳定流动,进行质量与热量的传递,以氨盐水吸收二氧化碳,析出形状规则,颗粒粗大的碳酸氢钠结晶,并尽可能地要求碳化转化率高、制碱周期长。碳化过程是一系列的放热反应过程,大量反应热需要从塔内移出。因此,碳化塔的构造应尽可能满足流体力学、吸收、结晶、冷却等过程以及运转周期正常的要求。对碳化塔结构的基本要求:

a) 应有适当的高度和容积;

b) 应有充分而适当的气液接触面积;

c) 应有充分且分布适当的冷却面积。

通常采用的碳化塔是一种由圆筒形塔圈和水箱形塔圈与菌帽塔板或筛板塔板叠装而成的塔型,称为菌帽式碳化塔或筛板碳化塔。一般选用 ϕ3 000 mm/ϕ3 400 mm 异径塔,异径塔的设计意图是增加中、上段碳化液的停留时间,从而为碳酸氢钠晶体的析出和成长提供较好的条件。填料塔、溢流式泡罩塔等容易导致碳酸氢钠结晶堵塞。

6.1.6 滤过工序

6.1.6.1 工序任务

从碳化塔取出的悬浮液中分离出以碳酸氢钠为主要成分的重碱结晶,以及以氯化铵为主要成分的母液。通过洗涤和干燥,降低滤饼中的氯化钠成分和水分,以满足碳酸钠产品质量要求和降低煅烧工序的能耗要求,并将滤饼(重碱)送往煅烧工序进一步加工。本工序要求尽可能地提高洗涤效果,减少洗水用量,降低滤过损失,使滤饼含水量达到较低的水平。

6.1.6.2 工艺方法

借助于真空作用将出碱液进行固液分离,经洗涤、干燥制得符合要求的重碱。

6.1.6.3 工艺流程

来自碳化工序出碱槽的碱液自流入本工序滤碱机碱浆槽内或带式过滤机布料器,通过真空作用将出碱液中的重碱吸附在过滤介质上,实现液固分离,再经过洗涤、干燥,使重碱盐分和水分达到指标要求,送到皮带输送机。分离的气体进入滤过尾气净氨塔,经洗涤、净氨后放空。

6.1.6.4 工艺过程控制

6.1.6.4.1 工艺指标

滤过工序工艺指标应符合表 6 要求。

表 6 滤过工序工艺指标

项目		指标
重碱中氯化钠(NaCl)含量 w/%	≤	0.35
碳酸钠中氯化钠(NaCl)含量 w/%	≤	0.7
重碱水分 w/%	≤	18
过滤损失率/%	≤	2

6.1.6.4.2 操作要点

6.1.6.4.2.1 重要指标控制

过滤工序中的重要指标控制主要包括氯化钠含量、重碱水分含量(或烧成率)和重碱过滤损失率的控制,主要措施有:

a) 重碱中氯化钠含量的控制。从碱液中滤出的重碱滤饼,含有盐分很高的母液,在其从过滤介质上卸下以前,需用水洗涤,以保证碳酸钠产品盐分合格。洗涤盐分的过程,应在保证产品盐分指标合格的前提下,尽可能减少加水量,并做到:
   1) 根据碳酸钠中氯化钠含量的要求,确定优化的重碱中氯化钠含量控制指标,防止滤过洗水当量过高;
   2) 及时了解结晶质量及滤饼含水量变化情况,并相应地调整滤饼盐分含量和所用水量;
   3) 按指标要求维持吹风的压力或吹气量,保证较高的真空度和足够的真空当量。

b) 重碱水分(或烧成率)的控制。重碱水分(或烧成率)的高低,既是衡量重碱中碳酸氢钠含量高低的一项技术指标,又是影响煅烧炉能力和煅烧能耗高低的主要因素。操作中降低重碱水分或提高重碱煅烧率的关键,在于消除或减少一切可能导致过滤阻力增加的因素,特别要做好以下几点:
   1) 随时掌握重碱结晶质量变化,当结晶粒度变细、过滤阻力明显增大时,应及时进行调整并采取相应的补救措施;
   2) 适当调整滤碱机的转速,减薄滤饼厚度,同时尽量不用低温水,以改善过滤速率;
   3) 及时倒车,用高温水洗车,清洗过滤网积碱,提高过滤速率。

c) 重碱过滤损失率的控制。重碱过滤损失率反映过滤过程碳酸氢钠损失的多少,是一个应当严格控制的指标。在操作过程中应注意以下几点:
   1) 洗水量过大可引起碳酸氢钠溶解过多,合理控制重碱中氯离子含量,可以避免因氯离子控制过低而用水过多,引起碳酸氢钠溶解过多;
   2) 由于碳酸氢钠的细晶可随滤液直接透过滤网,所以应根据出碱液流量,适当减少过滤机开用台数,增加滤鼓在碱液中的浸没深度,增加滤饼厚度,提高洗涤效率,减少碳酸氢钠细晶随母液带走量;
   3) 应经常检查滤布,保持滤布完好,防止碱液通过滤网的破损处被吸走;当重碱结晶显著变细时,及时联系上工序进行改善,并注意维持较好的抽气、吹风等过滤条件。

6.1.6.4.2.2 正常操作

过滤工序的正常操作应遵循以下要点:

a) 根据碳化放量,调节主电机变频数维持适宜的碱浆槽液位,以不溢流为准;

b) 维持滤饼厚度均匀、适宜,一般滤饼厚度 25 mm~30 mm(刮刀位置)为宜;

c) 加强同真空机岗位联系,保证有足够的、稳定的真空度和吹风压力;

d) 加强同碳化岗位联系,及时掌握结晶情况及放量情况;

e) 经常分析重碱中的盐分,根据重碱盐分高低,调节洗水用量。

6.1.6.5 设备选用

滤过工序主要设备包括过滤机、气液分离器、滤过净氨塔、真空机等。其中过滤机是进行重碱过滤的主体设备,过滤机可以提高液固的分离程度(重碱中含水量低、母液中含固量低)。过滤机过滤形式分为真空式及离心式两类。其中真空式过滤机又分为真空水平带式过滤机和真空转鼓过滤机两种,真空水平带式过滤机在节能、降耗方面更具优势。离心分离机能维持更低的重碱水分,但母液带走细晶多,中间产品得而复失。真空过滤机过滤介质采用高密度不锈钢滤网,且实现自动化控制,使生产能力、重碱水分、过滤损失率、洗水当量等工艺指标均能满足要求。

6.1.7 蒸馏工序

6.1.7.1 工序任务

本工序的主要任务是利用蒸馏过程及设备将制碱母液及其他含氨液体中的游离氨、结合氨及二氧化碳通过加热或化学反应的方法分离出来,以保证制碱生产中氨的循环使用。蒸氨工序处于制碱的主要物料流溶液处理的末端,它是氨与二氧化碳返回下一个制碱循环的重要连接点,它的工况与生产效果是建立全系统良性工业循环的关键。

6.1.7.2 工艺方法

滤过母液中的氨以两种形式存在,一种是游离氨,另一种是结合氨。游离氨加热即可分解出来,而结合氨,则需通过化学反应分解,主要反应方程式如下:

$$NH_4HCO_3(aq) \longrightarrow NH_3(g) + CO_2(g) + H_2O(l) - 46.024\ kJ/mol$$

$$(NH_4)_2CO_3(aq) \longrightarrow 2NH_3(g) + CO_2(g) + H_2O(l) - 70.5\ kJ/mol$$

$$2NH_4Cl(aq) + Ca(OH)_2(aq) \longrightarrow 2NH_4OH(aq) + CaCl_2(l) + 25.1\ kJ/mol$$

$$(NH_4)_2CO_3(aq) + Ca(OH)_2(aq) \longrightarrow CaCO_3(s) + 2NH_3OH(aq) + 18.6\ kJ/mol$$

$$NH_4OH(aq) \longrightarrow NH_3(g) + H_2O(l) - 34.6\ kJ/mol$$

从化学反应式可以看出,本工序为了分解固定氨,需加入石灰乳,上述反应大多为吸热反应,故需大量的低压蒸汽作热源,反应过程中塔器内有硫酸钙、碳酸钙生成,二者结疤的生成会影响蒸馏塔作业周期,所以要积极采取防疤措施,并根据情况进行清理。

6.1.7.3 工艺流程

热母液送入母液蒸馏塔预热段顶部,并自上而下流动,与上升的气体进行物热交换,蒸出绝大部分二氧化碳和游离氨,气体由塔顶引出,预热母液从预热段底部流出进入预灰桶。来自石灰工序的石灰乳进入灰乳分配器,分配器出来的灰乳一部分经计量流入预灰桶,多余的灰乳返回石灰工序,灰乳与预热母液在预灰桶内经搅拌混合,迅速反应,固定铵被分解为游离氨,预灰桶出气进入预热段底圈,调和液进入加灰蒸馏段与底部加入的蒸汽逆流接触,进行传质传热,蒸出溶解的氨气,100 ℃以上废液从塔底引出进入废液一级闪发器闪发出二次蒸汽后,闪发蒸汽并入本塔蒸汽管线,95 ℃以上废液从下部流出进入第二闪发器,借助真空泵提供的真空,闪发出二次蒸汽供淡液塔使用,从而进一步回收废液带出热量,87 ℃左右废液从第二闪发器流至废液输送系统。

母液蒸馏塔出气进入氨气冷却器,冷却后气体送至吸收塔吸氨,冷凝液与轻灰炉气系统冷凝液混合,经泵输送到淡液蒸馏塔顶部,在塔内被下部上来的蒸汽加热,使冷凝液中的氨和二氧化碳蒸出进入氨气冷凝器，经冷却后送到吸收塔，其底部的废淡液自流入热废淡液桶，一部分未经冷却送轻灰工序作为热碱液槽的补充水，另一部分经冷却后送往滤过工序，用作净氨洗水。

6.1.7.4 工艺过程控制

6.1.7.4.1 工艺指标

蒸馏工序工艺指标应符合表7要求。

表7 蒸馏工序工艺指标

项目		指标
蒸馏废液氨(NH_3)含量/(mg/L)	≤	50
蒸馏废液过剩灰含量/(mol/L)	≤	0.04
碱渣清液 pH 值	≤	11

6.1.7.4.2 操作要点

6.1.7.4.2.1 重要指标控制

蒸馏工序中的重要指标控制主要包括蒸馏温度及压力、废液含氨与过剩灰和延长运行周期的控制，主要措施有：

a) 蒸馏温度及压力控制。根据蒸氨反应的机理，蒸氨塔的操作效果与温度、压力密切相关，较高的温度、较低的压力有利于氨及二氧化碳的蒸出。由于形成高温、低压需耗费较高的能量，存在经济效益问题，所以应根据不同的塔，合理控制温度、压力。新开起的塔，阻力小，压力低，可低限控制温度；末期塔，塔压较高，应高限控制温度；
b) 控制废液含氨与过剩灰。废液含氨与过剩灰控制效果直接关系到生产过程物料的消耗水平，应重点控制。维持符合先进指标的废液含氨、过剩灰，应正确掌握好各项工艺技术操作，掌握本工序母液、石灰乳当量计算方法，根据岗位分析数据及时调整加灰量，加灰量过大，过剩灰高；加灰量小，造成跑氨现象；
c) 延长运行周期。影响蒸馏塔运行周期的主要因素是蒸馏塔结疤速度，结疤主要成分是硫酸钙、硫酸镁、碳酸钙等物质。结疤速度快慢与原盐中二价钙离子、二价镁离子及硫酸根等杂质含量有关；也与操作有关。保持生产负荷平稳、温度控制合理有助于减缓结疤挂壁的速度。

6.1.7.4.2.2 正常操作

蒸馏工序的正常操作应遵循以下要点：

a) 注意母液蒸馏塔中的温度变化，及时调节入塔蒸汽量，并注意蒸汽总管的压力变化；
b) 按时分析废液过剩灰，使其控制在指标范围之内；
c) 严格控制预热母液温度，使其二氧化碳浓度控制在指标之内；
d) 保证蒸馏塔的各项工艺参数正常，使废液含氨在控制指标以下；
e) 注意氨气冷却器出气温度的变化，及时调节冷却水；
f) 注意二闪罐出气总管压力变化，及时调节，保证各压力点真空度；
g) 调节补充蒸汽量，控制淡液塔中温，确保废淡液含氨在规定范围。

6.1.7.5 设备选用

蒸馏工序主要设备为蒸氨塔、预灰桶、氨气换热器及淡液蒸馏塔，其中冷却器主要用来降低出气温度及水蒸气含量，选用冷母液作为冷却介质，以提高入塔母液温度。冷却器可以与蒸馏塔综合成一个整塔也可以分开单独安装，氨气换热器分为水箱式列管换热器、螺旋板换热器、板式换热器等。换热器应具备耐腐蚀性强、不易结垢、阻力降小、换热效率高的特性。蒸馏塔分为预热段及蒸馏段两部分，预热段主要用来驱除液相中几乎全部的二氧化碳及游离氨。蒸馏塔可选用泡罩塔、筛板塔或填料塔；蒸馏段用于蒸馏调和液中的全部氨，一般选用泡罩塔或筛板塔。泡罩塔操作弹性较大，传热及传质效果好，但是压力降较大；筛板塔生产能力较大，传热效果好，运行周期长，且易于清理，是蒸馏塔发展方向；预灰桶是蒸馏塔一个必备辅助设备，其作用是使预热母液和灰乳在这里得到充分混合，将固定铵转为游离氨；淡液蒸馏塔是将蒸氨冷凝液及炉气冷凝液中的氨及二氧化碳回收的装置，多采用填料塔，所用热源为压力较低的蒸汽。

蒸氨塔要求高效率、足够操作弹性、维持良好工艺指标和便于对塔器结疤清理。预灰桶应有良好的密封和保温，它可以用石棉橡胶填料函或再使用水银槽密封装置。预灰桶设计应与蒸氨塔的能力相适应，并有足够的反应停留时间，以保证过烧石灰能充分反应达到有效利用的程度。

6.1.8 压缩工序

6.1.8.1 工序任务

将轻灰车间来的炉气、石灰车间来的窑气经过压缩机加压后输送到碳化工序，分别做碳化下段气、中段气和清洗气；为轻灰工序正常作业提供所需的真空度；采用蒸汽做为驱动力的压缩机，一般以 3.5 MPa 的蒸汽为动力，工作后排出 0.1 MPa～0.4 MPa 的乏汽供蒸馏塔蒸氨用，可实现蒸汽的梯级利用。

6.1.8.2 工艺流程

来自石灰石煅烧工序窑气首先进入气水分离器分离气体中的水分，然后分别进入中段气压缩机组和清洗气压缩机组。压缩后窑气经中段气或清洗气冷却器换热冷却后，气体分别送入中段气总管、清洗气总管。

从重碱煅烧工序来的炉气首先进入气水分离器分离气体中的水分，压缩后炉气经下段气冷却器换热冷却后，送入下段气总管。

6.1.8.3 工艺过程控制

根据工艺的要求，压缩机将经过冷却及净化的窑气及炉气加压送入碳化塔，根据压缩后二氧化碳气体的在碳化塔中的作用、浓度、温度、压力分为清洗气、中段气和下段气。各段应按适当比例合理分配进气量。压缩机根据气体比例确定开用、备用台数，满足碳化对原料气的浓度、流量、温度、压力的需求，并能倒换自如。生产过程对二氧化碳的要求包括以下各项：

a) 二氧化碳气浓度控制。高浓度二氧化碳气体有利于碳化塔内碳化反应速度的提高和二氧化碳的吸收效率，有利于提高产品质量。因此压缩工序应防止空气漏入系统或配气不合理降低二氧化碳浓度。

b) 二氧化碳气量控制。下段气、中段气、清洗气量应满足煅烧轻灰工序、石灰窑工序要求，尤其是石灰窑的窑气是氨碱法制碱的二氧化碳气来源。碳化工序的产能将根据石灰窑的窑气量予以平衡。炉气压缩机的负荷控制取决于与碳化产能配套的煅烧炉的作业状况，是保证炉气在制碱中无损耗循环过程。因此压缩工序开用的压缩机数量、压缩机入口负压的控制须根据石灰窑、煅烧炉及碳化工序的均衡生产负荷进行。

c) 压力控制。压缩机的压力控制应满足碳化工序的进气压力要求及石灰窑、煅烧炉负压要求。不稳定的二氧化碳气压力控制和不稳定的负压控制，会导致压缩机效率降低。而且会造成碳化工序、石灰工序、煅烧工序的操作紊乱。

d) 气体温度控制。由于碳化反应是放热反应,碳化塔的中下段气进气处均应保持一定的适宜温度,中段气温度和下段气温度应与入口处塔温相适应,在进入碳化塔前中段气应冷却到 40 ℃～45 ℃,下段气应冷却到 30 ℃～36 ℃。

e) 带水量控制。下段气、中段气及清洗气入碳化塔前均应考虑分离水雾问题,以免气体夹带水雾及水滴进入塔内,稀释塔内液体。在进入压缩机前先进入气水分离器以用于分离气体中夹带的水分。压缩后气体也应进行充分的气水分离,尤其是通过直冷式换热器冷却压缩后气体的工艺流程,更应重视压缩后气水分离操作。

f) 窑气含尘量控制。从石灰窑出来的窑气含尘量较高,应经过湿法及静电除尘,使含尘量满足压缩机的要求,以减轻设备磨损及管道堵塞,提高送气效率。螺杆压缩机和离心式压缩机要求含尘量均应控制在 10 mg/m^3 以下,以保证压缩机能够长周期平稳运行。

6.1.8.4 设备选用

二氧化碳气体压送进碳化塔内,一般采用三种类型的二氧化碳压缩机。中小型碱厂常采用活塞式压缩机,大型碱厂则采用蒸汽透平驱动或电力驱动的离心式压缩机或螺杆式压缩机,各类型压缩机均应采用耐腐蚀、耐磨材质。

6.1.9 重碱煅烧工序

6.1.9.1 工序任务

本工序是将滤过工序送来的湿重碱输送至煅烧炉内加热分解(设有离心机工序需先将湿重碱二次脱水后再送煅烧炉),以制得轻质碳酸钠,并对重碱分解产生的混合气体,进行回收碱尘、冷却降温及洗涤回收氨等处理后通过压缩机送碳化工序制碱。

重碱煅烧操作对碳酸钠的产量、质量及能耗有很大的影响。煅烧工序制得的产品碳酸钠(轻灰)应符合产品质量要求,不含有未分解的重碱,在煅烧过程中不应混入灰尘等杂质;所得炉气中二氧化碳浓度应达到 90%以上,满足碳化工序生产要求,炉气逸出损失应少。

6.1.9.2 工艺方法

重碱主要成分为碳酸氢钠,其次还有碳酸钠、碳酸氢铵、氯化铵、氯化钠和水分等,碳酸氢钠是不稳定的化合物,常温下可分解成碳酸钠,但分解速度很慢。为使碳酸氢钠分解速度加快,需外部供给热量,使重碱受热分解,制得碳酸钠。重碱在煅烧炉内的主要反应式如下:

$$2NaHCO_3(s) \longrightarrow Na_2CO_3(s) + H_2O(g)\uparrow + CO_2(g)\uparrow - 129\ kJ/mol$$

$$NH_4HCO_3(s) \longrightarrow NH_3(s)\uparrow + H_2O(g)\uparrow + CO_2(g)\uparrow - 168\ kJ/mol$$

$$NH_4Cl(aq) + NaHCO_3(s) \longrightarrow NaCl(s) + NH_3(g)\uparrow + H_2O(g)\uparrow + CO_2(g)\uparrow - 154.5\ kJ/mol$$

上述反应均为吸热反应,每生产 1 t 碳酸钠需要供热约 2 400 kJ～2 500 kJ。

重碱水分含量较高,有粘结倾向。重碱水分≥9.5%时就会生成重碱球和结疤。为此,在重碱进入煅烧炉同时,加入一定量的煅烧炉出口来得高温碳酸钠(称返碱)与之混合,以降低入炉重碱的含水量,消除碱球和结疤条件,保证固体物料的松散状态,防止粘炉或生成大量碱球。伴随的化学反应式如下:

$$NaHCO_3 + Na_2CO_3 + 2H_2O \longrightarrow Na_2CO_3 \cdot NaHCO_3 \cdot 2H_2O$$

混合碱进入蒸汽煅烧炉加热到 120 ℃～140 ℃时倍半碳酸钠再进行分解:

$$2Na_2CO_3 \cdot NaHCO_3 \cdot 2H_2O \longrightarrow 3Na_2CO_3 + 5H_2O\uparrow + CO_2\uparrow$$

重碱在煅烧炉内分解速度与分解温度有直接关系,煅烧温度提高,分解速度加快。重碱煅烧分解时会产生大量的气体,其中含有二氧化碳、氨、水蒸气和碱粉,且有相当的热量,经分离、洗涤、换热等方法回收利用。

6.1.9.3 工艺流程

来自上道工序的重碱经输送带输送至各重碱煅烧炉预混器与返碱混合均匀后，送入煅烧炉内，重碱在煅烧炉内被中压蒸汽(加热管)间接加热，进行重碱煅烧的水分蒸发及重碳酸盐的分解反应。分解得到的碳酸钠产品(轻灰)，从煅烧炉出来一部分作为返碱进入预混器，其余部分分别送至重灰和凉碱工序。

煅烧炉内产生的炉气从炉头排气方管引出，经过旋风分离器分离碱尘后进入热碱液塔。在热碱液塔内炉气被循环热碱液溶解剩余碱尘后送入母液洗涤塔下部，与冷母液直接逆流接触后再送入冷却器被循环冷却水间接冷却，炉气中大部分水蒸气冷凝成水并溶解大部分氨而形成冷凝液自流入冷凝液槽，送入蒸馏工序，冷却后炉气进入炉气洗涤塔，被来自滤过岗位的净氨洗水直接喷淋洗涤净化，制得含高浓度二氧化碳的炉气，由塔上部引出送压缩工序。洗涤液送往滤过工序作滤过洗水。

由中压蒸汽管网送来的中压蒸汽从煅烧炉的旋转接头中心套筒进入汽室，由汽室平行分配进入蒸汽加热管作为重碱煅烧分解的热源。蒸汽冷凝水则从旋转接头外套筒自流入冷凝水箱，经贮水槽积存后进入轻灰闪发器，闪发的1.3 MPa蒸汽作为重灰煅烧炉的热源之一，闪发后的冷凝水流入重灰闪发器进行二级闪发。

6.1.9.4 工艺过程控制

6.1.9.4.1 工艺指标

重碱煅烧工序工艺指标应符合表8要求。

表8 重碱煅烧工序工艺指标

项目		指标
出碱温度/℃		160～185
煅烧炉出气温度/℃		105～115
煅烧炉炉头压力/Pa		−100～0
炉气二氧化碳(CO_2)浓度 φ/%	≥	90
经凉碱后轻灰温度/℃	≤	85

6.1.9.4.2 操作要点

6.1.9.4.2.1 重要指标控制

重碱煅烧工序中的重要指标控制主要包括出碱温度、蒸汽压力及温度、炉气温度、返碱、炉头出气压力、二氧化碳浓度以及保持存灰量的控制，主要措施有：

a) 出碱温度控制。煅烧过程中维持正常出碱温度是产品质量、生产能力及蒸汽消耗的关键。出碱温度过低，重碱完全分解所需时间较长，导致产品分解不完全，使产品不符合质量标准，同时增加了产品带走的氨和二氧化碳的损失；出碱温度过高，则煅烧炉的生产能力未能充分发挥，同时热损失增大，蒸汽消耗上升。因此，要达到高产、稳产、低消耗就应维持适当的出碱温度。一般控制在160 ℃～185 ℃之间。

b) 蒸汽压力及温度控制。蒸汽的压力和温度是维持蒸汽煅烧炉正常运行的基础，是影响煅烧炉生产能力的关键因素，其中，以蒸汽压力最为重要。蒸汽压力越高，蒸汽冷凝饱和温度越高，传热温差越大，煅烧过程传递的热量越多，煅烧炉生产能力越大；蒸汽压力低，将造成出碱温度及出气温度低，被迫降低煅烧炉生产能力。生产过程中，应维持较高的蒸汽压力(在设计范围之内)，满足生产高负荷要求。蒸汽温度应以保持高于该蒸汽压力下的饱和温度 40 ℃为宜，蒸汽温度过高，密封材料等不能耐受，而且，过热蒸汽的存在将使给热系数减小。

c) 炉气温度控制。煅烧炉出气温度控制得当是维持正常操作的基本条件，炉气温度低于 100 ℃则可能使水蒸气凝结导致碱疤在管道及分离器内壁生成，造成堵塞，连续生产周期缩短，清理频繁。同时，分离器效率大幅下降，造成循环热碱液浓度高，碱液过剩，出现排放损失。正常生产过程中炉气温度应控制在 105 ℃～115 ℃。炉气换热器出气温度，应控制在 40 ℃左右(37 ℃～42 ℃)。温度过低，换热器侧表面形成碳酸铵盐的结晶速度较快，堵塞炉气通道。炉气洗涤塔出气温度应控制在 35 ℃～40 ℃，温度过低，耗水量增大，并可能引起滤过工序洗水不平衡；温度过高，炉气带氨量增大，压缩机入口通道容易形成碳酸铵盐的结晶，影响压缩机工作效率。

d) 返碱控制。加入返碱是为了防止湿重碱与高温煅烧炉壁接触时发生粘结和结疤现象而影响传热。返碱量要控制得当，返碱多，能源消耗增加；返碱少，不能消除重碱结球或结疤的隐患。实际操作中，一般控制返碱量使重碱和返碱的混合碱水分不大于 8%为宜。

e) 炉头出气压力及二氧化碳浓度控制。重碱分解过程中真空状态有利于煅烧分解，但由于设备结构问题，真空操作易使空气进入系统，降低炉气二氧化碳浓度，尤其是两端密封不严和加料器空碱时；如若采用压力状态操作，炉气会从两端密封及排料口逸出，增加了二氧化碳和氨气的损失，恶化操作环境；同时炉气串入给料通道，使部分蒸汽也会冷凝下来，引起结块。为获得浓度高的二氧化碳气体，煅烧时保持炉头压力－100 Pa～0 Pa，保证空气不进入系统即可。

f) 保持存灰量控制。煅烧炉中存灰量的多少，影响重碱在煅烧炉内反应时间的长短。为了保证重碱分解完全，就应保持一定的存灰量，在一段时间内若大量突击出碱将使装载量和停留时间下降，破坏煅烧炉的正常运行。存灰量与煅烧炉大小有关，ϕ3.6×30 m 煅烧炉存灰量应保持 33 t。

6.1.9.4.2.2 正常操作

重碱煅烧工序的正常操作应遵循以下要点：

a) 密切注意中压蒸汽压力、温度、流量和重碱来量、质量的变化，根据出碱温度、炉气温度和炉内压力及时调节重碱投入量；

b) 及时调节炉内压力，使炉内压力和炉气中二氧化碳浓度在规定范围内；

c) 根据重碱质量、投入量、预混器出碱温度、炉气温度，及时调节返碱加料器转速，以保持适宜的返碱量。根据煅烧炉主电机电流及返碱埋刮板电流，调节返碱量和炉体转速，保证煅烧炉足够的存灰量；

d) 定期清理出气箱、旋风分离器出气弯头，保证炉气畅通。突然停电或电气故障，煅烧炉停转 15 min 应进行盘炉操作，防止煅烧炉因炉体过重导致炉体变形；

e) 及时调节净氨液进塔量和软水加入量，保证出炉气洗涤塔的炉气温度合格及洗涤液含氨在要求范围内；

f) 密切注意炉气系统压力降，及时清除结晶、堵塞，保持炉气系统畅通。

6.1.9.5 设备选用

该工序主要设备有重碱煅烧炉、旋风分离器、换热器、热碱液塔、母液洗涤塔及炉气洗涤塔等。其中重碱煅烧炉为重碱处理设备，其余则是炉气处理所需设备。

煅烧炉是重碱煅烧的主要设备，常用的有回转蒸汽煅烧炉及流化床沸腾煅烧炉。这两种煅烧炉均以蒸汽作为热源，回转蒸汽煅烧炉可分为外加返碱蒸汽煅烧炉及自身返碱蒸汽煅烧炉，外加返碱蒸汽煅烧炉因为重碱与返碱强制混合、混合充分、一水化程度高、炉内传热效果好、生产能力高、操作稳定，成为目前重碱煅烧的常用设备，但其返碱运输系统复杂、检修工作量大，能耗高。常用规格 $\phi 3.6\times 30$ m 及 $\phi 3.0\times 30$ m 两种。自身返碱煅烧炉将煅烧、返碱运输结合为一体，简化了复杂的返碱运输系统，对检修及降低能耗有利。流化床沸腾煅烧炉利用物料流态化进行传热，设备结构简单、便于制造，但操作周期较短、能耗较高。

旋风分离器是炉气处理设备，利用离心力的作用将炉气中所带碱尘分离并回收至预混器，旋风分离器有单筒及双筒之分，生产过程中应根据工艺条件选择合适规格的分离器，以保证除尘效果。另外，炉气处理设备还包括塔类设备，一般为填料塔，在塔内料液与气体进行逆流接触而达到传热传质效果。

6.1.10 重灰工序

6.1.10.1 工序任务

本工序的主要任务是以轻质碳酸钠为原料，生产符合质量标准要求的重质碳酸钠。重质碳酸钠生产方法有固相水合法、液相水合法及挤压法，通常以固相水合法、液相水合法为主要方法。

6.1.10.2 工艺方法

碳酸钠与水进行水合反应后生成一水碳酸钠结晶，一水碳酸钠的结晶比原料无水碳酸钠结晶密实光滑，结晶颗粒大而均匀，它具有特殊的淡灰色，结晶撒落时由于晶棱发射光线而发光，当一水碳酸钠结晶受热结合水被赶出时，它仍可保持密集的晶格结构，此时获得具有颗粒均匀、堆积密度大的产品。重质碳酸钠是根据这一性质来生产的。

固相水合法是以轻质碳酸钠为原料，在一定的温度条件下，在水合机内，与水发生水合反应，生成一水碳酸钠结晶，然后一水碳酸钠结晶送入蒸汽煅烧炉进行加热分解反应，脱除结晶水，生成重质碳酸钠。

液相水合法以轻质碳酸钠为原料，在一定的温度条件下，在结晶反应器中，碳酸钠饱和溶液重新结晶，生成一水碳酸钠晶体颗粒。一水碳酸钠晶浆经离心机进行固液分离脱水制得一水碳酸钠结晶，然后再送煅烧炉进行加热分解反应。两种方法的反应方程式均为：

$$Na_2CO_3(s)+H_2O(l)\longrightarrow Na_2CO_3\cdot H_2O(s)+14.1\ \text{kJ/mol}$$

$$Na_2CO_3\cdot H_2O\xrightarrow{\Delta}Na_2CO_3(\text{重})+H_2O(g)-55.4\ \text{kJ/mol}$$

液相水合法中离心机制得的一水碳酸钠结晶表面吸附的游离水相对于固相水合法较高，因而煅烧过程中能耗较固相水合法有所增加。而且由于需要制成碳酸钠饱和溶液，再进行重新结晶，其生产流程复杂，控制过程操作指标要求高，因此液相水合法的制造成本相对于固相水合法高。

6.1.10.3 工艺流程

6.1.10.3.1 固相水合法

轻灰由运输设备进入料仓，经计量后送入水合机内。在水合机的进料端喷入化合水，物料在水合机内进行水合反应生成一水碳酸钠，由水合机尾部取出，进入重灰炉头混合段，与返碱混合进入重灰炉干燥区。一水碳酸钠在炉内由蒸汽加热管间接加热干燥，脱去游离水和结晶水，制得重质碳酸钠(重灰)。重灰由炉尾取出，送至凉碱工序。

重灰炉炉气经初步喷淋洗涤后与水合机出气混合，经炉气洗涤塔洗涤后，由引风机送至重灰扩容器排空。

洗水从洗水槽引出并经洗水泵加压后，分别进入炉气管线及炉气洗涤塔喷淋、洗涤碱尘，洗涤液返回洗水槽，一部分送入水合机做化合水，一部分循环使用，软水进入洗水槽作为洗水补充水。

由蒸汽管网来的 1.3 MPa 蒸汽及轻灰闪发蒸汽，从重灰炉旋转接头中心套筒经汽室进入加热管，与炉内碱进行热交换形成冷凝水后，经旋转接头外套流入贮水槽，然后与来自轻灰闪发器的冷凝水共同进入重灰闪发器，闪发成 0.5 MPa 低压蒸汽进入管网。闪发后的蒸汽冷凝水回热电。

6.1.10.3.2　液相水合法

轻灰经计量后送入结晶器，与母液在结晶器中进行水合反应，通过控制一定的水碱比值，在一定温度下形成一水碳酸钠料浆；浆料经料浆泵送至旋流器进行增稠后直接流入离心机进行固液分离，分离出的一水碳酸钠经抛料机与返碱混合进入重灰炉。一水碳酸钠在炉内进行加热干燥，脱去游离水和结晶水，制得重灰。重灰由炉尾取出经凉碱设备冷却后送往成品包装工序。

循环母液槽内的母液，经换热器降温后送往液相水合器，与高温轻灰反应，当母液中含盐浓度超过一定值后，一小部分母液作为高盐碱液外送。离心机分离出的母液与浓缩旋流器上部流出的清液流回母液循环槽，向液相水合器内补充洗水可达到为母液槽补液的目的。

6.1.10.4　工艺过程控制

6.1.10.4.1　工艺指标

重灰工序工艺指标应符合表 9 要求。

表 9　重灰工序工艺指标

项　　目		指　　标
固相水合中一水碳酸钠水分 w/%		14～18
液相水合中离心后一水碳酸钠水分 w/%		15～20
重灰炉出碱温度/℃		150～180
重灰堆积密度/(t/m^3)	≥	0.9
重灰粒度 w/%	≥	70
经凉碱后重灰温度/℃	≤	85

6.1.10.4.2　操作要点

6.1.10.4.2.1　固相水合工序指标控制

固相水合工序主要包括一水碱水分、化合水浓度、水合反应温度、轻灰温度和精盐水浊度指标的控制：

a)　一水碳酸钠水分。一水碳酸钠水分正常值控制在 14%～18%范围内，小于 14%时，生成一水碳酸钠不完全，夹带轻灰，影响产品质量；大于 18%时，一水碳酸钠粘度增大，增加运输设备负荷，煅烧时蒸汽消耗增大，产品成本增加。同时，一水碳酸钠水分过大也会导致重灰中碱球量增大。

b)　化合水浓度。化合水浓度低时浓度的变化对结晶影响不大，结晶大而均匀，浓度为 1.3 mol/L 时重灰优级品率最高，随着化合水浓度的提高(超过 2 mol/L 时)，浓度的变化对结晶影响作用变得明显。重灰粒度有走细的趋势，但浓度过高则易出现重灰粒度分布不均，严重时出现不结晶的现象。

c)　水合反应温度。水合反应温度是影响一水碳酸钠结晶的关键指标，80 ℃～100 ℃之间生成一水碳酸钠的反应比较完全。当水合机内部反应温度高时，一水碳酸钠结晶大，反之则结晶细。一般水合机反应温度靠水合机出气压力来调整。

d) 轻灰温度。当进入水合机的轻灰温度低时，说明轻灰煅烧炉内反应温度低，出煅烧炉的轻灰反应不完全，轻灰中的碳酸氢根含量高，影响一水碳酸钠结晶，造成一水碳酸钠结晶细，轻灰温度过低时，会出现一水碳酸钠结晶粒度两极分化甚至无法形成结晶的现象，严重影响重灰产品质量。

e) 精盐水浊度。精盐水中钙镁含量的增大会对一水碱结晶产生很大影响，精盐水中镁含量超过一定值时对结晶的影响变得明显，精盐水中含钙也会影响结晶，致使结晶粗细不均，严重时无法形成结晶。

6.1.10.4.2.2 液相水合工序指标控制

液相水合工序主要包括母液温度、母液浓度和水合反应温度指标的控制：

a) 母液温度。进液相水合器母液温度的变化直接影响水合反应温度的变化，对重质碳酸钠的粒度影响很大，一般母液温度控制在 85 ℃～90 ℃；

b) 母液浓度。母液浓度低时，结晶大而均匀，但母液达不到饱和，会造成生产能力的降低。浓度过高时，重灰粒度偏细。因此，母液应控制适当的过饱和度；

c) 水合反应温度。水合反应温度是影响一水碳酸钠结晶的关键指标，90 ℃～100 ℃之间生成一水碳酸钠的反应比较完全。反应温度高则一水碳酸钠结晶大，反之则结晶细。一般水合反应温度靠进母液温度及水合器冷却水量来调整。

6.1.10.4.2.3 重灰煅烧炉指标控制

重灰煅烧炉工序主要包括蒸汽压力及温度、出碱温度、返碱、炉内存灰量和炉气温度指标的控制：

a) 蒸汽压力及温度。重灰炉与轻灰炉结构原理相似，应维持较高的蒸汽压力(在设计范围之内)，满足生产高负荷要求。蒸汽温度应以保持高于该蒸汽压力下的饱和温度 40 ℃为宜，蒸汽温度过高，不但密封材料等不能耐受，而且，过热蒸汽的存在将使传热系数减小；

b) 出碱温度。出碱温度低，一水碳酸钠分解反应所需时间较长，易导致产品分解不完全，温度过低，易导致返碱总管堵塞，炉内返碱量减少，造成粘炉，并有大量结疤进入重灰产品；出碱温度过高，加热蒸汽等消耗上升。因此要达到高产、稳产、低消耗应维持适当的出碱温度；

c) 返碱控制。为防止一水碳酸钠直接与炉体侧壁或加热管壁接触形成碱疤层，影响加热管的传热效果，重灰炉需加入返碱，为保证炉内存灰量，一般情况下返碱量与成品碱的比值控制在 3.0～4.0。当返碱量不足时，重灰中碱球量增大。但返碱量越大，产量越少，耗能越高；

d) 炉内存灰量。重灰煅烧炉中存灰量的多少，影响一水碳酸钠在煅烧炉内反应时间的长短。为了保证一水碳酸钠分解完全，应保持一定的存灰量。如果炉内存灰量过低，势必会导致返碱量减小，易形成粘炉，破坏煅烧炉的正常运行，影响加热管使用寿命。但炉内存灰量过多，蒸汽消耗量增大，同时增大重灰煅烧炉电机电流，从而降低重灰生产能力；

e) 炉气温度。重灰煅烧炉炉气温度高低是维持重灰系统正常操作的基本条件，炉气温度低于 100 ℃时，水蒸气易凝结成水，在炉头出气箱上与碱尘混合形成结疤(炉气温度越低，结疤越严重)，不易脱落，堵塞炉气通道，影响生产的连续性，需周期性清理。出气温度过高，造成蒸汽消耗增加。正常生产过程中炉气温度控制在 100 ℃～120 ℃为宜。

6.1.10.5 设备选用

重灰工序的主要设备包括水合机、结晶器及重灰煅烧炉或重灰流化床等。其中水合机及结晶器均为生产一水碱设备，最常用的为腰鼓式水合机，腰鼓式水合机化合水与碳酸钠混合均匀且生产能力大。结晶器为液相水合法生产一水碳酸钠设备，该设备筒体外部一般带有夹套，夹套内可通循环水用于移走设备内物料反应放出的热量，内部一般用隔板将其分成上下两层，每层设有导流筒，隔板上有下料口使上下两层连通，碳酸钠在结晶器内与母液混合溶解并生成结晶。重灰煅烧炉是一水碱煅烧的主要设备，一般采用的是回转蒸汽煅烧炉，与轻灰煅烧炉结构相似，较常用的是自身返碱式煅烧炉，其返碱由炉尾返碱口进入返碱螺旋管，随炉体的转动运至炉头返碱口进入混合段与一水碱混合，以降低混合碱水分。重质碳酸钠的冷却设备有凉碱炉、流化床及粉体流冷却器等，均为间壁式换热器，其中流化床及凉碱炉以空气作为流化介质，使物料呈沸腾状态，物料在沸腾状态下与冷却水管内的冷却水进行间壁换热实现冷却。该设备处理量大、可连续生产、气化强度大，耗电较高。粉体流凉碱器采用现阶段高效节能的固相颗粒物料降温技术，该装置换热效率高，无需与鼓风、引风等大功率能耗设备配套运行，装置操作、维护简捷易行。

6.2 联碱法

6.2.1 流程概述

将符合要求的洗盐或精盐加入盐析结晶器，由盐析结晶器溢流的母液Ⅱ，经换热器升温后，去吸氨器吸收氨制得氨母液Ⅱ，经澄清后送入碳化塔吸收二氧化碳，制得碳酸氢钠悬浮液。由滤碱机分离出碳酸氢钠（重碱），送入蒸汽煅烧炉加热分解成碳酸钠产品；同时分解出的二氧化碳（炉气）经冷却塔、洗涤塔降温和洗涤，由压缩机抽吸并压缩送入碳化塔制碱。

轻质碳酸钠一部分经过冷却送至成品包装，另一部分进一步加工制得重质碳酸钠经冷却后送至成品包装。

滤碱机分离出来的母液（母液Ⅰ）经吸氨器吸收氨，制成氨母液Ⅰ去清洗外冷器，然后经换热器降温，送入冷析结晶器，通过外冷器循环并与冰机系统送来的液氨进行热交换，冷却析出部分氯化铵；冷析结晶器溢流液（半母液Ⅱ）流入盐析结晶器，通过加入洗盐或精盐再析出部分氯化铵；由盐析结晶器取出的氯化铵晶浆经稠厚器稠厚，用晶浆泵送到冷析结晶器，以溶解过量的盐；由冷析结晶器取出的氯化铵晶浆，经稠厚器稠厚，进入滤铵机分离出湿氯化铵，再经干铵干燥制成氯化铵产品；滤液送回盐析结晶器。

母液Ⅱ经换热器升温后，去吸氨器吸氨，制成氨母液Ⅱ再送去碳化塔制碱，如此连续循环生产。

6.2.2 原盐精制工序

6.2.2.1 工序任务

原盐精制是对原盐的提纯，将原料盐中的氯化镁、硫酸镁、氯化钙、硫酸钙等杂质用一种对杂质具有溶解性而对氯化钠不溶的溶剂加以洗涤，达到提高盐质的目的。

6.2.2.2 工艺方法

6.2.2.2.1 再制盐法

再制盐法是把原盐化成卤水，经澄清除去泥沙和杂物，再进一步除去钙、镁等杂质，然后加热蒸发，利用高温下氯化钠、氯化镁和硫酸镁溶解度变化的特点，重新得到较纯的氯化钠结晶，即精盐。

6.2.2.2.2 洗涤盐法

洗涤盐法是对原盐的提纯，将原料盐中的氯化镁、硫酸镁、氯化钙、硫酸钙等杂质用一种对杂质具有溶解性而对氯化钠不溶的溶剂（饱和盐水）加以洗涤，达到提高盐质的目的，洗涤溶剂进行精制后循环使用。根据洗涤溶剂精制方法的不同分为石灰-碳酸钠法和石灰-碳酸铵法：

a) 石灰-碳酸钠法

先在洗涤溶剂中加入熟石灰乳，氢氧化钙与镁盐作用生成溶解度小的氢氧化镁沉淀出来，反应方程式如下：

$$MgCl_2 + Ca(OH)_2 = Mg(OH)_2 \downarrow + CaCl_2$$

$$MgSO_4 + Ca(OH)_2 = Mg(OH)_2 \downarrow + CaSO_4$$

除镁后的洗涤溶剂再加入碳酸钠液，使洗涤溶剂中的钙离子及加入石灰乳所带入的钙离子与碳酸钠作用，生成碳酸钙沉淀出来，反应方程式如下：

$$CaCl_2 + Na_2CO_3 = CaCO_3 \downarrow + 2NaCl$$

$$CaSO_4 + Na_2CO_3 = CaCO_3 \downarrow + Na_2SO_4$$

b) 石灰-碳酸铵法

在除钙过程中加入碳化尾气，但尾气中所含二氧化碳和氨会造成设备、管道壁上形成碳酸钙沉淀，影响设备、管线有效容积，且加入二氧化碳和氨影响操作环境，所以一般多采用石灰-碳酸钠法进行原盐精制。

6.2.2.3 工艺流程

原盐由输送机运来，用筛子除去杂草、石块、铁器等，然后经中间仓流入洗盐机，用澄清盐卤（立洗桶溢流液）洗涤，初洗后的盐粒在球磨内进行湿磨粉碎，并用盐卤（精制盐水）稀释入盐浆罐，用泵送至分级器分级。分级液来自澄清桶或滤盐机滤液，从分级器的下侧以一定的浮选速度上升；大粒盐从分级器的底部放出，返回球磨机或放入大粒盐槽；细盐随分级液悬浮上升流入立洗桶进行洗涤稠厚。立洗桶溢流入洗盐机做初洗水用；稠厚盐浆经下料管进入分离机，滤液经储桶用泵送出作分级液用；分离脱水后的洗涤盐，用输送机送去干燥或直接供氯化铵结晶工序使用。洗盐机流出的脏卤经储桶和泵送至精制工序除钙、镁和泥沙等杂质。除钙、除镁后的沉淀物经泵和储桶送板框或卧螺机沥干后，统一处理。板框或卧螺机滤液返回系统循环，精制后饱和盐水去洗盐工序循环使用。

6.2.2.4 工艺过程控制

6.2.2.4.1 工艺指标

原盐精制工序工艺指标应符合表 10 要求。

表 10 原盐精制工序工艺指标

项　　目			指　　标
洗涤液成分	全氯(Cl^-)浓度/(mol/L)	≥	5.35
	钙(Ca^{2+})浓度/(mol/L)	≤	0.001 5
	镁(Mg^{2+})浓度/(mol/L)	≤	0.001
	硫酸根($SO_4{}^{2-}$)浓度/(mol/L)	≤	0.125
	浊度/(mol/L)	≤	200
洗盐成分(干基)	氯化钠(NaCl)含量 w/%	≥	98
	钙(Ca^{2+})含量 w/%	≤	0.06
	镁(Mg^{2+})含量 w/%	≤	0.02
	硫酸根($SO_4{}^{2-}$)含量 w/%	≤	0.3
	水不溶物含量 w/%	≤	0.5
	洗盐含水分 w/%	≤	6

表 10（续）

项　　目		指　　标
洗盐粒度	(1 700 μm～830 μm)w/% ≤	3
	(830 μm～380 μm)w/% ≤	27
	(小于 380 μm)w/% ≥	70

6.2.2.4.2 操作要点

原盐精制工序的正常操作应遵循以下要点：

a) 根据生产所需洗盐量的大小及原盐精制各设备的实际情况，调节加入洗盐机的原盐量，同时保持原盐与洗涤液的量的配比适当，在可能的情况下尽量多加洗涤液，以提高洗涤效率。为保证洗盐质量，还应及时补充新洗涤液、放出脏卤水，控制洗涤液的成分在规定范围内。

b) 定期清扫洗盐机，除去螺旋片间的草芥及机槽底部的石块、铁器等杂物，以免损坏设备。为减轻设备堵塞，应及时捞除原盐带入的杂草。

c) 经常检查进、出球磨机的盐浆流量和固液比等情况，保证粉碎效果良好，并防止堵塞现象。

d) 平稳地调节进入分级器的盐量和分级液量，控制分级液上升速度适当，连续平稳地放出大粒盐，保持洗盐粒度在规定范围内。

e) 经常检查立洗桶内盐层情况，保持取出盐浆固液比在规定范围内，并防止溢流带盐。

f) 连续、均匀、适量的将盐浆加入滤盐机，防止加料过多盐浆从布料斗冲出（跑料），或冲破滤饼使滤盐机振动，保持洗盐含水分在规定范围内。

g) 定时清洗滤盐机的筛网及筛篮后腔，使滤液排出畅通，保证滤盐机正常作业。

h) 经常检查熟石灰乳、碱液的浓度和来量情况，控制合适的灰碱加入量，保证精制效果。

i) 经常检查并保持各桶存液量稳定，防止冒桶或拉空；连续放出澄清桶沉淀，送至压滤工序处理。

j) 经常检查各转动设备的运转、电机电流等情况，润滑点及时加油，保证安全运转。

6.2.2.5 设备选用

原盐精制工序主要设备有洗盐机、球磨机、分级器、立洗桶、滤盐机、除镁反应器、除钙反应器、澄清桶、卧式螺旋离心机等，其中卧式螺旋离心机，也可以使用板框式压滤机代替。

6.2.3 氯化铵结晶工序

6.2.3.1 工序任务

氯化铵结晶工序的主要任务是以盐为原料，通过对冷氨母液Ⅰ冷却降温及加盐，析出结晶，经过取出、稠厚、分离，生产出符合质量标准的氯化铵产品，同时控制母液Ⅱ成分在工艺范围内。

6.2.3.2 工艺方法

冷氨母液Ⅰ在结晶器中通过冷却和加盐作用达到过饱和状态，产生过饱和度，使氯化铵结晶析出，同时制得符合制碱要求的母液Ⅱ。

6.2.3.3 工艺流程

由制碱过程送来的氨母液Ⅰ经计量后进入冷析结晶器中心循环管，与外冷器的循环母液一起到结晶器底部，分布上升。结晶器上部母液经轴流泵送入外冷器下部，与冰机送来的液氨间接换热降温而产生过饱和度，呈过饱和状态的循环母液由外冷器上部，经集合槽、中心循环管返回结晶器底部，通过晶浆层，母液过饱和度在结晶器内消失，从而促使结晶生成和长大。如此连续循环降温，析出氯化铵结晶，冷析结晶器溢流清液流入盐析结晶器。

符合要求的洗盐或精盐进入盐析结晶器中心循环管，与冷析结晶器溢流液及滤液一起随轴流泵循环母液到结晶器底部，均布上升逐渐溶解，晶浆利用轴流泵循环呈悬浮状态。盐析结晶器取出晶浆经盐析稠厚器稠厚后，用晶浆泵送入冷析结晶器，盐析结晶器和盐析稠厚器溢流液进入母液Ⅱ桶。

冷析结晶器取出晶浆经冷析稠厚器稠厚后，用滤铵机分离，湿铵送干铵工序。

冷析稠厚器溢流液、滤铵机滤液及外冷器放空半母液Ⅱ均流入滤液桶，用泵送入盐析结晶器中心循环管。

吸收来的热氨母液Ⅰ入热氨母液Ⅰ桶，一部分用泵送入外冷器底部，自下而上通过外冷器溢流回到热氨母液Ⅰ桶，如此不断的循环清洗外冷器列管内的结疤。另一部分用泵送至母液换热器与母液Ⅱ进行热交换，降低温度后送入冷氨母液Ⅰ桶，供结晶工序使用。

制冷用的液氨利用液氨贮槽的压力直接压入外冷器，与氨液分离器回流液氨一起进入作业外冷器壳程，液氨由于吸收管程循环母液热量而蒸发，夹带液滴的气氨进入氨液分离器，进行气液分离。气氨由氨液分离器上部进入气氨总管，去冰机循环制取液氨，如此不断进行循环。

6.2.3.4 工艺过程控制

6.2.3.4.1 工艺指标

氯化铵结晶工序工艺指标应符合表11要求。

表 11 氯化铵结晶工序工艺指标

项目		指标
冷析结晶器温度/℃	≤	15
盐析结晶器温度/℃	≤	17
冷析结晶器母液密度/(kg/m^3)		1 155～1 170
盐析结晶器母液密度/(kg/m^3)		1 190～1 198
母液Ⅱ固定氨(C_{NH_3})浓度/(mol/L)	≤	2.3
母液Ⅱ γ 值	≥	1.50
母液Ⅱ钠(以 Na^+ 计)浓度/(mol/L)	≥	3.25
结晶器固液比/%		25～50
湿氯化铵含水分 w/%	≤	6
注：母液Ⅱ γ 值是指母液Ⅱ中的钠离子与固定氨的比值。		

6.2.3.4.2 操作要点

氯化铵结晶工序的正常操作应遵循以下要点：

a) 根据冷氨母液Ⅰ投入量、结晶器温度、母液成分、成品含钠、结晶器晶浆固液比等确定加盐量；
b) 注意冷氨母液Ⅰ流量和温度变化，加强与母液换热岗位联系；
c) 注意结晶器温度变化，经常检查外冷器堵管、液氨液面、蒸发压力、蒸发温度、循环母液温度和进出口母液温差等，使结晶器温度维持在工艺范围内；
d) 经常检查结晶器液面及溢流情况，防止冒母液和座结晶器；
e) 注意母液成分变化，发现波动应及时联系、处理；

f) 随时掌握结晶器母液密度、钠离子浓度变化，及时调节盐量和逆料量，保证产品质量和母液成分；
g) 随时掌握结晶器固液比的变化，密切注意逆料晶浆固液比和流量，加强与取出岗位联系，使之维持在工艺范围内；
h) 准确轮换外冷器，清洗时注意排气情况，防止虹吸；
i) 注意结晶器内声音和结晶器母液游离氨变化，以判断外冷器是否有列管泄漏现象；
j) 随时掌握盐量和盐粒度变化情况，及时联系调整，减少工艺和质量波动；
k) 注意冷析、盐析结晶器溢流和滤液分配情况，及时调节盐量，防止加偏；
l) 注意轴流泵运转情况，发现不正常现象应及时联系和处理，防止轴流泵自停，结晶器“座死”。
m) 根据清洗外冷器的台数调整清洗热氨母液Ⅰ的流量，防止清洗热氨母液Ⅰ窜入结晶器或流量不足影响结晶器温度和外冷器清洗质量；
n) 密切注意稠厚器溢流情况，控制溢流固液比小于10%，使之不带或少带结晶。

6.2.3.5 设备选用

氯化铵结晶工序主要设备有结晶器、外冷器、稠厚器、滤铵机、晶浆泵、滤液泵。

6.2.4 湿铵干燥工序

6.2.4.1 工序任务

湿铵干燥工序主要任务是将氯化铵结晶工序送来的湿氯化铵，在沸腾干铵炉内与热空气直接接触进行干燥除去水分，控制成品水分符合质量标准要求，然后将物料送入包装。

6.2.4.2 工艺方法

干燥方式主要有传导干燥、对流干燥、辐射干燥、介电加热干燥四种方式。其中对流干燥应用最广泛，通常使用的干燥介质是热空气，沸腾干燥亦即对流干燥，主要是采用流态化的沸腾，热空气与物料进行热交换，通过热空气把蒸发的水分或有机溶媒带走，其采用热风流动对物料进行气-固二相悬浮接触的质热传递方式，从而达到物料干燥目的。

6.2.4.3 工艺流程

结晶工序滤铵机分离出的湿铵，经皮带运输机由加料装置送入沸腾干铵炉内，与鼓风机送来的热空气进行传质传热，湿铵所含的水分被蒸发，碱性物被分解，尾气经除尘器除尘后，由排风机排空；干燥后的氯化铵经出料口送至料仓、包装。

6.2.4.4 工艺过程控制

6.2.4.4.1 工艺指标

湿铵干燥工序工艺指标应符合表12要求。

表12 湿铵干燥工序工艺指标

项目		指标	
		立式炉	卧式炉
热风温度/℃	>	140	160
床层温度/℃		55～90	60～90
床层压力/Pa		−50～0	10 000～12 000

6.2.4.4.2 操作要点

湿铵干燥工序的正常操作应遵循以下要点：

a) 经常检查并及时调节风温、风压、床温、床压等，控制在规定范围内；
b) 经常检查除尘器作业情况，观察尾气含尘量，防止冒料；布袋、滤袋破损或分离器回料管堵塞应及时处理；
c) 经常检查湿铵水分，稀料或大块料不应进炉，防止座炉；
d) 经常检查蒸汽压力，储水罐、闪发器压力、液位和加热器作业情况，发现异常应及时处理。

经常检查风机、皮带运输机等设备运转情况，发现问题应及时处理。

6.2.4.5 设备选用

湿铵干燥工序主要设备有沸腾干铵炉、除尘器、空气加热器、送风机、排风机。

6.2.5 冰机制冷工序

6.2.5.1 工序任务

冰机制冷工序主要任务是负责向氯化铵结晶工序输送液氨供换热制冷之用，氯化铵结晶工序蒸发出来的气氨经过压缩、冷凝，液氨进入储槽循环使用。

6.2.5.2 工艺方法

冷冻过程分为压缩、冷凝、节流膨胀和蒸发四个阶段，制冷装置是由压缩机、冷凝器、节流阀、蒸发器(外冷器)及其他附属设备等组成，用管线连接成的封闭系统，冷媒(压缩介质为氨)在系统内不断循环。

6.2.5.3 工艺流程

氯化铵结晶工序氨液分离器分离出来的气氨经氨主管，进压缩机压缩，压缩后的高温、高压气氨经高效油分离器，除去氨气中所带的润滑油后进入氨冷凝器，用冷却水间接冷却降温使气氨液化成液氨，流入液氨贮槽。液氨经节流减压后进入外冷器，供氯化铵结晶工序母液降温使用，蒸发出的气氨及夹带的液氨经氨液分离器分离，液氨回流至外冷器，气氨进氨主管，再去压缩机压缩，如此不断的循环。

冷凝器之间、液氨贮槽之间和冷凝器与液氨贮槽之间设有平衡管，以保持压力平衡。

压缩机气缸润滑油少量随气氨带入系统，由于油的密度较液氨大，所以油积集在容器底部，油分离器、氨冷凝器、液氨贮槽底部放出的油和液氨混合物进入集油器，用蒸汽间接加热使油中夹带的液氨蒸发返回氨气主管，油则排出并回收。

6.2.5.4 工艺过程控制

6.2.5.4.1 工艺指标

冰机制冷工序工艺指标应符合表 13 要求。

表 13 冰机制冷工序工艺指标

项　目		指　标
压缩机入口温度/℃		$-1\sim20^{a}$
压缩机出口温度/℃	≤	105^{b}
冷凝器液氨温度/℃	≤	40

表 13（续）

项　　目		指　　标
压缩机入口压力/MPa		0.25～0.48
压缩机出口压力/MPa	≤	1.46

[a] 比相应压力下的饱和温度高 5 ℃～10 ℃。
[b] 比气缸润滑油闪点低 25 ℃～30 ℃。

6.2.5.4.2　操作要点

冰机制冷工序的正常操作应遵循以下要点：

a）经常检查压缩机出入口、冷凝器、液氨贮槽、氨气主管等压力变化情况，控制各处压力在规定范围内；
b）经常检查冷凝器冷却水量的大小，及时清扫杂物，控制冷凝器压力在规定范围内；
c）经常检查压缩机吸气温度、排气温度、喷油温度、电机轴承温度等数据的变化情况，如有异常应及时联系、处理；
d）经常检查液氨贮槽液位，严格控制在规定范围内；
e）经常检查油分离器液位，使之保持在规定高度，严防断油停机；
f）经常检查设备、管线、阀门等有无震动和滴漏现象，发现问题应及时处理；
g）经常观察各仪表、自控、遥控装置是否准确、完好，发现问题应及时联系、处理；
h）按规定排油，以提高冷凝器的换热效率。

6.2.5.5　设备选用

冰机制冷工序主要设备有氨压缩机、氨冷凝器、液氨储槽。

6.2.6　氨吸收工序

6.2.6.1　工序任务

氨吸收工序是联碱生产中的重要工序之一，直接影响碳化、氯化铵结晶等工序的正常操作，对系统母液平衡和热量平衡也起着重要作用。

氨吸收工序主要任务是将定量的氨溶解于母液中，并除去母液中钙、镁等杂质，制备合格的氨母液Ⅰ和氨母液Ⅱ，为碳化制碱和氯化铵结晶提供优惠条件。同时平衡好各桶母液，保证生产正常操作。

6.2.6.2　工艺方法

6.2.6.2.1　母液吸氨

母液吸氨是将定量的氨溶解于母液中，并除去母液中钙、镁等杂质，并适量添加硫离子，去除系统中的铁，制备合格的氨母液Ⅰ和氨母液Ⅱ，为碳化制碱和氯化铵结晶提供良好条件。

母液吸氨、二氧化碳的化学反应：

$$NH_3 + H_2O \longrightarrow NH_4OH$$

$$CO_2 + H_2O \longrightarrow H_2CO_3$$

$$H_2CO_3 + 2NH_4OH \longrightarrow (NH_4)_2CO_3 + 2H_2O$$

$$2NaHCO_3 + 2NH_4OH \longrightarrow Na_2CO_3 + (NH_4)_2CO_3 + 2H_2O$$

$$NH_4HCO_3 + NH_4OH \longrightarrow (NH_4)_2CO_3 + H_2O$$

除去钙镁杂质的反应：

$$Ca^{2+} + (NH_4)_2CO_3 \longrightarrow CaCO_3 \downarrow + 2NH_4^+$$

$$Mg^{2+} + (NH_4)_2CO_3 \longrightarrow MgCO_3 \downarrow + 2NH_4^+$$

$$MgCO_3 + (NH_4)_2CO_3 + 4H_2O \longrightarrow MgCO_3 \cdot (NH_4)_2CO_3 \cdot 4H_2O$$

$$Fe^{2+} + S^{2-} \longrightarrow FeS \downarrow$$

$$2Fe^{3+} + 3S^{2-} \longrightarrow Fe_2S_3 \downarrow$$

6.2.6.2.2 吸氨速率

母液在设备中单位时间内吸收的氨量，称为母液吸氨速率。吸氨速率方程式：

$$N_A = K_y A \Delta y_m$$

式中：

N_A ——吸收的速率，单位为摩尔每秒(mol/s)；

K_y ——相对应的吸收系数(K_y 一般由试验确定)；

A ——气液相接触面积，单位为平方米(m^2)；

y_m ——吸收推动力(气相浓度差)。

在吸收操作中，气相的浓度越高，分压越大，以及液相的浓度和平衡分压越低，则吸收速率越大。这表明吸收的推动力相当于气液两相的浓度差。

增大吸收推动力、气液接触面积和吸收系数，都能增大吸收速率。

在一定的温度下，吸氨的操作压力大、氨浓度高，则氨的分压大，吸收推动力 Δy_m 就大，吸氨的速率也大。

6.2.6.2.3 吸氨效应

母液在吸氨过程中发生如下效应：

a) 吸氨后母液温度升高。

在发生化学反应的同时，一般都伴随有热效应(放出热量和吸收热量)现象，母液吸氨要放出大量的热，氨气溶解热 35 kJ/mol，母液每吸收 0.05 mol/L 氨，母液温度升高 0.5 ℃左右。

b) 吸氨后母液体积增加。

吸氨后母液体积增加，其增加量的大小与吸氨量多少有关。一般母液Ⅰ吸氨后体积增加 2%左右，母液Ⅱ吸氨后体积增加 4%左右。

c) 吸氨后母液中氯化铵、氯化钠的溶解度降低。

一般规律，当一物质溶于某一溶液中，若此物质不与溶液的溶质发生化学反应，则通常就会降低该溶质的溶解度。溶液中氨的浓度愈高，氯化铵、氯化钠的溶解度愈小。主要是由于氯化铵、氯化钠、碳酸氢铵和氢氧化铵等多种溶质共溶引起的。

6.2.6.2.4 吸氨量的确定

母液吸氨量确定主要应考虑母液Ⅰ和母液Ⅱ吸氨的量：

a) 母液Ⅰ吸氨量。

吸氨量与其中的二氧化碳量有一定关系。在一次碳化法生产中，母液Ⅰ含二氧化碳量因碳酸化过程的工艺条件，可视为定值。吸氨量是以游离氨与二氧化碳的比值 α 来控制的，α 值一般控制在 2.15～2.35 之间。生产过程中也可根据结晶温度进行控制。

b) 母液Ⅱ吸氨量。

在制碱过程中，为得到较纯的碳酸氢钠结晶和较高的产率，要求母液Ⅱ吸氨，并且控制氨母液Ⅱ中游离氨和氯化钠的比值β在适宜范围。但游离氨浓度若过高，在碳酸化过程中析出大量的碳酸氢铵结晶，出现碳化塔堵塞、氨损失增加等问题，考虑制碱过程中的氨损失，要求氨母液Ⅱβ值控制在1.02～1.12之间。

6.2.6.3 工艺流程

由母液Ⅰ桶抽出的母液经母液Ⅰ泵加压后分两路。一路送到综合回收塔，吸收碳化尾气，成为淡氨母液Ⅰ出塔返回至母液Ⅰ桶；另一路进入母液Ⅰ喷射吸氨器，吸氨后制成热氨母液Ⅰ，自压流入热氨母液Ⅰ桶。

由Ⅱ过程母液Ⅱ泵送出的母液Ⅱ进入母液Ⅱ喷射吸氨器，制成氨母液Ⅱ，经添加硫化物(硫化氢或硫化钠)和助沉剂后流入澄清桶，沉降其中的钙镁、硫化亚铁等杂质，澄清的氨母液Ⅱ流入氨母液Ⅱ桶；沉淀物俗称氨Ⅱ泥，氨Ⅱ泥定时排入泥灌，经分离后滤液回收，氨母液Ⅱ泥排出系统。喷射吸氨的尾气进入综合回收塔，用母液Ⅰ吸收残留氨气后，尾气随同碳化尾气经综合回收塔塔上排空。

6.2.6.4 工艺过程控制

6.2.6.4.1 工艺指标

氨吸收工序工艺指标应符合表14要求。

表14 氨吸收工序工艺指标

项目		指标
母液Ⅱ温度/℃		26～30
氨母液Ⅱ温度/℃		38～42
氨母液Ⅰα值		2.15～2.35
氨母液Ⅱβ值		1.02～1.12
氨母液Ⅱ硫(以S^{2-}计)浓度/(mol/L)		0.001 25～0.002 5
氨母液Ⅱ铁(以Fe^{3+}计)浓度/(mg/L)	≤	20
氨母液Ⅱ浊度/(mg/L)	≤	200

6.2.6.4.2 操作要点

氨吸收工序的正常操作应遵循以下要点：

a) 控制氨母液Ⅰα值和氨母液Ⅱβ值在规定范围；
b) 及时调节硫化物添加量，稳定氨母液Ⅱ含硫、铁浓度在规定范围内；
c) 注意系统各母液成分和各母液贮桶存量的变化，适当地调节进入喷射吸氨器的母液流量，维持系统母液平衡；
d) 综合回收塔尾气净氨段出水含氨控制在规定范围；
e) 控制氨母液Ⅱ温度在38℃～42℃范围；
f) 严格控制氨母液Ⅱ澄清后的浊度；
g) 经常检查和调节各处温度、压力、流量和液面等在规定范围内。

6.2.6.5 设备选用

氨吸收工序主要设备有喷射吸氨器、澄清桶、泥桶等组成。吸氨器用铸铁或不锈钢制作，由收缩管、喷嘴、吸气室及扩散管等部件组成；澄清桶一般选用结构简单、操作容易、运行稳定及澄清效率高的澄清桶，如斯堡丁式澄清桶、斜板式澄清桶等。

6.2.7 氨母液Ⅱ碳酸化工序

6.2.7.1 脱碳气工艺

6.2.7.1.1 工序任务

氨母液Ⅱ碳酸化是利用氨母液Ⅱ在碳化塔内吸收二氧化碳，制成合格的母液及颗粒粗大的碳酸氢钠结晶。

氨母液Ⅱ碳酸化工序是联碱生产中极为重要的工序，其工序操作直接影响上下游工序的操作，同时直接影响产品质量、产量及各项经济技术指标的完成。因此，各项技术操作条件应严格控制在规定范围内。

6.2.7.1.2 工艺方法

氨母液Ⅱ碳酸化过程是一个比较复杂的过程。碳化液中有很多的组分，如：二氧化碳、碳酸、氨、氢氧化铵、氯化钠、水等，化学反应机理很复杂，氨母液Ⅱ碳酸化过程主要有两种：

a) 以碳酸铵为中间产物的碳化反应。

b) 以氨基甲酸铵为中间产物的碳化反应。

示例：以氨基甲酸铵为中间产物的碳化反应。

氨基甲酸铵的生成：

$$2NH_4OH(液)+CO_2(气)=NH_4COONH_2(液)+2H_2O(液)\Delta H=97.8\ kJ/mol$$

氨基甲酸铵水解生成碳酸氢铵：

$$NH_4COONH_2(液)+2H_2O(液)=NH_4HCO_3(液)+NH_4OH(液)\Delta H=-33.3\ kJ/mol$$

$$NH_4HCO_3(液)+NaCl=NaHCO_3(固)+NH_4Cl$$

6.2.7.1.3 工艺流程

碳化塔按过程可分为制碱塔与清洗塔，清洗与制碱轮换作业。

合成氨工序或其他装置来的二氧化碳气体，用压缩机加压，经冷却后送入制碱塔的底部，称为下段气；炉气二氧化碳，用压缩机加压后送入清洗塔的底部和制碱塔中部，称为清洗气和中段气。

氨母液Ⅱ用泵送至清洗塔上部，自上而下溶解塔内的结疤，同时吸收由塔底部上来的二氧化碳气（预碳化），然后从清洗塔底部流出，称为清洗氨母液Ⅱ（简称清洗氨Ⅱ）。清洗氨Ⅱ用泵送入各制碱塔上部，自上而下与塔底通入的下段气及塔中部通入的中段气（此为两段进气，也可以一段进气）逆流接触吸收（碳酸化），于塔高度的1/3处开始逐渐饱和，析出碳酸氢钠，使塔中部温度升至最高。然后经过冷却移除反应热，碳酸氢钠悬浮液由塔底经取出管压到出碱液槽，流至过滤工序进行固液分离。

碳化尾气从塔顶排出，经气液分离器，分离出的液体自压或用泵送回制碱塔上部；分离出的尾气则进入综合回收塔用母液Ⅰ回收其中的氨，然后再经综合回收塔用清水净氨，尾气由综合回收塔顶部排空。综合回收塔出来的母液和洗水，分别去吸氨和淡液蒸馏工序，净氨洗水亦可作为过滤工序洗水用。

6.2.7.1.4 工艺过程控制

6.2.7.1.4.1 工艺指标

脱碳气工艺氨母液Ⅱ碳酸化工序工艺指标应符合表15要求。

表 15 脱碳气工艺氨母液Ⅱ碳酸化工序工艺指标

项目		指标
氨母液Ⅱ温度/℃		36～42
制碱塔上部温度/℃		50～56
制碱塔中部温度/℃		58～65
出碱液温度/℃		36～42
下段气二氧化碳(CO_2)含量 φ/%	≥	80
氨母液Ⅱ钠(以 Na^+ 计)浓度/(mol/L)	≥	3.15
氨母液Ⅱ β 值		1.02～1.12
氨母液Ⅱ铁(以 Fe^{3+} 计)浓度/(mg/L)	≤	20
氨母液Ⅱ浊度/(mg/L)	≤	200
出碱液固定氨(C_{NH_3})浓度/(mol/L)	≥	4.1
出碱液沉降时间/s	≤	200

6.2.7.1.4.2 操作要点

脱碳气工艺氨母液Ⅱ碳酸化工序的正常操作应遵循以下要点：

a) 按时检查氨母液Ⅱ的温度、组分是否符合要求，发现问题及时联系处理；

b) 经常调节进入清洗塔的氨母液Ⅱ量和清洗气量，控制清洗塔压力、液面及清洗氨Ⅱ含二氧化碳量在规定范围内；

c) 经常调节进入制碱塔的清洗氨Ⅱ量，必要时调节出碱液量，控制制碱塔压力、液面在规定范围内；

d) 稳定调节制碱塔的出碱液量和进气(中、下段气)量，控制塔中部温度、上部温度及尾气含二氧化碳浓度在规定范围内；

e) 稳定调节碳化塔的冷却水量，控制清洗氨Ⅱ、出碱液温度在规定范围内；

f) 按时检查出碱液的组成、沉降时间和沉降量，发现波动应分析原因，及时处理；

g) 按时分析进气和尾气含二氧化碳浓度，发现波动应找出原因，及时处理；

h) 维持塔内温度、液面、进气量、二氧化碳浓度、出碱液量及其温度等稳定，是提高氯化钠转化率，发挥碳化塔能力，使碳酸氢钠结晶颗粒较大的重要因素。因此，应尽可能做到平衡操作。

6.2.7.1.5 设备选用

脱碳气工艺氨母液Ⅱ碳酸化工序主要设备有碳化塔、氨Ⅱ冷却器、出碱槽及综合回收塔。其中碳化塔应满足二氧化碳吸收率高、塔顶尾气含二氧化碳低、氯化钠转化率高、冷却效率高以及制得良好碳酸氢钠结晶等化工工艺要求。碳化塔的结构采用钢制内防腐整体结构。

6.2.7.2 变换气工艺

6.2.7.2.1 工序任务

将氨母液Ⅱ在碳化塔内吸收变换气中二氧化碳，使其中的氯化钠和氨转化生成碳酸氢钠和氯化铵，并冷却使碳酸氢钠结晶析出，形成碳酸氢钠悬浮液。同时制得合格的碳化尾气，确保变换气脱碳满足合成氨生产的需要。

6.2.7.2.2 工艺方法

由氨母液Ⅱ泵送来的氨母液Ⅱ，直接进氨Ⅱ冷却器；经冷却后的氨母液Ⅱ从碳化塔上部进塔并自上而下流动，与塔底送入的变换气接触反应，生成碳酸氢钠结晶（即重碱）。重碱晶浆由塔底自压排出，经取出到取出槽。取出槽内重碱晶浆自流至滤碱机进行固液分离。主要化学反应方程式：

$$NH_3+NaCl+CO_2+H_2O\longrightarrow NaHCO_3+NH_4Cl$$

6.2.7.2.3 工艺流程

变换气由界区外的压缩工序送来，进入碳化塔底部供制碱用。反应后的碳化尾气由塔顶引出，进碳化尾气回收塔底部。碳化尾气回收塔由两段组成，下段为填料塔，上段为泡罩塔且各塔板均设有数层冷却盘管，循环水流经管内，移出反应放出的热量。在塔内，碳化尾气经塔顶送入的浅除盐水洗涤吸收其中的氨和二氧化碳后，脱碳气从塔顶引出，经碳化尾气回收塔后，脱碳气送往界区外的合成氨系统，从碳化尾气回收塔底排出的淡氨水由淡氨水泵经淡氨水冷却器被循环水冷却后，部分返回下段(填料段)循环使用，其余部分淡氨水则进入淡液桶，与来自煅烧工序的炉气冷凝液等混合，再由淡液泵送往废淡液冷却器，经高温废淡液预热后，进入淡液蒸馏塔。

为了移出碳化反应放出的热量，各碳化塔均配置外冷器。碳化塔内反应液由塔中部引出并自外冷器顶部进入，流经冷却管内，与管间冷却水间接换热降温后，由外冷器底部引回碳化塔底进塔上升，即在塔中段及下段与外冷器之间形成自然循环，不断移出反应热量。外冷器所用冷却介质为循环水。

6.2.7.2.4 工艺过程控制

6.2.7.2.4.1 工艺指标

变换气工艺氨母液Ⅱ碳酸化工序工艺指标应符合表16要求。

表 16 变换气工艺氨母液Ⅱ碳酸化工序工艺指标

项目		指标
温度	进碳化塔氨母液Ⅱ温度/℃	28～35
	碳化塔筛板段上部温度/℃	氨母液Ⅱ入塔温度+(0～3)
	碳化塔筛板段下部温度/℃	氨母液Ⅱ入塔温度+(2～10)
	碳化塔反应段上部温度/℃	40～55
	碳化塔反应段中上部温度/℃	40～55
	碳化塔反应段中部温度/℃	40～60
	碳化塔反应段下部温度/℃	40～55
	碳化塔底部温度/℃	35～50
	外冷器进液温度/℃	35～45
	外冷器出液温度/℃	36～45
	取出液温度/℃	36～44
压力	变换气压力/MPa	1.0～1.5
	碳化塔压差/MPa	0.22～0.35
	碳化塔尾气出口压力/MPa	0.8～1.4

表 16（续）

项目			指标
成分	碳化尾气二氧化碳(CO_2)浓度 φ/%	≤	0.5
	尾气回收塔出气二氧化碳(CO_2)浓度 φ/%	≤	0.3
	5 塔液含结晶量 w/%		0～1
	出碱液固定氨浓度/(mol/L)	≥	4
	旋流器底部晶浆固液 w/%		5～70
	尾气回收塔出口尾气 NH_3/(g/m^3)	≤	0.2
液位	碳化塔液位		LC_1～LC_5
	清洗塔液位		LC_1～LC_7

6.2.7.2.4.2 操作要点

变换气工艺氨母液Ⅱ碳酸化工序的正常操作应遵循以下要点：

a) 按时检查氨母液Ⅱ的温度、组成是否符合要求，发现问题应及时与吸氨岗位联系；
b) 经常调节进入碳化塔的氨母液Ⅱ量，使液面维持在规定范围内；
c) 平稳调节碳化塔的出碱液量和进气量，控制塔中部温度，上部温度及尾气含二氧化碳浓度在规定范围内；
d) 平稳调节碳化塔外冷器冷却水用量，控制各外冷器循环液出口温度，以保证出碱液温度在规定范围；
e) 按时检查出碱液组成、沉淀时间和沉淀量，发现波动应找出原因，及时调控；
f) 按时分析碳化塔进气和尾气的二氧化碳浓度，发现波动应找出原因，及时调控；
g) 经常检查各处温度、压力、流量、液面等情况，发现波动和仪表失灵，应及时联系和处理；
h) 经常分析氨母液Ⅱ成分，使其保持在规定范围内；
i) 按时倒换碳化塔，并在 60 min 内恢复正常；
j) 按规定时间(正常情况 2 次/班)检验外冷器冷却水的含氨量，发现冷却水含氨量超过规定值，及时找出漏处并联系堵漏；
k) 经常注意出碱管出碱情况，若出碱管不畅通或堵塞，应减少进氨母液Ⅱ量、进气量和冷却水量，检查蒸汽管线，排掉管内积水。先关闭靠塔出碱阀门，再逐步开大蒸汽阀门，向出碱管内吹蒸汽。待出碱管吹通后，关蒸汽阀门，开该塔靠塔出碱阀门，恢复出碱；
l) 由于利用重力差进行自然循环冷却，因此塔的操作负荷不能太低，一般情况下塔的最低负荷不低于设计能力的 75%，否则影响塔的作业周期；
m) 注意外冷器冷却水和管内母液温差不超过 10 ℃，发现波动，找出原因，及时处理。

6.2.7.2.5 设备选用

变换气工艺氨母液Ⅱ碳酸化工序主要设备有碳化塔、外冷器、氨Ⅱ冷却器、出碱槽及碳化尾气回收塔。其中碳化塔应满足二氧化碳吸收率高、塔顶尾气含二氧化碳低、氯化钠转化率高、冷却效率高以及制得良好碳酸氢钠结晶等化工工艺要求。碳化塔和结构采用钢制内防腐整体结构。

6.2.8 重碱过滤工序

6.2.8.1 工序任务

重碱过滤操作直接影响碳酸钠产量、质量及煅烧炉能否正常操作，同时对降低原材料、动力的消耗定额影响极大。减少过滤的洗水量，对保证母液组成、降低母液当量、解决联碱法生产系统的水平衡起着重要作用。

重碱过滤工序主要任务是利用真空过滤机，将碳化取出液中的碳酸氢钠结晶(重碱)与母液分离，在过滤的同时进行洗涤，除去重碱中残留的母液，以便重碱中的氯化物含量不超过规定指标，并进行脱水和挤压、干燥，使重碱含水量降低至工艺要求。

6.2.8.2 工艺方法

重碱过滤工序为借助带式过滤机或转鼓过滤机的真空或离心力，在滤布两侧形成压差，推动母液通过滤布而被抽走，实现固液分离的目的。

6.2.8.3 工艺流程

6.2.8.3.1 转鼓过滤机流程

碳化出碱液经出碱槽注入过滤机的碱槽内，真空过滤机的滤鼓与真空管相连接，滤鼓有一部分浸在碱槽内，借真空机的吸力使重碱附着于滤布上形成滤饼，滤饼经洗涤和真空吸干后，被刮刀刮下，由皮带运输机送至煅烧工序。滤液通过滤布被吸入滤鼓内，与同时被吸入的空气一并进入分离器。气体与液体分离，滤液由分离器底部流入母液Ⅰ桶；气体由分离器上部进入过滤尾气净氨塔下部，与净氨塔上部加入的清水逆流接触，回收气体中的氨。尾气由净氨塔上部出，经真空机排出至大气；洗水从净氨塔下部流出，供煅烧工序洗涤炉气使用。

6.2.8.3.2 带式过滤机流程

出碱液经出碱槽送至带式过滤机的料浆分布器，用带式过滤机进行固液分离，经洗涤、吸干后，分离出的重碱在机尾被刮下落到重碱输送机上，被送往煅烧工序。滤液和气体经气液分离器分离后，气体经真空管进入过滤尾气净氨塔净氨后，经真空机排放，母液Ⅰ自流进入母液Ⅰ桶。

6.2.8.4 工艺过程控制

6.2.8.4.1 工艺指标

重碱过滤工序工艺指标应符合表17要求。

表17 重碱过滤工序工艺指标

项目		指标
重碱氯化钠(NaCl)含量 w/%	≤	0.4
重碱水分 w/%	≤	18
洗水当量/(t/t)	≤	0.65
过滤母液氯差/(mol/L)	≤	0.16

6.2.8.4.2 操作要点

重碱过滤工序的正常操作应遵循以下要点：

a) 经常检查过滤机的运行情况，注意滤饼洗水的分布情况；

b) 维持适宜的真空度，提高过滤推动力；

c) 严格控制洗水量，在保证碳酸钠盐分指标的情况下，尽量减少洗水用量；

d) 及时取样分析重碱盐分，根据盐分的高低，调节洗水用量。

6.2.8.5 设备选用

重碱过滤工序主要设备有真空过滤机、母液分离罐和过滤尾气净氨塔。一般采用带式真空过滤机或转鼓真空过滤机；母液分离罐和过滤尾气净氨塔一般为碳钢材质，应有足够的容积缓冲量。

6.2.9 重碱煅烧工序

6.2.9.1 工序任务

重碱煅烧工序的主要任务是把重碱过滤工序滤碱机分离出的碳酸氢钠（重碱），送入蒸汽煅烧炉加热分解成碳酸钠；同时分解出的二氧化碳（炉气）经冷却塔、洗涤塔降温和洗涤，送入二氧化碳压缩工序。

6.2.9.2 工艺方法

重碱加热到一定温度下，分解为碳酸钠、水蒸气、二氧化碳气和氨气。气体经冷却、洗涤后循环利用，碳酸钠和微量的氯化钠固体粉状晶体从炉尾输出成为产品。

重碱主要成分为碳酸氢钠，此外还含有碳酸钠、碳酸氢铵、氯化钠和水等成分，碳酸氢钠是一种不稳定化合物，在常温下就能分解成碳酸钠。

重碱有粘结倾向，重碱水分大于9.5%时就会在煅烧炉内成球或结疤，为此在入炉前应加入一定量的返碱（即产品碳酸钠），混合均匀，从而消除了结球和结疤条件，但返碱量应严格控制，若返碱过多，则能耗增加。

分解速度受传热速度控制，所以蒸汽煅烧炉用中压蒸汽作热源，以间接换热方式对重碱分解提供热量。中压蒸汽饱合温度高，冷凝给热时能对重碱产生较大温度差，使传热速度加快，有利于分解。

煅烧炉内进行的主要化学反应如下：

$$2NaHCO_3(s)=Na_2CO_3(s)+H_2O(g)+CO_2(g)\quad \Delta H=129\ kJ/mol$$

$$NH_4HCO_3(s)=NH_3(g)+CO_2(g)+H_2O(g)\quad \Delta H=168\ kJ/mol$$

6.2.9.3 工艺流程

重碱煅烧炉有外返碱、内返碱两种形式，热源一般选用中压蒸汽。外返碱蒸汽煅烧炉主要流程：

a) 由过滤工序来的重碱经皮带运输机送入预混器，与返碱混合后进入煅烧炉。重碱在煅烧炉内被中压蒸汽间接加热分解，制得的碳酸钠进入炉尾出碱螺旋机，部分碳酸钠作为返碱，经返碱螺旋运输机返回炉内，另一部分作为成品进入碱仓。

b) 重碱在炉内分解产生的炉气，经分离器将其中大部分碱粉回收，未分离下来的碱粉随炉气入炉气总管，经冷却、洗涤，炉气回压缩工序循环利用，冷凝液和洗涤液回碳化工序。

6.2.9.4 工艺过程控制

6.2.9.4.1 工艺指标

重碱煅烧工序工艺指标应符合表18要求。

表18 重碱煅烧工序工艺指标

项目		指标
煅烧炉出碱温度/℃		155～185
煅烧炉出气温度/℃		105～115
炉气浓度 φ/%	≥	85

6.2.9.4.2 操作要点

重碱煅烧工序的正常操作应遵循以下要点：

a) 密切注意中压蒸汽压力、温度、流量及重碱质量变化情况；根据出碱温度，炉气压力等情况，及时调节重碱投入量和蒸汽量；
b) 经常检查返碱及炉气分离器的情况，保持通畅、不堵塞，杜绝返碱操作；
c) 经常检查冷凝水疏通情况，保持畅通，不应有泄漏；
d) 维持扩容器一定的液位和压力；
e) 经常检查炉气净化系统堵塞或泄漏现象，保持炉气二氧化碳浓度和温度在规定范围；
f) 经常检查各运转设备，保持良好状态。

6.2.9.5 设备选用

重碱煅烧工序主要设备有蒸汽煅烧炉、炉气冷凝塔、炉气洗涤塔、旋风分离器、水封罐、热碱液桶、闪发器、预混器。

6.2.10 二氧化碳压缩工序

6.2.10.1 工序任务

二氧化碳压缩工序主要任务为：

a) 利用压缩机将合成氨工序来的脱碳气和煅烧工序来的炉气（二氧化碳气体）吸入机内，使二氧化碳气压缩至规定的压力后送往碳化工序，供碳化塔制碱使用。其二氧化碳气体的压力、流量和浓度的好坏将直接影响到碳化作业，对产品的产量、质量都具有非常重要的作用。
b) 利用真空机形成一定的真空度，供滤碱机分离重碱使用。真空度的高低将直接影响碳化、滤过、吸收岗位的作业，对产品的产量、质量具有非常重要作用。

6.2.10.2 工艺方法

将煅烧工序来的炉气、合成氨工序及其他装置来的二氧化碳气体经过压缩机加压后输送到碳化工序，分别做碳化中段气、下段气；保证过滤工序正常作业所需的真空度。

6.2.10.3 工艺流程

6.2.10.3.1 二氧化碳系统

从煅烧工序来的炉气、合成氨工序及其他装置来的二氧化碳气体，进入压缩机入口，升压至所需压力后排出，经冷却器和气水分离器后，进入碳化工序。

6.2.10.3.2 真空系统

来自过滤工序的尾气，经过真空机排出，同时入口形成一定真空度，满足过滤工序所需的真空度。

6.2.10.4 工艺过程控制

6.2.10.4.1 工艺指标

二氧化碳压缩工序工艺指标应符合表 19 要求。

表 19　二氧化碳压缩工序工艺指标

项　　目		指　　标
压缩机入口压力/kPa	≥	－10
压缩机入口温度/℃	≤	45
压缩机出口压力/MPa		0.32～0.38
压缩机出口温度/℃		85～100
冷却后的下段气温度/℃		35～45
冷却后的中段气温度/℃		40～50

6.2.10.4.2　操作要点

二氧化碳压缩工序的正常操作应遵循以下要点：

a）经常检查各润滑点供油、回油情况以及轴承温度变化情况；

b）经常检查油温、油质、油位情况；

c）经常检查轴位移，轴振动情况；

d）经常检查各工艺指标执行情况；

e）经常检查主机、电机、油泵工作是否正常；

f）定期检查入气管，出气管冷凝水排放水情况。

6.2.10.5　设备选用

二氧化碳压缩工序主要设备有二氧化碳压缩机、真空机、二氧化碳冷却器、气液分离器。二氧化碳压缩机一般使用透平压缩机或螺杆压缩机或往复式压缩机；真空机有干式和湿式之分，一般干式应用较普遍，效率高，流程简单；油站系统由油箱和油冷却器组成；二氧化碳冷却器为碳钢或铸铁材质，分为间壁式或直冷式两种；气液分离器一般为碳钢罐体，内部可设旋流板。

6.3　天然碱加工法

6.3.1　倍半碱工艺

6.3.1.1　工艺流程

采出碱卤至地面，进入蒸发器脱水，Ⅲ效蒸发出料，半成品以倍半碱为主，还含有 20%～30% 的一水碳酸钠。经过真空滤过机过滤，再经离心机脱水，进入煅烧炉制成轻质碳酸钠(堆积密度约为 0.7 t/m^3)，母液大部分与原卤兑合返回生产系统，抽出的部分母液去生产副品碱。

6.3.1.2　蒸发结晶工序

6.3.1.2.1　工序任务

蒸发结晶岗的主要任务是将清卤与母液混合，调整清卤中碳酸氢钠和碳酸钠成分，通过Ⅰ效蒸发浓缩，分解卤水中部分碳酸氢钠后，继续在Ⅱ、Ⅲ效蒸发器中蒸发浓缩，于Ⅲ效蒸发结晶器中使倍半碱结晶。

6.3.1.2.2　工艺流程

精制工序送来的碱卤和倍半碱过滤分离的母液经碱液预热器、母液预热器预热后在碱液储桶混合，由上液泵加压进入Ⅰ效蒸发器，在Ⅰ效蒸发器中部分碳酸氢钠分解。碱卤水通过Ⅱ、Ⅲ效蒸发器继续蒸发浓缩，在Ⅲ效蒸发结晶器中倍半碱结晶出来，由出料泵抽出送往过滤、分离岗。

6.3.1.2.3 过程控制

6.3.1.2.3.1 工艺指标

蒸发结晶工序工艺指标应符合表20要求。

表20 蒸发结晶工序工艺指标

项目			指标
清卤	浓度	碳酸钠(Na_2CO_3)含量 w/%	13～14
		碳酸氢钠($NaHCO_3$)含量 w/%	9～10
		氯化钠(NaCl)含量 w/%	0.4
Ⅰ效蒸发器	生蒸汽压力(绝压)/MPa		0.49
	蒸发室压力/kPa		0.6～0.9
	物料浓度	碳酸钠(Na_2CO_3)含量 w/%	14～16
		碳酸氢钠($NaHCO_3$)含量 w/%	7.5～9
Ⅱ效蒸发器	蒸发室压力/kPa		−35～−40
	浓度	碳酸钠(Na_2CO_3)含量 w/%	18～20
		碳酸氢钠($NaHCO_3$)含量 w/%	9～12
Ⅲ效蒸发器	压力/kPa		−84～−88
	固液比/%		75～80
	液相浓度	碳酸钠(Na_2CO_3)含量 w/%	16～18
		碳酸氢钠($NaHCO_3$)含量 w/%	4～6

6.3.1.2.3.2 操作要点

蒸发结晶工序的正常操作应遵循以下要点：

a) 及时检查卤水进蒸发器的温度，组成是否符合要求。发现问题应及时联系、处理；
b) 经常调节进入Ⅰ效蒸发器的卤水量，必要时调节倒出量，控制各效蒸发室液面在规定范围；
c) 稳定地调节进Ⅰ效加热蒸汽的压力、流量，控制各效的沸点和各效的浓度在规定范围；
d) 及时检查取出液的固液比，发现波动分析原因，及时调整；
e) 经常调节末效真空度，保证平稳的沸腾温度；
f) 经常检查真空系统循环水上水温度和下水温度，控制在规定范围内；
g) 按规定时间检查各效冷凝液含碱量，发现含碱量超过规定值，应及时找出原因并解决；
h) 经常检查各效二次蒸汽的压力、温度，并控制在正常范围，发生波动应及时分析原因，并联系、处理；
i) 维持蒸发器进液量、液面、沸点、压力，固液比、真空度等工艺参数，操作人员应尽可能地平稳操作。

6.3.1.2.4 设备选用

蒸发结晶工序主要设备采用三效四体外循环蒸发器。

6.3.1.3 过滤、离心工序

6.3.1.3.1 工序任务

将倍半碱晶浆过滤并进一步离心脱水，然后送至轻灰工序。

6.3.1.3.2 工艺流程

Ⅲ效出料泵将倍半碱晶浆送至真空转鼓过滤机碱液槽，碱液槽溢流去母液循环桶，桶中物料由母液中转泵送至过滤机。晶浆经真空转鼓过滤机过滤后，滤液去真空（汽/液）分离器。吹风机送风至缓冲罐，去滤碱机。滤碱机洗水来自循环水回水，真空（汽/液）分离器分离出的滤液进入小母液储桶，气体去水环真空泵，然后排空。水环真空泵工作液来自循环水上水泵，排液回循环水热水池。倍半碱由转鼓式过滤机出来进入离心机，进一步脱水后，送往轻灰工序，滤液去小母液储桶，储桶中母液由小母液泵送往清碱液储桶或大母液贮桶。

6.3.1.3.3 过程控制

6.3.1.3.3.1 工艺指标

过滤、离心工序工艺指标应符合表21要求。

表21 过滤、离心工序工艺指标

项　　目	指　　标
水环真空泵真空度/MPa	−0.2～−0.05
离心后倍半碱水分 w/%　　≤	12
转鼓过滤机真空度/MPa	−0.12～−0.05

6.3.1.3.3.2 操作要点

过滤、离心工序的正常操作应遵循以下要点：

a) 各离心泵启动时应严格按照起、停车操作要求。
b) 管线堵塞时应及时用热水冲洗，防止堵死。冲洗时应两人操作，互相监护防止烫伤。
c) 水环真空泵在启用时，要先开密封冷却水、工作液阀门，待泵体充满工作液后，再启动水环真空泵，不应在缺冷却水的情况下运行。不应使用不合格或者变质的润滑油。设备运行中，不应在转动部位擦设备或者进行检修。备用泵应定时人工盘车。在检修中对拆开的设备和管孔，要及时盖好；使用吊车或其他起吊设备机具时，应有专人指挥。
d) 离心机在开车前，先行进行检查，转鼓内应无异物，手动盘车，转鼓转动自如。启动离心机时应先启动油泵电机，再启动主电机。清理转鼓内积碱时，用木铲或软金属铲，不应使用钢铲。
e) 停车时，应先停主电机，待转鼓静止后再停油泵电机，不应在转鼓未静止前打开机门。
f) 液压油温度应保持在50 ℃以下，但不应超过60 ℃。
g) 随时观察设备运转情况，出现故障及时处理。
h) 停车时间较长或阴雨天气，开机前应测试电机绝缘情况。
i) 检查各安全防护装置时，应特别注意不触碰上转动部位。
j) 检修前应将转鼓内的灰渣清除干净。

6.3.1.3.4 设备选用

过滤、离心工序主要设备采用真空过滤机、离心机、母液桶。

6.3.1.4 轻灰煅烧工序

6.3.1.4.1 工序任务

将过滤分离岗送来的倍半碱，在轻灰煅烧炉中加热分解，制成合格的轻质碳酸钠，部分供给水合工序生产一水碳酸钠，部分轻质碳酸钠凉碱后输送到包装工序。

6.3.1.4.2 工艺流程

来自分离岗的倍半碱($Na_2CO_3 \cdot NaHCO_3 \cdot 2H_2O$)，与旋风分离器回收的碱尘一起进入煅烧炉，与返碱管返碱充分混合，混合物水分含约为8%，经中压蒸汽间接加热分解干燥后，轻灰由出碱管返回炉头卸出后，一部分通过轻灰埋刮板机、斗提机，送往轻灰小料仓(或进入重灰刮板通过重灰输送线至包装工序)，然后进入水合罐水合生产一水碳酸钠。另一部分通过地坑绞刀、斗提机、轻灰过桥刮板、凉碱炉、凉碱出料绞刀、凉碱平绞刀、凉碱刮板、斗提机、轻灰过桥刮板至包装工段。

6.3.1.4.3 过程控制

6.3.1.4.3.1 工艺指标

轻灰煅烧工序工艺指标应符合表22要求。

表22 轻灰煅烧工序工艺指标

项 目	指 标
煅烧炉返碱温度/℃	180～200
煅烧炉出碱温度/℃	130～160
煅烧炉炉气温度/℃	115～130
中压蒸汽压力/MPa	2.8～3.14
中压蒸汽温度/℃	280～320

6.3.1.4.3.2 操作要点

轻灰煅烧工序的正常操作应遵循以下要点：

a) 生产中检查各输送机械、炉气管线、洗水管线是否畅通。炉气系统堵塞时，应选用合适的工具进行疏通，不应用水冲洗。疏通时应与人孔保持一定距离，防止炉气返出烫伤。
b) 经常击打煅烧炉下碱和出碱溜子，保证进出碱畅通。在清理堵塞时，必要时停止出料后进行处理。在击打溜子时要稳击稳收，不要用力过猛造成人身伤害。
c) 斗提机等输送设备启动时，应进行检查，确认无人或无障碍物时再启动。在紧急情况下，应按急停按钮停止输送设备的运行。经过检查联系后，方可再次启动。
d) 设备无论在运行或停止运行时，禁止在设备上站立、越过或传递各种工具。
e) 运行中检查煅烧炉密封面、托轮油箱、齿轮油箱、轴承、轴瓦充分润滑，油量充足。检查煅烧炉轴向窜动、径向跳动及齿轮啮合、托轮、挡轮的运转等情况。

6.3.1.4.4 设备选用

轻灰煅烧工序主要设备采用轻灰煅烧炉、旋风分离器、洗涤塔、冷碱机、轻灰料仓。

6.3.1.5 轻灰水合工序

6.3.1.5.1 工序任务

将轻灰在水合罐进行液相水合生成一水碳酸钠，然后进入离心机中分离出一水碳酸钠，送往重灰煅烧工序。

6.3.1.5.2 工艺流程

轻灰送来后进入轻灰小料仓，经出料铰刀、冲板流量计、水合罐进料绞刀进入大水合罐中与母液发生水合反应生成一水碳酸钠，由料浆泵抽出送往稠厚器进入离心机中分离，分离出的一水碳酸钠由一水碳酸钠铰刀送往重灰工序，母液进入母液桶，由母液泵抽出进入水合罐中，循环利用。母液桶补水由新鲜水、洗水补充。

6.3.1.5.3 工艺过程控制

6.3.1.5.3.1 工艺指标

轻灰水合工序工艺指标应符合表23要求。

表23 轻灰水合工序工艺指标

项　　目	指　　标
水合温度/℃	98～103
晶浆固液比/%	40～60

6.3.1.5.3.2 操作要点

轻灰水合工序的正常操作应遵循以下要点：

a) 定期对搅拌装置进行检查，保证润滑，运转正常；
b) 及时调整料浆泵流量、母液加入量，保证母液量、进碱量、出料量，互相适应、协调，维持水合罐进出物料平衡；
c) 随时检查水合罐中固液比、水合温度，保证一水碳酸钠结晶质量；
d) 对各台泵进行检查，发现异常应及时处理；
e) 对各物料管线、阀门进行检查，确保管线、阀门不堵、不漏。发现堵塞或不畅应及时处理。

6.3.1.5.4 设备选用

轻灰水合工序主要设备采用轻灰水合、水碱离心机等。

6.3.2 碳酸化工艺

6.3.2.1 工艺流程

来自采卤站的原卤液($Na_2CO_3 \cdot NaHCO_3 \cdot 2H_2O$)储存在原卤液储罐中，由上料泵进入原卤冷却器、碳化塔；由压缩工序来的二氧化碳气体进入碳化塔与原卤液反应，生成碳酸氢钠饱和溶液由循环泵强制循环，经冷却器冷却，碳化完成液由料浆泵送入真空转鼓过滤机。

过滤母液去煅烧洗气塔后转去母液储罐，经一级、二级、三级预热器先后进入一级、二级湿分解塔，同时二级分解塔直接通入低压蒸汽，使母液受热分解，完成液经过一级预热器换热后进入注井罐(洗塔时部分完成液由二级湿分解出料泵进塔，洗后再注井)，产生的二氧化碳作为二级预热器热源，换热后去压缩工序加压、冷却，再回到到碳化塔；三级预热器热源为一次低压蒸汽，换热后产生的冷凝水回锅炉。碳化塔冷却器冷却水来自循环水管网，换热后回冷却塔进行降温循环使用。

从真空转鼓过滤机来的半成品结晶经皮带输送进入蒸汽煅烧炉，经自身返碱混合，加热分解，制得碳酸钠由炉头卸出，进入重灰埋刮板机，再经斗提机提升至凉碱炉中进行冷却。降温后的成品碱由凉碱炉炉尾出料至埋刮板，送往包装工序。在煅烧炉被加热产生的二氧化碳炉气(含水汽和少量碱尘)进入旋风除尘器，再进入洗涤塔，除尘碱返回炉中，炉气自洗涤塔顶引出进入压缩工序。

煅烧炉用中压蒸汽，由锅炉直接送入煅烧炉尾进气系统，产生的冷凝水进入重灰储水罐，再经闪发罐，闪发蒸汽入低压蒸汽管，冷凝水回热电。

6.3.2.2 碳酸化工序

6.3.2.2.1 工序任务

碳酸化工序负责将采卤站送来的原卤液与由压缩工序送来的二氧化碳气体进行碳酸化反应，制得合格的碳化取出液送往过滤、离心工序。

6.3.2.2.2 工艺流程

来自采卤站的原卤液储存在原卤液储罐中，然后由上料泵输送进入碳化塔；由压缩工序来的二氧化碳气体从碳化塔循环管下部进入碳化塔与原卤液进行碳酸化反应，反应生成碳酸氢钠饱和溶液由碱液循环泵强制循环，经冷却器冷却，通过控制冷却器中冷却水量和冷却水温度以控制碳化液适宜的过饱和度，使碳酸氢钠结晶析出并长大。碳化完成液由料浆泵送过滤工序。过滤母液一部分去煅烧洗气塔，一部分去母液储桶。未反应完的少量二氧化碳及惰行气体由碳化塔顶排出。冷却器冷却水来自循环水管网，冷却器冷却软水经换热后回凉水塔进行降温循环使用，碳化塔设置两台，一台用于碳化、另一台用于清洗，也可两台同时用于碳化。

来自湿分解工序的湿分解完成液进入湿分解完成液储罐，经洗水泵(即碳化上料泵)进入碳化塔，达到一定液位时，开启碳化塔碱液循环泵强制循环，同时通入适量低压蒸汽进行清洗作业。洗罐结束后，湿分解液送中转罐去注井。

6.3.2.2.3 过程控制

6.3.2.2.3.1 工艺指标

碳酸化工序工艺指标应符合表24要求。

表24 碳酸化工序工艺指标

项　目	指　标
取出液温度/℃	45～50
取出液固液比/%　≥	15
进碳化塔二氧化碳气浓度 w/%　≥	80

6.3.2.2.3.2 **操作要点**

碳酸化工序的正常操作应遵循以下要点：

a) 检查碳化塔顶部放空管是否堵塞，保证尾气排气畅通；
b) 启动上液泵，控制适宜流量向碳化塔进液；
c) 检查冷却水温度是否达到规定温度，循环水工序是否正常；
d) 碳化塔液位达到中视镜时，停止进液，开启循环泵；
e) 开启碳化塔外冷器进水阀；
f) 开启二氧化碳进气阀，控制到适宜气量；
g) 控制冷却器进水温度和出水温度在规定指标范围内；
h) 检查碳化塔内固液比，当固液比达到规定指标时，开启碳化塔出料泵、出液阀，同时恢复碳化塔进液，并根据碳化塔液位控制适宜进液量；
i) 分析碳化取出液组成及结晶质量，根据取出液质量，控制适宜的取出量；
j) 根据碳化塔内温度，适当控制进液量和二氧化碳进气量；检查碳化塔顶部压力，控制在指标范围内。

6.3.2.2.4 **设备选用**

碳酸化工序主要设备有原卤冷却器、碳化塔等。

6.3.2.3 **湿分解工序**

6.3.2.3.1 **工序任务**

湿分解工序利用湿分解装置加热碳化母液，使其中的碳酸氢钠进行湿分解，分解率大于80%，从而制得合格足量的二氧化碳气，满足碳化反应需要，同时达到注井要求。

6.3.2.3.2 **工艺流程**

物料母液来自过滤工序，经进料泵送入一级换热器预热(热源为二氧化碳气体)，然后经二级换热器预热(热源为分解塔取出母液)，再经三级换热器加热(热源来自低压蒸汽管网)，送入湿分解塔上部，经分解塔内液体分布器和填料时与生蒸汽直接进行热质交换，母液受热分解后经分解塔底部取料管导出，再由取料泵送往二级换热器与物料(母液)换热后送往碱矿车间(注井)；自分解塔顶部排出的二氧化碳气体直接进入一级换热器与物料(母液)换热，随后在洗汽塔中洗涤、降温后进入汽液分离器，除去水分送往压缩机；一级换热器冷凝水经平衡水桶排地沟；三级换热器凝水回锅炉。

6.3.2.3.3 **工艺过程控制**

6.3.2.3.3.1 **工艺指标**

湿分解工序工艺指标应符合表25要求。

表25 湿分解工序工艺指标

项　目		指　标
分解率 w/%	>	80

6.3.2.3.3.2 操作要点

湿分解工序的正常操作应遵循以下要点：

a) 暖管，关闭湿分解塔和三级预热器蒸汽进汽阀门，打开蒸汽管道、疏水器，通知主控送少量蒸汽暖管。蒸汽压力为 0.05 MPa～0.2 MPa，暖管时间 0.5 h 以上。
b) 联系循环水工序，开启湿分解洗汽塔冷却水上水阀门，同时开启冷却水回水泵调整液位至液位计 1/3 处。
c) 湿分解塔进料，关闭各导淋管，开启湿分解给料泵、湿分解倒料泵、湿分解出料泵，调整一级、二级湿分解塔液位稳定在液位计 1/2 处。检查一级、二级、三级预热器有无泄漏，预热器工作是否正常。
d) 打开二氧化碳排空阀，通知压缩工段开启一台压缩机抽气，打开蒸汽管道疏水阀，热电车间送蒸汽(0.4 MPa 以下)，缓慢开启二级湿分解蒸汽进汽阀，三级预热器蒸汽进汽阀。
e) 根据生产需要开启压缩机，关闭二氧化碳排空阀，调整蒸汽压力、温度，湿分解塔进料量、倒料量、出料量，使各项指标在正常范围内。
f) 确保设备安全运行，杜绝事故发生。启车时应先进料，一切正常后再通汽。
g) 运行中，及时调整各项指标，不应趋高或过低。
h) 每 1 h 分析一次碳酸氢钠、碳酸钠的含量，确定湿分解率。

6.3.2.3.4 设备选用

湿分解工序主要设备有多预热器、多级湿分解塔。

6.3.2.4 压缩工序

6.3.2.4.1 工序任务

由煅烧工序和湿分解工序所来的二氧化碳和空气的混合气体，经压缩机压缩，冷却降温后，送往碳化工序。

6.3.2.4.2 工艺流程

经煅烧工序和湿分解工序冷却分离后的二氧化碳和空气混合气体，进压缩机进行压缩，压缩到碳化工序所需的压力后，经压缩机出口储气罐分离油水后进二氧化碳后冷却器，将二氧化碳气体温度冷却到碳化所需要的温度后，供碳化工序使用。

6.3.2.4.3 工艺过程控制

6.3.2.4.3.1 工艺指标

压缩工序工艺指标应符合表 26 要求。

表 26 压缩工序工艺指标

项　　目		指　　标
排汽压力/MPa	≤	0.4
排汽温度/℃	≤	200

6.3.2.4.3.2 操作要点

压缩工序的正常操作应遵循以下要点：

a) 回路调节时，密切观察回路出口压力，出口压力不应低于 0.12 MPa；
b) 当班应手动安全阀一次；
c) 当班应每隔 2 h 排一次管道、缓冲罐及后冷却器内的积水。

6.3.2.4.4 设备选用

压缩工序主要设备有洗涤塔、压缩机、二氧化碳后冷却器。

6.3.2.5 过滤工序

6.3.2.5.1 工序任务

将碳化塔底部晶浆过滤，然后送至煅烧炉及小苏打加料干燥管工序。

6.3.2.5.2 工艺流程

碳化塔出料泵将塔底部晶浆送至真空转鼓过滤机碱液槽，碱液槽溢流去母液循环桶，桶中物料由母液中转泵送至过滤机。晶浆经真空转鼓过滤机过滤后，滤液去真空分离器。吹风机送风至缓冲罐，去滤碱机。真空转鼓过滤机洗水来自循环水回水，真空分离器分离出的滤液进入小母液储桶，气体去水环真空泵，然后排空。水环真空泵工作液来自清水或杂水，排液进入循环水池循环使用。碳酸氢钠由真空转鼓过滤机出来经皮带机送往煅烧炉及碳酸氢钠加料干燥管工序，滤液去母液储桶，储桶中母液由母液泵送往湿分解塔。

6.3.2.5.3 工艺过程控制

6.3.2.5.3.1 工艺指标

过滤工序工艺指标应符合表 27 要求。

表 27 过滤工序工艺指标

项目		指标
水环真空泵真空度/MPa		−0.2～−0.05
真空转鼓过滤机	真空度/MPa	−0.12～−0.05
	碳酸氢钠滤饼含游离水 w/%	48～50

6.3.2.5.3.2 操作要点

过滤工序的正常操作应遵循以下要点：

a) 启动时应严格遵守起、停车操作要求。
b) 管线堵塞时及时用热水冲洗，防止完全堵塞。冲洗时应两人操作，互相监护防止烫伤。
c) 水环真空泵在启用时，应先开密封冷却水、工作液阀门，待泵体充满工作液后，再启动水循环真空泵，不应缺冷却水运行。不应使用不合格或变质的润滑油。
d) 设备运行中，不应在转动部位擦拭设备或者进行检修。备用泵应定时人工盘车。
e) 设备检修过程中对拆开的设备和管孔，应及时盖好。

f） 使用吊车或其他起吊设备机具时，应有专人指挥。

6.3.2.5.4 设备选用

过滤工序主要设备有真空转鼓过滤机、母液罐。

6.3.2.6 煅烧工序

6.3.2.6.1 工序任务

煅烧工序是将滤碱机送来的湿半成品碱，在蒸汽煅烧炉中被加热、脱水、干燥后的高温碱再经过凉碱炉的冷却后，送入包装工序；同时，负责回收煅烧时产生的炉气中的碱粉及二氧化碳，指标控制在规定的范围内。并负责对加热煅烧炉的蒸汽冷凝水进行闪发，将闪发蒸汽后的冷凝水送入冷凝水回收系统；低压蒸汽送往低压蒸汽管网。

6.3.2.6.2 工艺流程

从滤碱机来的半成品结晶经皮带输送进入蒸汽煅烧炉，经过自身返碱充分混合，混合后水分含量不大于8%，在煅烧炉内经中压蒸汽间接加热分解，制得重质碳酸钠由炉头卸出，高温重灰进入重灰埋刮板机，再经斗提机提升至凉碱炉中进行冷却。降温后的温碱由凉碱炉炉尾出料至埋刮板，送往包装工序。

半成品碳酸氢钠在煅烧炉被加热产生的二氧化碳（含水和少量的碱尘）由洗涤塔从炉头出气箱中引出，进入旋风除尘器，除尘后的气体进入炉气洗涤塔，除尘器的碱尘由煅烧炉碱尘绞刀返回炉中。炉气自洗涤塔顶引出进入压缩工序。洗水使用碱过滤母液，由洗水泵洗涤后进入湿分解工序。

煅烧炉用中压蒸汽由锅炉直接送入煅烧炉尾进气轴平均分配给各组织加热管，产生的蒸汽冷凝水由炉尾冷凝水出口进入重灰贮水罐，再经重灰闪发罐，闪发低压蒸汽入低压蒸汽管网，也可以直接去二级湿分解，冷凝水去热电。

6.3.2.6.3 工艺过程控制

6.3.2.6.3.1 工艺指标

煅烧工序工艺指标应符合表28要求。

表28 煅烧工序工艺指标

项　　目	指　　标
煅烧炉返碱温度/℃	160～200
煅烧炉出碱温度/℃	130～180
煅烧炉炉气温度/℃	125～135
中压蒸汽温度/℃	280～320

6.3.2.6.3.2 操作要点

煅烧工序的正常操作应遵循以下要点：

a） 煅烧炉头、炉尾平台上、煅烧炉附近的人员、障碍物全部移开后，再启动煅烧炉。开车时应保证设备完好、干净，电气设备、安全装置齐全、有效。

b） 生产中检查各输送机械、炉气管线、洗水管线是否畅通。炉气系统堵塞时，选用合适工具进行疏通，不应用水冲洗。疏通时与人孔保持一定距离，防止炉气反出烫伤。

c) 经常击打煅烧炉下碱和出碱溜子，保证进出碱畅通。在清理堵塞时，必要时停出料处理，在击打溜子时要稳击稳收，不应用力过猛造成人身伤害。

d) 所有回转设备上不应放置任何障碍物。

e) 斗提机等输送设备启动时，应进行检查，确认无人或障碍后再启动。在紧急情况下，任何人都可按急停按钮停止输送设备的运行。经过检查联系后，方可再次启动。

f) 设备无论在运行中或停止运行中，不应在设备上站立、跨越及传递各种工具。

g) 运行中检查煅烧炉密封面、托轮油箱、齿轮油箱、轴承、轴瓦充分润滑，油量充足。检查煅烧炉轴向窜动、径向跳动及齿轮啮合、托轮，挡轮的运转等情况良好。

h) 检修更换阀门、进气轴、填料时应进行卸压处理。清扫地面平台和操作平台时应特别注意转动的炉体及转动的其他外露设备部分，不应清扫和擦拭运转的设备表面。检查进气轴时人体不应正对进气轴。

6.3.2.6.4 设备选用

煅烧工序主要设备有煅烧炉、凉碱炉、碱仓、碳酸氢钠干燥器、组合旋风分离器、碳酸氢钠仓。

7 生产设备维护和保养

7.1 加强设备巡回检查，确保设备正常运行，设备润滑应做到定点、定质、定量、定人和定时。

7.2 严格按照操作规程进行操作，不应违章操作，以免损坏设备、造成事故。

7.3 对生产设备要定期维护和检修。

7.4 设备及管道应防止跑、冒、滴、漏及堵塞现象，如有发现应及时处理。

7.5 经常检查转动设备地脚螺栓和联接螺栓，有松动和振动现象时，应及时处理。

7.6 正确使用各种电器设备和各种仪表。

8 产品品质及包装要求

工业碳酸钠产品质量及产品包装应符合 GB 210.1—2004 的要求。

9 生产工艺安全

9.1 工艺操作应严格执行生产工艺规程、安全技术规程、岗位操作规程。

9.2 改变或修正工艺技术指标，应由工艺管理部门以书面方式下达，操作者应遵守工艺操作规程，不应擅自改变工艺指标。

9.3 操作者应认真填写运行记录，保证设备安全正常运行。

9.4 安全附件和联锁装置不应随意拆弃和解除，声、光报警等信号不应随意切断。

9.5 在现场检查时，不应踩踏管道、阀门、电线、电缆架及各种仪表管线等设施，检查危险部位时，应有人监护。

9.6 严格遵守安全纪律，无关人员不应进入操作岗位和动用生产设备、设施和工具。

9.7 正确判断和处理异常情况，紧急情况下，可以先处理后报告（包括停止一切检修作业，通知无关人员撤离现场等）。

9.8 当工艺过程或机电设备处在异常状态时，不应进行交接班，应待接班者清楚了解异常状态后方可交接班。

9.9 较大系统开车应编制开车方案。开车前，检查并确认水、电、汽(气)符合开车要求，各种原料、材料、辅助材料的供应齐备、合格后，按规定办理开车操作票。投料前应进行分析验证。编制设备、管线吹扫及清洗方案，同时编制相应的安全技术规程。

9.10 检查阀门开闭状态及盲板抽堵情况，保证装置流程畅通，各种机电设备及电气仪表等均应处在完好状态。

9.11 保温、保压及清洗的设备应符合开车要求，必要时应重新置换、清洗和分析，使之合格。

9.12 确保消防、安全设施完好，通信联络畅通，并通知消防、气防及医疗卫生部门，做好应急准备。危险性较大的生产装置开车，相关部门人员应到场。消防车、救护车处于备防状态。

9.13 必要时停止一切检修作业，无关人员不应进入开车现场。

9.14 开车过程中应加强有关岗位之间的联络，严格按开车方案中的步骤进行，严格遵守升降温、升降压和加减负荷的幅度(速率)要求。

9.15 开车过程中应严密注意工艺变化和设备运行的情况，加强与有关岗位和部门的联系，发现异常现象应及时处理，情况紧急时应中止开车，不应强行开车。

9.16 应编制停车方案。正常停车应按停车方案的步骤进行，用于紧急处理的自动停车联锁装置，不应用于正常停车。紧急停车时应当加强与有关岗位和部门的联系。

9.17 系统降压、降温应按要求的幅度(速率)并按先高压后低压的顺序进行。凡需保压、保温的设备(容器)等，停车后应按时记录压力、温度的变化。

9.18 大型传动设备的停车，应先停主机，后停辅机。

9.19 设备(容器)卸压时，应注意易燃、易爆、易中毒等危险化学品的排放和散发，防止造成事故。

9.20 冬季停车后，应采取防冻保温措施，注意低位、死角及水、蒸汽、管线、阀门、疏水器和保温伴管的情况，防止冻坏设备。

9.21 发现或发生紧急情况，应在保证人员自身安全的情况下作出妥善处理，同时立即向有关方面报告。必要时，先处理后报告。

9.22 工艺及机电设备等发生异常情况时，应迅速采取措施，并通知有关岗位协调处理，必要时，按步骤紧急停车。

9.23 发生停电、停水、停气(汽)时应采取措施，防止系统超温、超压、跑料及机电设备的损坏。

9.24 发生火灾、爆炸、大量泄漏等事故时，应首先切断气(物料)源，同时尽速通知相关岗位采取措施并立即向上级报告。

10 工业卫生设计及工作场所有害因素职业接触限值

10.1 工作场所设计

应积极采取行之有效的综合防护措施，防止有害因素对工作场所的污染。对于生产过程中不能完全消除的有害因素，应采取综合预防、治理措施，并使设计的设施正常运行。确保工作场所空气中有毒物质低于最高容许浓度。噪声限定值应符合 GB 12348 的规定。

10.2 工作场所有害因素职业接触限值

工作场所有害因素职业接触限值应符合 GBZ 2.1 规定。

ICS 71.100.70
Y 42

中华人民共和国国家标准

GB/T 35803—2018

化妆品中禁用物质尿刊酸及其乙酯的测定 高效液相色谱法

Determination of prohibited urocanic acid and its ethyl ester in cosmetics—High performance liquid chromatography

2018-02-06 发布　　2018-09-01 实施

中华人民共和国国家质量监督检验检疫总局
中国国家标准化管理委员会　发布

前　　言

本标准按照 GB/T 1.1—2009 给出的规则起草。

本标准由中国轻工业联合会提出。

本标准由全国香料香精化妆品标准化技术委员会(SAC/TC 257)归口。

本标准起草单位:中国检验检疫科学研究院、上海市日用化学工业研究所。

本标准主要起草人:马强、郭项雨、王超、杨海峰、操卫、李海玉、王志娟、沈敏。

引　言

本标准的被测物质是我国《化妆品安全技术规范》规定的禁用物质。

禁用物质是指不能作为化妆品生产原料即组分添加到化妆品中的物质。《化妆品安全技术规范》规定：若技术上无法避免禁用物质作为杂质带入化妆品时，应进行安全性风险评估，确保在正常、合理及可预见的使用条件下不得对人体健康产生危害。

目前我国尚未规定这些物质的限量值，本标准的制定，仅对化妆品中测定这些物质提供检测方法。

化妆品中禁用物质尿刊酸及其乙酯的测定 高效液相色谱法

1 范围

本标准规定了化妆品中禁用物质尿刊酸及其乙酯的高效液相色谱测定方法。

本标准适用于膏霜类、水剂类、唇膏类、散粉类、香波类化妆品中尿刊酸及其乙酯的测定。

本标准对尿刊酸及其乙酯检出限为 2 mg/kg,定量限为 5 mg/kg。

2 规范性引用文件

下列文件对于本文件的应用是必不可少的。凡是注日期的引用文件,仅注日期的版本适用于本文件。凡是不注日期的引用文件,其最新版本(包括所有的修改单)适用于本文件。

GB/T 6682 分析实验室用水规格和试验方法

3 原理

试样经溶剂超声提取后离心,上清液经氮吹定容过滤后,以高效液相色谱进行测定,外标法定量,液相色谱-质谱确认。

4 试剂和材料

除非另有说明,所用试剂均为分析纯,水为 GB/T 6682 规定的一级水。

4.1 甲醇:色谱纯。

4.2 四氢呋喃。

4.3 氯化钠。

4.4 四丁基溴化铵。

4.5 尿刊酸标准品:分子式 $C_6H_6N_2O_2$,CAS 号 104-98-3,纯度不小于 98%,中文名称、英文名称、相对分子质量、结构式参见附录 A 中表 A.1。

4.6 尿刊酸乙酯标准品:分子式 $C_8H_{10}N_2O_2$,CAS 号 27538-35-8,纯度不小于 97%,中文名称、英文名称、相对分子质量、结构式参见附录 A 中表 A.1。

4.7 10%甲醇水溶液:量取 10 mL 甲醇(4.1)和 90 mL 水,混匀后备用。

4.8 0.005 mol/L 四丁基溴化铵溶液:准确称取四丁基溴化铵(4.4)0.805 g(精确至 0.000 1 g),置于 500 mL 容量瓶中,用水溶解并定容至刻度。

4.9 尿刊酸及其乙酯标准储备液:分别称取尿刊酸标准品(4.5)及尿刊酸乙酯标准品(4.6)各 10 mg(精确至 0.000 1 g),分别置于 10 mL 容量瓶中,用 10%甲醇水溶液(4.7)溶解并定容至刻度,摇匀,配制成浓度为 1 000 mg/L 的标准储备液,于 4 ℃保存,可使用三个月。

4.10 尿刊酸及其乙酯混合标准储备液:分别准确移取尿刊酸及其乙酯标准储备液(4.9)各 1 mL 于 10 mL 容量瓶中,用 10%甲醇水溶液(4.7)稀释至刻度,该溶液中尿刊酸及其乙酯的浓度均为 100 mg/L。

5 仪器和设备

5.1 高效液相色谱(HPLC)仪:配有紫外检测器或二极管阵列检测器。

5.2 液相色谱-质谱/质谱(LC-MS/MS)仪:配有电喷雾离子源(ESI)。

5.3 分析天平:感量为 0.000 1 g 和 0.001 g。

5.4 离心机:转速不低于 8 000 r/min。

5.5 超声波清洗器。

5.6 氮吹仪。

5.7 具塞塑料离心管:10 mL。

5.8 带刻度氮吹管:10 mL。

5.9 微孔滤膜:0.45 μm,材质为聚四氟乙烯。

6 分析步骤

6.1 样品处理

6.1.1 膏霜类、水剂类、散粉类及香波类样品

称取 0.2 g(精确至 0.001 g)试样置于 10 mL 具塞塑料离心管(5.7)中,加入 10 mL 甲醇(4.1),摇匀,超声提取 20 min,8 000 r/min 离心 15 min,将上清液转移至带刻度氮吹管(5.8)中,缓慢氮吹至 1 mL,加入 9 mL 水,混匀,经 0.45 μm 微孔滤膜过滤,供高效液相色谱测定。

6.1.2 唇膏类样品

称取 0.2 g(精确至 0.001 g)试样置于 10 mL 具塞塑料离心管(5.7)中,加入 0.5 mL 四氢呋喃(4.2),再加入 9.5 mL 甲醇(4.1),摇匀,超声提取 20 min,8 000 r/min 离心 15 min,将上清液转移至带刻度氮吹管(5.8)中,缓慢氮吹至 1 mL,加入 9 mL 水,混匀,经 0.45 μm 微孔滤膜过滤,供高效液相色谱测定。

6.2 测定条件

高效液相色谱参考条件如下:

a) 色谱柱:XTerra MS C_{18},5 μm,250 mm×4.6 mm(内径),或相当者;

b) 流速:1.0 mL/min;

c) 流动相:甲醇+0.005 mol/L 四丁基溴化铵溶液=30+70(体积比);

d) 检测波长:285 nm;

e) 柱温:35 ℃;

f) 进样量:10 μL。

6.3 标准曲线的绘制

用 10%甲醇水溶液(4.7)将尿刊酸及其乙酯混合标准储备液(4.10)逐级稀释得到浓度为 0.2 mg/L、0.5 mg/L、1 mg/L、2 mg/L、5 mg/L、10 mg/L 的混合标准工作溶液。按 6.2 的测定条件浓度依次由低向高进样测定,以峰面积-浓度作图,绘制标准工作曲线。

尿刊酸及其乙酯标准品的色谱图参见附录 B 中图 B.1,尿刊酸及其乙酯标准品的紫外吸收光谱图参见附录 B 中图 B.2。

6.4 测定

按6.2测定条件对待测样品进行测定，如果检出的尿刊酸及其乙酯的色谱峰的保留时间与标准品一致，并且在扣除背景后的样品色谱图中，该物质的紫外吸收光谱图与标准品一致，则可初步认定样品中存在尿刊酸及其乙酯，用外标法定量。尿刊酸及其乙酯含量应在标准曲线之内，超出线性范围则应稀释后再进行分析。必要时，阳性样品需用液相色谱-质谱进行确认试验（参见附录C）。

6.5 空白试验

除不称取样品外，均按上述测定条件和步骤进行。

7 结果计算

结果按式（1）计算，计算结果保留两位小数，计算结果应扣除空白值：

$$W=\frac{c\times V}{m} \qquad \cdots\cdots(1)$$

式中：

W ——样品中尿刊酸及其乙酯的含量，单位为毫克每千克（mg/kg）；

c ——从标准工作曲线上查出的试液中尿刊酸及其乙酯的浓度，单位为毫克每升（mg/L）；

V ——样液最终定容体积，单位为毫升（mL）；

m ——试样的质量，单位为克（g）。

8 检出限和定量限

本标准对尿刊酸及其乙酯的检出限为2 mg/kg，定量限为5 mg/kg。

9 回收率和精密度

在添加浓度5 mg/kg～250 mg/kg浓度范围内，测得回收率为80.1%～103.8%，相对标准偏差为1.2%～6.9%。

10 允许差

在重复性条件下获得的两次独立测定结果的绝对差值不应超过算术平均值的10%。

附　录　A
（资料性附录）
尿刊酸及其乙酯的中文名称、英文名称、CAS号、分子式、相对分子质量、结构式

尿刊酸及其乙酯的中文名称、英文名称、CAS号、分子式、相对分子质量、结构式见表A.1。

表A.1　尿刊酸及其乙酯的中文名称、英文名称、CAS号、分子式、相对分子质量、结构式

中文名称	英文名称	CAS号	分子式	相对分子质量	结构式
尿刊酸	Urocanic acid	104-98-3	$C_6H_6N_2O_2$	138.12	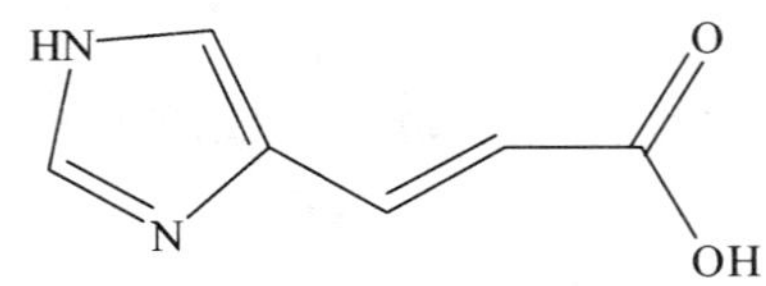
尿刊酸乙酯	Urocanic acid ethyl ester	27538-35-8	$C_8H_{10}N_2O_2$	166.17	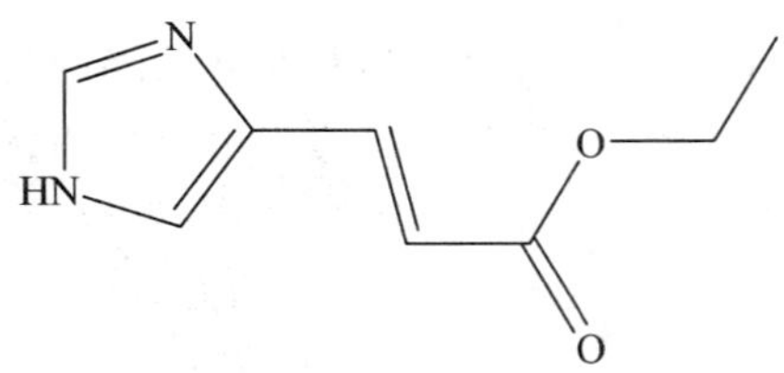

附 录 B
（资料性附录）
尿刊酸及其乙酯的高效液相色谱图和紫外吸收光谱图

尿刊酸及其乙酯标准品高效液相色谱图见图 B.1；尿刊酸及其乙酯标准品紫外吸收光谱图见图 B.2。

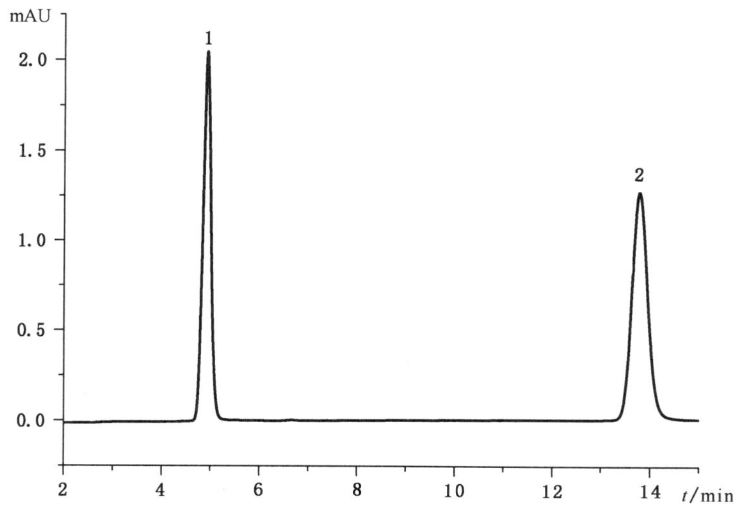

说明：

1——尿刊酸；

2——尿刊酸乙酯。

图 B.1 尿刊酸及其乙酯标准品高效液相色谱图

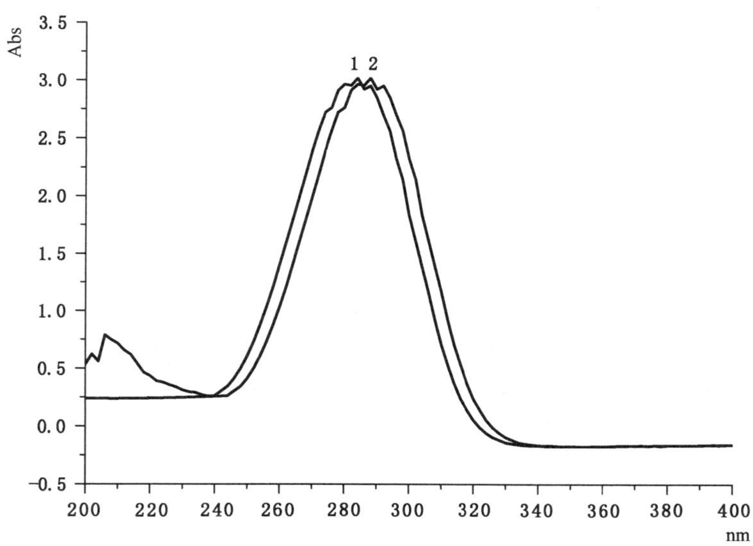

说明：

1——尿刊酸；

2——尿刊酸乙酯。

图 B.2 尿刊酸及其乙酯标准品紫外吸收光谱图

附 录 C
（资料性附录）
确证试验

C.1 液相色谱条件

液相色谱测定的参考条件如下：

a) 色谱柱：XBridge C_{18}，3.5 μm，150 mm×2.1 mm(内径)，或相当者；
b) 流动相：0.1％甲酸溶液＋乙腈＝95＋5(体积比)；
c) 流速：0.3 mL/min；
d) 柱温：30 ℃；
e) 进样量：5 μL。

C.2 质谱条件

质谱测定的参考条件如下：

a) 离子源：电喷雾离子源；
b) 离子化模式：正离子模式；
c) 毛细管电压：3 kV；
d) 萃取电压：2.9 V；
e) 离子源温度：150 ℃；
f) 脱溶剂气温度：350 ℃；
g) 数据采集方式：多反应监测。

C.3 定性判定

进行试样测定时，将样液适当稀释，按液相色谱-质谱条件测定样液和标准工作溶液，如果所选择的离子均出现，而且所选择的离子比与标准物质的相对丰度一致，允许偏差不超过表 C.1 规定的范围，则可判断样品中含有尿刊酸及其乙酯。尿刊酸和尿刊酸乙酯的选择离子质量色谱图参见图 C.1 和图 C.2。

表 C.1 尿刊酸及其乙酯质谱分析参数

化合物	定量离子对 m/z	定性离子对 m/z	锥孔电压 V	碰撞能量 eV	相对离子丰度 %	允许相对偏差 %
尿刊酸	139.05/121.05	139.05/93.05	25	15，20	100，82	±20
尿刊酸乙酯	167/121	167/139	18	18，15	100，83	±20

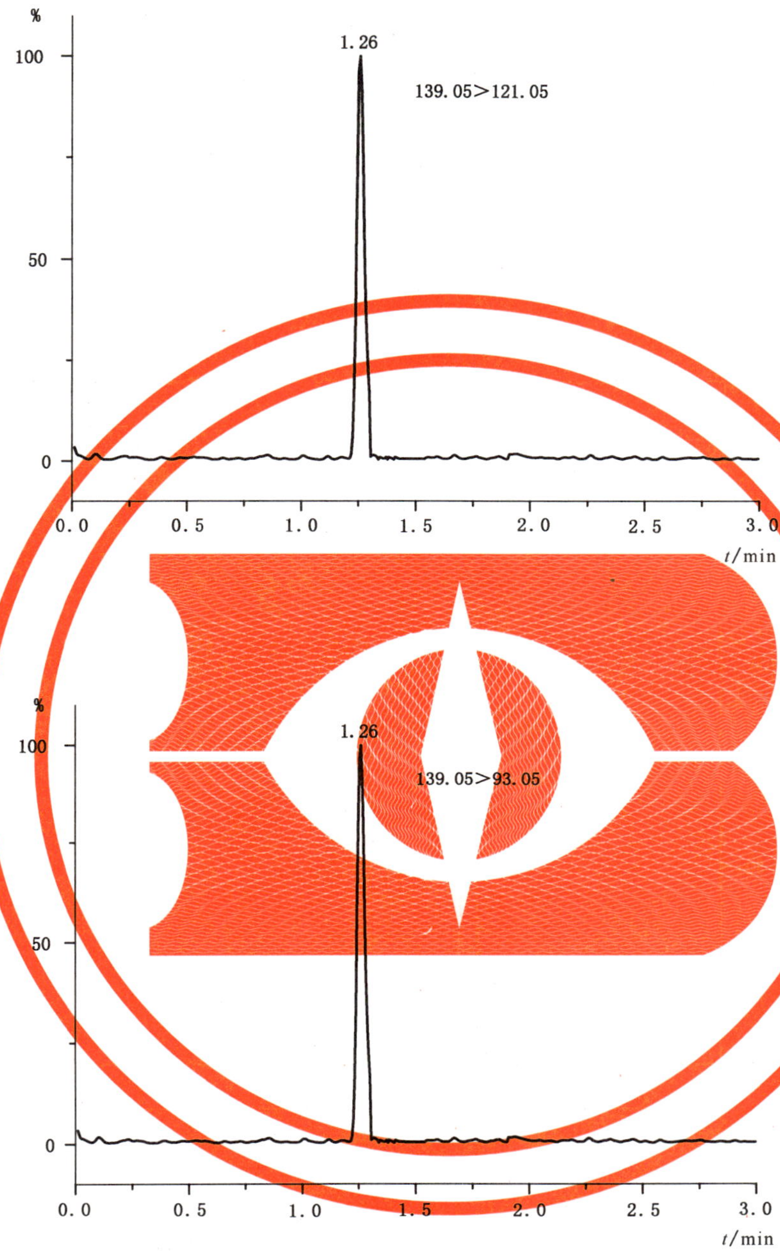

图 C.1　尿刊酸的选择离子质量色谱图

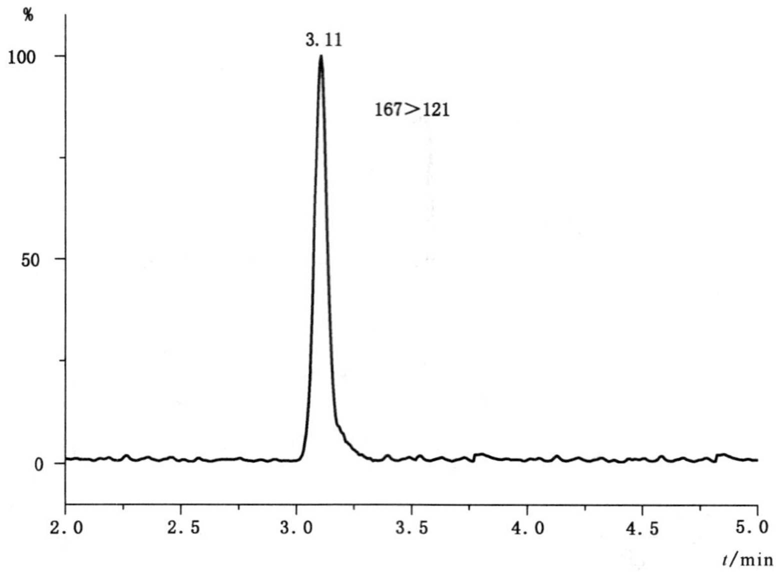

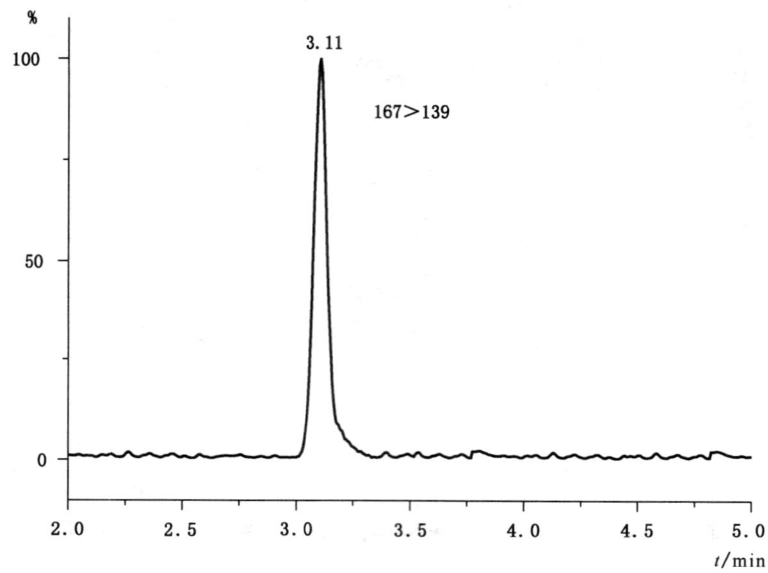

图 C.2 尿刊酸乙酯的选择离子质量色谱图

ICS 83.060
G 40

中华人民共和国国家标准

GB/T 35804—2018/ISO 1431-3:2000

硫化橡胶或热塑性橡胶　耐臭氧龟裂 测定试验箱中臭氧浓度的试验方法

Rubber, vulcanized or thermoplastic—Resistance to ozone cracking—Test methods for determining the ozone concentration in laboratory test chambers

(ISO 1431-3:2000, Rubber, vulcanized or thermoplastic—Resistance to ozone cracking—Part 3: Reference and alternative methods for determining the ozone concentration in laboratory test chambers, IDT)

2018-02-06 发布　　2018-09-01 实施

中华人民共和国国家质量监督检验检疫总局
中国国家标准化管理委员会　发布

前　言

本标准按照 GB/T 1.1—2009 给出的规则起草。

本标准使用翻译法等同采用 ISO 1431-3:2000《硫化橡胶或热塑性橡胶　耐臭氧龟裂　第 3 部分：测定试验箱中臭氧浓度的参考和可选试验方法》。

与本标准中规范性引用的国际文件有一致性对应关系的我国文件如下：

——GB/T 7762—2014　硫化橡胶或热塑性橡胶　耐臭氧龟裂　静态拉伸试验(ISO 1431-1:2004,NEQ)

——GB/T 13642—2015　硫化橡胶或热塑性橡胶　耐臭氧龟裂　动态拉伸试验(ISO 1431-1:2004,NEQ)

本标准做了如下编辑性修改：

为便于使用,将标准名称改为《硫化橡胶或热塑性橡胶　耐臭氧龟裂　测定试验箱中臭氧浓度的试验方法》。

本标准由中国石油和化学工业联合会提出。

本标准由全国橡胶与橡胶制品标准化技术委员会(SAC/TC 35)归口。

本标准起草单位:广州合成材料研究院有限公司、山东玲珑轮胎股份有限公司、北京橡胶工业研究设计院、风神轮胎股份有限公司、安徽佳通乘用子午线轮胎有限公司、三角轮胎股份有限公司、怡维怡橡胶研究院有限公司、贵州轮胎股份有限公司、高铁检测仪器有限公司、江苏明珠试验机械有限公司。

本标准主要起草人:刘晓丹、易军、栾德文、陈少梅、谢君芳、李静、任绍文、麻天成、隋圆、吴海边、闫福江、倪淑杰、刘爱芹、郭鹤莹、吕强、王丽娥、王鹏、廖文杰、朱牧之。

引　言

分析橡胶臭氧龟裂试验中臭氧-空气混合气体的方法有如下几种，包括湿化学方法、电化学方法、紫外吸收法和乙烯化学发光法。

从原理上来说，湿化学方法、电化学方法和紫外吸收方法属于绝对方法，但是实际上这些方法通常不能得到相同的试验结果。

湿化学方法是橡胶工业和国家标准中使用的传统试验方法，该方法是用碘化钾溶液吸收臭氧，然后用硫代硫酸钠滴定反应产生的碘单质。湿化学方法不适合连续操作或控制，因此在实际应用中湿化学方法不如仪器分析方法方便使用。试验结果表明湿化学方法对试验步骤的微小变化、试剂的浓度和纯度非常敏感，并且在反应的化学计量比上存在很大争议。

电化学方法广泛应用于橡胶工业，对于臭氧的连续监控十分方便。化学发光法同样广泛应用于橡胶工业。

最近，紫外吸收分析仪应用越来越广泛，它同样具有连续监控能力。更重要的是，所有重点环保机构都采用紫外吸收分析方法作为标准，并认为紫外分析方法的结果是可靠的。

因此，以这种标准的紫外吸收方法为参考方法校准其他的方法。像所有其他的检测设备一样，紫外吸收分析仪的精确度取决于它的部件的校准和维护，因此紫外吸收分析仪也应用已知的标准设备校核。几个国家正在开展研究，提议建立基准设备。

虽然本标准主要是臭氧分析，但是也关注了大气压力对橡胶在恒定臭氧浓度(通常以体积分数表示)中龟裂速率的影响。北美实验室间的试验结果表明，在有显著差异的大气压力下进行的实验室间试验结果产生的差异可以通过规定臭氧浓度的分压予以校正(见附录 A)。

必须注意臭氧具有高毒性。需采取措施减少试验人员接触臭氧的时间。在没有更严格或不违背国家安全法规的情况下，通常认为人体能接触的最大臭氧浓度为 10 pphm，需使人体接触的最大平均臭氧浓度低于允许的最大浓度。

如果不是使用完全密闭的系统，建议通过排风口排除含有臭氧的空气。

硫化橡胶或热塑性橡胶　耐臭氧龟裂　测定试验箱中臭氧浓度的试验方法

警告:使用本标准的人员应有正规实验室工作的实践经验。本标准并未指出所有可能的安全问题。使用者有责任采取适当的安全和健康措施,并保证符合国家有关法规规定的条件。

1　范围

本标准规定了三种测定试验箱中臭氧浓度的方法。

方法 A——紫外吸收法:该方法是基准方法,用于校准方法 B 和方法 C。

方法 B——仪器分析方法:

B1:电化学方法;

B2:化学发光方法。

方法 C——湿化学方法:

程序Ⅰ;

程序Ⅱ;

程序Ⅲ。

2　规范性引用文件

下列文件对于本文件的应用是必不可少的。凡是注日期的引用文件,仅注日期的版本适用于本文件。凡是不注日期的引用文件,其最新版本(包括所有的修改单)适用于本文件。

ISO 1431-1:1989　硫化橡胶或热塑性橡胶　耐臭氧龟裂　第1部分:静态拉伸试验(Rubber,vulcanized or thermoplastic—Resistance to ozone cracking—Part 1:Static strain test)

ISO 1431-2:1994　硫化橡胶或热塑性橡胶　耐臭氧龟裂　第2部分:动态拉伸试验(Rubber,vulcanized or thermoplastic—Resistance to ozone cracking—Part 2:Dynamic strain test)

ISO 13964:1998　空气质量　环境空气中臭氧的测定　紫外分光光度法(Air quality—Determination of ozone in ambient air—Ultraviolet photometric method)

3　原理

从臭氧试验箱抽取臭氧-空气混合气体,用紫外吸收基准方法或经紫外吸收方法校准过的仪器分析方法或化学分析方法测定臭氧浓度。

4　设备

测定臭氧浓度的设备如下:

——紫外吸收仪;

——电化学法装置;

——化学发光仪;

——湿化学法装置。

紫外吸收方法是基准方法,所有的设备都应按照第5章的要求用紫外吸收方法校准。

紫外吸收方法所用的设备应与ISO 13964:1998一致,除非所用的设备能测量ISO 1431-1:1989和ISO 1431-2:1994指定的臭氧浓度。

其他方法的描述在附录B(仪器分析方法)和附录C(湿化学方法)中给出。

5 校准

测定臭氧浓度的设备的校准应符合ISO 13964:1998中的规定。

6 程序

紫外吸收方法按照ISO 13964:1998的规定进行。

其他的仪器分析方法应按照生产商的说明进行,应特别注意初始设置、调零、并按照附录B进行维护和校核设备。

湿化学方法应按照附录C进行。

7 结果表示

一般来说,臭氧浓度 φ_{O_3} 以每 10^8 份体积的空气中臭氧的体积份数表示(pphm)。

然而,臭氧浓度还可以用毫克每立方米(mg/m^3)或毫帕(mPa)表示。mg/m^3 表示单位体积内引起臭氧龟裂的臭氧分子数,与压力和温度有关。

下列等式用于单位转换:

$$\varphi_{O_3}[mg/m^3]=5.78\times10^{-3}\times\frac{p}{T}\times\varphi_{O_3}[pphm] \quad\cdots\cdots(1)$$

式中:

p ——大气压力,单位为百帕(hPa);

T ——温度,单位为开尔文(K)。

对于臭氧分压:

$$p_{O_3}[mPa]=10^{-3}p\varphi_{O_3}[pphm] \quad\cdots\cdots(2)$$

式中:

p——大气压力,单位为百帕(hPa);

在1 013 hPa和273 K时,1 pphm=1.01 mPa。

8 试验报告

试验报告应包括以下内容:

a) 本标准名称及编号;

b) 采用的方法(仪器分析方法或湿化学方法);

c) 如果测量不连续,注明测量间隔;

d) 臭氧浓度或测量浓度的范围,以pphm或 mg/m^3 或mPa臭氧分压表示,必要时采用校正因子校正;

e) 试验日期。

附　录　A
（规范性附录）
周围环境大气压力对橡胶臭氧压力的影响

臭氧与橡胶的反应速率，即龟裂速率，是臭氧分子与橡胶表面碰撞速率的函数，因此在其他因子恒定时，龟裂速率是臭氧分子数目的函数。

根据理想气体方程和道尔顿定律可计算出温度为 T，臭氧-空气混合气体体积为 V 时，臭氧分压 p_{O_3} 是臭氧摩尔数 n_{O_3} 的函数。

$$p_{O_3}=n_{O_3}\frac{RT}{V} \quad \cdots\cdots\cdots(A.1)$$

式中：

p_{O_3}——臭氧分压，单位为毫帕(mPa)；

R ——气体常数($R=8.314\ Pa\cdot m^3\cdot mol^{-1}\cdot K^{-1}$)；

T ——温度，单位为开尔文(K)；

V ——臭氧-空气混合气体体积，单位为立方米(m^3)。

注：在标准状态温度(273 K)和压力(1atm，760 torr 或 1 013 hPa)，1 pphm＝1.01 mPa。

公式表明当臭氧-空气混合气体中含有相同体积含量的臭氧时，在温度相同，大气压力不同时，臭氧分压和臭氧摩尔数随大气压力同比例变化。

在北美开展的实验室间试验结果证明了在恒定体积含量臭氧条件下大气压对龟裂速率的影响。

因此，当大气压力存在差异时，对于试验箱中臭氧浓度用体积表示是不合适的。

大气压力对臭氧龟裂的影响可以通过在恒定的试验箱压力下进行试验或改变臭氧-空气混合气体中臭氧体积含量(反比于大气压力)来消除。大气压力对臭氧龟裂的影响也可以通过对臭氧-空气混合气体中的臭氧浓度采用臭氧分压的表示法来消除。

附　录　B
（规范性附录）
仪器分析方法

B.1　电化学方法

B.1.1　原理

臭氧-空气混合气体以恒定的速率鼓泡通入库仑池[1]，库仑池由含有铂电极（阴极）和银电极（推荐）或汞电极（阳极）的碘化钾缓冲溶液组成。

臭氧与碘化钾发生反应，生成游离碘，游离碘在阴极得电子生成碘离子，碘离子迁移到阳极生成碘化银或碘化亚汞。每个臭氧分子产生两个单位电荷，总电流与臭氧浓度成正比。电池的净电动势被施加的反电动势抵消，并可用温度和压力对此进行校正。

化学计量式如下：

$O_3+2KI+H_2O=2KOH+O_2+I_2$

阴极反应：$I_2+2e=2I^-$

阳极反应：$2I^- -2e+2Hg=Hg_2I_2$

根据法拉第定律：

$O_3 \rightarrow 2I^- \rightarrow 2e \rightarrow 2\times 96\ 500$ 库仑

B.1.2　装置

分析仪应该具有如图 B.1 所示的库仑池。标准模块可从市面上购得。

阴极是铂框，臭氧-空气混合气体可在其中鼓泡。阳极可以是下列类型，推荐用 b）做阳极：

a）　水银池；

b）　银螺旋网。

臭氧与溶液反应生成的游离碘在阴极得到电子，并随着鼓泡造成的液体流动迁移到阳极。在阳极，生成不可溶的碘化银或碘化亚汞，释放出的离子电荷量与引入的空气流中的臭氧含量完全等价。

如图 B.2 所示，电池应连接到分析仪的回路中。

不含臭氧的空气通过电池时，稳定的直流电源在电池两端提供相反的标准电动势。标准电动势由阳极材料决定。

B.1.3　试剂

按下列方法配制碘化钾缓冲溶液：

称量以下分析级化学试剂，溶于 1 L 不含氯和硫的蒸馏水中：

碘化钾（KI）	1.50 g
磷酸氢二钠（Na_2HPO_4）	1.50 g
磷酸二氢钾（KH_2PO_4）	1.40 g

可制出 pH 值在 6.5～6.8 的缓冲溶液。

B.1.4　电池校准

假定在标准温度和大气压力下空气流量为 150 cm^3/min，臭氧含量为 100 pphm，则电流为：

$$\frac{100 \times 10^{-8} \times 150 \times 2 \times 96\ 500 \times 10^{6}}{22\ 400 \times 60} = 21.54\ \mu A$$

因此在图 B.2 所示的典型电路中，分析仪可以直接通过电流与臭氧浓度的关联进行校准。

B.2 化学发光法

在化学发光仪中，臭氧化空气通入到一个腔室中，与乙烯气体混合，两种气体发生化学发光反应，在 430 nm 激发光子，通过光电倍增管测量激发能，并转化为电流输出，该电流与臭氧浓度成正比。

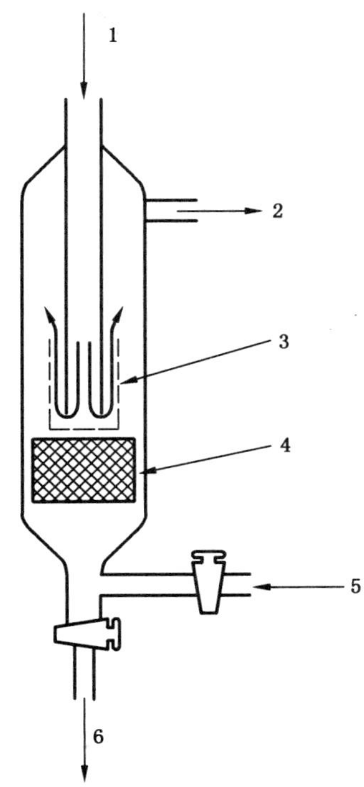

说明：

1——空气-臭氧混合气体；

2——空气；

3——阴极；

4——阳极；

5——溶液；

6——至废液缸。

图 B.1 分析仪

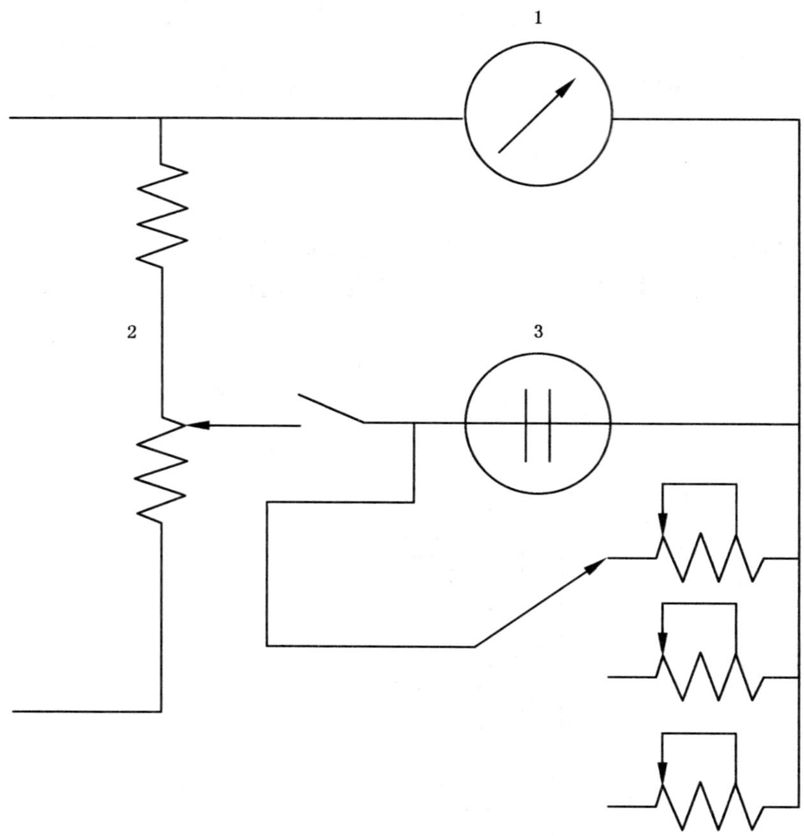

说明：

1——微安培计；

2——稳定的直流电源；

3——电极。

图 B.2　简单的分析仪电路

附 录 C
（规范性附录）
湿化学方法

C.1 基本原理

C.1.1 中性碘化钾缓冲溶液吸收臭氧，发生氧化反应生成游离碘：

$$O_3 + 2KI + H_2O = 2KOH + O_2 + I_2$$

在吸收臭氧之前，向碘化钾溶液中加入硫代硫酸钠溶液，生成的游离碘与硫代硫酸根离子立即发生反应。

$$I_2 + 2Na_2S_2O_3 = Na_2S_4O_6 + 2NaI$$

因此 1 mol 臭氧分子等当量 2 mol $Na_2S_2O_3$。

C.1.2 可以使用Ⅰ、Ⅱ、Ⅲ 3 种替代方法。

C.1.2.1 程序Ⅰ是一种成熟的方法，在该方法中，含有过量硫代硫酸钠的碘化钾缓冲溶液吸收臭氧，经过固定的时间，按照常用的方法用标准 I_2 溶液滴定过量的硫代硫酸钠至电化学终点。

C.1.2.2 程序Ⅱ是对程序Ⅰ的改进，使用记录仪监控电化学终点检测设备电极上的电压。向 KI 缓冲溶液中加入更少量的硫代硫酸钠（更稀的溶液），使缓冲溶液吸收臭氧直到硫代硫酸钠被完全消耗掉，此时，电压急剧升高。通过记录图表可以很容易确定反应的终点，并计算出臭氧浓度。

C.1.2.3 程序Ⅲ是另一种变化，使用恒电流电解池装置和电化学终点测定仪。

C.2 程序Ⅰ

C.2.1 试剂

C.2.1.1 碘化钾缓冲溶液

配制碘化钾和 0.1 mol/L 磷酸盐缓冲溶液。将下列物质溶入 1 L 蒸馏水中制备溶液：

17.8 g 二水合磷酸氢二钠晶体或等量一水合磷酸氢二钠晶体；

13.6 g 磷酸二氢钾（KH_2PO_4）；

30 g±2 g 碘化钾（KI）。

溶液的 pH 值为 6.8。使用该溶液时，先检查溶液中是否存在游离碘，取 10 mL 缓冲溶液，加入数滴 2 mol/L 的 HCl 和 0.5 mL 的淀粉糊，确定没有颜色变化。将配制的溶液装入带塞子的棕色瓶中，阴凉避光保存。

C.2.1.2 硫代硫酸钠溶液，$c(Na_2S_2O_3)=0.1$ mol/L

可以自制或用市售的标准溶液配制硫代硫酸钠溶液，在阴凉地方避光保存。

C.2.1.3 硫代硫酸钠溶液，$c(Na_2S_2O_3)=0.002$ mol/L

分析当天，向 0.1 mol/L 的溶液中添加适量蒸馏水稀释制成 0.002 mol/L 的溶液。例如，取 5 mL 浓度为 0.1 mol/L 的溶液加入到 250 mL 的容量瓶中，加新制蒸馏水至刻度位置。

C.2.1.4 碘溶液，$c(\frac{1}{2}I_2)=0.1$ mol/L

可以自制或用市售的标准溶液配制碘溶液，在阴凉地方避光保存。

C.2.1.5 碘溶液，$c\left(\frac{1}{2}\mathbf{I}_2\right)=0.002$ mol/L

按照C.2.1.3的方法，使用C.2.1.4的溶液配制0.002 mol/L的碘溶液。

C.2.2 仪器与设备

C.2.2.1 配制试剂的设备

C.2.2.1.1 容量瓶，250 mL和1 000 mL。

C.2.2.1.2 移液管，5 mL。

C.2.2.1.3 天平，精确到5 mg。

C.2.2.2 臭氧吸收装置

接触臭氧-空气混合气体的材料不应明显吸收臭氧。在使用前，所有的玻璃设备应在臭氧中暴露几小时。连接管应尽可能短，直径不小于4 mm。如果不可避免，连接管与臭氧应具有尽可能小的接触面积。

C.2.2.2.1 2个100 mL的气体吸收玻璃瓶，按照图C.1连接。

警告：不要使用烧结玻璃起泡器，因为可能干扰测量。

C.2.2.2.2 流量计，精确到1%。

C.2.2.2.3 温度计，分度为0.5 ℃。

C.2.2.3 滴定装置

C.2.2.3.1 测量瓶，100 mL。

C.2.2.3.2 移液管，2 mL。

C.2.2.3.3 滴定管，2 mL，精确到0.005 mL。

C.2.2.3.4 烧杯，250 mL。

C.2.2.3.5 量筒，100 mL。

C.2.2.4 终点检测回路(见图C.2)

C.2.2.4.1 双铂电极的直径为2.5 mm，长度为25 mm，固定在玻璃导管中，电极上具有导线连接点。不是两个单独的电极，而是采用固定在一起而彼此稍微分离的一对电极(双电极)。在后面的程序中，电极的直径为1 mm，长度为6 mm。在每个电极的终端是一个直径为1.5 mm的圆球。两个球的距离为0.7 mm。如果使用的双电极的表面积更小，使用的微安培计的灵敏度应至少提高10倍。

C.2.2.4.2 微安培计，范围为0 μA～20 μA。

C.2.2.4.3 串联在一起的两个电阻，一个是可变电阻，可以变化到1 000 Ω；另一个是固定电阻，电阻值为30 000 Ω。

C.2.2.4.4 电池，1.5 V。

C.2.3 程序

C.2.3.1 臭氧吸收

向两个串联的吸收瓶中通入一定体积的臭氧-空气混合气体，每个吸收瓶中含有大约100 mL的碘化钾缓冲溶液和准确的200 mL浓度为0.002 mol/L的硫代硫酸钠溶液。气体通过的速率应在1 L/min和3 L/min之间，通过时间应不少于10 min。记录时间，精确到±1 s。

C.2.3.2 滴定

将两个吸收瓶中的溶液倒入烧杯。用 0.002 mol/L 的碘溶液滴定剩余的硫代硫酸钠，按照C.2.3.3 的描述使用终点指示方法。

C.2.3.3 终点指示

当碘化钾缓冲溶液中存在过剩的硫代硫酸钠时，浸在缓冲溶液中的两个电极之间保持一个较低的电势差。电极极化，并有极少量的电流通过安培计。当加入的碘不再反应，意味着溶液中的硫代硫酸钠已经被消耗完，阴极去极化，产生一个较大的电流。安培计指针的突然变化表明达到了终点。

C.2.3.4 空白试验

完全按照 C.2.3.1 到 C.2.3.3 的方法进行空白试验，试验时向吸收瓶中通入普通空气。

C.2.4 结果表示

使用式(C.1)计算臭氧浓度，臭氧浓度 φ_{O_3}（每 10^8 份体积空气中的臭氧体积份数）以 pphm 表示：

$$\varphi_{O_3}=\frac{5\times10^5\times(V_b-V_a)\times c\times R\times T}{p\times F\times t} \qquad \cdots\cdots(C.1)$$

式中：

V_b ——空白试验中使用的碘溶液的体积，单位为毫升(mL)；

V_a ——实际测量时使用的碘溶液的体积，单位为毫升(mL)；

c ——碘溶液的浓度，单位为摩尔/升(mol/L)；

R ——气体常数($8.314\ Pa\cdot m^3\cdot mol^{-1}\cdot K^{-1}$)；

T ——臭氧-空气混合气体的温度，单位为开尔文(K)；

p ——输入时的气压；单位为百帕(hPa)；

F ——臭氧-空气混合气体的流量，单位为升/分(L/min)；

t ——臭氧-空气混合气体通过吸收瓶的时间，单位为分(min)。

C.3 程序Ⅱ

C.3.1 试剂配制

C.3.1.1 碘化钾缓冲溶液

该溶液见 C.2.1.1。

C.3.1.2 硫代硫酸钠标准溶液

在试验当天，硫代硫酸钠标准溶液用指定的 0.1 mol/L 的溶液（见 C.2.1.2）稀释配制而成。

所需的标准溶液的浓度与臭氧浓度有关。合适的浓度如下：

臭氧浓度为 25 pphm 时，标准溶液浓度为 0.000 1 mol/L；

臭氧浓度为 50 pphm 时，标准溶液浓度为 0.000 2 mol/L；

臭氧浓度为 100 pphm 时，标准溶液浓度为 0.000 5 mol/L；

臭氧浓度为 200 pphm 时，标准溶液浓度为 0.001 mol/L。

用蒸馏水稀释溶液时，可使用移液管和标准容量瓶分一步或两步完成。

C.3.2 设备

C.3.2.1 配制试剂的设备

基本要求见 C.2.2.1。

C.3.2.2 臭氧吸收装置

基本要求见 C.2.2.2。

图 C.3 是装置示意图。图 C.4 是吸收瓶。如果没有这种吸收瓶，可以使用 250 mL 的三口烧瓶。吸收瓶放置在磁力搅拌器上。吸收瓶中插入一对铂电极或双电极，电极连接到记录仪上，记录仪的满刻度为 50 mV 或 100 mV。绘图速度应用秒表核查。

C.3.3 程序

C.3.3.1 通过支路，调节臭氧/空气混合气体的流量为 1 L/min。

C.3.3.2 向吸收瓶中加入约 60 mL 碘化钾缓冲溶液，并用移液管向吸收瓶中精确加入 5 mL 标准硫代硫酸钠溶液。开始用力搅拌并记录，记录速度最好为 10 mm/min。

C.3.3.3 将气流通向吸收瓶，同时在图上标注该点(或启动秒表，随后再标注)。

C.3.3.4 需要时调节流量，持续吸收直到 mV 信号基线发生突然增加。用秒表或图形轨迹计算总时间。基线与快速上升的直线的交点即为终点。

C.3.3.5 如果使用分析级的试剂，且试剂在阴凉处避光保存，则不需要进行空白试验。

C.3.4 结果表示

按照式(C.2)计算臭氧-空气混合气体中臭氧的体积浓度 φ_{O_3}，以 pphm 表示：

$$\varphi_{O_3}=\frac{5\times 10^5\times V\times c\times R\times T}{p\times F\times t} \qquad \cdots\cdots(C.2)$$

式中：

V ——硫代硫酸钠溶液的体积，单位为毫升(mL)；

c ——硫代硫酸钠溶液的浓度，单位为摩尔/升(mol/L)；

R ——气体常数(8.314 $Pa\cdot m^3\cdot mol^{-1}\cdot K^{-1}$)；

T ——臭氧-空气混合气体的温度，单位为开尔文(K)；

p ——输入气体的压力，单位为百帕(hPa)；

F ——臭氧-空气混合气体的流量，单位为升每分(L/min)；

t ——时间，单位为分(min)。

C.4 程序Ⅲ

C.4.1 试剂配制

C.4.1.1 碘化钾缓冲溶液

与 C.2.1.1 中的溶液相似。将 0.1 mol/L 的磷酸二氢钠溶液和 0.1 mol/L 的磷酸二氢钾以 3∶2 的体积比混合，并溶解足量的碘化钾，使溶液的浓度在 10%和 20%之间。

C.4.1.2 标准硫代硫酸钠溶液

制备浓度约为 0.1 mol/L 的硫代硫酸钠溶液，将适量溶液移入容量瓶，并稀释 10 倍，配制成约为

0.01 mol/L 的溶液。用合适的方法标定该溶液。

注：已知浓度的溶液可以从市场上购买(见 C.2.1.2)。

C.4.1.3 吸收溶液

向 300 mL 碘化钾缓冲溶液(C.4.1.1)中加入 2 mL 硫代硫酸钠溶液(C.4.1.2)。

C.4.2 设备

C.4.2.1 配制试剂的设备

基本要求见 C.2.2.1。

C.4.2.2 臭氧吸收装置

装置见图 C.5。推荐使用由彩色玻璃制成的装置。装置里填充直径为 3 mm 到 4 mm 的玻璃微球。

C.4.2.3 终点检测仪

图 C.6 是一个合适的电路示例。

C.4.2.4 电解池装置

图 C.6 是一个合适的电路示例。

C.4.2.5 其他设备

C.4.2.5.1 秒表。

C.4.2.5.2 流量计，量程为 5 mL。

C.4.2.5.3 移液管，容量分别为 5 mL 和 2 mL。

C.4.2.5.4 电磁搅拌器。

C.4.3 程序

C.4.3.1 用移液管吸取 7 mL 吸收溶液，加入吸收装置中。

C.4.3.2 连接臭氧-空气混合气体与装置的进口；并将流量计与装置出口相连。

C.4.3.3 以大约 2 L/min 的速度向装置中通入约 5 L 的臭氧-空气混合气体。

C.4.3.4 通入约 5 L 臭氧-空气混合气体后，移开进气管，并关闭气泵。打开活塞，同时用 100 mL 的水从吸收装置的顶端冲洗，将吸收溶液冲入 250 mL 的烧杯中。

C.4.3.5 在吸收溶液中插入终点检测仪和电解池装置的铂电极(见图 C.6)，并在终点检测仪的电极上施加约 0.15 V 的电压。确定安培计的读数为 0。以恒定的速度搅拌吸收溶液，同时打开电解池装置，使通过电解池的电极间电流为 200 μA。开启电解池装置的同时用秒表开始计时。

C.4.3.6 当终点检测装置的电流为 0.3 μA 时，停止计时，关闭电解池装置，读取电解所需时间 t_1。

C.4.3.7 做空白试验，在干净的烧杯中倒入 7 mL 吸收溶液(C.4.1.3)，并加入 100 mL 水，重复电解。测量空白试验所需的时间 t_0。

C.4.4 结果表示

按照式(C.3)计算臭氧-空气混合气体中臭氧的体积浓度 φ_{O_3}，以 pphm 表示：

$$\varphi_{O_3}=\frac{200\times 11.2\times 760\times (t_0-t_1)\times T\times 10^{-6}}{96\ 500\times 273\times 5\times p}$$

$$=\frac{1.29\times(t_0-t_1)\times T}{p} \qquad \cdots\cdots(C.3)$$

式中：

t_0——电解空白溶液的时间，单位为秒(s)；

t_1——电解试验溶液的时间，单位为秒(s)；

T——溶液的温度，单位为 K；

p——等于 $760-\Delta p$ 以毫米汞柱表示（Δp 是真实测试与空白试验时流量计进口处的压力差）。

单位为毫米

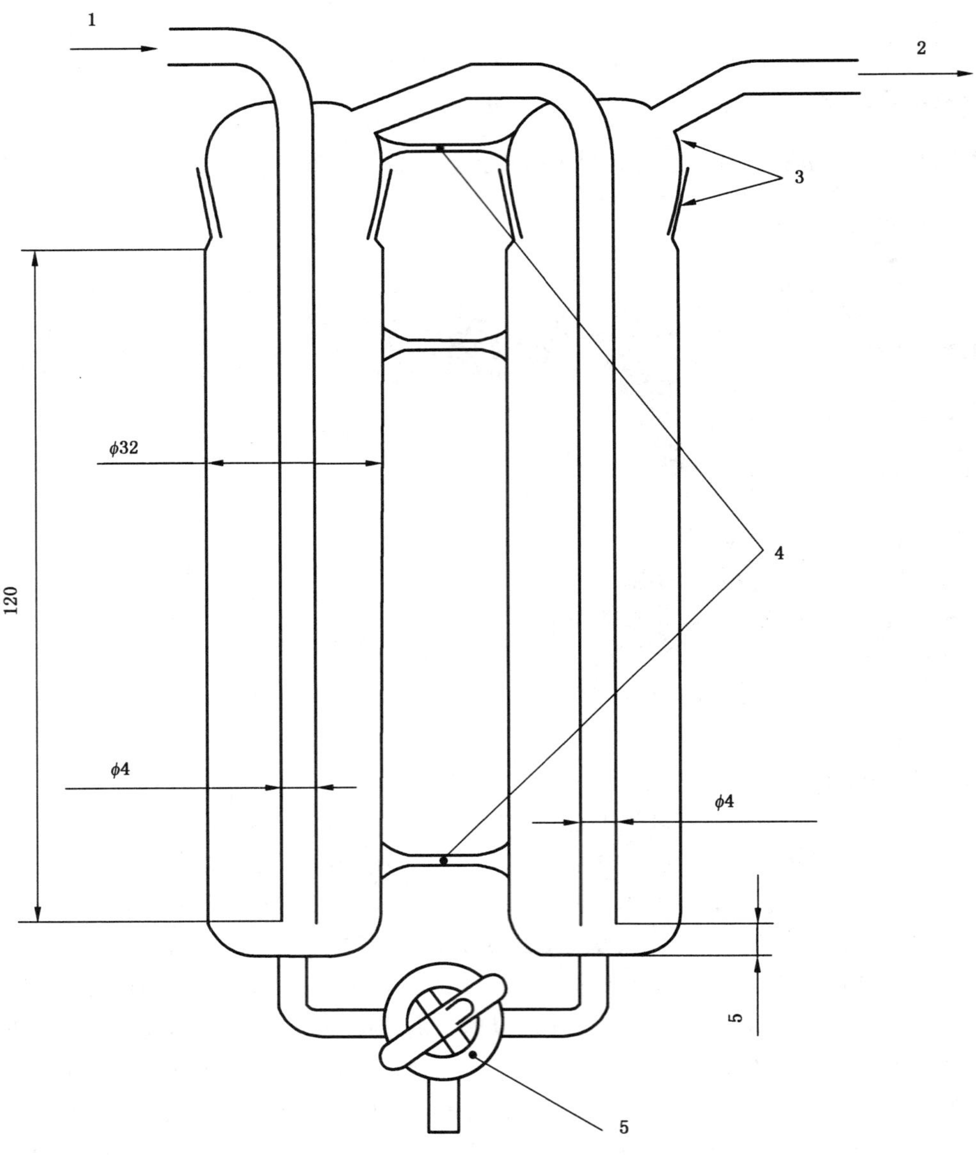

说明：

1——进气；

2——出气；

3——29/42 或 34/45 锥形连接；

4——玻璃横梁；

5——直径为 3 mm 的三通 PTFE 活塞。

图 C.1 臭氧吸收装置

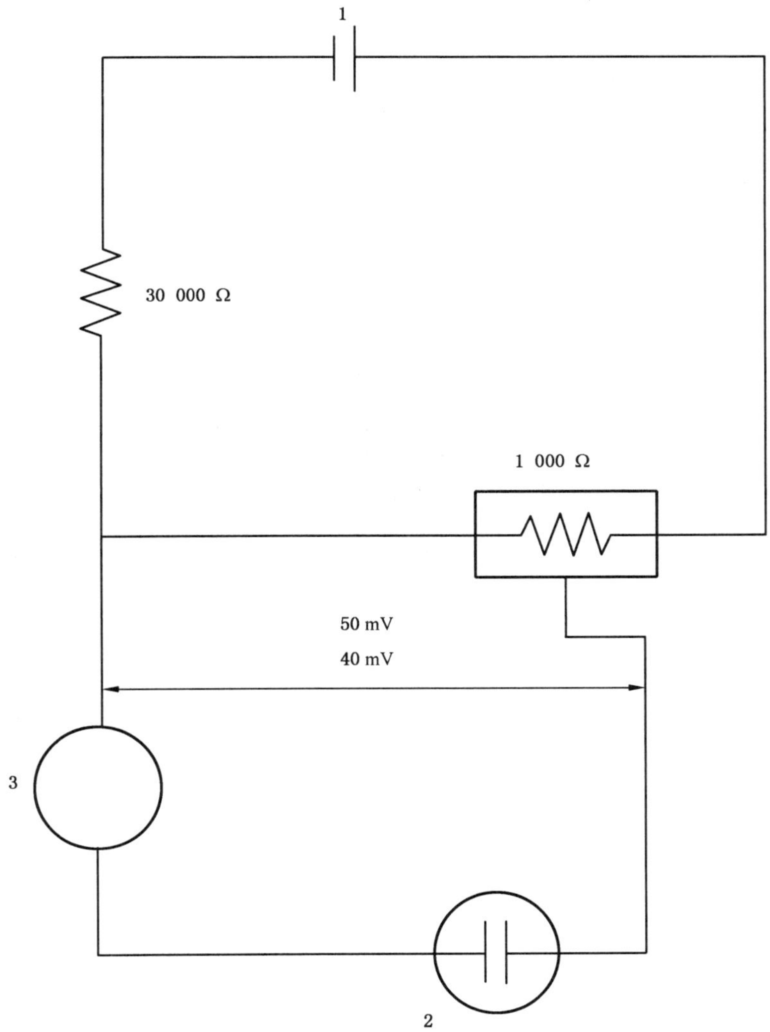

说明：

1——1.5 V 电池；

2——双铂电极；

3——微安培计。

图 C.2　电化学终点检测电路

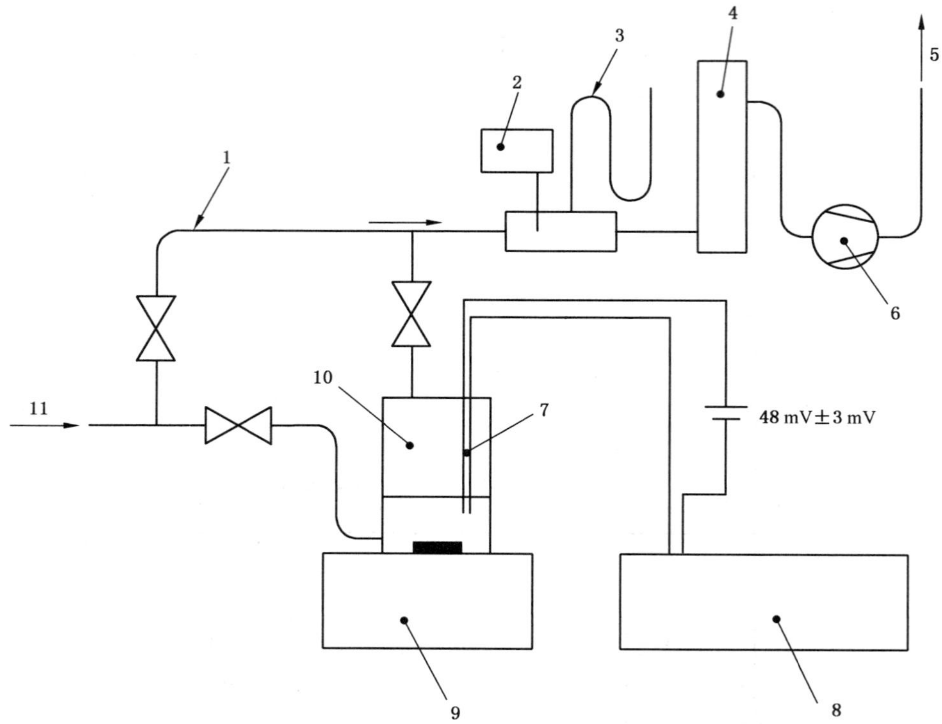

说明：

1 ——支路；

2 ——热电偶；

3 ——压力计；

4 ——流量计；

5 ——气体出口；

6 ——气泵；

7 ——铂电极；

8 ——记录仪；

9 ——搅拌器；

10——吸收瓶；

11——气体进口。

图 C.3 程序Ⅱ基本的装置搭接

单位为毫米

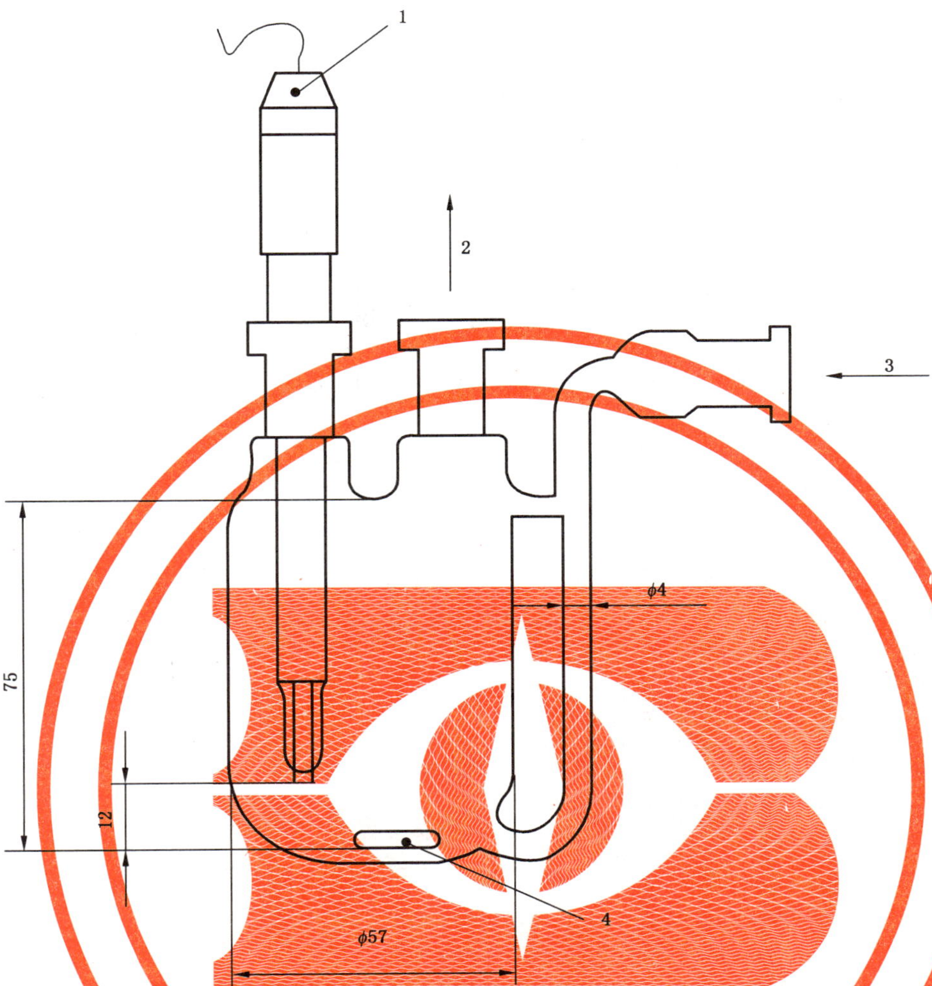

说明：

1——铂电极；

2——气体出口；

3——气体进口；

4——搅拌子。

图 C.4　程序Ⅱ臭氧吸收瓶

单位为毫米

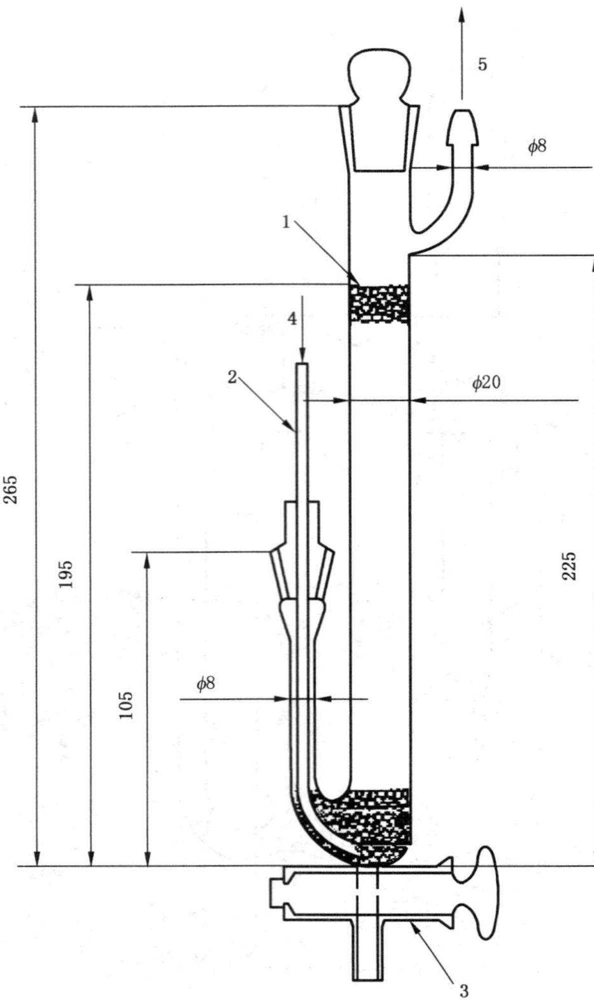

说明：

1——玻璃微球，直径为 3 mm 到 4 mm；

2——PTFE 管，直径为 2 mm 到 3 mm；

3——活塞，直径为 3 mm；

4——进气口；

5——出气口。

图 C.5 程序Ⅲ臭氧吸收装置

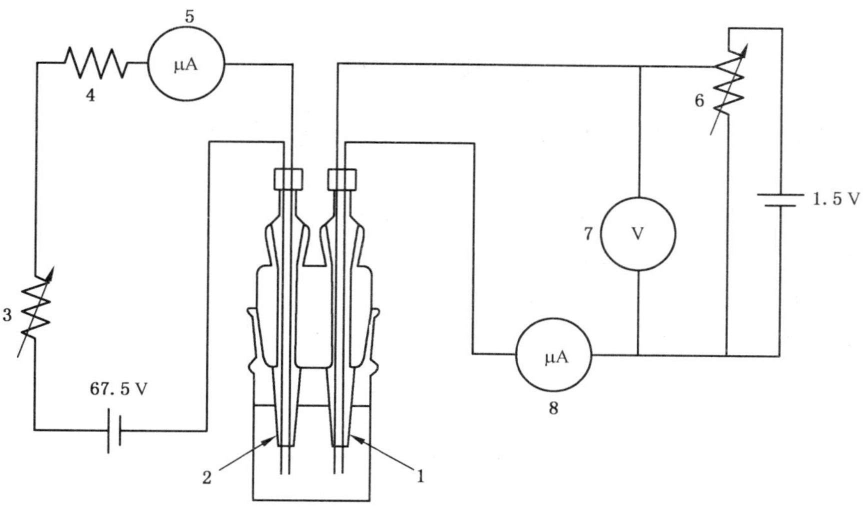

说明：

1——检测终点的电极；

2——电解池装置的电极；

3——可变电阻，可在 30 kΩ 和 500 kΩ 之间调节；

4——60 kΩ 电阻；

5——微安培计，最大量程 200 μA；

6——2 kΩ 可变电阻；

7——电压计，最大量程为 0.5 V；

8——微安培计，最大量程为 10 μA。

图 C.6 一个合适的电解和测量电路的例子

参 考 文 献

[1] BREWER,A.W.,and MILFORD,J.R.:Proceedings of the Royal Society,Series A,256,NO. 1287,p.470(1960).

[2] BYERS,D.H.,and SALTZMAN,B.E.:Advances in Chemistry Series,21,p.93(1957).

[3] VEITH,A.G.,and EVANS,R.L.:The Effect of Atmospheric Pressure on Ozone Cracking of Rubber,Polymer Testing,1(1),pp.27-38(1980).

[4] VEITH, A. G.: A Rapid Quantitative Method for Measuring Ozone Cracking, Rubber Chemistry and Technology,45(1),pp. 293-308(1972).

ICS 65.020
B 72

中华人民共和国国家标准

GB/T 35805—2018

紫胶虫种胶

Broodlac(*Kerria yunnanensis*)

2018-02-06 发布　　　　2018-09-01 实施

中华人民共和国国家质量监督检验检疫总局
中国国家标准化管理委员会　发布

前　　言

本标准按照 GB/T 1.1—2009 给出的规则起草。

本标准由国家林业局提出。

本标准由全国林化产品标准化技术委员会(SAC/TC 558)归口。

本标准起草单位:中国林业科学研究院资源昆虫研究所。

本标准主要起草人:石雷、赵虹、陈晓鸣、张弘、陈智勇。

紫 胶 虫 种 胶

1 范围

本标准规定了紫胶虫种胶的术语和定义、质量要求、取样、检验方法、检验规则、标志、包装、暂存和运输要求。

本标准适用于中国国内主要产胶虫种——云南紫胶虫的冬代和夏代种胶。

2 规范性引用文件

下列文件对于本文件的应用是必不可少的。凡是注日期的引用文件，仅注日期的版本适用于本文件。凡是不注日期的引用文件，其最新版本(包括所有的修改单)适用于本文件。

GB/T 679 化学试剂 乙醇(95%)

GB/T 1266 化学试剂 氯化钠

GB/T 8142 紫胶产品取样方法

3 术语和定义

下列术语和定义适用于本文件。

3.1

紫胶虫种胶 broodlac

紫胶虫(*Kerria yunnanensis*)寄生在寄主树上发育成熟，采收后供放养下一代紫胶虫用的活虫鲜枝。

3.2

冬代种胶 winter broodlac

紫胶虫寄生在寄主树上，经过冬季发育成熟，供夏代放养用的活虫鲜枝。

3.3

夏代种胶 summer broodlac

紫胶虫寄生在寄主树上，经过夏季发育成熟，供冬代放养用的活虫鲜枝。

3.4

成熟度 the degree of maturity

紫胶虫卵胚胎发育到能产生子代幼虫(五期)的程度。

3.5

怀卵量 oviposition

个体雌虫所孕育的卵粒数。

3.6

胶块率 ratio of lac to broodlac

种胶上的鲜胶块质量与种胶质量之比。

3.7

胶被厚度 the thickness of sticklac

种胶上剥下的鲜胶块的厚薄程度。

4 质量要求

4.1 外观性状

种胶应是活虫鲜枝，胶被连片，胶枝大头直径小于 30 mm，两端空枝均不超过 50 mm，病虫害危害轻。

4.2 质量指标

紫胶虫种胶的各项技术指标应符合表 1 的要求。

表 1 紫胶虫种胶质量要求

指标名称	冬代种胶			夏代种胶
	一级	二级	三级	
成熟度/% ≥	80	80	80	80
胶被厚度/mm ≥	5	4	3	6
怀卵量/粒 ≥	300	250	200	400
胶块率/% ≥	20	15	10	40

5 取样

5.1 取样件数

按 GB/T 8142 的规定执行。

5.2 取样方法

在每件内不同部位抽取种胶约 1 kg，以 1 枝～5 枝种胶为一束，按束排列，每隔 1 束～3 束取 1 束，逐次缩分至约 1.5 kg 和 3.0 kg 的试样两份，分别挂上标签，注明：商品名称、送检单位、取样人和取样日期。一份供成熟度、胶被厚度和个体怀卵量的测定，另一份供胶块率的测定。

6 检验方法

6.1 成熟度的测定

6.1.1 仪器

6.1.1.1 双目解剖镜，100 倍，或手持扩大镜，10 倍。

6.1.1.2 指形管，直径 10 mm～30 mm。

6.1.1.3 滴管。

6.1.1.4 载玻片。

6.1.1.5 解剖针。

6.1.1.6 剥胶钳。

6.1.2 试剂和溶液的配制

氯化钠(GB/T 1266),化学纯;

0.7%～1.0%氯化钠溶液配制:称取 0.7 g～1.0 g 氯化钠,溶于 100 mL 水中,溶液现配现用。

6.1.3 测定方法

按(5.2)取样约 1.5 kg,剥下胶块,摊平,从不同部位取胶块 30 个,再从每一个胶块中取出 3 个雌虫的卵粒,放入盛有 0.7%～1.0%氯化钠溶液的指形管中,取出雌虫残体,用软木塞或橡胶塞塞紧管口,摇晃指形管,使卵粒充分混匀,用滴管吸取卵粒,于载玻片上滴 2 滴～3 滴,镜检卵胚胎的发育程度,重复测定 20 次,并统计每次重复中卵粒总数和卵胚胎发育到第五期或以上的卵粒数。

发育成熟的卵胚胎判断标准:半边可见连片的紫红色卵黄球,另一半边为可看到的半透明胚体和附肢时,即胚胎已发育成熟(达到胚胎发育的第五期)。

紫胶虫种胶成熟度按式(1)计算:

$$X_1 = \frac{\sum_{i=1}^{20} n}{\sum_{i=1}^{20} N} \times 100 \qquad \cdots\cdots(1)$$

式中:

X_1——紫胶虫的成熟度,%;

n ——每次测定卵胚胎发育到第五期以上的卵粒之和,单位为粒;

N ——每次测定卵粒数的总和,单位为粒。

6.2 胶被厚度测定

6.2.1 仪器

游标卡尺,分度值 0.2 mm。

6.2.2 测定方法

取 6.1 测定成熟度余下的胶块,混匀,摊平,从不同部位取 30 个胶块,用游标卡尺分别测量每一胶块中部的胶被厚度(准确到 0.2 mm)。

紫胶虫种胶胶被厚度按式(2)计算:

$$X_2 = \frac{\sum_{i=1}^{30} s}{30} \qquad \cdots\cdots(2)$$

式中:

X_2——种胶胶被厚度,单位为毫米(mm);

s ——每块胶被的厚度,单位为毫米(mm)。

6.3 怀卵量的测定

6.3.1 仪器

6.3.1.1 双目解剖镜,100 倍,或手持扩大镜,10 倍。

6.3.1.2 广口瓶,250 mL。

6.3.1.3 手持记数器。

6.3.1.4 尖头镊子。

6.3.1.5 载玻片。

6.3.2 试剂

95%乙醇(GB/T 679),化学纯。

6.3.3 测定方法

取6.2测定过胶被厚度的胶块,用手折分成约100 mm^2 大小的胶块,抽取30块放入250 mL的广口瓶中,加入95%乙醇,盖上瓶盖,摇动,待紫胶溶解后,慢慢倾出紫胶乙醇溶液,再加入95%乙醇,重复洗至母虫体表上无残余紫胶树脂为止。用尖头镊子分别取出30个雌虫,逐个置于载玻片上,剖开,使雌虫体内卵粒全部溢出,在双目解剖镜或手持扩大镜下,用手持记数器记录卵粒数。

紫胶虫个体怀卵量按式(3)计算:

$$X_3 = \frac{\sum_{i=1}^{30} m}{30} \quad \cdots\cdots(3)$$

式中:

X_3——紫胶虫怀卵量,单位为粒;

m ——每个雌虫体内卵数,单位为粒。

6.4 胶块率的测定

6.4.1 仪器

6.4.1.1 电子秤或台秤,感量0.01 kg。

6.4.1.2 剥胶钳。

6.4.2 测定方法

按(5.2)中规定,取样约3.0 kg,用剥胶钳剥下全部胶块,除去树皮等杂物,置电子秤或台秤上称重。

紫胶虫种胶胶块率按式(4)计算:

$$X_4 = \frac{G_1}{G} \times 100 \quad \cdots\cdots(4)$$

式中:

X_4——种胶胶块率,%;

G_1——剥下的胶块质量,单位为千克(kg);

G ——种胶质量,单位为千克(kg)。

7 检验规则

7.1 组批规则

同一产区、同一世代的种胶组成一批。

7.2 判定规则

7.2.1 在供货前由供需双方按本标准取样方法共同取样,根据规定的质量要求和检验方法,对每批种胶按表1所列的全部项目进行检验。

7.2.2 检验结果中,如有指标不符合标准要求时,应重新在两倍样件中取样重新检验,仍不符合标准要求的,判定为不合格。

7.3 复检规则

供需双方对检验结果如有争议，按本标准规定的取样方法共同取样3份，各保存1份，另1份委托具有相应资质的检验部门进行仲裁检验。

8 标志、包装、暂存和运输

8.1 标志

包装筐或箱上应挂有标签，注明紫胶虫种胶、产地、毛重、净重、采种时间及质量等级，并在显著位置上标明“防晒”“防压”“防雨”“通风”字样。

8.2 包装

种胶宜用坚实、洁净、通风透气的带盖竹筐、藤条筐包装，用绳索或包装带捆扎牢固。

8.3 暂存

种胶宜置通风透气的库房或阴凉处暂存，采种后应及时包装、起运。切忌与化肥和杀虫农药一起存放。

8.4 运输

远距离运输种胶，宜用速度较快的运输工具。从采种之日至放养林地的时间，最多不超过7天。运输途中，要防止日晒，筐(箱)上用枝叶覆盖遮蔽，车箱内温度应低于25 ℃。

ICS 11.220
B 41

中华人民共和国国家标准

GB/T 35806—2018

动物流感检测 H7N9 亚型流感病毒双重荧光 RT-PCR 检测方法

Animal influenza detection—Protocol of duplex real-time RT-PCR for influenza virus subtypes H7 and N9

2018-02-06 发布

2018-09-01 实施

中华人民共和国国家质量监督检验检疫总局
中国国家标准化管理委员会 发布

前　言

本标准按照 GB/T 1.1—2009 给出的规则起草。

本标准由农业部提出。

本标准由全国动物卫生标准化技术委员会(SAC/TC 181)归口。

本标准起草单位:北京出入境检验检疫局检验检疫技术中心、中国出入境检验检疫协会、中国农业科学院哈尔滨兽医研究所、中国检验检疫科学研究院。

本标准主要起草人:蒲静、高志强、汪琳、乔彩霞、张锡全、周琦、张鹤晓、张伟、尹羿、柏亚铎、刘艳华、刘环、王秀荣、包红梅、韩雪清、王慧煜。

动物流感检测　H7N9 亚型流感病毒双重荧光 RT-PCR 检测方法

1　范围

本标准规定了同时检测 H7 和 N9 亚型动物流感病毒核酸的 TaqMan 双重荧光 RT-PCR 操作方法。

本标准适用于 H7 和 N9 亚型动物流感病毒核酸的快速检测和筛查。

2　规范性引用文件

下列文件对于本文件的应用是必不可少的。凡是注日期的引用文件，仅注日期的版本适用于本文件。凡是不注日期的引用文件，其最新版本(包括所有的修改单)适用于本文件。

GB/T 6682　分析实验室用水规格和试验方法

GB/T 19438.1—2004　禽流感病毒通用荧光 RT-PCR 检测方法

GB 19489　实验室　生物安全通用要求

3　缩略语

下列缩略语适用于本文件。

Ct(或 Cp)值：每个反应管内的荧光信号量达到设定的阈值所经历的循环数(Threshold Cycle, or Crossing Point)

DEPC：焦碳酸二乙酯(Diethypyrocarbonate)

FAM：羧基荧光素(Carboxyfluorescein)

HA：血凝素(Hemagglutinin)

HEX：六氯-6-甲基荧光素(Hexachloro fluorescein)

MGB：小沟结合物(Minor Groove Binder)

NA：神经氨酸酶(Neuraminidase)

TAMRA：羧基四甲基罗丹明(Carboxytetramethylrhodamine)

荧光 RT-PCR：实时荧光反转录聚合酶链反应(Real-time RT-PCR)

4　试剂和材料

4.1　试剂

4.1.1　总则：除另有说明，所用试剂均为分析纯，所用液体试剂均需使用无 RNA 酶的容器进行分装。

4.1.2　TRIzol：2 ℃～25 ℃保存。

4.1.3　氯仿：2 ℃～8 ℃预冷。

4.1.4　异丙醇：－20 ℃预冷。

4.1.5　DEPC 水：配方见 A.1。

4.1.6　75 %乙醇：用新开启的无水乙醇和 DEPC 水配制，−20 ℃预冷。

4.1.7　PBS(含青霉素和链霉素)：配方见 A.2。

4.1.8　H7 和 N9 亚型流感病毒双重荧光 RT-PCR 检测引物、探针序列，反应液配方见附录 B。

4.1.9　阳性、阴性对照

阳性对照：为灭活的 H7N9 亚型流感病毒液或体外转录的 H7 和 N9 cRNA。

阴性对照：为已知流感病毒阴性的动物组织悬液。

4.2　仪器设备

4.2.1　荧光 PCR 检测仪及配套反应管(板)。

4.2.2　高速台式冷冻离心机(离心速度不低于 12 000 r/min)。

4.2.3　台式离心机。

4.2.4　振荡器。

4.2.5　组织匀浆器。

4.2.6　冰箱(2 ℃～8 ℃和−20 ℃两种)。

4.2.7　微量移液器(5 μL、10 μL、100 μL、1 000 μL)及配套吸头。

4.2.8　1.5 mL 离心管(无核酸酶)和 5 mL 采样管。

5　实验室的标准化设置与生物安全管理

本方法的实验室设置与管理见 GB/T 19438.1—2004 中的附录 C；实验室生物安全管理见 GB 19489。

6　样品的采集与前处理

6.1　总则

采样过程中样本不得交叉污染，采样及样品前处理过程中应戴一次性手套，注意无菌操作。

6.2　采样工具

6.2.1　采样专用商品化棉拭子、剪刀、镊子、研钵、5 mL 采样管、商品化一次性采样袋。

6.2.2　除商品化棉拭子、采样袋外，上述采样工具应经 121 ℃±2 ℃，15 min 高压灭菌并烘干或经 160 ℃干烤 2 h。

6.3　样品采集

6.3.1　拭子样品

根据动物种类，可采集咽喉拭子、泄殖腔拭子(禽)或鼻拭子(猪等其他动物)。采集方法如下：

——取咽喉拭子时将拭子深入喉头及上颚裂来回刮 2 次～3 次并旋转，取分泌液；

——取泄殖腔拭子时将拭子深入泄殖腔旋转一圈并沾取少量粪便；

——取鼻拭子时将拭子深入鼻腔来回刮 2 次～3 次并旋转，取分泌物。

将采样后的拭子放入盛有 2.0 mL PBS(含青霉素和链霉素)的采样管中，编号。

6.3.2　组织样品

病死禽采集肺脏或气管分泌物等组织；其他动物用无菌剪、镊采集肺脏等组织脏器，装入无菌采样袋或其他灭菌容器，编号。

6.4 样品贮运

样品采集后置保温箱中，加入预冷的冰袋，密封，24 h 内送实验室。

6.5 样品处理

6.5.1 拭子样品

样品在振荡器上充分混合后，将拭子中的液体挤出，3 000 r/min 离心 5 min，吸取上清液转入无菌的 1.5 mL 离心管中，编号备用。

6.5.2 组织样品

用无菌的剪刀和镊子剪取待检样品 2.0 g 于研钵中充分研磨，再加 10.0 mL PBS（含青霉素和链霉素）混匀，3 000 r/min 离心 5 min 后，取 1.0 mL 上清液转入无菌 1.5 mL 灭菌离心管中，编号备用。

6.6 样品存放

采集或处理好的样品在 2 ℃～8 ℃条件下保存应不超过 24 h；若需长期保存，应放置－70 ℃冰箱中，但应避免反复冻融（冻融不超过 3 次）。

6.7 其他样品说明

急性感染且出现病毒血症的动物也可采集全血分离血清或血浆进行检测。

H7N9 流感病毒疫情监测需要采集环境样品，应根据具体环境情况采集可能含有流感病毒的样品，如笼具表面、禽鸟粪便、产品加工砧板或用具表面等环境样品。

7 双重荧光 RT-PCR 检测操作方法

7.1 样本核酸的提取

7.1.1 在样本制备区进行，采取 TRIzol 裂解法提取。也可采取其他等效的 RNA 提取方法。

7.1.2 待检样品、阳性对照和阴性对照的份数总和用 n 表示，取 n 个灭菌 1.5 mL 离心管，逐管编号。

7.1.3 每管加入 600 μL TRIzol。

7.1.4 每管对应编号分别加入 200 μL 待检样品、阳性对照或阴性对照，混匀。

7.1.5 每管加入 200 μL 氯仿，充分颠倒混匀，于 4 ℃、12 000 r/min 离心 15 min。

7.1.6 新取 n 个灭菌的 1.5 mL 离心管，逐管编号，每管加入 500 μL 异丙醇（－20 ℃预冷）。

7.1.7 吸取 7.1.5 各管中的上清液 500 μL，转移至 7.1.6 相应的管中，避免吸出中间层，颠倒混匀。

7.1.8 于 4 ℃、12 000 r/min 离心 15 min，轻轻倒去上清，倒置于吸水纸上，沥干液体，不同样品应在吸水纸不同地方沥干。

7.1.9 每管加入 600 μL 75 %乙醇（－20 ℃预冷），颠倒洗涤。

7.1.10 于 4 ℃、12 000 r/min 离心 10 min，轻轻倒去上清，倒置于吸水纸上，沥干液体，不同样品应在吸水纸不同地方沥干。

7.1.11 4 000 r/min 离心 10 s，将管壁上的残余液体甩到管底部，用微量移液器尽量将其吸干。注意一份样本换用一个吸头，吸头不要碰到有沉淀一面。

7.1.12 室温干燥 3 min。不宜过于干燥，以免 RNA 不溶。

7.1.13 每管加入 11 μL DEPC 水，轻轻混匀，溶解管壁上的 RNA，2 000 r/min 离心 5 s，获得 RNA 溶

液，冰浴保存备用。提取的RNA应立即进行荧光RT-PCR扩增，或者4 ℃保存不超过8 h；若需长期保存应放置−70 ℃冰箱中。

7.2 双重荧光RT-PCR扩增试剂的准备与配制

在反应混合物配制区进行。

每个检测反应体系需使用15 μL荧光RT-PCR反应液。根据7.1.2中提到的n值，按B.2配制反应液，充分混匀后分装，每个反应管15 μL。转移反应管至样本制备区。

7.3 加样

在样本制备区进行。

在上述7.2的反应管中分别加入7.1.13中制备的RNA溶液10 μL，使每管总体积达到25 μL，记录反应管对应的样品编号。盖紧管盖后，500 r/min离心30 s。

7.4 荧光RT-PCR反应

在检测区进行。

应使用能采集并区分FAM和HEX(或VIC)这两种不同荧光信号的多通道荧光PCR仪。

将7.3中加样后的反应管放入荧光PCR检测仪内，编辑样品表后，选定FAM检测通道读取H7亚型流感病毒检测结果，并选择TAMRA淬灭基团；选定HEX(或VIC)检测通道读取N9亚型流感病毒检测结果，并选择无荧光淬灭基团。之后如下设置反应参数：

——第一阶段，反转录42 ℃/30 min；

——第二阶段，预变性94 ℃/3 min；

——第三阶段，92 ℃/15 s，53 ℃/10 s，60 ℃/35 s，40个循环，在第三阶段每次循环的退火延伸时收集荧光。试验结束后，根据收集的荧光曲线和Ct(或Cp)值判定结果。

8 结果判定

8.1 结果分析条件设定

阈值设定原则：根据仪器噪声情况进行调整，以阈值线刚好超过阴性对照品扩增曲线的最高点为准。

8.2 质控标准

8.2.1 阴性对照通过两个检测通道读取数据均无Ct(或Cp)值并且无扩增曲线。

8.2.2 阳性对照通过两个检测通道读取数据出现两条对应的特征性扩增曲线，且Ct(或Cp)值均应≤30.0。

8.2.3 如阴性和阳性对照不满足以上条件，此次试验视为无效。

8.3 结果描述及判定

8.3.1 阴性

两个检测通道均无Ct(或Cp)值并且无特征性扩增曲线，表明样品中无H7亚型和N9亚型流感病毒核酸。

8.3.2 双检测通道阳性

两个检测通道出现两条对应的特征性扩增曲线，且Ct(或Cp)值≤30.0，表明样本中同时存在H7

亚型和 N9 亚型流感病毒核酸。

8.3.3 单检测通道阳性

当有一个检测通道出现特征性扩增曲线时，按照下面的原则进行结果判定：

——如仅 FAM 检测通道出现特征性扩增曲线，且 Ct(或 Cp)值≤30.0，而 HEX(或 VIC)检测通道无 Ct(或 Cp)值并且无扩增曲线，表示样本中存在 H7 亚型流感病毒核酸，但不含有 N9 亚型流感病毒核酸。

——如仅 HEX(或 VIC)检测通道出现特征性扩增曲线，且 Ct(或 Cp)值≤30.0，而 FAM 检测通道无 Ct(或 Cp)值并且无扩增曲线，表示样本中存在 N9 亚型流感病毒核酸，但不含有 H7 亚型流感病毒核酸。

上述结果描述及判定可参见表 1。

表 1 结果描述与判定

类型	FAM 检测通道	HEX(或 VIC)检测通道	结果描述判定
1	阳性	阳性	同时存在 H7 亚型和 N9 亚型流感病毒核酸
2	阳性	阴性	存在 H7 亚型流感病毒核酸，但不含有 N9 亚型流感病毒核酸
3	阴性	阳性	存在 N9 亚型流感病毒核酸，但不含有 H7 亚型流感病毒核酸
4	阴性	阴性	无 H7 亚型和 N9 亚型流感病毒核酸

8.3.4 有效原则

任一检测通道的 Ct(或 Cp)值＞30.0，且出现典型扩增曲线的样品建议复检。复检仍出现上述结果的，判相应通道检测的流感病毒亚型为核酸阳性，否则判为阴性。

附　录　A
（规范性附录）
溶液配制

以下所用试剂均为分析纯。

A.1　DEPC 水配方

将 DEPC 加入去离子水（符合 GB/T 6682 要求）中至终浓度为 0.1 %（体积分数），充分混合均匀后作用 12 h，分装，121 ℃±2 ℃ 高压灭菌 30 min，冷却后冷藏备用。

A.2　磷酸盐缓冲液（PBS）配方（含青霉素和链霉素）

A.2.1　A 液

0.2 mol/L 磷酸二氢钠水溶液：$NaH_2PO_4 \cdot H_2O$ 27.6 g，溶于蒸馏水中，最后定容至 1 000 mL。

A.2.2　B 液

0.2 mol/L 磷酸氢二钠水溶液：$Na_2HPO_4 \cdot 7H_2O$ 53.6 g（或 $Na_2HPO_4 \cdot 12H_2O$ 71.6 g 或 $Na_2HPO_4 \cdot 2H_2O$ 35.6 g），加蒸馏水溶解，最后定容至 1 000 mL。

A.2.3　0.01 mol/L、pH 7.2 磷酸盐缓冲液（PBS）（含青霉素和链霉素）的配制

取 A 液 14 mL，B 液 36 mL，加 NaCl 8.5 g，牛血清白蛋白 5 g，用蒸馏水定容至 1 000 mL。经 121 ℃±2 ℃，15 min 高压灭菌后，冷却后，无菌条件下分别按 10 000 U/mL 加入青霉素和链霉素。

附　录　B
（规范性附录）
引物探针序列及荧光 RT-PCR 反应液配方

B.1　引物和探针

本标准方法中使用的引物探针名称和序列见表 B.1。

表 B.1　引物和探针的名称及序列

引物或探针名称	序列(5′-3′)
H7 上游引物	5′- AAAATAGAATACAGATWRACCCRGT -3′
H7 下游引物	5′- GTGCACYGCATGTTTCC -3′
H7 探针	5′-[FAM]- CTTCGGGGCATCATGTTTYMTWCTTCTRG -[TAMRA]-3′
N9 上游引物	5′- CCAAATCAGAAGATTCTATGCACYT -3′
N9 下游引物	5′- GGTTTGCYATTCCWATGARYA -3′
N9 探针	5′-[VIC]或[HEX]- GCCACTGCYATYRTAATA -[MGB]-3′
注：引物和探针可由生物公司合成，纯度为 HPLC 级，用 DEPC 水溶解并稀释至终浓度 10 μmol/L，−20 ℃保存备用。	

B.2　荧光 RT-PCR 反应液配方

本标准方法中使用的 H7N9 荧光 RT-PCR 的反应液组分及含量见表 B.2。

表 B.2　荧光 RT-PCR 反应液的组分及含量

组 分	1 个检测体系的加入量
5×RT 缓冲液[a]	5.0 μL
$MgCl_2$(25 mmol/L)	3.0 μL
dNTP(10 mmol/L)	1.0 μL
H7 上游引物(20 μmol/L)	0.5 μL
H7 下游引物(20 μmol/L)	0.5 μL
H7 探针(10 μmol/L)	0.375 μL
N9 上游引物(20 μmol/L)	0.625 μL
N9 下游引物(20 μmol/L)	0.625 μL
N9 探针(10 μmol/L)	0.5 μL
M-MLV 反转录酶(200 U/μL)	0.5 μL
RNA 酶抑制剂(40 U/μL)	0.25 μL
Ex *Taq* HS 酶(5 U/μL)[b]	0.25 μL

表 B.2（续）

组 分	1 个检测体系的加入量
DEPC 水	1.875 μL

[a] 5×RT 缓冲液的组成为：375 mmol/L KCl、15 mmol/L $MgCl_2$、50 mmol/L DTT、250 mmol/L Tris-HCl（pH 8.3，25 ℃）。

[b] Ex *Taq* HS 酶：具有 5′→3′外切活性。

B.3 注意事项

在检测过程中，应严防不同样品间的交叉污染。

反应液分装时应避免产生气泡，上机前检查各反应管是否盖紧，以免荧光物质泄露污染仪器。

ICS 83.060
G 40

中华人民共和国国家标准

GB/T 35807—2018

硫化橡胶　热扩散系数的测定　闪光法

Rubber, vulcanized—Determination of thermal diffusivity—Flash method

2018-02-06 发布　　　　2018-09-01 实施

中华人民共和国国家质量监督检验检疫总局
中国国家标准化管理委员会　发布

前　言

本标准按照 GB/T 1.1—2009 给出的规则起草。

本标准由中国石油和化学工业联合会提出。

本标准由全国橡胶与橡胶制品标准化技术委员会(SAC/TC 35)归口。

本标准起草单位:双钱轮胎有限公司、北京市理化分析测试中心、怡维怡橡胶研究院有限公司、风神轮胎股份有限公司、耐驰科学仪器商贸(上海)有限公司、北京橡胶工业研究设计院。

本标准主要起草人:董文武、黄中瑛、邹涛、赵瑾、朱毅、刘爱芹、任绍文、刘晴晴、王荣、谢君芳、李静。

引　言

闪光法测定热扩散系数的试验方法由于具有测定范围广、温度高、速度快、测定过程可以在氧化气氛、惰性气体或真空环境下进行等特点，还具有试样几何结构简单、尺寸小和测试快速等优势，目前得到广泛应用。尤其在橡胶领域，热扩散系数的测定是进行轮胎热力学性能分析，特别是对轮胎温度场研究的重要前提。通过监控轮胎各部位材料的热扩散系数可有效避免或减少轮胎行驶中某些部位受热严重导致爆胎等潜在危险因素。研究与测定轮胎橡胶材料的热扩散性能可以为轮胎安全使用提供重要保障，尤其是为绿色轮胎性能的提升提供重要技术依据和设计参考。

硫化橡胶　热扩散系数的测定　闪光法

警示——使用本标准的人员应有正规实验室工作的实践经验。本标准并未指出所有可能的安全问题,使用者有责任采取适当的安全和健康措施,并保证符合国家有关法规规定的条件。

1　范围

本标准规定了在试样正面施加一束闪光源,通过检测试样背面温度上升时间的快慢来计算材料热扩散系数的方法。

本标准适用于测量温度在20 ℃～250 ℃范围内,热扩散系数在0.01 mm^2/s以上的主体上均匀各向同性的硫化橡胶。

注1:如在测量温度范围内,试样伴有分解或形态发生变化的现象,则测试温度范围作相应调整。

注2:由于闪光法是一种非接触式测量方法,可能不同于用其他物理量原理测定的结果(例如热流计法、防护热板法等)。

2　规范性引用文件

下列文件对于本文件的应用是必不可少的。凡是注日期的引用文件,仅注日期的版本适用于本文件。凡是不注日期的引用文件,其最新版本(包括所有的修改单)适用于本文件。

GB/T 2941　橡胶物理试验方法试样制备和调节通用程序

GB/T 14838　橡胶与橡胶制品　试验方法标准精密度的确定

3　术语和定义

下列术语和定义适用于本文件。

3.1

热扩散系数　thermal diffusivity

α

物体中某一点温度的扰动传递到另一点的速率的量度。

注:热扩散系数通常用α表示,单位为平方毫米每秒(mm^2/s)。

4　符号与脚标

4.1　本标准采用的相关符号及其单位

D　——直径,单位为毫米(mm);

k　——热扩散方程中基于百分比的常数;

L　——试样厚度,单位为毫米(mm);

t　——响应时间,单位为秒(s);

$t_{1/2}$　——半升温时间,即背面温度升高到最大值一半的时间,单位为秒(s);

T　——温度,单位为开尔文(K);

β ——达到最高强度所需的脉冲持续时间分数；

K_1,K_2 ——基于 β 的常数；

ρ ——密度，单位为兆克每立方米（Mg/m^3）；

Δt_5 ——$T(5t_{1/2})/T(t_{1/2})$；

Δt_{10} ——$T(10t_{1/2})/T(t_{1/2})$；

ΔT_{max} ——最高温度与基线的差值，单位为开尔文（K）；

τ ——脉冲持续时间（见图 1）。

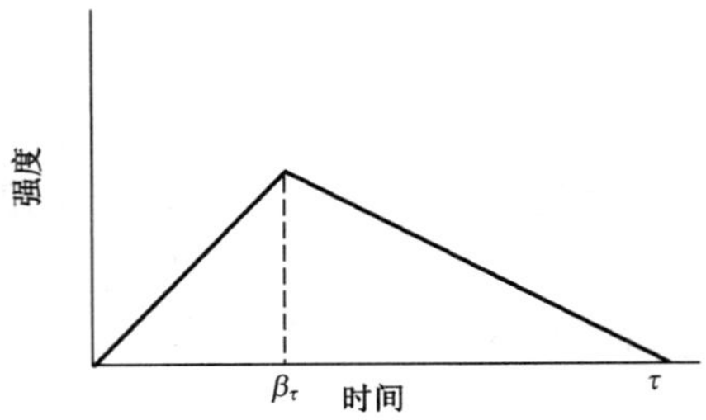

图 1 激光脉冲形状

4.2 本标准中特定的脚标说明

x ——上升百分比；

R ——比率；

max ——最大值；

p ——恒压。

5 方法概述

用高强度的能量脉冲对小而薄的圆盘状试样进行短时间的辐照，其原理示意图见图 2。试样的正面吸收脉冲能量并记录其所引起的背面温度变化（温度自记曲线）。热扩散系数通过试样的厚度和背面温度上升达到最大值的某一比值所需时间（见图 3）计算得到。当需要测定试样在一个温度范围内的热扩散系数时，在每一所需温度下需要分别测试。

注：本测试方法在大量出版的书籍和综述文章中都有详细说明，在附录 A 中对原理进行了概述。

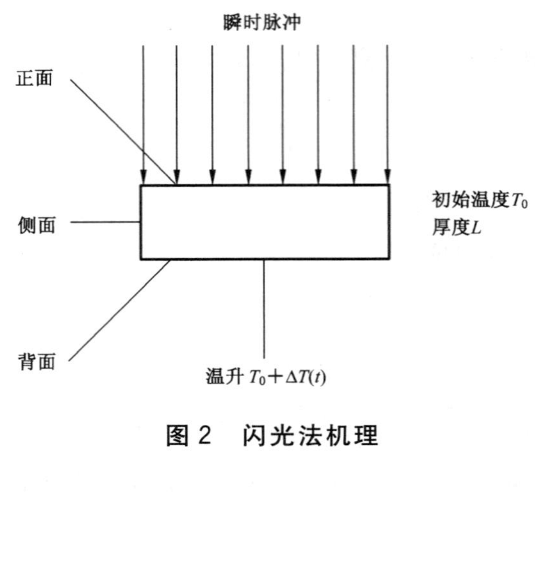

图 2 闪光法机理

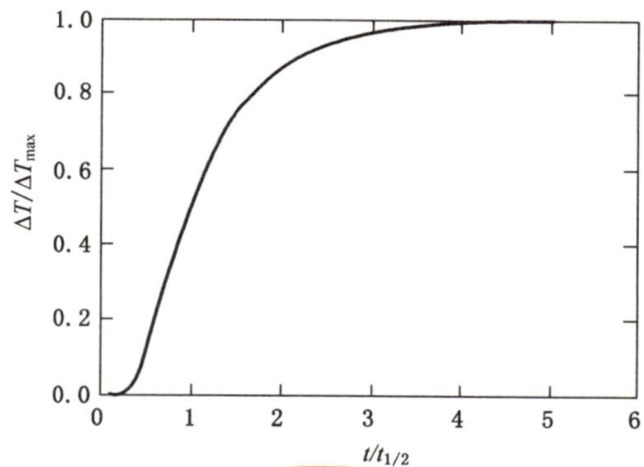

说明：

$\Delta T/\Delta T_{\max}$——某时刻 t 时的温升值与最大温升值的比值；

$t/t_{1/2}$ ——某一时刻 t 与半升温时间的比值。

图 3 试样背面温升记录曲线

6 设备

6.1 设备的基本构成如图 4 所示，主要包括闪光源、样品池、检测器、信号处理装置等。

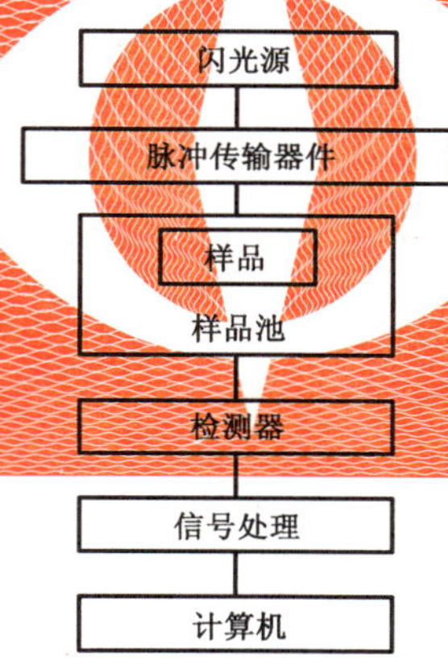

图 4 闪光系统模块设计

6.2 闪光源：可以是激光脉冲、闪光灯或者是其他能形成短周期高能量脉冲的装置。该能量脉冲的周期应小于 $t_{1/2}$ 的 2%。照射在试样表面的脉冲强度要均匀。使用的脉冲持续时间应在 $t_{1/2}$ 的 0.5%～2% 范围内，为了进一步减小脉冲宽度对温升曲线的影响，需进行脉冲宽度校正。

6.3 环境控制设备：对在非室温条件下的测试，需要配置环境控制设备，使试样温度达到所要求的温度。控温精度为 0.1 ℃。

6.4 检测器：测量试样温升的检测器可以是热电偶、红外探测器、光学高温计或者其他对微小温度变化能够提供线性电信号输出的器件，且应该能够探测到试样初始温度以上 0.05 K 的改变。检测器和与其配套的放大器的响应时间应小于 $t_{1/2}$ 的 2%。为尽量靠近试样，测温元件应与样品支架紧密接触或固定在样品支架上。测温元件不应与试样接触，更不允许嵌入到试样中。

6.5 信号处理装置：包括读取试样温度与环境温度之差的电子回路、脉冲峰过滤器、扩大器和模拟-数字变换器。

6.6 数据采集及记录系统：数据采集系统应有足够快的速度，采样频率应小于 $t_{1/2}$ 的 1%。

7 试样

7.1 尺寸和形状

试样应具有代表性，应没有痕迹或可见的缺陷。通常采用的试样为薄的圆片状，其直径取决于所使用的仪器，其正面面积比能量束斑小。典型的试样直径为 10.0 mm～12.5 mm，试样厚度尺寸为 1 mm～3 mm。若采用其他试样尺寸，直径与厚度的比值应大于 3。

7.2 试样数量

平行试验应不少于 2 个。

7.3 厚度测量

厚度测试所用的测厚计应符合 GB/T 2941 中 A 方法的规定。制备的试样应表面平整且平行度在厚度的 0.5%以内，表面不宜有缺陷(如凹坑、划痕或标记)。

注：表面不完全平行的试样也可进行测试，但会产生较大误差，测试时需取测试面各处厚度的平均值。

7.4 表面处理

在测试之前，采用非常薄的、均匀的石墨或其他高辐射率涂层对试样的上下表面进行处理。可采用喷雾、涂抹和喷射等方法处理试样表面，提高试样吸收能量的能力，尤其对于高反光率试样。

7.5 调节和停放

试样的调节、停放应符合 GB/T 2941 的规定。

8 校准和校验

8.1 定期校验设备性能和评估误差，通过测量一个或几个已知热扩散系数的材料来实现。附录 B 给出了热扩散系数的核查程序。

8.2 闪光法测试仪的温度校正目前主要有以下两种方法：

a) 居里点标样校正法：找到一系列居里点转变温度在仪器测量温度范围内的标准样品，通过测量其相变温度与理论值的偏差来校正仪器内部的温度；

b) 外置式标准热电偶法：通过已标定的热电偶来校正仪器内部温度。

上述两种方法用户可选择使用。用户可以进行自校验或委托具有资质的计量机构进行校正。

8.3 使用标准物质验证未知材料的数据，需注意当标准物质的性能(包括半温升时间和热扩散系数)与未知相似，且测定温度上升曲线的方式相同才是有效的。

8.4 进行修正时，对数据有效性的重要检验方法是改变试样厚度。因半升温时间随 L^2 变化，即试样厚度减小一半，半升温时间相应减少到其原始值的四分之一。因此，如果同一材料不同厚度的有代表性的试样测得的热扩散系数相同时(应用合适的热损失修正)，可以认为所测得的数据是真实有效的。

9 试验步骤

9.1 测定并记录试样的厚度。

9.2 根据试样情况，对试样进行表面处理(见 7.4)，然后放入样品支架中。

9.3 测定试样温度。

9.4　能量脉冲的选择。在保证可测温升的前提下，应选用尽可能低的能量脉冲，以确保检测器在其线性范围内工作(特别是在低温测试时)，同时防止较大的脉冲能量造成试样表面吸收层温度的明显上升(极端情况下可能造成试样表面的分解)。

9.5　脉冲发出后，监控初始的或处理过的温度曲线以确定合适的能量范围。

9.6　在测试前或是测试过程中，应手动或自动校验温升信号基线的稳定性，确保其在最大温升的4%以内。

9.7　在基线稳定的情况下，测定试样的环境温度，采用9.4中选定的能量进行测试，并采集基线和瞬时温度升高及冷却数据，根据第10章的规定分析结果。在多试样测试时，在相同温度下按顺序对试样进行依次测定(节约时间)，然后再升温至下一待测温度。

9.8　根据要求改变或设定试样的环境温度，并重复数据采集过程，在不同温度下进行测试。

9.9　如有必要，在每一测试温度下，对试样的冷却或重复升温过程进行循环测试。

10　计算

10.1　热扩散系数的计算

10.1.1　首先确定基线和最高温升，得到温度变化 ΔT_{max}，再确定试样背面的温度从脉冲发射开始至升高到 ΔT_{max} 一半所需要的时间，即半升温时间 $t_{1/2}$。根据试样的厚度 L 和 $t_{1/2}$，通过式(1)计算得到热扩散系数 α：

$$\alpha = 0.138\ 79 L^2 / t_{1/2} \qquad (1)$$

测量的有效性可由温升曲线上除半升温时间外的至少两个点按式(2)计算出的热扩散系数 α 来验证：

$$\alpha = k_x L^2 / t_x \qquad (2)$$

式中：

k_x——常数，其值见表1；

t_x——温度升高至 ΔT_{max} 的 x(%)所需要的时间。

表1　各百分比温升下常数 k_x 的值

x/%	k_x	x/%	k_x
10	0.066 108	60	0.162 236
20	0.084 251	66.67	0.181 067
25	0.092 725	70	0.191 874
30	0.101 213	75	0.210 493
33.33	0.106 976	80	0.233 200
40	0.118 960	90	0.303 520
50	0.138 790	……	……

10.1.2　理想情况下，不同的 x(%)值计算得到的 α 值都应该是相同的。如果 x(%)值为25%、50%、75%时计算的 α 值误差控制在±2%以内，那么在半温升时间处测试的整体误差将在±5%以内。如果 α 值在此范围之外，则应对响应曲线进行进一步分析，以确定是否存在辐射热损失、有限脉冲时间或者非均匀加热效应。

10.1.3　辐射热损失效应可以容易地从 $4t_{1/2}$ 时间后试样温度和背面温度的响应特性得到辨认。推荐方法是:绘制一条 $\Delta T/\Delta T_{max}$ 关于 $t/t_{1/2}$ 的曲线,同时在该图中添加数学模型理论曲线(部分数据见表 2)。

表 2 理论模型作图用温度时间数值

$\Delta T/\Delta T_{max}$	$t/t_{1/2}$	$\Delta T/\Delta T_{max}$	$t/t_{1/2}$
0	0	0.755 5	1.533 1
0.011 7	0.292 0	0.778 7	1.606 1
0.124 8	0.511 0	0.799 7	1.679 1
0.181 4	0.584 0	0.818 7	1.752 1
0.240 9	0.657 0	0.835 9	1.825 1
0.300 6	0.730 0	0.851 5	1.898 1
0.358 7	0.803 0	0.865 6	1.971 1
0.414 0	0.876 0	0.890 0	2.117 1
0.466 0	0.949 0	0.909 9	2.263 1
0.500 0	1.000 0	0.926 2	2.409 1
0.558 7	1.095 1	0.945 4	2.628 1
0.599 5	1.168 1	0.966 9	2.993 1
0.636 9	1.241 1	0.986 5	3.650 2
0.670 9	1.314 1	0.995 0	4.380 2
0.701 9	1.387 1	0.998 2	5.110 2
0.730 0	1.460 1	……	……

10.1.4 可以根据表中的 $\Delta T/\Delta T_{max}$ 和 $t/t_{1/2}$ 值画出理论模型曲线,并将试验数据进行归一化,所有归一化试验曲线应经过点 $\Delta T/\Delta T_{max}=0.5$ 和 $t/t_{1/2}=1.0$。计算中需包含 25%~35%及 65%~80%范围内的点,以便将试验数据和理论曲线进行对比。

10.1.5 如图 5、图 6、图 7 所示,在接近理想情况下绘制的归一化试验曲线的例子中,存在辐射热损失和有限脉冲时间效应。修正这些效应的方法可查阅文献,且在 10.2 和 10.3 中给出了修正特例说明。

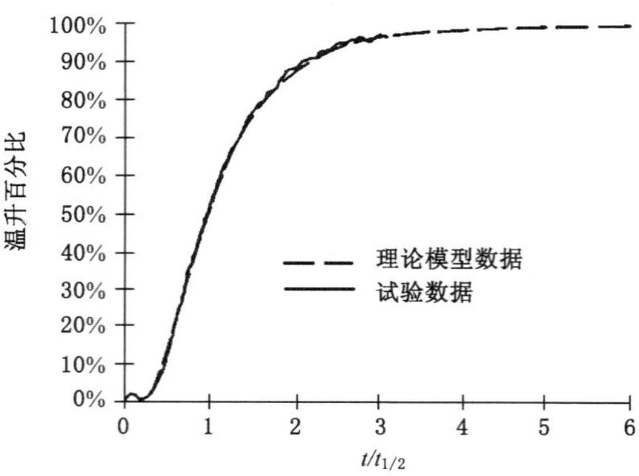

图 5 无量纲温度曲线与数学模型的对比

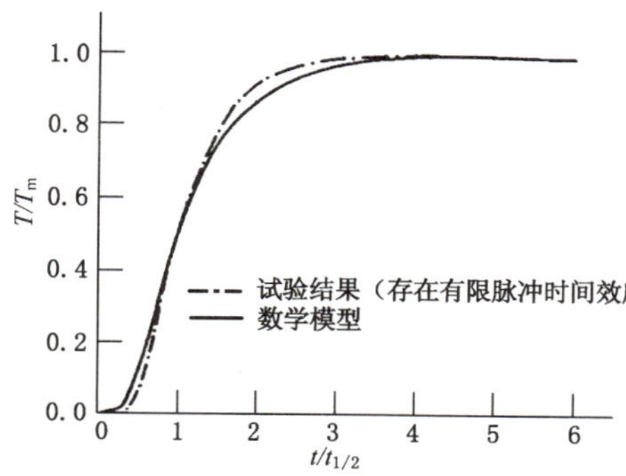

图6 归一化背面温升曲线:数学模型(无有限脉冲时间效应)与试验结果(存在有限脉冲时间效应)的对比

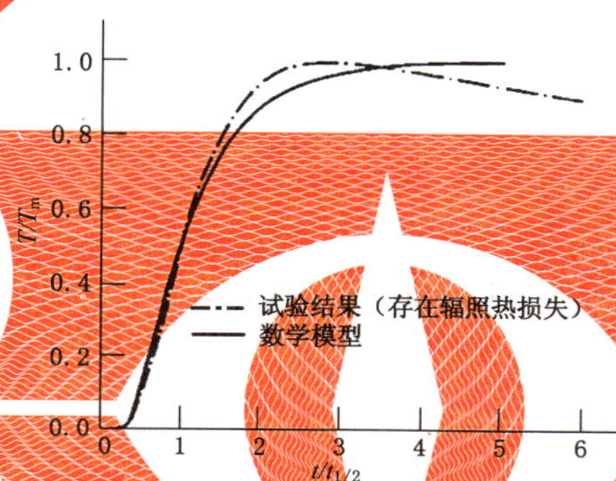

图7 归一化背面温升曲线:数学模型(无辐射热损失)与试验结果(存在辐射热损失)的对比

10.1.6 有限脉冲时间效应随着厚度增加而降低,而热量损失随着厚度的减小而减少,选择合适的试样厚度能使修正值最小化。

10.1.7 因为二维热流的存在,非均匀加热效应也会引起试验曲线与模型曲线相比而下移的偏差。非均匀加热可能因为能量脉冲的本质造成,如热中心(试样中心温度高)情况近似为辐射热损失的例子,也可能是试样正面的非均匀吸收造成,如冷中心(试样中心温度低)情况导致背面温度在 $4t_{1/2}$ 后继续显著上升,前一种情况应通过更换能量源来消除,而后者可以通过增加吸收层(如石墨喷覆)来消除。

10.2 有限脉冲时间校正

一般可以使用式(3)进行校正:

$$\alpha = K_1 L^2 / (K_2 t_x - \tau) \qquad \cdots\cdots(3)$$

如图1所示,为使其是有效的,脉冲强度的变化以持续时间 τ 和达到最大强度的时间 $\beta\tau$ 的三角形表示。激光能量脉冲的形状可以使用光学检测器来确定。从脉冲的形状可以得到 β 和 τ。与 β 值对应的用于校正 α_x 的常数 K_1 和 K_2 的值列于表3。

表3 有限脉冲时间因子

β	K_1	K_2
0.15	0.348 44	2.510 6
0.28	0.315 50	2.273 0

表 3（续）

β	K_1	K_2
0.29	0.311 10	2.245 4
0.30	0.306 48	2.237 5
0.50	0.270 57	1.949 6

10.3 热损失修正

10.3.1 Cowan 方法

采用 5 倍 $t_{1/2}$ 和 10 倍 $t_{1/2}$ 时的净温升与 $t_{1/2}$ 时的净温升的比值，比值分别为 Δt_5 和 Δt_{10}。如果没有热量损失，则 $\Delta t_5=\Delta t_{10}=2.0$。$5t_{1/2}$ 和 $10t_{1/2}$ 的修正因子(K_c)按式(4)计算得到：

$$K_c=A+B(\Delta t)+C(\Delta t)^2+D(\Delta t)^3+E(\Delta t)^4+F(\Delta t)^5+G(\Delta t)^6+H(\Delta t)^7 \quad \cdots\cdots(4)$$

式中系数 A 到 H 的值列于表 4。修正后的扩散系数按式(5)进行计算：

$$\alpha_{\text{corrected}}=\alpha_{0.5}K_c/0.138\ 85 \quad \cdots\cdots(5)$$

式中 $\alpha_{0.5}$＝通过 $t_{1/2}$ 计算得到的未修正的热扩散系数。

表 4 Cowan 修正的系数值

系数	Δt_5	Δt_{10}
A	−0.103 716 2	0.054 825 246
B	1.239 040	0.166 977 61
C	−3.974 433	−0.286 034 37
D	6.888 738	0.283 563 37
E	−6.804 883	−0.134 032 86
F	3.856 663	0.024 077 586
G	−1.167 799	0.0
H	0.146 533 2	0.0

10.3.2 Clark 和 Taylor[1],[2] 方法

依据温度升高至 $75\%\Delta T_{\max}$ 的时间除以升高至 $25\%\Delta T_{\max}$ 的时间，即 $t_{0.75}/t_{0.25}$ 比值，其理论值为 2.272。通过试验数据得到 $t_{0.75}/t_{0.25}$，然后根据式(6)计算修正系数 K_R：

$$K_R=-0.346\ 146\ 7+0.361\ 578(t_{0.75}/t_{0.25})-0.065\ 205\ 43(t_{0.75}/t_{0.25})^2 \quad \cdots\cdots(6)$$

修正后的热扩散系数是 $\alpha_{\text{corrected}}=\alpha_{0.5}K_R/0.138\ 85$。也可以使用其他不同比值进行修正。

11 报告

试验报告应包含以下内容：

a) 本标准名称及编号；

b) 试样厚度；

c) 试验温度；

d) 试验温度下,计算 $x=50\%$时的热扩散系数;
e) 每一个温度点下重复测试的结果;
f) 对热损失和有限脉冲时间效应的修正过程进行说明;
g) 所用仪器的制造商和型号。

12 精密度

12.1 概述

关于重复性和再现性的精密度计算按照 GB/T 14838 进行,并遵循该标准表述的概念和术语。附录 C 给出了重复性和再现性的应用指南。

12.2 精密度结果

热扩散系数测定的精密度结果,见表 5。

表 5 热扩散系数测定的精密度

温度范围/℃	相对(r)/%	相对(R)/%
30~100	≤3.0	≤5.0
100~150	≤5.0	≤8.0
150~250	≤7.0	≤15.0

注:r=重复性,热扩散系数单位;
(r)=重复性,百分比(相对);
R=再现性,热扩散系数单位;
(R)=再现性,百分比(相对)。

附　录　A
（资料性附录）
原　　理

A.1　理想情况——脉冲方法的物理模型建立在绝热(隔离热交换)的板状材料的热性能上，在恒定温度下，其正面受到一个瞬间能量脉冲作用，模型假设如下：

a）一维热流；

b）板表面没有热损失；

c）正面均匀吸收脉冲；

d）脉冲持续时间极短；

e）仅表面非常薄的一层吸收能量脉冲；

f）板状材料均匀、各向同性；

g）在试验条件下材料的性质不随温度变化。

Parker 根据厚度均匀(厚度为 L)的固体隔热材料内的温度分布方程推导出计算热扩散系数的数学表达式，见 Carslaw 和 Jaeger 给出的式(A.1)：

$$T(x,t)=\frac{1}{L}\int_0^L T(x,0)dx+\frac{2}{L}\sum_{n=1}^{\infty}exp\left(\frac{-n^2\pi^2\alpha t}{L^2}\right)\cdot\cos\frac{n\pi x}{L}\int_0^L T(x,0)\cos\frac{n\pi x}{L}dx \quad \cdots\cdots(A.1)$$

式中：

α——材料的热扩散系数。

当一个能量辐射脉冲 Q 瞬间照射试样正面($x=0$)并被均匀吸收，吸收层深度为 g，此时的温度分布为：

当 $0<x<g$ 时，见式(A.2)：

$$T(x,0)=\frac{Q}{\rho\cdot C\cdot g} \quad \cdots\cdots(A.2)$$

当 $g<x<L$ 时，见式(A.3)：

$$T(x,0)=0 \quad \cdots\cdots(A.3)$$

在此初始条件下，式(A.1)可以写为式(A.4)：

$$T(x,0)=\frac{Q}{\rho CL}\left[1+2\sum_{n=1}^{\infty}\cos\frac{n\pi x}{L}\frac{\sin\frac{n\pi g}{L}}{\frac{n\pi g}{L}}\cdot exp\left(\frac{-n^2\pi^2}{L^2}\alpha t\right)\right] \quad \cdots\cdots(A.4)$$

式中：

ρ——材料密度；

C——材料比热。

对不透光材料而言，g 非常小，因此有式(A.5)

$$\sin\frac{n\pi g}{L}\approx\frac{n\pi g}{L} \quad \cdots\cdots(A.5)$$

在背面，即 $x=L$ 处，温度随时间的变化过程可以用式(A.6)表示：

$$T(L,t)=\frac{Q}{\rho CL}\left[1+2\sum_{n=1}^{\infty}(-1)^n\cdot exp\left(\frac{-n^2\pi^2}{L^2}\alpha t\right)\right] \quad \cdots\cdots(A.6)$$

两个无量纲参数，V 和 ω 定义见式(A.7)和式(A.8)：

$$V(L,t)=\frac{T(L,t)}{T_M} \quad \cdots\cdots(A.7)$$

$$\omega=\frac{\pi^2\alpha t}{L^2} \quad\cdots\cdots\cdots\cdots(\text{A.8})$$

T_M 代表背面的最高温度，联立式(A.6)～式(A.8)得式(A.9)：

$$V=1+2\sum_{n=1}^{\infty}(-1)^n\cdot exp(-n^2\omega) \quad\cdots\cdots\cdots\cdots(\text{A.9})$$

当 $V=0.5,\omega=1.38$ 时，见式(A.10)：

$$\alpha=\frac{1.38\cdot L^2}{\pi^2 t_{1/2}} \quad\cdots\cdots\cdots\cdots(\text{A.10})$$

或式(A.11)：

$$\alpha=0.138\,8\frac{L^2}{t_{1/2}} \quad\cdots\cdots\cdots\cdots(\text{A.11})$$

式中 $t_{1/2}$ 是背面温度达到其最高温度的一半所需的时间。闪光法原理可用图 2 来说明。

A.2 非理想情况——实际测试时都会在一定程度上违背上述假设，所以上述 Parker 方法一引入，其不足就非常明显。此后，研究者引用各种理论去描述实际过程，并对违反假设的边界条件进行修正。理想的修正应包括所有因素，但至今还没有这样的修正方法。而有人采用单一或成对的修正方法来计算偏差。结果是经修正后，最后得到一系列互有差异的数据。从历史的观点来说，这是可以理解的，每个研究者都聚焦于修正理想模式中一个或两个偏离因素，而假定其他的因素都是理想的、恒定的。但这本身违背了原理，因为现实中试验总会在一定程度上受特定试验条件的干扰，所有参数同时都在变化。有些情况可能会增大某个条件的影响，例如脉冲过长，有些则会造成其他偏差，如正面由于脉冲能量过大造成的过度热损失等。因此，研究者选择与试验条件相符的修正进行分析是很重要的。

例如，当测试的试样很薄且热扩散系数很大时，会产生明显有限脉冲时间效应。当测试的试样较厚时，高温下辐射热损失会很明显。相比之下，任何热扩散系数试验中都会存在加热不均匀的情况，如辐照面小于试样的面积或脉冲的辐射流密度在试样表面分布不均匀。当吸收能量相同时，非均匀照射的半升温时间(根据试样背面中心的温升曲线得到)与均匀照射时有很大不同，可通过增大试样的厚度与半径比来减少这种影响，采用自动对试样背面的温升信号进行积分的温度测试系统也可以达到同样的效果。

往往由于对设备的情况和所测的参数了解不够，很难选择出最优的修正方法。原则上，应回到最初的前提：数据的精确度取决于数学模型与试验结果的一致性。对所得试验数据进行修正的目的是通过修正偏差使其接近理想情况。

附 录 B
（资料性附录）
标 准 物 质

B.1 美国国家工业技术标准协会(NIST)提供了少量用于测定热扩散系数的标准物质(SRM)。但是，在行业范围内得到认同的参考资料中有大量的数据可用于修正的目的。

B.2 在文献中可以找到关于热扩散系数的有价值的综述和数据库，提供了大量材料的参考值。

B.3 校正和核查设备的准确度，可任选如下标样之一（挑选与日常试样的热扩散系数较为接近的标样）进行不同温度下的热扩散系数测试，标准物质热扩散系数参考值见表B.1。

表 B.1 标准物质热扩散系数参考值

标样名称	298 K 下热扩散系数理论值[a] mm^2/s	理论值覆盖温度范围[b] ℃
纯铜	117.2	25～300
纯铁	21.6	−100～700
Inconel 600	3.458	−125～1 000
Pyroceram 9606	1.926	−140～1 000
Pyrex 7740	0.650	25～300

[a] 更详细的热扩散系数随温度变化曲线详见厂家标样证书。

[b] 测试上限温度不得超出标样的最高使用温度(以理论值覆盖的上限温度范围为准)。

以实测结果与理论值对比，一般偏差应在±3%以内。

附 录 C
（资料性附录）
精密度结果使用指南

C.1 使用精密度结果的一般程序如下，用符号$|X_1-X_2|$表示任意两次测量值的正差。（例如不带任何标识的两次测量值）

C.2 查相应的精密度表（无论所考虑的是什么测试参数），在测得产权数的平均值与正在研究的测试数据平均值最近处画一横线，该线将给出判断过程中使用的相应的r、(r)、R和(R)。

C.3 用下列通用的重复性表述和相应的r及(r)值可用来判定精密度。

a) 绝对差：在正常和正确操作的测试程序下，用名义上相同的材料样品得到的两个测试平均值之间的绝对差$|X_1-X_2|$，平均每20次中不得多于一次超过表中所列的重复性r；

b) 两个测试平均值间的百分数差：在正常和正确操作的测试程序下，用名义上相同的材料样品得到的两个测试平均值间的百分数差，平均每20次中不得多于一次超过表中所列的重复性(r)。

$$\{|X_1-X_2|/[(X_1+X_2)/2]\}\times 100 \qquad \text{(C.1)}$$

C.4 用下列通用的再现性表述和相应的R和(R)值可用来判定精密度。

a) 绝对差：在两个实验室间的正常和正确操作的测试程序下，用名义上相同的材料样品得到的两个独立测试值之间的绝对差$|X_1-X_2|$，平均每20次中不得多于一次超过表中所列的再现性R；

b) 两个测试平均值的百分数差：在两个实验室间的正常和正确操作的测试程序下，用名义上相同的材料样品得到的两个独立测试平均值的百分数差，平均每20次中不得多于一次超过表中所列的重复性(R)。

$$\{|X_1-X_2|/[(X_1+X_2)/2]\}\times 100 \qquad \text{(C.2)}$$

参 考 文 献

［1］ Taylor, R. E., "Critical Evalution of Flash Method for Measuring Thermal diffusivity", Report PRF-6764. Avaiable from National Science Technical information service, Springfield, VA 22151,1973.

［2］ Taylor, R. E., "Thermal diffusivity of composites", high temperatures-high pressures, Vol 12,1980,pp.147-160.

ICS 79.010
B 60

中华人民共和国国家标准

GB/T 35808—2018

林业生物质原料分析方法 纤维素酶活性测定

Method for analysis of forestry biomass—Determination of cellulase activity

2018-02-06 发布　　2018-09-01 实施

中华人民共和国国家质量监督检验检疫总局
中国国家标准化管理委员会　发布

前　言

本标准按照 GB/T 1.1—2009 给出的规则起草。

本标准由国家林业局提出。

本标准由全国林业生物质材料标准化技术委员会(SAC/TC 416)归口。

本标准起草单位:北京林业大学、厦门标普标准化服务有限公司。

本标准主要起草人:赵宏飞、张柏林、常建民、周方、任学勇、许金飞。

林业生物质原料分析方法
纤维素酶活性测定

1 范围

本标准规定了在给定条件下与纤维素酶活性测定方法有关的术语和定义、原理、试剂和材料、仪器与设备、标准曲线绘制、试样制备、测定步骤、结果计算、重复性要求、试验报告。

本标准适用于林业生物质原料分析用纤维素酶活性的测定。

2 规范性引用文件

下列文件对于本文件的应用是必不可少的。凡是注日期的引用文件，仅注日期的版本适用于本文件。凡是不注日期的引用文件，其最新版本(包括所有的修改单)适用于本文件。

GB/T 6682 分析实验用水规格和试验方法

GB/T 30366—2013 生物质术语

3 术语和定义

GB/T 30366—2013 界定的以及下列术语和定义适用于本文件。为了便于使用，以下重复列出了 GB/T 30366—2013 中的一些术语和定义。

3.1

林业生物质 forestry biomass

林业生产和加工过程中产生的生物质。主要包括林产品(如木材、竹材、藤材等)、林业剩余物(如枝丫、锯末、木屑、梢头、板皮和截头、果壳和果核等采伐剩余物和加工剩余物、造纸废弃物以及废弃木材)、能源林等。

[GB/T 30366—2013，定义 2.1.3]

3.2

纤维素酶活力单位 cellulase activity unit

在 37 ℃，pH5.5 的条件下，每分钟从浓度为 5 g/L 的羧甲基纤维素钠(CMC-Na)溶液中释放出相当于 1 μmol 葡萄糖的还原糖量，为一个酶活力单位(U)。

4 原理

纤维素酶在一定温度和 pH 条件下，水解羧甲基纤维素产生的纤维二糖、葡萄糖等还原糖能将碱性条件下的 3,5-二硝基水杨酸(DNS)还原，生成棕红色的氨基化合物，在 540 nm 波长处有最大光吸收，在一定范围内酶解产生的还原糖的量与反应液的吸光值成正比，利用比色法测定还原糖生成量就可以计算纤维素酶的活力。

5 试剂和材料

5.1 本标准所使用所有的试剂若无特殊说明，均为分析纯，水均为符合 GB/T 6682 中规定的二级水。

5.2 氢氧化钠溶液(200 g/L):称取氢氧化钠 20.0 g,加水溶解,定容至 100 mL。

5.3 葡萄糖标准贮备溶液制备(10 mg/mL):称取于 105 ℃±2 ℃下烘干至恒重的无水葡萄糖 1 g,精确至 0.1 mg,用水溶解并定容至 100 mL。

5.4 柠檬酸溶液(0.1 mol/L):称取一水柠檬酸 21.01 g,加水溶解定容至 1 000 mL。

5.5 柠檬酸钠溶液(0.1 mol/L):称取二水柠檬酸钠 29.41 g,加水溶解定容至 1 000 mL。

5.6 柠檬酸盐缓冲液(0.05 mol/L,pH5.5):称取一水柠檬酸 10.5 g,加入氢氧化钠 5.0 g,溶于约 800 mL 水中,用柠檬酸溶液(5.4)或柠檬酸钠溶液(5.5)调节 pH 至 5.5,再用水定容至 1 000 mL。

5.7 羧甲基纤维素钠(CMC-Na)溶液(5 g/L):称取羧甲基纤维素钠(Sigma-C5678)0.50 g,加入柠檬酸盐缓冲液(5.6)80 mL,磁力搅拌,同时缓慢加热,直至羧甲基纤维素钠全部溶解,然后停止加热,继续搅拌 30 min,用柠檬酸盐缓冲液(5.6)定容至 100 mL。羧甲基纤维素钠溶液能立即使用,4 ℃避光处放置,有效期为 3 d。

5.8 3,5-二硝基水杨酸试剂:称取 3,5-二硝基水杨酸(DNS)3.15 g,置于约 500 mL 水中,在 50 ℃水浴中搅拌溶解,逐渐加入氢氧化钠溶液 100 mL,再依次加入酒石酸钾钠 91.0 g、苯酚 2.5 g 和无水亚硫酸钠 2.5 g,待全部溶解并澄清后,冷却至室温,用水定容至 1 000 mL,过滤。贮存于棕色试剂瓶中,避光处放置 7 d 后使用,有效期为 6 个月。

6 仪器与设备

6.1 分析天平:感量为 0.000 1 g。

6.2 pH 计:精确至 0.01。

6.3 磁力搅拌器:附加热功能。

6.4 电磁振荡器。

6.5 离心机。

6.6 恒温水浴锅。

6.7 秒表:每小时误差不超过 5 s。

6.8 分光光度计。

6.9 移液器:精确度为 1 μL。

6.10 植物粉碎机:配有 2 mm 筛孔的植物粉碎机。

6.11 分样筛:孔径为 0.25 mm(60 目)。

7 标准曲线绘制

分别吸取葡萄糖标准贮备溶液 0.00 mL、2.00 mL、4.00 mL、6.00 mL、8.00 mL、10.00 mL、12.00 mL、14.00 mL,分别用柠檬酸盐缓冲液定容至 100 mL,配制成浓度为 0.00 mg/mL～1.4 mg/mL 的葡萄糖标准溶液。

分别吸取葡萄糖标准溶液各 1.00 mL 于刻度试管中,各加 2.00 mL 水和 2.00 mL DNS 试剂。置于沸水浴中煮沸 5 min。取出,迅速冷却至室温,用水定容至 25 mL,在波长 540 nm 处测量吸光度值。以标准葡萄糖溶液含糖的毫克数为横坐标,以对应吸光度为纵坐标,绘制标准曲线,获得线性回归方程。

8 试样制备

固体样品用植物粉碎机粉碎,然后过 0.25 mm(60 目)筛,称取试样 2 份,精确至 0.000 1 g,加入 40 mL 柠檬酸盐缓冲液,磁力搅拌 30 min,再用柠檬酸盐缓冲液定容至 100 mL,4℃避光放置 24 h。摇匀,取 30 mL～50 mL,以 3 000 r/min 离心 3 min,取上清液备用。

液体样品直接用柠檬酸盐缓冲液进行稀释定容。

9 测定步骤

吸取 10.0 mL 经过适当稀释的酶液,37 ℃平衡 10 min。

吸取 10.0 mL 经过羧甲基纤维素钠溶液,37 ℃平衡 10 min。

在 25 mL 刻度具塞试管中,准确加入 1.00 mL 羧甲基纤维素钠溶液(5.7),再依次加入 2.00 mL DNS 试剂,0.5 mL 酶液,5 mL 水,电磁振荡 3 s,置于 37 ℃水浴中,准确计时,反应 60 min,然后放入沸水浴中加热 5 min,冷却至室温,用水定容至 25 mL。540 nm 波长处测量吸光度 A_0。

在 25 mL 刻度具塞试管中,准确加入 1.00 mL 羧甲基纤维素钠溶液,再依次加入 0.5 mL 酶液,5 mL 水,电磁振荡 3 s,置于 37 ℃水浴中,准确计时,反应 60 min,加 2.00 mL DNS 试剂,然后放入沸水浴中加热 5 min,冷却至室温,用水定容至 25 mL。540 nm 波长处测量吸光度 A_1。

10 结果计算

试样纤维素酶活力按下列公式计算:

$$X=\frac{m}{M\times t}\times 1\,000\times n$$

式中:

X ——纤维素酶活力,单位为酶活力单位每克(U/g)或酶活力单位每毫升(U/mL);

m ——根据标准曲线方程计算出(A_1-A_0)值对应的葡萄糖质量,单位为毫克(mg);

M ——葡萄糖摩尔质量,180.2 g/mol;

t ——酶解反应时间,单位为分(min);

1 000 ——转化因子,1 mmol=1 000 μmol;

n ——试样的总稀释倍数。

酶活力计算结果表示到小数点后三位。

11 重复性

每个试样取两份试料进行平行试验,测定结果用其算术平均值表示。同一试样两个平行测定值的相对偏差不超过 20%。

12 试验报告

试验报告至少应给出以下几个方面的内容:

a) 样品信息:试验或测试样品的名称、种类、尺寸、数量、取样信息等;
b) 所使用的标准(包括发布或出版年号);
c) 所使用的试验方法;
d) 结果;
e) 观察到的异常现象;
f) 试验人员、日期。

ICS 79.010
B 60

中华人民共和国国家标准

GB/T 35809—2018

林业生物质原料分析方法 蛋白质含量测定

Method for analysis of forestry biomass—
Determination of protein content

2018-02-06 发布　　2018-09-01 实施

中华人民共和国国家质量监督检验检疫总局
中国国家标准化管理委员会　发布

前言

本标准按照 GB/T 1.1—2009 给出的规则起草。

本标准由国家林业局提出。

本标准由全国林业生物质材料标准化技术委员会(SAC/TC 416)归口。

本标准起草单位:北京林业大学、济南海能仪器股份有限公司、廊坊华日家具股份有限公司、山东理工大学、山东绿森塑木复合材料有限公司、浙江省林业科学院、厦门标普标准化服务有限公司、中国林业科学院木材工业研究所。

本标准主要起草人:任学勇、常建民、陈凤义、贺亮、王志刚、刘丰祥、刘毅、张扬、张柏林、赵宏飞、易维明、蔡红珍、郭京雷、许金飞、范东斌。

林业生物质原料分析方法 蛋白质含量测定

1 范围

本标准规定了测定林业生物质原料中蛋白质含量的方法、试剂与材料、仪器与设备、分析步骤以及结果表述等。

本标准适用于木材、竹材、藤材、树皮、树叶、果壳等林业生物质原料。

本标准采用凯氏定氮法和杜马斯燃烧法等两种方法，前者是测定蛋白质含量的经典方法，适用于各种林业生物质原料；后者是一种快速测定蛋白质含量的高效方法，在批量快速检测林业生物质原料时推荐使用。

2 规范性引用文件

下列文件对于本文件的应用是必不可少的。凡是注日期的引用文件，仅注日期的版本适用于本文件。凡是不注日期的引用文件，其最新版本(包括所有的修改单)适用于本文件。

GB/T 30366—2013 生物质术语

3 术语和定义

GB/T 30366—2013 界定的以及下列术语和定义适用于本文件。

3.1

林业生物质 forestry biomass

林业生产和加工过程中产生的生物质，主要包括林产品(如木材、竹材、藤材等)、林业剩余物(如枝丫、锯末、木屑、梢头、板皮和截头、果壳和果核等采伐剩余物和加工剩余物、造纸废弃物以及废弃木材)、能源林等。

[GB/T 30366—2013，定义 2.1.3]

4 凯氏定氮法

4.1 原理

林业生物质原料中的蛋白质在催化加热条件下被分解，产生的氨气与硫酸结合生成硫酸铵，碱化蒸馏使氨游离，用硼酸吸收后以硫酸或盐酸标准滴定溶液滴定，根据酸的消耗量确定氮含量后乘以氮换算为蛋白质的系数，即可得到原料中蛋白质的含量。

4.2 试剂与材料

本标准方法中所用试剂均为分析纯(另有规定的除外)，水为蒸馏水或者去离子水。

4.2.1 硫酸铜($CuSO_4 \cdot 5H_2O$)。

4.2.2 硫酸钾(K_2SO_4)。

4.2.3 硫酸(H_2SO_4)：密度为 1.84 g/L。

4.2.4 硼酸(H_3BO_3)。

4.2.5 甲基红指示剂($C_{15}H_{15}N_3O_2$)。

4.2.6 溴甲酚绿指示剂($C_{21}H_{14}Br_4O_5S$)。

4.2.7 亚甲基蓝指示剂($C_{16}H_{18}ClN_3S \cdot 3H_2O$)。

4.2.8 氢氧化钠(NaOH)。

4.2.9 95%乙醇(C_2H_5OH)。

4.2.10 硼酸溶液(20 g/L):称取 20 g 硼酸,加水溶解后并稀释至 1 000 mL。

4.2.11 氢氧化钠溶液(400 g/L):称取 40 g 氢氧化钠加水溶解后,放冷,并稀释至 100 mL。

4.2.12 硫酸标准滴定溶液(0.050 0 mol/L)或盐酸标准滴定溶液(0.050 0 mol/L)。

4.2.13 甲基红乙醇溶液(1 g/L):称取 0.1 g 甲基红,溶于 95%乙醇,用 95%乙醇稀释至 100 mL。

4.2.14 溴甲酚绿乙醇溶液(1 g/L):称取 0.1 g 溴甲酚绿,溶于 95%乙醇,用 95%乙醇稀释至 100 mL。

4.2.15 混合指示液:1 份甲基红乙醇溶液(4.2.13)与 5 份溴甲酚绿乙醇溶液(4.2.14)临用时混合。

4.3 仪器与设备

4.3.1 天平:测量精度为 0.000 1 g。

4.3.2 定氮蒸馏装置:如图 1 所示。

4.3.3 自动凯氏定氮仪。

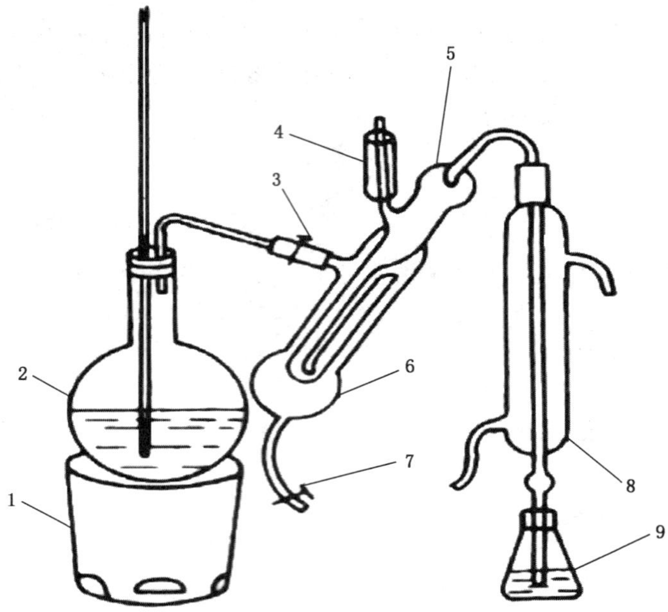

说明:

1——电炉;
2——水蒸气发生器(2 L 烧瓶);
3——螺旋夹;
4——小玻杯及棒状胶塞;
5——反应室;
6——反应室外层;
7——橡皮管及螺旋夹;
8——冷凝管;
9——蒸馏液接受瓶。

图 1 定氮蒸馏装置图

4.4 分析步骤

4.4.1 手动凯氏定氮法

4.4.1.1 试样处理:首先将生物质材料粉碎至 40 目以上的颗粒,干燥至水分绝干状态。称取充分混匀的固体试样 1 g~2 g,精确至 0.000 1 g,移入干燥的 250 mL 定氮瓶(硝化瓶)中,加入 0.2 g 硫酸铜(4.2.1)、6 g 硫酸钾(4.2.2)及 20 mL 硫酸(4.2.3),轻摇后于瓶口放一小漏斗,将瓶以 45°角斜支于有小孔的石棉网上。小心加热，待内容物全部炭化，泡沫完全停止后，加强火力，并保持瓶内液体微沸，至液体呈蓝绿色并澄清透明后，再继续加热 0.5 h～1 h。取下放冷，小心加入 20 mL 水。放冷后，移入 100 mL 容量瓶中，并用少量水洗定氮瓶，洗液并入容量瓶中，再加水至刻度，混匀备用。同时做试剂空白试验。

4.4.1.2 测定：按图 1 装好定氮蒸馏装置，向水蒸气发生器内装水至 2/3 处，加入数粒玻璃珠，加甲基红乙醇溶液(4.2.13)数滴及数毫升硫酸(4.2.3)，以保持水呈酸性，加热煮沸水蒸气发生器内的水并保持沸腾。向接收瓶内加入 10.0 mL 硼酸溶液(4.2.10)及 1～2 滴混合指示液(4.2.15)，并使冷凝管的下端插入液面下，根据试样中氮含量，准确吸取 2.0 mL～10.0 mL 试样处理液由小玻杯注入反应室，以 10 mL 水洗涤小玻杯并使之流入反应室内，随后塞紧棒状玻塞。将 10.0 mL 氢氧化钠溶液(4.2.11)倒入小玻杯，提起玻塞使其缓缓流入反应室，立即将玻塞盖紧，并加水于小玻杯以防漏气。夹紧螺旋夹，开始蒸馏。蒸馏 10 min 后移动蒸馏液接收瓶，液面离开冷凝管下端，再蒸馏 1 min。然后用少量水冲洗冷凝管下端外部，取下蒸馏液接收瓶。以硫酸或盐酸标准滴定溶液(4.2.12)滴定至终点，其中 1 份甲基红乙醇溶液(4.2.13)与 5 份溴甲酚绿乙醇溶液(4.2.14)指示剂所配成的混合指示液颜色由酒红色变成绿色，pH5.1。同时作试剂空白。

4.4.2 自动凯氏定氮仪法

将生物质材料粉碎至 40 目以上的颗粒，干燥至水分绝干状态。称取试样 1 g～2 g，精确至 0.000 1 g。按照仪器说明书的要求进行检测。

4.5 结果的计算

试样中蛋白质的含量按式(1)进行计算。

$$X = \frac{(V_1 - V_2) \times c \times 0.014\,0}{m \times V_3 / 100} \times 6.25 \times 100 \quad \cdots\cdots (1)$$

式中：

X ——试样中蛋白质的含量，单位为克每百克(g/100 g)；

V_1 ——试液消耗硫酸或盐酸标准滴定液的体积，单位为毫升(mL)；

V_2 ——试剂空白消耗硫酸或盐酸标注滴定液的体积，单位为毫升(mL)；

V_3 ——吸取消化液的体积，单位为毫升(mL)；

c ——硫酸或盐酸标准滴定溶液浓度，单位为摩尔每升(mol/L)；

0.014 0 ——1.0 mL 硫酸[$c(1/2\ H_2SO_4)$=1.000 mol/L]或盐酸[$c(HCl)$=1.000 mol/L]标准滴定溶液相当的氮的质量，单位为克(g)；

m ——试样的绝干质量，单位为克(g)；

6.25 ——氮含量换算为蛋白质含量的转换系数。

以重复性条件下获得的两次独立测定结果的算术平均值表示，当蛋白质含量大于或等于 1 g/100 g 时，结果保留三位有效数字；蛋白质含量小于 1 g/100 g 时，结果保留两位有效数字。

4.6 精密度

在重复性条件下获得的两次独立测定结果的绝对差值不得超过算术平均值的 10%。

5 杜马斯燃烧法

5.1 原理

林业生物质原料试样在 900 ℃～1 200 ℃高温下燃烧产生混合气体，其中的碳、硫等干扰气体和盐类被吸收管吸收，氮氧化物被全部还原成氮气，形成的氮气气流通过热导检测仪(TCD)进行检测，根据所测定到的氮含量乘以氮换算为蛋白质的系数，即得到原料中蛋白质的含量。

5.2 仪器和设备

5.2.1 杜马斯定氮仪。

5.2.2 天平：测量精度为 0.000 1 g。

5.3 分析步骤

称取 0.1 g～1 g 充分混匀的试样（精确至 0.000 1 g），用锡箔包裹后制约样品盘上。试样进入燃烧反应炉（900 ℃～1 200 ℃）后，在高纯氧（99.99%）中充分燃烧。燃烧过程中产生混合气体，其中的碳、硫等干扰气体和盐类被吸收管吸收，氮氧化物被全部还原成氮气，形成的氮气气流通过热导检测仪（TCD）进行检测，燃烧炉中的产物（NO_x）被载气（氦气或 CO_2，99.99%）运送至还原炉（800 ℃）中，经还原生成氮气后检测其含量。

5.4 结果的计算

试样中蛋白质的含量按式（2）进行计算。

$$X = C \times 6.25 \qquad (2)$$

式中：

X ——试样中蛋白质的含量，单位为克每百克（g/100 g）；

C ——试样中氮的含量，单位为克每百克（g/100 g）；

6.25——氮含量换算为蛋白质含量的转换系数。

以重复性条件下获得的两次独立测定结果的算术平均值表示，当蛋白质含量大于或等于 1 g/100 g 时，结果保留三位有效数字；蛋白质含量小于 1 g/100 g 时，结果保留两位有效数字。

5.5 精密度

在重复性条件下获得的两次独立测定结果的绝对差值不得超过算术平均值的 10%。

6 试验报告

试验报告应包括如下项目：

a） 注明所使用的标准，包括标准名称和标准号；

b） 注明试验方法，凯氏定氮法或杜马斯燃烧法；

c） 试样的详细说明，包括名称、种类、尺寸、数量、取样信息等；

d） 试验结果及必要的说明；

e） 试验中观察到的任何异常现象；

f） 本标准或引用标准中未规定的但会影响结果的任何操作；

g） 试验人员、日期。

ICS 67.140.10
X 55

中华人民共和国国家标准

GB/T 35810—2018

红茶加工技术规范

Technical regulations for processing of black tea

2018-02-06 发布　　2018-06-01 实施

中华人民共和国国家质量监督检验检疫总局
中国国家标准化管理委员会　发布

前　言

本标准按照 GB/T 1.1—2009 给出的规则起草。

本标准由中华全国供销合作总社提出。

本标准由全国茶叶标准化技术委员会(SAC/TC 339)归口。

本标准起草单位:福建农林大学、福建新坦洋集团股份有限公司、中华全国供销合作总社杭州茶叶研究院、福建政和瑞茗茶业有限公司、福州市华茗茶业研究所、福建武夷山国家级自然保护区正山茶业有限公司、安徽农业大学、宁德市质量技术监督局、武夷星茶业有限公司、四川省茶业集团股份有限公司、福安市茶业管理局、浙江省茶叶集团股份有限公司、湖南省茶业集团有限公司、湖北怡缘茶叶有限公司、江西井冈红茶业有限公司、福建佳友茶叶机械智能科技股份有限公司。

本标准主要起草人:孙威江、林馥茗、林影、翁昆、董青华、李立祥、陈林海、王登良、余步贵、王兴进、黄艳、江元勋、张亚丽、王兵、蔡红兵、李方、尹钟、林文友、唐潮、陈加友。

红茶加工技术规范

1 范围

本标准规定了红茶加工的术语和定义、要求、工艺流程、初制技术、精制技术、质量管理、标志、标签、包装、运输和贮存。

本标准适用于红茶的加工。

2 规范性引用文件

下列文件对于本文件的应用是必不可少的。凡是注日期的引用文件，仅注日期的版本适用于本文件。凡是不注日期的引用文件，其最新版本(包括所有的修改单)适用于本文件。

GB/T 191 包装储运图示标志

GB 2762 食品安全国家标准 食品中污染物限量

GB 2763 食品安全国家标准 食品中农药最大残留限量

GB 7718 食品安全国家标准 预包装食品标签通则

GB 14881 食品安全国家标准 食品生产通用卫生规范

GB/T 30375 茶叶贮存

GB/T 30766 茶叶分类

GB/T 31748 茶鲜叶处理要求

GH/T 1070 茶叶包装通则

GH/T 1077 茶叶加工技术规程

GH/T 1124 茶叶加工术语

国家质量监督检验检疫总局关于修改《食品标识管理规定》的决定(国家质量监督检验检疫总局令〔2009〕第123号)

3 术语和定义

GB/T 30766、GH/T 1124界定的以及下列术语和定义适用于本文件。

3.1

熏烟 smoking

利用松柴燃烧产生的热量和烟气，使茶叶吸收烟味，形成小种红茶特殊松烟香味的工序。

3.2

补火 re-firing

茶叶在制品或需匀堆装箱的茶叶最后一道干燥工序，以控制产品的安全含水率。

4 要求

4.1 鲜叶

4.1.1 鲜叶质量要求芽、叶、嫩茎新鲜、匀净，无污染和无其他非茶类夹杂物，采摘标准以单芽、一芽一叶、一芽二、三叶或同等嫩度对夹叶为宜。

4.1.2 鲜叶中出现的红变叶应拣出单独加工;腐败变质、受污染的鲜叶,应剔除。

4.2 鲜叶装运

应符合 GB/T 31748 的规定。

4.3 加工场地、用水

茶叶加工场地、加工用水、厂区布局和加工车间等应符合 GH/T 1077 的要求。

4.4 加工条件

加工过程中的设备、用具和人员的要求应符合 GH/T 1077 的规定。

5 工艺流程

5.1 初加工工艺流程

5.1.1 红碎茶初制工艺流程

鲜叶—萎凋—揉切—解块筛分—发酵—干燥—毛茶。

5.1.2 工夫红茶初制工艺流程

鲜叶—萎凋—揉捻—解块—发酵—干燥—毛茶。

5.1.3 小种红茶初制工艺流程

鲜叶—萎凋(熏烟)—揉捻—解块—发酵—熏焙(干燥)—毛茶。

5.2 精加工工艺流程

5.2.1 红碎茶精制工艺流程

毛茶—筛分—风选—拣剔—拼配匀堆—补火—成品。

5.2.2 工夫红茶精制工艺流程

毛茶—筛分—风选—拣剔—拼配匀堆—补火—成品。

5.2.3 小种红茶精制工艺流程

毛茶—筛分—风选—拣剔—拼配匀堆—补火(熏烟)—成品。

6 初加工技术

6.1 萎凋

6.1.1 红碎茶萎凋

6.1.1.1 摊叶厚度

摊叶厚度为 15 cm～30 cm,嫩叶薄摊、老叶厚摊,雨水叶及露水叶薄摊。摊叶时要求抖散摊平呈蓬松状态,保持厚薄一致。

6.1.1.2 加温萎凋温度

进风口温度,中小叶种宜控制 35 ℃～38 ℃,大叶种应低于 35 ℃,温度先高后低,下叶前 10 min～15 min 停止加温,只鼓冷风。若是雨水叶(即雨水或露水打湿的鲜叶),应先用冷风吹干表面水,再进行加温萎凋。

6.1.1.3 萎凋时间

萎凋时间宜控制在 8 h～12 h。

6.1.1.4 萎凋程度

根据揉切方式不同进行掌握,盘式揉切机萎凋叶含水率以 58%～62%为宜;转子揉切机萎凋叶含水率以 58%～64%为宜;C.T.C 揉切机萎凋叶含水率以 62%～68%为宜。

6.1.2 工夫红茶和小种红茶萎凋

6.1.2.1 摊叶厚度

自然萎凋摊叶厚度应小于 3 cm,室内加温萎凋摊叶厚度宜为 10 cm～20 cm,摊叶时要求抖散摊平呈蓬松状态,保持厚薄一致。

6.1.2.2 萎凋温度

自然萎凋适宜温度 20 ℃～28 ℃;日光萎凋叶温不宜超过 30 ℃;加温萎凋温度:进风口温度 25 ℃～35 ℃,温度先高后低,下叶前 10 min～15 min 停止加温、只鼓冷风。若是雨水叶,应先用冷风吹干表面水,再进行加温萎凋。生产小种红茶时可利用松柴燃烧产生的热量,提高室内的萎凋温度。

6.1.2.3 萎凋时间

自然萎凋时间宜为 12 h～24 h,加温萎凋时间宜为 8 h～16 h。

6.1.2.4 萎凋程度

萎凋叶含水率以 60%～64%为宜,其感官特征为:叶面失去光泽,叶色转为暗绿,青草气减退;叶质柔软,折梗不断,紧握成团,松手可缓慢散开。

6.2 揉捻(切)

6.2.1 红碎茶揉切

采用 C.T.C 揉切机或转子式揉切机组进行揉切,将萎凋叶切细,并使茶颗粒紧卷重实。或采用大型揉捻机(如 90 型)进行,装叶量以自然装满揉筒为宜。加压应掌握轻、重、轻的原则,以揉捻叶紧卷成条,有少量茶汁溢出为宜;时间宜 30 min～40 min,成条率 80%以上;叶色绿中带黄,发出浓烈的青草气。筛分后,筛下茶为叶茶,直接发酵;筛上茶用揉切机揉切,切后筛分,筛头进入转子机反复揉切,直到仅有少量茶头为止。

6.2.2 工夫红茶和小种红茶揉捻

装叶量以自然装满揉筒为宜。先不加压揉捻 10 min～15 min,再掌握“轻—重—轻”原则交替进行，时间宜在 45 min～120 min，嫩叶轻压短揉，老叶重压长揉，成条率 90%以上（叶脉微红），条形紧结，茶汁外溢而不滴流。嫩度不一的揉捻叶经解块筛分后，筛面茶需进行复揉。

6.3 发酵

6.3.1 红碎茶发酵

大叶种发酵叶温控制在 22 ℃～28 ℃，中小叶种控制在 25 ℃～30 ℃，相对湿度≥90%；摊叶厚度 8 cm～12 cm，中小叶薄摊，大叶厚摊，厚薄均匀，保持通气良好（如采用输送带式连续发酵机摊叶厚度为 0.5 cm～1 cm，送风式发酵车摊叶厚度 45 cm～60 cm）。时间 30 min～60 min，至发酵叶青草气基本消失，呈现花果香味时为宜。

6.3.2 工夫红茶发酵

发酵室温度宜在 22 ℃～32 ℃，温度先高后低，相对湿度≥90%，堆叶厚度 6 cm～20 cm，时间宜在 3 h～6 h，并保持空气流通，以满足发酵过程所需氧气；叶面积 70%～80%的色泽达到红黄色至黄红色，透露花果香为适度。

6.3.3 小种红茶发酵

发酵室温度宜在 20 ℃～32 ℃，温度先高后低，相对湿度≥90%，堆叶厚度 6 cm～30 cm，时间宜在 4 h～10 h，并保持空气流通，以满足发酵过程所需氧气；叶面积 50%～80%的色泽达到红黄色至黄红色，透露花果香为适度。

6.4 干燥

6.4.1 红碎茶干燥

分为毛火和足火。采用烘干机进行，毛火进风温度以 110 ℃～120 ℃为宜，均匀摊叶，厚度：1 cm～2 cm；烘至含水量 18%～20%，颗粒紧实，有较强刺手感，手捻成片为宜，及时摊凉。足火温度 100 ℃～110 ℃，厚度：2 cm～3 cm；烘至含水量 4%～6%为宜，用手指碾茶即成粉末。

6.4.2 工夫红茶干燥

6.4.2.1 毛火

温度：110 ℃～130 ℃；均匀摊叶，厚度：1 cm～2 cm；时间宜在 10 min～15 min，烘至含水量 20%左右，手握有刺手感。

6.4.2.2 摊凉

将茶叶均匀摊开，叶温降至常温。

6.4.2.3 足火

温度：80 ℃～100 ℃；均匀摊叶，厚度：2 cm～3 cm；烘至毛茶含水量 6%～8%，用手指碾茶可成碎末。

6.4.3 小种红茶熏焙

熏焙是小种红茶特有的干燥工序，将发酵叶薄摊于竹筛上，利用松柴燃烧产生的热量和烟气，进行干燥。温度宜保持在 70 ℃左右,历时 6 h～12 h,毛茶含水量 7%左右。

7 精加工技术

7.1 红碎茶精制

7.1.1 筛分

使用平面圆筛机配筛网 12 目、14 目、18 目、24 目进行筛制,12 目头子茶付切后复筛;24 目底茶配筛网 18 目、24 目、36 目、40 目进行二次分筛;40 目底茶配筛网(36 目、40 目、60 目、80 目)进行第三次分筛,筛分出各号茶。

7.1.2 风选

分筛所确定的各号茶通过风选机选别,分出正口茶、子口茶及副茶。

7.1.3 抖筛、飘筛

将正口茶及子口茶经抖筛机分出少数条茶并抖出茶头及茶尾,再经飘筛分离轻质朴片、毛衣等次杂物,以弥补风选的不足。

7.1.4 拣剔

采用机拣、电拣、色选,剔除茶类或非茶类夹杂物,只要不影响茶叶净度,一般尽量不拣或少拣。

7.1.5 拼配匀堆

根据产品各等级的感官指标要求,选择各筛号茶拼配匀堆,保证产品品质符合各等级的感官指标。

7.2 工夫红茶精制

7.2.1 筛分

7.2.1.1 毛茶精制先经滚筒圆筛机(筛网配备 4 目、5 目、7 目、9 目、10 目)或抖筛机(筛网配备 8 目、9 目)初步分离长短、粗细、老嫩。

7.2.1.2 筛下茶经平面圆筛机(配备 5 目～10 目筛网)进一步分清长短,10 目以下茶再经平面圆筛机(筛网配备 12 目、14 目、16 目、18 目)分清碎片茶以及配备 24 目～50 目的筛网分出末茶。筛面茶经齿切机切细后,再经平面圆筛机反复操作。

7.2.1.3 经第二道工序得到的 5 目～6 目茶和 7 目～8 目茶经过紧门抖筛机分清粗细、进行外形定级(根据各等级茶的外形感官条形指标要求配备筛网,特级配备 11 目、12 目筛网,一级配 10 目、11 目筛网,二级配 9 目、10 目筛网,三级配 8 目、9 目筛网)。

7.2.1.4 将各筛号茶经风选机(轻重定级)选出正身茶、轻身茶(需根据各等级的外形感官条形指标要求复选)、筋梗及片茶。

7.2.2 拣剔

采用机拣、电拣、色选,根据各等级的外形感官条形指标要求剔除非茶色老梗或非茶类夹杂物,提高茶叶净度。

7.2.3 拼配匀堆

根据产品各等级的感官指标要求，选择半成品筛号茶，按比例拼配匀堆，保证产品品质符合各等级的感官指标。

7.2.4 补火

补火温度 80 ℃～110 ℃，以透发香气，防止高火，保证含水量符合产品标准。

7.3 小种红茶精制

7.3.1 筛分

筛制时配置 4.5 目筛网，筛上茶经切筛，使全部在制品通过筛网，反复三次，以整饰外形，分出不同筛号茶。

7.3.2 拣剔

采用机拣、电拣、色选，剔除茶类或非茶类夹杂物，提高茶叶净度。

7.3.3 风选

经清风除去断碎和片末。

7.3.4 拼配匀堆

根据产品各等级的感官指标要求，选择各筛号茶拼配匀堆，保证产品品质符合各等级的感官指标。

7.3.5 熏烟

若毛茶烟味不足，则置熏烟房中，经 1 h～4 h 熏烟，熏至茶叶烟味足、含水量≤7%。

8 质量管理

8.1 加工过程的卫生管理、质量安全应符合 GB 14881 的要求，加工过程不能添加任何非茶类物质。

8.2 鲜叶、毛茶、在制品应按批次经检验符合要求后方可进入下一生产工序，并做好检验记录。

8.3 企业应对出厂的产品逐批进行检验，出厂检验项目包括感官品质、净含量、水分、碎茶和粉末。

8.4 产品污染物限量应符合 GB 2762，产品农药最大残留限量应符合 GB 2763 的要求。

9 标志、标签、包装、运输和贮存

9.1 标志、标签

毛茶应有标签，标签应包含产地、加工日期、等级、数量等内容。产品标签应符合 GB 7718 和《国家质量监督检验检疫总局关于修改〈食品标识管理规定〉的决定》的相关规定，运输包装箱的图示标志应符合 GB/T 191 的要求。

9.2 包装

产品包装应符合 GH/T 1070 的要求。

9.3 运输

运输工具应清洁、干净、无异味、无污染。运输时应防雨、防潮、防曝晒。不得与其他物品混装、混运。

9.4 贮存

毛茶、半成品、成品茶应分别存放，贮存应符合 GB/T 30375 的要求。

ICS 79.010
B 60

中华人民共和国国家标准

GB/T 35811—2018

林业生物质原料分析方法　淀粉测定

Method for analysis of forestry biomass—Determination of starch content

2018-02-06 发布　　2018-09-01 实施

中华人民共和国国家质量监督检验检疫总局
中国国家标准化管理委员会　发布

前　言

本标准按照 GB/T 1.1—2009 给出的规则起草。

本标准由国家林业局提出。

本标准由全国林业生物质材料标准化技术委员会(SAC/TC 416)归口。

本标准起草单位:华中农业大学、国际竹藤中心、湖北爱茵木塑制品有限责任公司、湖北三木木塑科技有限公司、厦门格灵生物技术有限公司。

本标准主要起草人:熊汉国、余雁、费本华、周曼、宋建军、桂斯斌、谭军、费鹏、陈磊、陈晓玲。

林业生物质原料分析方法　淀粉测定

1　范围

本标准规定了林业生物质原料中淀粉测定的术语和定义、原理、试剂、溶液配制、仪器设备、操作步骤、结果处理和表述、重复性。

本标准适用于包括林产品(如木材、竹材、藤材等)、林业剩余物(如枝丫、锯末、木屑、梢头、板皮和截头、果壳和果核等采伐剩余物和加工剩余物)等在内的林业生物质原料中淀粉的测定。

2　规范性引用文件

下列文件对于本文件的应用是必不可少的。凡是注日期的引用文件,仅注日期的版本适用于本文件。凡是不注日期的引用文件,其最新版本(包括所有的修改单)适用于本文件。

GB/T 5009.3—2010　食品安全国家标准　食品中水分的测定

GB/T 6682—2008　分析实验室用水规格和试验方法

GB/T 30366—2013　生物质术语

3　术语和定义

GB/T 30366—2013 界定的以及下列术语和定义适用于本文件。为了便于使用,以下重复列出了 GB/T 30366—2013 中的某些术语和定义。

3.1

林业生物质　forestry biomass

林业生产和加工过程中产生的生物质。主要包括林产品(如木材、竹材、藤材等)、林业剩余物(如枝丫、锯末、木屑、梢头、板皮和截头、果壳和果核等采伐剩余物和加工剩余物、造纸废弃物以及废弃木材)、能源林等。

[GB/T 30366—2013,定义 2.1.3]

4　原理

将林业生物质中的干基淀粉在 α-淀粉酶作用下水解成小分子糖,经盐酸水解成具有还原性质的单糖,通过还原糖的含量可以换算出淀粉含量,因此可对淀粉进行定量分析。

5　试剂

5.1　除特殊规定试剂外,所有试剂为分析纯。

5.2　碘(I_2)。

5.3　碘化钾(KI)。

5.4　α-淀粉酶:活力单位 3 000～5 000。

5.5　无水乙醇(C_2H_5OH)。

5.6 甲苯(C_7H_9)。

5.7 三氯甲烷($CHCl_3$)。

5.8 盐酸(HCl)。

5.9 氢氧化钠(NaOH)。

5.10 二甲基亚砜(DMSO)。

5.11 水:应符合 GB/T 6682—2008 中三级水的要求。

6 溶液配制

6.1 淀粉酶溶液:称取 α-淀粉酶(活力单位 3 000～5 000)0.5 g,加 100 mL 水溶解,加入两到三滴甲苯或三氯甲烷,防止长霉。

6.2 碘溶液:称取 3.6 g 碘化钾溶于 20 mL 水中,加入 1.3 g 碘,溶解后加水稀释至 100 mL。

6.3 酚酞:称取 1 g 酚酞,溶解于 60 mL 浓度为 95%的乙醇中,加蒸馏水至 100 mL。

6.4 1 mg/mL 葡萄糖标准溶液:准确称取 0.1 g 在 100 ℃干燥至恒重的无水葡萄糖,加入少量水溶解后移入 100 mL 容量瓶中,加入 0.5 mL 盐酸(防止微生物生长),用水稀释至 100 mL。

6.5 95%乙醇:取 95 mL 无水乙醇,加水定容至 100 mL 混匀。

6.6 6 mol/L 盐酸:取 12 mol/L 盐酸 100 mL 加水稀释至 200 mL。

6.7 3,5-二硝基水杨酸溶液:称取 6.5 g 3,5-二硝基水杨酸溶于少量水中,移入 1 000 mL 容量瓶中,加入 2 mol/L 氢氧化钠溶液 325 mL,再加入 45 g 丙醇,摇匀,冷却后定容。

6.8 2 mol/L 氢氧化钠溶液:称取 8.00 g 氢氧化钠,加水溶解并定容至 100 mL。

7 仪器设备

7.1 植物粉碎机。

7.2 磁力搅拌机。

7.3 真空泵。

7.4 旋转蒸发器:自带有标准磨口接口的梨形或圆底烧瓶。

7.5 天平:感量分别为 0.01 g 和 0.000 1 g。

7.6 锥形瓶:容量为 250 mL;玻璃棒。

7.7 容量瓶:容量分别为 50 mL、100 mL、250 mL 和 1 000 mL。

7.8 抽滤装置:由玻璃砂芯漏斗、吸滤瓶和滤纸组成,用水泵或真空泵抽滤。

7.9 恒温水浴锅:能加热至 100 ℃。

7.10 回流冷凝装置:能与 250 mL 圆底烧瓶瓶口相匹配的。

7.11 带塞比色管:带有五毫升刻度的 10 mL。

7.12 圆底烧瓶:容量为 250 mL。

7.13 紫外-可见光分光光度计。

8 操作步骤

8.1 制作标准曲线

8.1.1 定容:在 8 支 10 mL 的具塞试管中,分别加入 1 mg/mL 葡萄糖标准溶液(6.4)0 mL、1 mL、1.5 mL、2 mL、2.5 mL、3 mL、3.5 mL、4 mL,按照相应比例用水(5.11)进行定容稀释,得到一组浓度分别为 0 mg/mL、0.1 mg/mL、0.15 mg/mL、0.2 mg/mL、0.25 mg/mL、0.3 mg/mL、0.35 mg/mL、

0.4 mg/mL的葡萄糖系列标准液。然后，取 0 mg/mL、0.1 mg/mL、0.15 mg/mL、0.2 mg/mL、0.25 mg/mL、0.3 mg/mL、0.35 mg/mL、0.4 mg/mL 的葡萄糖标准溶液各 1 mL，分别置于干燥的 10 mL 比色管(7.11)中，各加入 3,5-二硝基水杨酸溶液 2 mL，置沸水浴中 5 min，然后以流水迅速冷却，加蒸馏水定容至 5 mL，摇匀。以 0 mol 管作参比，在 520 nm 出测定其吸光度值，并记录。

8.1.2 绘制标准曲线。

8.2 样品处理

8.2.1 取待测样品，用植物粉碎机(7.1)粉碎至全部通过 40 目孔筛，充分混合，保存备用。

8.2.2 样品水分含量的测定按 GB/T 5009.3—2010 执行。

8.2.3 称取试样(8.2.1)2 g～5 g(m_0，精确至 0.01 g)加入到装有 25 mL 乙醇(5.5)的试管中，放置 24 h，置于抽滤机上抽滤除去可溶性糖类，将残留物移入 250 mL 锥形瓶(7.6)内，并用 50 mL 水清洗滤纸及漏斗，洗液并入烧瓶内。

8.2.4 向烧瓶内加入 2 mL 二甲基亚砜(5.10)，用磁力搅拌机(7.2)摇匀后在沸水浴加热 15 min，使淀粉糊化。

8.2.5 将糊化的试样放置冷却至 60 ℃以下后，加入 20 mL α-淀粉酶溶液(6.1)，在恒温水浴锅(7.9)中(55±1)℃保温水解 40 min，并用玻璃棒搅拌。

8.2.6 取适量酶解液(8.2.5)滴加 1 滴碘液(6.2)，若不显蓝色说明酶解完成，可进行下一步操作，若显蓝色，再加入 20 mL α-淀粉酶溶液并继续水解，直至加碘不显蓝色为止。

8.2.7 将酶解完全的试样加热至沸腾，冷却至室温后移入 250 mL 容量瓶中，定容，摇匀，抽滤，弃去 20 mL 的初滤液后待用。

8.2.8 取 30 mL 滤液(8.2.7)，置于 250 mL 圆底烧瓶(7.12)，加入 3 mL 盐酸(6.6)，安装回流冷凝管(7.10)在沸水浴 95 ℃～100 ℃中回流 40 min。冷却后滴加 1 滴酚酞指示剂(6.3)，用氢氧化钠(6.8)滴至粉红色，溶液转入 50 mL 容量瓶中，洗涤锥形瓶，定容后摇匀备用。

8.3 样品测定

取已经制备好的样液 1 mL(8.2.8)置于干燥的 10 mL 比色管中，加入 2 mL 3,5-二硝基水杨酸(6.7)溶液，置沸水浴中 5 min，显色，然后以流水迅速冷却，加水定容至 5 mL，摇匀。用紫外-可见光分光光度计在 520 nm 处测定其吸光度值(若吸光值不在规定范围内，需在 8.2.8 定容后容量瓶取出部分滤液常温旋蒸浓缩)，由标准曲线查出样品中还原糖含量，并计算出淀粉含量。

9 结果处理和表述

9.1 试样中淀粉的干基含量(X)以质量分数表示，按式(1)计算：

$$X=\frac{0.9\times(m_1\times m_2)}{m_0\times\frac{1}{50}\times\frac{30}{250}(1-\omega)\times 1\ 000}\times 100 \qquad \cdots\cdots(1)$$

式中：

X ——试样中淀粉的干基含量，%；

m_1——从标准曲线上读得的还原糖(以葡萄糖计)质量，单位为毫克(mg)；

m_2——试剂空白相当于还原糖(以葡萄糖计)质量，单位为毫克(mg)；

m_0——试样质量，单位为克(g)；

ω ——试样水分含量，%；

0.9——还原糖(以葡萄糖计)换算成淀粉的换算系数。

9.2 每份样品应平行测定两次，平行试样测定的结果符合重复性要求时，取其算术平均值作为结果，测定结果保留到小数点后两位。

10 重复性

在同一实验室，由同一操作者使用相同的仪器设备，按相同测试方法，在短的时间内通过对同一被测样品相互独立进行测定，并且计算得出百分平均值绝对偏差小于5%，则测定结果的重复性可以接受。

11 试验报告

试验报告至少应包括以下信息：

a） 样品信息：试验或测试样品的名称、种类、尺寸、数量、取样信息等；

b） 所使用的标准，包括标准名称、标准号；

c） 试验结果；

d） 试验中观察到的异常现象；

e） 试验人员、日期。

ICS 79.010
B 60

中华人民共和国国家标准

GB/T 35812—2018

林业生物质原料分析方法 预处理后不溶固体含量测定

Method for analysis of forestry biomass—Determination of insoluble solids following pretreatment

2018-02-06 发布　　2018-09-01 实施

中华人民共和国国家质量监督检验检疫总局
中国国家标准化管理委员会 发布

前　言

本标准按照 GB/T 1.1—2009 给出的规则起草。

本标准由国家林业局提出。

本标准由全国林业生物质材料标准化技术委员会(SAC/TC 416)归口。

本标准起草单位:西南林业大学、中国林业科学研究院林产化学工业研究所、南京林业大学、北京林业大学、厦门格灵生物技术有限公司。

本标准主要起草人:郑志锋、杨晓琴、蒋剑春、黄元波、郑云武、刘灿、徐俊明、孙云娟、勇强、蒋建新、王建国。

林业生物质原料分析方法 预处理后不溶固体含量测定

1 范围

本标准规定了与林业生物质原料经预处理后不溶固体含量测定方法有关的术语和定义、原理、采样方法和试样制备、试剂与仪器、结果计算、精密度和试验报告。

本标准适用于林业生物质预处理后的悬浮液原料不溶固体含量测定。

2 规范性引用文件

下列文件对于本文件的应用是必不可少的。凡是注日期的引用文件,仅注日期的版本适用于本文件。凡是不注日期的引用文件,其最新版本(包括所有的修改单)适用于本文件。

GB/T 30366—2013 生物质术语

3 术语和定义

GB/T 30366—2013 界定的以及下列术语和定义适用于本文件。

3.1

林业生物质悬浮液 forestry biomass suspension

林业生物质原料经预处理后得到的由水溶性物质和水不溶固体物质两部分组成的非均相混合物。

3.2

水不溶固体物质 water insoluble solid material

用去离子水洗涤至林业生物质悬浮液中葡萄糖含量小于 0.05 g/L 的不溶物质。

4 原理

在林业生物质悬浮液混合均匀的条件下,采用离心法将水溶性物质和水不溶固体物质两部分分离,然后在 105 ℃条件下对水不溶固体物质进行加热至水分及挥发物完全散尽,测定恒重后的质量。

5 采样方法与试样制备

剧烈振荡林业生物质悬浮液,确保混合均匀,并从中采取试样。

6 试剂与仪器

6.1 去离子水。

6.2 分析天平:精度 0.000 1 g。

6.3 电热鼓风干燥箱:主控温度 105 ℃±2 ℃。

6.4 干燥器:内含有效干燥剂,如硅胶、无水硫酸钙等。

6.5 葡萄糖分析仪:精度 25 mg/L。

6.6 离心机:转速达 10 000 r/min 以上。

6.7 离心瓶:500 mL,广口带盖。

6.8 烧杯:50 mL。

6.9 移液管。

7 测定步骤

7.1 准确称量 150 g 混合均匀的林业生物质悬浮液加入贴有标签的带盖离心瓶,置于离心机中以 10 000 r/min 的速度离心 10 min,用移液管取出上层清液。

7.2 用去离子水洗涤剩余的水不溶固体物质,液面高度不应超过离心瓶高度的 3/4,旋紧盖子后剧烈振荡至少 30 s,置于离心机中同样以 10 000 r/min 的速度离心 10 min,用移液管取出上层清液进行葡萄糖含量测定。

7.3 重复洗涤、离心步骤至上层清液中葡萄糖含量低于 0.05 g/L,葡萄糖含量用葡萄糖分析仪进行测定。

7.4 称量已恒重的烧杯,记为 m_i,将洗涤后的水不溶固体物质转移至烧杯中(可用少量去离子水冲洗残渣)。

7.5 将装有水不溶固体物质的烧杯放入预先调整到 105 ℃±2 ℃的电热干燥箱内加热,关好门后,从温度回升到 105 ℃时开始计时,加热至少 3 h 后取出(水分较多的试样需干燥过夜,但不能超过 72 h),放在干燥器内冷却至室温后迅速称重,记为 m_{f1}。如前步骤再加热 1 h 后取出,冷却后称重,记为 m_{f2}。如此操作直至连续两次称量值差小 0.000 3 g,最后质量记为 m_f。

7.6 同一试样至少进行两次平行测定,取两次平行测定结果的平均值。

8 结果计算

林业生物质原料预处理后不溶固体含量按式(1)计算:

$$W=\frac{m_f-m_i}{m}\times 100\% \qquad \cdots\cdots(1)$$

式中:

W ——预处理后不溶固体含量(以质量分数计),%;

m ——林业生物质悬浮液的质量,单位为克(g);

m_f——烧杯和恒重后水不溶固体物质的质量,单位为克(g);

m_i——恒重后烧杯的质量,单位为克(g)。

平行测定结果用算术平均值表示,计算结果表示到小数点后两位,两次测定值的绝对偏差应不超过 1%。若超过,则应加测一份试样,排除异常值后,取两次测定值的平均值作为报告值。

9 精密度

在同一实验室,由同一操作者使用相同设备,按相同的测试方法,在短时间内对同一被测对象相互独立进行测试,获得的两次独立测试结果的绝对差值不大于 1%。

10 试验报告

试验报告至少应包括以下信息：

a) 注明所使用的标准，包括标准名称和标准号；

b) 注明样品信息；

c) 注明试验方法；

d) 试验结果；

e) 试验中观察到任何异常现象；

f) 本标准或引用标准中未规定的但会影响结果的任何操作；

g) 试验人员、日期。

ICS 65.020.20
B 05

中华人民共和国国家标准

GB/T 35813—2018

植物新品种特异性、一致性、稳定性测试指南　黄栌属

Guidelines for the conduct of tests for distinctness, uniformity and stability(DUS)—Smoke tree(*Cotinus* Mill.)

2018-02-06 发布　　2018-09-01 实施

中华人民共和国国家质量监督检验检疫总局
中国国家标准化管理委员会　发布

前　言

本标准按照 GB/T 1.1—2009 给出的规则起草。

本标准由国家林业局提出并归口。

本标准起草单位:北京市林业果树科学研究院。

本标准主要起草人:潘青华、张玉平、姚砚武、刘国彬、曹均、王乐乐。

植物新品种特异性、一致性、稳定性测试指南　黄栌属

1　范围

本标准规定了漆树科黄栌属[*Cotinus*(Tourn.) Mill.]植物新品种特异性(distinctness)、一致性(uniformity)和稳定性(stability)测试技术要求。

本标准适用于所有黄栌属植物品种的测试。

2　规范性引用文件

下列文件对于本文件的应用是必不可少的。凡是注日期的引用文件,仅注日期的版本适用于本文件。凡是不注日期的引用文件,其最新版本(包括所有的修改单)适用于本文件。

GB/T 19557.1—2004　植物新品种特异性、一致性、稳定性测试指南　总则

3　术语和定义

GB/T 19557.1—2004 界定的术语和定义适用于本文件。

4　DUS 测试技术要求

4.1　测试材料

4.1.1　由审批机构通知送交测试品种的时间、地点及测试所需要的植物材料数量和质量。从非测试地国家或地区递交的材料,申请人应按照进出境和运输的相关规定提供海关、植物检疫等相关文件。

4.1.2　递交的测试材料应该是通过无性繁殖的 2 年生(含)以上植株。

4.1.3　递交的测试材料数量不得少于 9 株。

4.1.4　待测新品种材料应为无病虫害感染、生长正常的植株。

4.1.5　除审批机构允许或者要求对材料进行处理外,递交的植物材料不应进行任何影响性状表达的处理。如果已经被处理,应提供处理的详细信息。

4.2　测试方法

4.2.1　测试周期

在符合测试条件的情况下,至少测试一个生长周期。

4.2.2　测试地点

测试应该在审批机构指定的地点进行。

4.2.3　测试条件

测试应该在待测品种相关性状能够完整表达的条件下进行,所选取的测试材料至少应在测试地点

定植两年。

4.2.4 测试设计

4.2.4.1 每一个测试应建立在9株正常生长植株的基础上进行，待测品种应与标准品种和相似品种种植在相同地点和环境条件下。

4.2.4.2 如果测试需要采取植株某些部位作为样品时，样品采集不得影响测试植株整个生长周期的观测。

4.2.4.3 除非特别声明，所有的观测应针对9株植物或取自9株植物的相同部位上的材料进行。

4.2.5 同类性状的测试方法

4.2.5.1 肉眼观测的典型性枝、叶、花等性状

4.2.5.1.1 枝

在测试植株的中上部选取一个当年生枝条，以枝条的中上部作为枝条性状的测试材料，当年生枝落叶前为观测时期(a)。

4.2.5.1.2 叶

在测试植株上选取一个当年生枝条，从每个枝条的中部选3个成熟叶片作为测试材料；幼叶观测为春季萌芽展叶期，叶片秋色观测为叶片变色始期(b)。

4.2.5.1.3 花

盛花期初期，选择正常生长的植株树冠中上部3个花枝作为花性状的测试材料(c)。

4.2.5.2 色彩特征

色彩性状的观测应按照4.2.5.1取样方法对所采集样品以英国皇家园艺协会(R.H.S)出版的比色卡(RHS colour chart)为标准(仅对彩色叶)(d)。

4.2.6 个别性状的测试方法

4.2.6.1 植株：枝条姿态(附录A中的表A.1性状特征序号3)(e)

斜上：成年树丛生状，无明显主干，生长势较强。

近平展：成年树有明显主干，主干高度1 m以上，枝条生长势强。

下垂：成年树丛状或枝条柔软下垂，无主干或主干在1 m以下，生长势较弱。

4.2.6.2 花：一年开放次数(附录A中的表A.1性状特征序号26)(f)

从第一朵花开放至全株所有花朵凋谢为开花一次，在两次开花期间植株上无成形的花序着生。

4.2.7 附加测试

通过自然授粉或人工授粉获得的杂交新品种，如果稳定性测试存在疑问，应附加对其亲本的特异性、一致性、稳定性测试。

5 特异性、一致性、稳定性评价

5.1 特异性

如果性状的差异满足差异恒定和差异显著，视为具有特异性。

5.1.1 差异恒定

如果待测品种与相似品种种间差异非常清楚，只需要一个生长周期的测试。在某些情况下因环境因素的影响，使待测品种与相似品种种间差异不清楚时，则至少需要两个或两个以上生长周期的测试。

5.1.2 差异显著

质量性状的特异性评价：待测品种与相似品种只要有一个性状有差异，则可判定该品种具备特异性。

数量性状的特异性评价：待测品种与相似品种至少有 2 个性状有差异，或者一个性状的两级代码（见 A.1）有差异，则可判定该品种具备特异性。

假质量性状的特异性评价：待测品种与相似品种至少有 2 个性状有差异，或者一个性状的两个不连贯代码有差异，则可判定该品种具备特异性。

5.2 一致性

一致性判定采用异型株法。根据 1%群体标准和 95%可靠性概率，9 株观测植株中异型株的最大允许值为 1。

5.3 稳定性

5.3.1 申请品种在测试中符合特异性和一致性要求，可认为该品种具备稳定性。

5.3.2 特殊情况或存在疑问时，需要通过再次测试一个生长周期，或者由申请人提供新的测试材料，测试其是否与先前提供的测试材料表达出相同的性状。

6 品种分组

6.1 品种分组说明

依据分组性状确定待测品种的分组情况，并选择相似品种，使其包含在特异性的生长测试中。

6.2 分组性状

6.2.1 植株：主干数量（A.1 性状特征序号 1）。

6.2.2 植株：枝条姿态（A.1 性状特征序号 3）。

7 性状和相关符号说明

7.1 性状类型

7.1.1 星号特征[见 A.1 被标注“（＊）”的特征]

指新品种审查时采用协调统一描述的重要品种性状，进行 DUS 测试时应对所有“星号性状”进行测试(见附录B)。

7.1.2 加号特征[见 A.1 被标注“(+)”的性状]

指用图解来说明 A.1 的中描述的性状(见 A.2)。

7.2 性状表达状态及代码

附录 A 中的表 A.1 中性状描述已明确给出每个性状表达状态的标准定义,为便于对性状表达状态进行描述并分析比较,每个表达状态都有一个对应的数字代码。

7.3 标准品种

用于准确、形象地演示某一性状(特别是数量性状)表达状态的品种。

附 录 A
（规范性附录）
品种性状

A.1 性状表

品种性状见表 A.1。

表 A.1 性状表

序号及性质	测试方法	性状特征	性状描述	标准品种		代码
				中文名	学名	
1 (*) QN	VG (e)	植株：主干数量	1 >1	美洲黄栌 黄栌	*C. obovatus* *C. coggygria*	1
2 QN	VG (e)	植株：高度	矮 中 高	紫霞 黄栌 美洲黄栌	*C. coggygria* 'Zixia' *C. coggygria* *C. obovatus*	1 3 5
3 (*) (+) QL	VG (a)	植株：枝条姿态	斜上 平展 下垂	金叶黄栌 黄栌 紫霞	*C. coggygria* 'Golden Spirit' *C. coggygria* *C. coggygria* 'Zixia'	1 2 3
4 (*) QL	VG (a)	枝：当年生被毛	否 是			1 9
5 QN	VG/ VS (a)	枝：节间长度	短 中 长	金叶黄栌 紫霞 黄栌	*C. coggygria* 'Golden Spirit' *C. coggygria* 'Zixia' *C. coggygria*	1 3 5
6 QN	MG (b)	叶片：质地	纸质 革质	紫霞 矮黄栌	*C. coggygria* 'Zixia' *C. nana*	1 2
7 (*) (+) PQ	VS (b)	叶片：形状	椭圆形 卵圆形 倒卵形 近圆形			1 3 5 7
8 QN	MG (b)	叶片：长度	短 中 长	金叶黄栌 美洲黄栌 黄栌	*C. coggygria* 'Golden Spirit' *C. obovatus* *C. coggygria*	3 5 7
9 QN	MG (b)	叶片：宽度	窄 中 宽	小叶黄栌 美洲黄栌 紫霞	*C. coggygria var. parvifolia* *C. obovatus* *C. coggygria* 'Zixia'	3 5 7

表 A.1（续）

序号及性质	测试方法	性状特征	性状描述	标准品种		代码
				中文名	学名	
10 QL	VG (b)	叶片:上表面被毛	无 有			1 9
11 QL	VG (b)	叶片:下表面被毛	无 有			1 9
12 QL	VG (b)	叶片:下表面被白粉	无 有			1 9
13 (*) PQ	VG (b)	叶片:春季幼叶颜色	黄 绿 红 紫红			1 2 3 4
14 (*) QL	VG (b)	叶片:夏季叶缘异色	否 是			1 9
15 (*) PQ	VG (b)	叶片:叶缘颜色	绿 黄 红 紫红			3 5 7 9
16 (*) PQ	VG (b)	叶片:夏季颜色	黄 绿 深绿 墨绿 红 紫红			1 2 3 4 5 6
17 (*) QN	VG (b)	叶片:秋色变色始期	早 中 晚	火焰黄栌 红叶黄栌 黄栌	*C. coggygria* 'Flame' *C. coggygria Scop. var. cinerea* *C. coggygria*	3 5 7
18 (*) PQ	VG (b)	叶片:秋季颜色	黄 橙红 红 紫红 深紫红			1 2 3 4 5
19 QN	MS (b)	叶柄:长度	短 中 长	红叶黄栌 四川黄栌 紫霞	*C. coggygria Scop. var. cinerea* *C. szechuanensis* *C. coggygria* 'Zixia'	3 5 7
20 (*) QL	VG (b)	叶柄:被毛	无 有			1 9

表 A.1（续）

序号及性质	测试方法	性状特征	性状描述	标准品种		代码
				中文名	学名	
21 QN	VS (f)	花：一年开放次数	1 2 ≥3	紫霞 黄栌 四季黄栌	*C. coggygria* 'Zixia' *C. coggygria* *C. coggygria Scop cv. Semperflorens*	1 2 3
22 (*) PQ	VG (c)	花：瓣颜色	白 浅黄 黄绿 粉红			1 2 3
23 (+) QN	MS (c)	花：花序轴长度	短 中 长	金叶黄栌 美洲黄栌 黄栌	*C. coggygria* 'Golden Spirit' *C. obovatus* *C. coggygria*	
24 (*) PQ	VG (c)	花：小花梗颜色	浅黄 浅粉 红 深红 浅紫 红紫			1 2 3 4 5 6
25 (+) QN	MS (c)	花：小花梗长度	短 中 长	美洲黄栌 黄栌 紫霞	*C. obovatus* *C. coggygria* *C. coggygria* 'Zixia'	1 3 5
26 QN	MS (c)	花：小花梗密度	疏 中 密	黄栌 美洲黄栌 紫霞	*C. coggygria* *C. obovatus* *C. coggygria* 'Zixia'	1 3 5

注：表中符号说明

(*)：指新品种的重要性状，进行 DUS 测试和评审时应测试所有“星号性状”。

(+)：指用图解来说明附录 A.1 的中描述的性状(见附录 A.2)。

QL：质量特征，GB/T 19557.1—2004。

QN：数量特征，GB/T 19557.1—2004。

PQ：假性质量特征，GB/T 19557.1—2004。

MG：针对一组植株或植株部位进行单次测量得到单个记录。

MS：针对一定数量的植株或植株部位分别进行测量得到多个记录。

VG：针对一组植株或植株部位进行单次目测得到单个记录。

VS：针对一定数量的植株或植株部位分别进行目测得到多个记录。

(a) 见 4.2.5.1.1；(b) 见 4.2.5.1.2；(c) 见 4.2.5.1.3；(d) 见 4.2.5.2；(e) 见 4.2.6.1；(f) 见 4.2.6.2。

A.2 性状表图解

A.2.1 表 A.1 中序号 3 品种性状(植株:枝条姿态)图解见图 A.1。

图 A.1

A.2.2 表 A.1 中序号 7 品种性状(叶片:形状)图解见图 A.2。

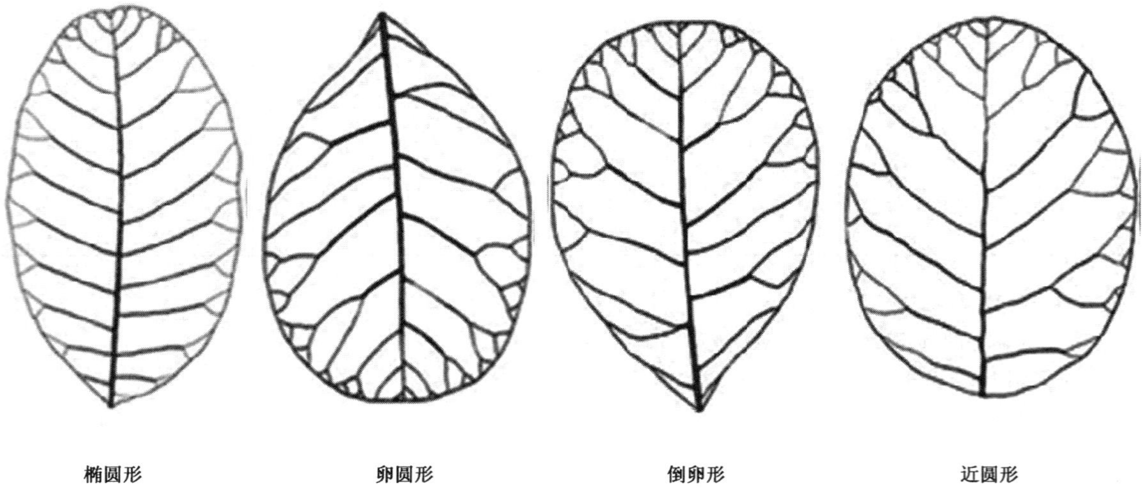

图 A.2

A.2.3　表 A.1 中序号 23 品种性状(花:花序轴长度)图解见图 A.3。

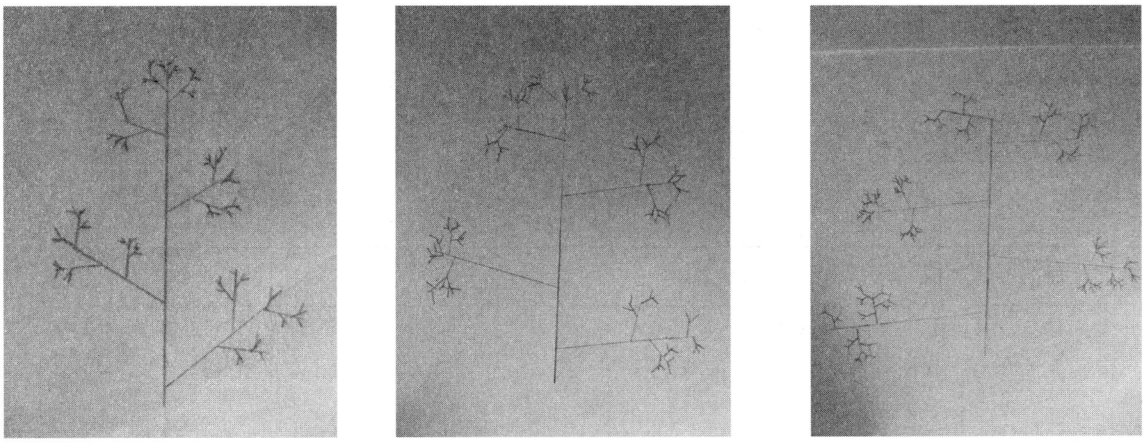

短　　　　中　　　　长

图 A.3

A.2.4　表 A.1 中序号 25 品种性状(花:小花梗长度)图解见图 A.4。

短　　　　中　　　　长

图 A.4

附　录　B
（资料性附录）
技 术 问 卷

编号（申请者不必填写）

1. 申请注册的品种名称（请注明中文名和学名）：		
2. 申请人信息 申请人：　　　　共同申请人： 地址： 邮政编码：　　　电话：　　　传真：　　　电子邮箱：		
3. 品种起源： 品种发现者：　　　发现日期：　　　育种者：　　　育种时间： 杂交选育：♀（母本）________×♂（父本）________ 实生选育：♀（母本）________ 其他育种途径： 选育种过程摘要：		
4. 主要特征（第1栏括弧中的数字为A.1中性状特征序号，请在相符合的特征代码后的[ ]中划'√'）		
4.1(1)	植株：主干数量	1　1[ ]　9>1[ ]
4.2(3)	植株：枝条姿态	1 斜上[ ]　2 近平展[ ]　3 下垂[ ]
4.3(4)	枝：当年生枝被毛	1 否[ ]　9 是[ ]
4.4(7)	叶片：形状	1 椭圆形[ ]　3 卵圆形[ ]　5 倒卵形[ ]　7 近圆形[ ]
4.5(10)	叶片：上表面被毛	1 无[ ]　9 有[ ]
4.6(11)	叶片：下表面被毛	1 无[ ]　9 有[ ]
4.7(12)	叶片：下表面被白粉	1 无[ ]　9 有[ ]
4.8(13)	叶片：春季幼叶颜色	1 黄[ ]　2 绿[ ]　3 红[ ]　4 紫红[ ]
4.9(14)	叶片：夏季叶缘异色	1 否[ ]　9 是[ ]
4.10(15)	叶片：叶缘颜色	3 绿[ ]　5 黄[ ]　7 红[ ]　9 紫红[ ]
4.11(16)	叶片：夏季颜色	1 黄[ ]　2 绿[ ]　3 深绿[ ]　4 墨绿[ ]　5 红[ ]　6 紫红[ ]

4.12(17)	叶片:秋季变色始期	3 早[ ] 5 中[ ] 7 晚[ ]
4.13(18)	叶片:秋季颜色	1 黄[ ] 2 橙红[ ] 3 红[ ] 4 紫红[ ] 5 深紫红[ ]
4.14(20)	叶柄:被毛	1 无[ ] 9 有[ ]
4.15(22)	花:瓣颜色	1 白[ ] 2 浅黄[ ] 3 黄绿[ ] 4 粉红[ ]
4.16(24)	花:小花梗颜色	1 浅黄[ ] 2 浅粉[ ] 3 红[ ] 4 深红[ ] 5 浅紫[ ] 6 红紫[ ]

5. 相似品种比较信息

与该品种相似的品种名称:

与相似品种的主要差异:

6. 品种性状综述(按照 A.1 性状特征表的内容详细描述)

7. 附加信息(能够区分品种的性状等)

7.1 抗逆性和适应性(抗旱、抗寒、耐涝、抗盐碱、抗病虫害等特性):

7.2 繁殖要点:

7.3 栽培管理要点:

7.4 其他信息:

8. 测试要求(该品种测试所需特殊条件等)

9. 有助于辨别申请品种的其他信息

注:上述表格各条款与留空格不足时另附 A4 纸补充说明。

申请者签名:____________________　　　　日期:________年____月____日

参 考 文 献

［1］ TGP/5 Experience and Cooperation in DUS Testing

［2］ TGP/6 Arrangements for DUS Testing

［3］ TGP/7 Development of Test Guidelines

［4］ TGP/8 Trial Design and Techniques Used in The Examination of Distinctness，Uniformity and Stability

［5］ TGP/9 Examing Distinctness

［6］ TGP/10 Examing Uniformity

［7］ TGP/11 Examing Stability

［8］ TGP/14 Glossary of Technical，Botanical and Statistical Terms Used in UPOV Documents

［9］ TGP/15 New Types of Characteristics

［10］ Royal Horticulture Society. RHS Color Chart

［11］ 北京师范大学生物系，贺士元，邢其华等.北京植物志，上册［M］.北京出版社，1984.536

［12］ 北京师范大学生物系，贺士元，邢其华等.北京植物志，上册［M］.北京出版社，1992.535

［13］ 傅立国，洪涛.中国高等植物，第八卷［M］.青岛出版社，2001.353

［14］ 江苏省植物研究所.江苏植物志，下册［M］.江苏科学技术出版社，1982.430

［15］ 克里斯托弗·布里克尔编，杨秋生等译.世界园林植物与花卉百科全书(最新版)［M］.郑州：河南科学技术出版社，2005.121.124.536

［16］ 山东树木志编写组主编.山东树木志［M］.济南：山东科学技术出版社，1984.563-565

［17］ 上海科学院.上海植物志，上卷，区系植物［M］.上海科学技术文献出版社，1993.366-367

［18］ 中国科学院西北植物研究所编著.秦岭植物志，第一卷，种子植物，第三册.科学出版社.1981.186-187

［19］ 中国科学院植物研究所主编.中国高等植物图鉴，第二册［M］.北京：科学出版社，1972.639-640

［20］ 中国科学院中国植物志编辑委员会.中国植物志.第45卷，第一分册［M］.北京：科学出版社，1992.96-99

ICS 79.010
B 60

GB

中华人民共和国国家标准

GB/T 35814—2018

林业生物质原料分析方法 样品处理方法

Method for analysis of forestry biomass—Preparation of samples

2018-02-06 发布 2018-09-01 实施

中华人民共和国国家质量监督检验检疫总局
中国国家标准化管理委员会 发布

前　　言

本标准按照GB/T 1.1—2009给出的规则起草。

本标准由国家林业局提出。

本标准由全国林业生物质材料标准化技术委员会(SAC/TC 416)归口。

本标准起草单位:东北林业大学、南京工业大学、西南林业大学、中南林业科技大学、中国林业科学研究院木材工业研究所、北京林业大学、南京林业大学、厦门标普标准化服务有限公司。

本标准主要起草人:宋永明、王清文、岳孔、郑志峰、卿彦、蒋佳荔、高强、徐朝阳、许金飞。

林业生物质原料分析方法 样品处理方法

1 范围

本标准规定了林业生物质原料的样品处理的术语和定义、样品处理总则、试剂与材料、仪器与设备、样品处理方法(A、B、C)、样品储存和试验报告。

本标准适用于林业生物质原料样品处理。

2 规范性引用文件

下列文件对于本文件的应用是必不可少的。凡是注日期的引用文件,仅注日期的版本适用于本文件。凡是不注日期的引用文件,其最新版本(包括所有的修改单)适用于本文件。

GB/T 21923—2008 固体生物质燃料检验通则

GB/T 30366—2013 生物质术语

3 术语和定义

GB/T 21923—2008 和 GB/T 30366—2013 界定的以及下列术语和定义适用于本文件。为了便于使用,以下重复列出了 GB/T 21923—2008 和 GB/T 30366—2013 中的某些术语和定义。

3.1

林业生物质 forestry biomass

林业生产和加工过程中产生的生物质。主要包括林产品(如木材、竹材、藤材等)、林业剩余物(如枝丫、锯末、木屑、梢头、板皮和截头、果壳和果核等采伐剩余物和加工剩余物、造纸废弃物以及废弃木材)、能源林等。

[GB/T 30366—2013,定义 2.1.3]

3.2

样品缩分 sample division

将样品或分样缩分成有代表性的、分离的部分的制样过程。

[GB/T 21923—2008,定义 3.82]

4 样品处理总则

样品处理的主要目的是通过干燥、粉碎、筛分等步骤,将样品处理成能代表原样特性的分析用试样。样品处理的原则是:原样品的组成和品质特性在样品处理的过程中不发生改变。

5 试剂与材料

5.1 丙酮,分析纯。

5.2 干冰(固态二氧化碳):纯度不低于 90%。

6 仪器与设备

6.1 干燥箱:能保持(45±3) ℃的对流加热干燥箱(仅用于样品处理方法 B)。

6.2 真空冷冻干燥机:真空度能达到 133 Pa,温度能达到−50 ℃(仅用于样品处理方法 C)。

6.3 天平:感量为 0.1 g。

6.4 植物粉碎机:配有 2 mm 筛孔的植物粉碎机。

6.5 筛分机:在水平和纵向均可自由移动的筛分机。

6.6 筛子:20 目(850 μm)、80 目(180 μm)可叠放起来的筛子,配有筛子盖和底盘。

6.7 二分器

格槽宽度在 6 mm～12 mm 之间,至少要有 24 个开口的格槽。加料溜槽和分格槽的坡度至少为 60°。

7 样品处理方法

7.1 样品处理方法 A

7.1.1 该方法适用于大于 20 g 的林业生物质样品,并且在外界条件为 20 ℃～30 ℃,相对湿度低于50%以下的空气环境中林业生物质样品含水率能够达到 10%以下。

7.1.2 该方法要求块状林业生物质样品总尺寸要小于 5 cm×5 cm×0.6 cm;为了便于粉碎,茎杆或枝桠直径应不超过 0.6 cm,长度不超过 20 cm。若是废纸应切成宽度为 1 cm 的碎片。

7.1.3 林业生物质样品在粉碎之前平铺在一个干燥洁净的平台上进行气干。堆积厚度不超过 10 cm,每天至少翻动一次以保证干燥质量,防止产生霉变。当林业生物质样品含水率低于 10%,并且在 24 h 内质量变化小于 1%,气干完成。

7.1.4 将干燥完成的林业生物质样品加入到粉碎机中直到样品能完全通过 2 mm 的筛网为止。粉碎的其他林业生物质样品需要经过后续的筛分处理才能用于成分分析。粉碎后的废纸不需要筛分直接就可以用于成分分析。

7.1.5 按照筛子底盘、80 目筛子、20 目筛子这样的顺序由下至上叠放在一起,林业生物质样品置于 20 目筛子上,厚度不超过 5 cm。将筛子放置于筛子振动器振动(15±1)min。然后对 20 目筛子上存留的林业生物质样品进行再粉碎直至在 20 目筛子上无林业生物质样品残留为止。存留在 80 目筛子上的林业生物质样品用于成分分析用。在筛子底盘上的细粉末可留作灰分分析用。

7.1.6 将所有 20 目～80 目之间的分批次样品收集到一起称重,精确到 0.1 g,20 目～80 目之间的样品质量分数记录为 $W_{t20/80}$。

7.1.7 将所有 80 目以上的分批次样品收集到一起称重,精确到 0.1 g,并记录为 W_{t80}。

7.1.8 将 20 目～80 目之间的林业生物质样品倒入到二分器内并在底盘收集次级样品。重复这一过程共 4 次。

7.2 样品处理方法 B

7.2.1 这种方法适合于处理含水率高、易发霉,小于 20 g 的林业生物质样品。或者是在 20 ℃～30 ℃之间,相对湿度低于 50%的环境条件下样品含水率不能达到 10%以下,采用该方法。对于林业生物质样品的初始尺寸要求同 7.1.2。

7.2.2 将用于盛放林业生物质样品的容器置于(45±3) ℃的干燥箱内干燥至少 3 h。然后将容器放置于干燥器内使其降温至室温并进行称重,精确到 0.1 g,记录为 W_t。

7.2.3 将林业生物质样品置于干燥后的容器中,样品厚度不超过 1 cm。对盛有林业生物质样品的容器进行称重,精确到 0.1 g,记为 W_i。

7.2.4 将盛有林业生物质样品的容器放置于(45±3) ℃干燥箱内恒温干燥 36 h～48 h。

7.2.5 从干燥箱内取出盛有林业生物质样品的容器,放在干燥器内使其降温至室温并进行称重,精确到 0.1 g,记录为 W_f。

7.2.6 按照试验步骤 7.1.4～7.1.5 完成。

7.2.7 再将盛有林业生物质样品的容器放入干燥箱内,恒温(45±3) ℃至少 4 h。从干燥箱中取出盛有林业生物质样品的容器,放在干燥器内冷却至室温并进行称重,记录质量。重新再将盛有林业生物质样品的容器放入干燥箱内,在(45±3) ℃条件下干燥 1 h,再次放在干燥器内冷却至室温并进行称重,重复这一过程直至样品质量变化小于 1%。

7.3 样品处理方法 C

7.3.1 本方法适合对热敏感并容易降解的林业生物质样品进行处理,同样适用于样品处理方法 B 中 7.2.1的条件要求。

7.3.2 选择一个合适的冷冻-干燥容器进行称重,精确到 0.1 g,记录质量为 W_t。

7.3.3 将林业生物质样品置于该容器内,若是固体样品,样品量不宜超过该容器的一半;若是液态样品,样品被冻结后在容器壁上能有 0.5 cm 厚的均匀涂层。对盛有林业生物质样品的容器进行称重,精确到 0.1 g,记录质量为 W_i。

7.3.4 将盛有林业生物质样品的容器放在干冰-丙酮混合物中以 10 r/min 的转数转动,通过冷冻作用在容器内壁上形成均匀的样品涂层。

7.3.5 立即放置该容器于真空冷冻干燥机内,使样品干燥直到所有可见的冰和霜消除为止。对于小于 20 g 的样品通常需要 12 h,对于大于 250 g 的样品,需延长超过 96 h。

7.3.6 从真空冷冻干燥机内移走盛有林业生物质样品的容器,置于干燥器内使其达到室温并进行称重,精确到 0.1 g,记录质量为 W_f。

7.3.7 按照试验步骤 7.1.4～7.1.5 完成。

8 样品储存

如果制备的样品在筛分和缩分后不能得到及时分析,宜储存在密闭的容器或可密封的聚乙烯袋子内,常温保存。

9 试验报告

9.1 样品信息:试验或测试样品的名称、种类、尺寸、数量、取样信息等。

9.2 所使用的标准,包括标准名称、标准号。

9.3 所使用的样品处理方法。

9.4 试验人员、日期。

ICS 65.050
B 72

中华人民共和国国家标准

GB/T 35815—2018

木质活性炭试验方法 甲苯吸附率的测定

Test methods of wooden activated carbon—Determination of toluene adsorption

2018-02-06 发布

2018-09-01 实施

中华人民共和国国家质量监督检验检疫总局
中国国家标准化管理委员会 发布

前　言

本标准按照 GB/T 1.1—2009 给出的规则起草。

本标准由国家林业局提出。

本标准由全国林化产品标准化技术委员会(SAC/TC 558)归口。

本标准起草单位:中国林业科学研究院林产化学工业研究所。

本标准主要起草人:蒋剑春、卢辛成、孙康、舒洪南、邓先伦、戴伟娣、张燕萍、朱光真、陈超、贾羽洁。

木质活性炭试验方法
甲苯吸附率的测定

1 范围

本标准规定了木质活性炭甲苯吸附率的测定方法。

本标准适用于木质颗粒状活性炭,也适用于其他颗粒活性炭。

2 方法提要

在规定的测试条件下,使载有甲苯的氮气流通过已知质量的活性炭样品,直至样品质量不再增加,视为吸附饱和。样品的甲苯吸附率以每克活性炭吸附甲苯的毫克数(mg/g)表示。

3 试剂

3.1 甲苯(GB/T 684)。

3.2 高纯氮(GB/T 8979)。

4 仪器与设备

4.1 氮气气体流量计:流量范围 40 mL /min ~ 400 mL/min。

4.2 分析天平:感量 0.1 mg。

4.3 恒温水浴装置:温控范围 RT(常温)~ 99 ℃。

4.4 电热恒温干燥箱:温控范围 RT(常温)+10 ℃~ 250 ℃。

4.5 吸附管:由工业用白色玻璃制成,外观要求无气泡及其他明显缺陷。玻璃熔接处不应有较多的熔接堆及皱折,塞子为磨口连接。吸附管在使用前应进行气密性检测。在管体刻度内的各处内径为(10±0.3)mm,见图 1。

4.6 多孔式气体洗瓶:250 mL。

4.7 混合瓶:球内径 60 mm 二球连壳式。

4.8 温度调节用蛇管:长度不小于 1 m。

单位为毫米

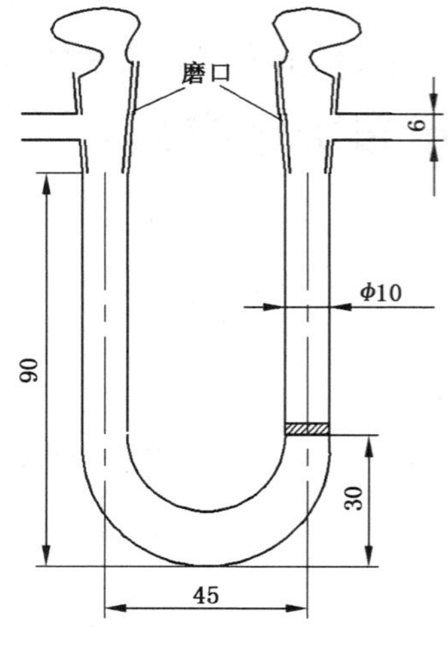

图 1 吸附管

5 试验条件及装置图

5.1 试验条件

5.1.1 氮气流量:(300±10)mL/min。

5.1.2 吸附温度:(25±1.0)℃。

5.2 试验装置图及安装说明

按照图 2 所示将实验所用的仪器和设备连接好。在试验开始前,通过调节氮气流量计确保整个系统具有稳定且持续的气体流量。

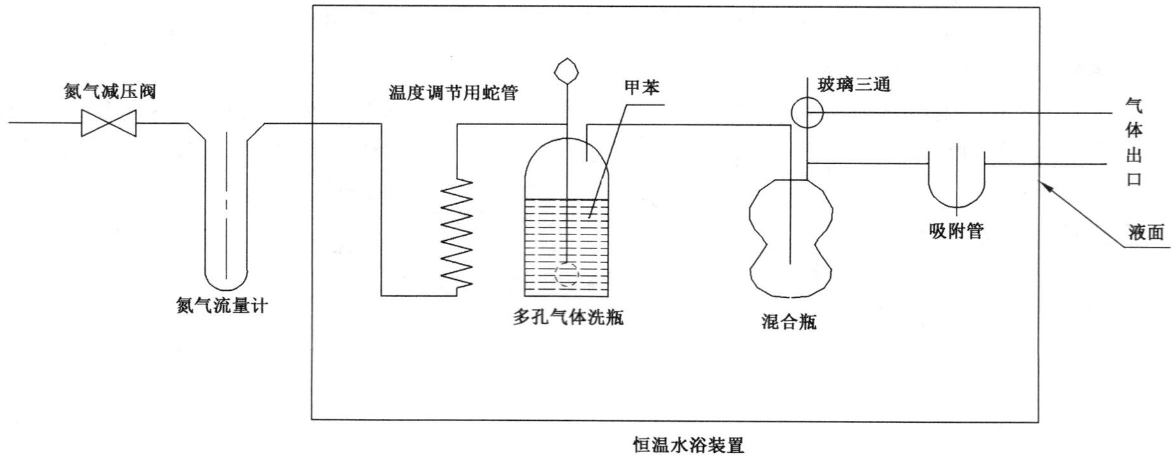

图 2 甲苯吸附试验装置示意图

6 测试步骤

6.1 测试准备

试验样品颗粒度需处理至 0.25 mm～2 mm 范围内,并将其在 105 ℃～110 ℃烘干至恒重,置于干燥器中备用。将吸附管(连同管塞)擦净后称量记为 m_1(精确至 1 mg)。准确称量准备好的试样 1.0 g(精确至 1 mg),装入吸附管。吸附管(连同管塞)和试样总质量称量记为 m_2(精确至 1 mg)。称量完毕,将吸附管垂直插入恒温水浴中。

6.2 甲苯气体发生系统

将甲苯溶液从进口管加入到多孔气体洗瓶中,在瓶中高度约 10 cm。将多孔气体洗瓶与系统连通,垂直放入恒温水浴[(25±1.0)℃]中。

6.3 流程操作

准备就绪后,接通氮气通过装有甲苯溶液的多孔气体洗瓶,调节流量计直至气体流量稳定为(300±10)mL/min,然后接通吸附管并计时。每间隔 20 min,取出吸附管擦净后称量,记录质量。然后将吸附管再接入装置,重复上述步骤,直至吸附饱和(两次称量的质量差不大于 1 mg)为止,记为最终质量 m_3(精准至 1 mg)。关闭氮气,试验结束。

7 结果计算

活性炭对甲苯吸附率按式(1)计算:

$$A=\frac{m_3-m_2}{m_2-m_1}\times 1\,000 \qquad \cdots\cdots(1)$$

式中:

A ——甲苯吸附率,单位为毫克每克(mg/g);

m_1 ——吸附管的质量,单位为克(g);

m_2 ——吸附前吸附管加炭的质量,单位为克(g);

m_3 ——吸附后吸附管总质量,单位为克(g)。

8 精密度与偏差

每个样品做两份试样的平行试验,平行测定结果的相对误差不得大于 5 %,结果以算术平均值表示。

9 试验报告

试验报告应包括以下内容:

a) 试样编号;

b) 使用的标准;

c) 使用的方法;

d) 试验项目;

e) 试验结果;

f) 试验人员;

g) 试验日期。

ICS 65.020.01
B 60

中华人民共和国国家标准

GB/T 35816—2018

林业生物质原料分析方法 抽提物含量的测定

Standard method for analysis of forestry biomass—Determination of extractives content

2018-02-06 发布　　2018-09-01 实施

中华人民共和国国家质量监督检验检疫总局
中国国家标准化管理委员会 发布

前　言

本标准按照GB/T 1.1—2009给出的规则起草。

本标准由国家林业局提出。

本标准由全国林业生物质材料标准化技术委员会(SAC/TC 416)归口。

本标准起草单位:东北林业大学。

本标准主要起草人:王伟宏、兰永强、任世学、王清文、郝笑龙。

林业生物质原料分析方法 抽提物含量的测定

1 范围

本标准规定了林业生物质原料抽提物含量的测定方法。

本标准适用于木材、竹材、藤材、农作物秸秆等植物原料中抽提物含量的测定。

2 规范性引用文件

下列文件对于本文件的应用是必不可少的。凡是注日期的引用文件，仅注日期的版本适用于本文件。凡是不注日期的引用文件，其最新版本(包括所有的修改单)适用于本文件。

GB/T 2677.2—2011 造纸原料水分的测定

GB/T 2677.4—1993 造纸原料水抽出物含量的测定

GB/T 2677.5—1993 造纸原料1%氢氧化钠抽出物含量的测定

GB/T 2677.6—1994 造纸原料有机溶剂抽出物含量的测定

3 术语与定义

下列术语和定义适用于本文件。

3.1

林业生物质 forestry biomass

由植物光合作用等生命活动产生的天然有机物质，由纤维素、半纤维素和木质素三种主要高分子以及淀粉、果胶、蛋白质、抽提物等其他多种成分构成，主要以各种形态的木材、竹材、藤材、秸秆、果壳等形式存在，是可再生的天然植物纤维资源。

3.2

冷水抽提物 cold water-soluble extractives

用冷水对林业生物质进行抽提所提取出来的物质。

3.3

热水抽提物 hot water-soluble extractives

用热水对林业生物质进行抽提所提取出来的物质。

3.4

有机溶剂抽提物 organic solvent-soluble extractives

用有机溶剂对林业生物质进行抽提所提取出来的物质。

4 林业生物质粉末样品的制备

4.1 总体要求

样品原料按来源和形态分为木材、非木材原料和其他林业生物质原料三类，最终制备的粉末样品量应均不少于 200 g。

4.2 木材原料

采集同一产地、同一树种的木材，并标明木材的树种、树龄、产地、砍伐年月等。在所取木材原料的上部、中部、下部各截取 2～3 块厚度约 6 mm 的圆盘，或者选取直径不超过 6 mm 的细枝。将所截取的材料在干燥通风处放置数日后，切成小薄木片，将所选材料均匀混合，按四分法采集均匀薄片样品约 1 000 g。风干后，置入粉碎机中粉碎至全部通过 40 目筛，得粉末样品。凉至室温后密闭贮存，备分析使用。

4.3 非木材原料

采集竹材、稻草、秸秆、麻类等原料 500 g，详细记录其种类、产地、采集年月、贮存年月、品质情况(变质情况及清洁程度等)，若其中夹杂铁丝、铁屑等硬物应先用磁铁吸除。根据需要，可以去掉或者保留根、髓和穗部。将所得原料切碎，风干后置入粉碎机中粉碎至全部通过 40 目筛，得粉末样品。凉至室温后密闭贮存，备分析使用。

4.4 其他林业生物质原料

木材加工剩余物、废旧木质纤维材料及其制品等其他林业生物质原料，可以是一种或几种的混合物，除去其中夹杂的铁丝、石块等杂物。原料中形态差异较大的可以将体积较大的部分进行切削，均匀混合，按四分法采集均匀样品约 1 000 g。风干后置入粉碎机中粉碎至全部通过 40 目筛，得粉末样品。凉至室温后贮闭，备分析使用。

5 试验方法

5.1 冷水抽提物含量的测定

5.1.1 样品制备

按照 4 的规定准备粉末样品。取适量粉末样品于恒重的容器中，在(105±2)℃的烘箱中干燥，至相邻两次称重的质量偏差小于 0.2%(时间差应不小于 1 h)，得绝干粉末样品，贮存在干燥器中密封备用。准备的绝干样品不少于 20 g。

5.1.2 水和仪器

按照 GB/T 2677.4—1993 的第 4 章和第 5 章准备水和仪器。

5.1.3 试验步骤

5.1.3.1 将 1G2 玻璃滤器烘干至恒重，记录质量。

5.1.3.2 称取 1.9 g～2.1 g(精确至 0. 1 mg)绝干粉末试样(记为 m_1)，移入容量 500 mL 的锥形瓶中，加入 300 mL 蒸馏水，置于温度可调的恒温装置中，保持温度为(23±2)℃。加盖放置 48 h，并经常摇荡。

5.1.3.3 到达规定时间后，用倾泻法经已恒重的 1G2 玻璃滤器过滤，用蒸馏水洗涤残渣及锥形瓶，并将瓶内的残渣全部洗入滤器中，继续洗涤至洗液无色后，再多洗涤 2～3 次。

5.1.3.4 吸干滤液，用蒸馏水洗净滤器外部，移入烘箱，于(105±2)℃烘干至恒重，记录质量，计算出抽提后试样的绝干质量(记为 m_2)。

5.1.4 结果计算

冷水抽提物的含量 X_1 按式(1)计算：

$$X_1 = \frac{m_1 - m_2}{m_1} \times 100\% \qquad \cdots\cdots\cdots\cdots (1)$$

式中：

m_1——抽提前试样的绝干质量，单位为克(g)；

m_2——抽提后试样的绝干质量，单位为克(g)。

同时进行两份测定，取其算数平均值作为测定结果，取至0.01%。两次测定计算值相差不应超过0.40%。

5.2 热水抽提物含量的测定

5.2.1 样品制备

按照第4章的规定准备粉末样品。取适量粉末样品于恒重的容器中，在(105±2)℃的烘箱中干燥，至相邻两次称重的质量偏差小于0.2%(时间差应不小于1 h)，得绝干粉末样品，贮存在干燥器中密封备用。准备的绝干样品不少于20 g。

5.2.2 水和仪器

按照GB/T 2677.4—1993的第4章和第5章准备水和仪器。

5.2.3 试验步骤

5.2.3.1 将1G2玻璃滤器烘干至恒重，记录质量。

5.2.3.2 称取1.9 g～2.1 g(精确至0.1 mg)绝干粉末试样(记为m_1)，移入容量为300 mL的锥形瓶中，加入200 mL 95 ℃～100 ℃的热蒸馏水，装上回流冷凝管或空气冷凝管，置于沸水浴中(水浴的水平面需高于装有试样的锥形瓶中的液面)加热3 h，并经常摇荡。

5.2.3.3 达到规定时间后，采用倾泻法经已恒重的1G2玻璃滤器过滤，用热蒸馏水洗涤残渣及锥形瓶，并将锥形瓶内的残渣全部洗入滤器中。继续洗涤至洗液无色后，再多洗2～3次。

5.2.3.4 吸干滤液，用蒸馏水洗涤滤器外部，移入烘箱，于(105±2)℃烘干至恒重，记录质量，计算出抽提后试样的绝干质量(记为m_2)。

5.2.4 结果计算

热水抽提物的含量X_2按式(2)计算：

$$X_2 = \frac{m_1 - m_2}{m_1} \times 100\% \qquad \cdots\cdots\cdots\cdots (2)$$

式中：

m_1——抽提前试样的绝干质量，单位为克(g)；

m_2——抽提后试样的绝干质量，单位为克(g)。

同时进行两份测定，取其算数平均值作为测定结果，取至0.01%。两次测定计算值相差不应超过0.40%。

5.3 1%氢氧化钠抽提物含量的测定

5.3.1 样品制备

按照第4章的规定准备粉末样品。取适量粉末样品于恒重的容器中，在(105±2)℃的烘箱中干燥，至相邻两次称重的质量偏差小于0.2%(时间差应不小于1 h)，得绝干粉末样品，贮存在干燥器中密封备用。准备的绝干样品不少于20 g。

5.3.2 试剂和仪器

按照 GB/T 2677.5—1993 中第 4 章和第 5 章的规定准备。

5.3.3 试验步骤

5.3.3.1 将 1G2 玻璃滤器烘干至恒重，记录质量。将锥形瓶干燥备用。

5.3.3.2 称取 1.9 g～2.1 g(精确至 0.1 mg)绝干粉末试样(记为 m_1)，放入洁净干燥的容量为 300 mL 的锥形瓶中，准确地加入 100 mL 1% 氢氧化钠溶液，装上回流冷凝管或空气冷凝管，置沸水浴中加热 1 h，在加热 10 min、25 min、50 min 时各摇荡一次。

5.3.3.3 达到规定时间后，取出锥形瓶，静置片刻以使残渣沉积于瓶底，采用倾泻法经已恒重的 1G2 玻璃滤器过滤。

5.3.3.4 用温水洗涤残渣及锥形瓶数次，并将锥形瓶中的残渣全部洗入滤器中；用水洗至无碱性后，再用 60 mL 乙酸溶液分 2～3 次洗涤残渣；最后用冷水洗至不呈酸性反应为止(用甲基橙指示剂试验)。

5.3.3.5 吸干滤液，取出滤器，用蒸馏水洗涤滤器外部，移入烘箱中，于(105±2)℃烘干至恒重，记录质量，计算出抽提后试样的绝干质量(记为 m_2)。

5.3.4 结果计算

1%(质量分数)氢氧化钠抽提物的含量 X_3，按式(3)计算：

$$X_3 = \frac{m_1 - m_2}{m_1} \times 100\% \qquad \cdots\cdots(3)$$

式中：

m_1——抽提前试样的绝干质量，单位为克(g)；

m_2——抽提后试样的绝干质量，单位为克(g)。

同时进行两份测定，取其算数平均值作为测定结果，取至 0.01%。两次测定计算值相差不应超过 0.40%。

5.4 有机溶剂抽提物含量的测定

5.4.1 样品制备

按照第 4 章的规定准备样品，准备风干样品不少于 25 g。

5.4.2 试剂和仪器

按照 GB/T 2677.6—1994 中第 5 章的规定准备仪器。

乙醇(GB/T 679)CH_3CH_2OH：95%(质量分数)。

苯(GB/T 690)，C_6H_6。

苯-乙醇混合液：2∶1(体积比)。

将 2 体积的苯及 1 体积的 95%乙醇混合均匀备用。

5.4.3 试验步骤

注意：有机溶剂抽提试验应在通风橱中操作。

5.4.3.1 用所要求的有机溶剂对定性滤纸抽提 1 h～2 h，备用。

5.4.3.2 将称量瓶或抽提底瓶在(105±2)℃温度下烘干至恒重(记为 m_0)，备用。

5.4.3.3 将索氏抽提器放置在(105±2)℃烘箱中干燥 3 h～4 h，之后取出放在干燥器中冷却至室温。

5.4.3.4 称取(3±0.2)g(精确至 0.1 mg)试样,记录质量,用预先经过抽提的定性滤纸包好,用线扎住,不可包得太紧,但也应防止过松,以免试样漏出。

5.4.3.5 将滤纸包放进索氏抽提器,将索氏抽提器连接到烘干至恒重的底瓶上,加入不少于 150 mL 所需用的有机溶剂,超过其溢流水平,并多加 20 mL 左右,连接冷凝器,将仪器安装在恒温水浴上开始抽提。

5.4.3.6 打开冷却水,调节加热器,使有机溶剂沸腾速度能确保每小时抽提循环不少于 4 次,如此抽提 6 h。

5.4.3.7 抽提完毕后,提起冷凝器。如发现底瓶抽提液中有纸毛,则应通过滤纸将抽提液滤入称量瓶中,并用少量的有机溶剂分次漂洗底瓶及滤纸;之后再将抽出液倒回底瓶。用夹子小心地从抽提器中取出盛有试样的纸包,然后将冷凝器重新和抽提器连接,蒸发至抽提底瓶中的抽提液约为 30 mL 为止,以此来回收一部分有机溶剂。

5.4.3.8 取下底瓶,擦净置入(105±2)℃的烘箱中烘 5 h 后称重(记为 m_2);或取下底瓶将其内容物移入已烘干恒重的称量瓶中,用少量抽提用的有机溶剂漂洗底瓶 3～4 次,洗液亦应倾入称量瓶中,将称量瓶置于水浴上,小心地加热以蒸去多余的溶剂,最后擦净称量瓶外部,置入烘箱于(105±2)℃烘 5 h 后称重(记为 m_2)。

5.4.3.9 在称取抽提试样的同时,另称取试样按照 GB/T 2677.2—2011 测定水分含量,计算出被抽提试样在抽提前的绝干质量(记为 m_1)。

5.4.4 结果计算

有机溶剂抽提物的含量 X_4 按式(4)计算:

$$X_4 = \frac{m_2 - m_0}{m_1} \times 100\% \qquad \cdots\cdots(4)$$

式中:

m_0——空称量瓶或抽提底瓶的质量,单位为克(g);

m_1——抽提前试样的绝干质量,单位为克(g);

m_2——称量瓶或抽提底瓶加烘干后的抽出物质量,单位为克(g)。

同时进行两份测定,取其算数平均值作为测定结果,取至 0.01%。两次测定计算值相差不应超过 0.40%。

6 试验报告

实验报告应包括以下内容:

a) 样品信息:试验或测试样品的名称、种类、尺寸、数量、取样信息等;

b) 所使用的标准,包括标准名称、标准号;

c) 所使用的试验方法(有机溶剂抽提物含量的测定应明确所使用的溶剂种类);

d) 试验结果;

e) 试验中所观察到的异常现象;

f) 试验人员、日期。

ICS 79.040
B 69

GB

中华人民共和国国家标准

GB/T 35817—2018

室内用树脂改性木材通用技术要求

General technical requirements of modified wood with resin impregnation for interior application

2018-02-06 发布　　2018-09-01 实施

中华人民共和国国家质量监督检验检疫总局
中国国家标准化管理委员会　发布

前言

本标准按照 GB/T 1.1—2009 给出的规则起草。

本标准由国家林业局提出。

本标准由全国木材标准化技术委员会(SAC/TC 41)归口。

请注意本标准的某些内容可能涉及专利。本标准的发布机构不承担识别这些专利的责任。

本标准起草单位:中国林业科学研究院木材工业研究所、河北爱美森木材加工有限公司、广东省宜华木业股份有限公司、格林百奥生态材料科技(上海)有限公司、湖南栋梁木业有限公司、台州市华浙木业有限公司、洋浦久聚台木材科技有限公司、北京鑫楚之园环保科技有限责任公司、北京健木宝科技开发有限公司。

本标准主要起草人:张玉萍、刘君良、杨忠、柴宇博、吕文华、李理、刘壮青、王寅、刘小芳、卢志敏、黄培伟、董学明、陈剑。

室内用树脂改性木材通用技术要求

1 范围

本标准规定了树脂改性木材的术语和定义、要求、检验方法、检验规则、标识、包装、运输和贮存。

本标准适用于室内用树脂整体浸渍处理的锯材。

2 规范性引用文件

下列文件对于本文件的应用是必不可少的。凡是注日期的引用文件，仅注日期的版本适用于本文件。凡是不注日期的引用文件，其最新版本(包括所有的修改单)适用于本文件。

GB/T 1932 木材干缩性测定方法

GB/T 1936.1 木材抗弯强度试验方法

GB/T 1936.2 木材抗弯弹性模量测定方法

GB/T 2828.1—2012 计数抽样检验程序 第1部分：按接收质量限(AQL)检索的逐批检验抽样计划

GB/T 4823 锯材缺陷

GB 18580 室内装饰装修材料 人造板及其制品中甲醛释放限量

3 术语和定义

GB/T 4823界定的以及下列术语和定义适用于本文件。

3.1

树脂改性木材 modified wood with resin impregnation

采用以水溶性热固型树脂(如脲醛树脂、酚醛树脂、三聚氰胺树脂等)为主体改性剂处理木材制得的改性木材。

3.2

素材 untreated wood

未经改性处理的木材。

3.3

吸湿平衡含水率 absorption equilibrium moisture content

干木材在一定温度和相对湿度的环境中吸收水分后，最终达到的稳定含水率。

4 要求

4.1 素材质量

素材缺陷限度应符合表1的规定。

表 1　素材缺陷限度要求

缺陷名称	检量与计算方法	允许限度
活节及死节	最大尺寸不得超过板宽的	40%
	任意材长 1 m 范围内个数不得超过	12 个
腐朽	面积不得超过所在材面面积的	10%
裂纹夹皮	长度不超过材长的	30%
虫眼	任意材长 1 m 范围内个数不得超过	15 个
钝棱	最严重缺角尺寸不得超过材宽的	30%
弯曲	横弯最大拱高不得超过内曲水平长的	2%
	顺弯最大拱高不得超过内曲水平长的	3%
斜纹	斜纹倾斜程度不得超过	20%

4.2　感观质量

4.2.1　树脂改性木材应无异味。

4.2.2　树脂改性木材表面应无树脂及其助剂的析出物。

4.3　理化性能

理化性能应符合表 2 的规定。

表 2　理化性能要求

检验项目	要求	
	素材气干密度 $<0.50\ g/cm^3$	素材气干密度 $\geqslant 0.50\ g/cm^3$
密度	提高率不小于 30%	由供需双方商定，产品应标识各项性能的最低值
吸湿平衡含水率	降低值不小于 2%	
抗弯弹性模量	提高率不小于 30%	
抗弯强度	提高率不小于 40%	
弦向干缩率	降低值不小于 2%	
甲醛释放量	符合 GB 18580 的要求	

5　检验方法

5.1　素材质量

按 GB/T 4823 的规定进行。

5.2　感观质量

5.2.1　距离样品 50 mm，鼻嗅检验样品是否具有异味。

5.2.2　距离样品 500 mm，目测观察样品表面是否有树脂及其助剂析出沉积现象。

5.3 理化性能

5.3.1 试件制取、尺寸和数量的规定

5.3.1.1 素材和改性木材试样应为同一树种、同一批木材的边材，应从干燥完成后的样品中随机抽取。

5.3.1.2 试件应从距试样端部300 mm处截取。若原试样整体长度小于600 mm时，从试样中部取样。所有试件应从无疵试样上制取，试件端面生长轮应平行试件的一侧边，试件表面应刨光。

5.3.1.3 密度、吸湿平衡含水率、抗弯弹性模量、抗弯强度和弦向干缩率测试试件应从试样中均匀制取，甲醛释放量试件应尽可能地从试样中均匀制取。

5.3.1.4 抗弯弹性模量、抗弯强度和弦向干缩率试件测试前应置于温度为(20±2)℃，相对湿度为(65±5)%的环境中进行平衡处理直至试件达到恒重(每隔24 h称量1次，当最后两次质量之差不超过试件质量的0.5%时，即认为试件达到恒重)。

表3 理化性能测试试件尺寸与数量要求

检验项目	素材试件		改性木材试件	
	尺寸/mm	数量/个	尺寸/mm	数量/个
密度、吸湿平衡含水率	20×20×20	30	20×20×20	30
抗弯弹性模量、抗弯强度	300×20×20	10	300×20×20	10
弦向干缩率	20×20×20	30	20×20×20	30
甲醛释放量	—		按GB 18580的规定进行	
注：若试样的厚度小于20 mm时，密度、吸湿平衡含水率、抗弯弹性模量、抗弯强度、弦向干缩率试件的厚度应根据试样制取最大厚度，且素材和改性木材试件厚度应相同。				

5.3.2 密度测试方法

5.3.2.1 将试件放入干燥箱中，在(103±2)℃的温度下烘8 h后，从中选定2个～3个试件进行一次试称，以后每隔2 h称量所选试件一次，至最后两次称量之差不超过试件质量的0.5%时，即认为试件达到全干状态，用干燥的镊子将试件从干燥箱中取出，放入装有干燥剂的玻璃干燥器内的称量瓶中，盖好称量瓶和干燥器盖。待试件干燥冷却至室温后，用干燥的镊子自称量瓶中取出试件进行称量，精确至0.001 g。称量后立即于试件各相对面的中心位置，分别测出弦向、径向和顺纹方向尺寸，精确至0.01 mm。

5.3.2.2 各试件的全干密度(ρ)按式(1)计算，精确至0.001 g/cm³：

$$\rho=\frac{m}{V} \qquad \cdots\cdots(1)$$

式中：

ρ ——试件的全干密度，单位为克每立方厘米(g/cm³)；

m ——试件全干时的质量，单位为克(g)；

V ——试件全干时的体积，单位为立方厘米(cm³)。

5.3.2.3 分别计算30个素材试件和30个改性木材试件全干密度的平均值，精确至0.001 g/cm³，即为素材全干密度值(ρ_0)和改性木材全干密度值(ρ_t)。

5.3.2.4 改性木材密度提高率($\Delta\rho$)按式(2)计算，精确至1%：

$$\Delta\rho = \frac{\rho_t - \rho_o}{\rho_o} \times 100\% \qquad \cdots\cdots(2)$$

式中：

$\Delta\rho$ ——密度提高率；

ρ_t ——改性木材的全干密度，单位为克每立方厘米(g/cm^3)；

ρ_o ——素材的全干密度，单位为克每立方厘米(g/cm^3)。

5.3.3 吸湿平衡含水率测试方法

5.3.3.1 按5.3.2.1的规定称量试件的全干质量，精确至0.001 g。

5.3.3.2 将称量后的试件置于温度(20±2)℃、相对湿度为(65±5)%的环境中，从中选定2个～3个试件进行一次试称，以后每隔24 h称量所选试件一次，至最后两次质量之差不超过试件质量的0.5%时，即认为试件吸湿达到平衡状态，取出试件称量，精确至0.001 g。

5.3.3.3 各试件的吸湿平衡含水率(W)按式(3)计算，精确至0.1%：

$$W = \frac{m_w - m}{m} \times 100\% \qquad \cdots\cdots(3)$$

式中：

W ——试件的吸湿平衡含水率；

m_w ——试件吸湿平衡时的质量，单位为克(g)；

m ——试件全干时的质量，单位为克(g)。

5.3.3.4 分别计算30个素材试件和30个改性木材试件吸湿平衡含水率的算术平均值，精确至0.1%，即为素材的吸湿平衡含水率值(W_o)和改性木材的吸湿平衡含水率值(W_t)。

5.3.3.5 计算素材吸湿平衡含水率(W_o)与改性木材的吸湿平衡含水率(W_t)的差，精确至1%，即为改性木材吸湿平衡含水率降低值(ΔW)。

5.3.4 抗弯弹性模量测试方法

5.3.4.1 试验设备和试验步骤按GB/T 1936.2中的规定进行，试件的抗弯弹性模量计算按GB/T 1936.2中试样含水率为W时的抗弯弹性模量的规定进行，精确至10 MPa。

5.3.4.2 分别计算10个素材试件和10个改性木材试件抗弯弹性模量的平均值，精确至10 MPa，即为素材抗弯弹性模量(E_o)和改性木材抗弯弹性模量(E_t)。

5.3.4.3 改性木材抗弯弹性模量提高率(ΔE)按式(4)计算，精确至1%：

$$\Delta E = \frac{E_t - E_o}{E_o} \times 100\% \qquad \cdots\cdots(4)$$

式中：

ΔE ——抗弯弹性模量提高率；

E_t ——改性木材的抗弯弹性模量，单位为兆帕(MPa)；

E_o ——素材的抗弯弹性模量，单位为兆帕(MPa)。

5.3.5 抗弯强度测试方法

5.3.5.1 试验设备和试验步骤按GB/T 1936.1中的规定进行，试件的抗弯强度计算按GB/T 1936.1中试样含水率为W时的抗弯强度的规定进行，精确至0.1 MPa。

5.3.5.2 分别计算10个素材试件和10个改性木材试件抗弯强度的平均值，精确至0.1 MPa，即为素材抗弯强度(σ_o)和改性木材抗弯强度(σ_t)。

5.3.5.3 改性木材抗弯强度提高率($\Delta\sigma$)按式(5)计算，精确至1%：

$$\Delta\sigma = \frac{\sigma_t - \sigma_o}{\sigma_o} \times 100\% \qquad \cdots\cdots(5)$$

式中：

$\Delta\sigma$ ——抗弯强度提高率；

σ_t ——改性木材的抗弯强度，单位为兆帕（MPa）；

σ_o ——素材的抗弯强度，单位为兆帕（MPa）。

5.3.6 弦向干缩率

5.3.6.1 试验设备和试验步骤按 GB/T 1932 中的规定进行，试件的弦向干缩率计算按 GB/T 1932 中弦向全干缩率的规定计算，精确至 0.1%。

5.3.6.2 分别计算 30 个素材试件和 30 个改性木材试件弦向干缩率的平均值，精确至 0.1%，即为素材弦向干缩率（β_o）和改性木材弦向干缩率（β_t）。

5.3.6.3 计算素材弦向干缩率（β_o）与改性木材弦向干缩率（β_t）的差，精确至 1%，即为改性木材弦向干缩率降低值（$\Delta\beta$）。

5.3.7 甲醛释放量

按 GB 18580 的规定进行。

6 检验规则

6.1 检验分类

产品检验分出厂检验和型式检验。

6.1.1 出厂检验

出厂检验项目包括：

a) 感观质量；

b) 密度；

c) 甲醛释放量。

6.1.2 型式检验

型式检验包括感观质量和理化性能的全部检验项目。正常生产时，每年型式检验不少于一次。有下列情况之一时，应进行型式检验：

a) 当原辅材料及生产发生较大变化时；

b) 长期停产，恢复生产时；

c) 质量监督部门提出型式检验要求时。

6.2 抽样和判定方法

6.2.1 感观质量

采用 GB/T 2828.1—2010 的一般水平Ⅱ、接收质量限（AQL）为 4.0 的正常检验二次抽样，抽样方案见表 4。

表 4 感观质量检验抽样方案

单位为块(根)

批量范围	样本	样本量	累计样本量	接收数	拒收数
≤150	第一 第二	13 13	13 26	0 3	3 4
151～280	第一 第二	20 20	20 40	1 4	3 5
281～500	第一 第二	32 32	32 64	2 6	5 7
501～1 200	第一 第二	50 50	50 100	3 9	6 10
1 201～3 200	第一 第二	80 80	80 160	5 12	9 13
3 201～10 000	第一 第二	125 125	125 250	7 18	11 19
注：超过 10 000 块(根)按另批处理。					

6.2.2 理化性能

6.2.2.1 抽样方案

抽样方案见表 5。在初检和复检试样中，任意 10 块(根)改性木材组成一组。任一组初检样本检验结果中某项指标不合格时，允许进行复检一次，在同批产品中加倍抽取样品对不合格项进行复检，复检后全部合格，判为合格；若有一项不合格，判为不合格。

表 5 理化性能抽样方案

单位为块(根)

提交检查批的成品数量	初检抽样数	复检抽样数
≤1 000	10	20
≥1 001	20	40
注：如样品规格偏小，按以上方案抽取的样品不能满足检验要求时，可适当增加抽样数量；如果样品规格偏大，抽样时可从样品上截取满足检验需要的部分作为试样。		

6.2.2.2 检验结果的判断

试样的密度、吸湿平衡含水率、抗弯弹性模量、抗弯强度、弦向干缩率和甲醛释放量达到标准规定要求或所标识的性能要求，判定试样的密度、吸湿平衡含水率、抗弯弹性模量、抗弯强度、弦向干缩率和甲醛释放量合格，否则判为不合格。

6.3 综合判定

当样本感观质量和理化性能检验结果全部达到标准要求或所标识性能要求时判为该批产品合格，否则判该批产品不合格。

6.4 检验报告

检验报告内容应包括：

a） 被检产品的名称、类别、检验依据的标准、检验类别和检验项目等；

b） 检验结果及其结论；

c） 检验过程中出现的各种异常情况以及有必要说明的问题。

7 标识、包装、运输和贮存

7.1 改性木材应采用逐块(根)标识或逐包标识，标识内容应包括产品的名称、执行标准编号、木材名称、生产企业名称和地址。素材气干密度大于或等于 0.5 g/cm^3 的改性木材还应标识其物理力学性能的最低限度值。

7.2 改性木材在运输和贮存中应注意防潮、防雨和防晒。

ICS 65.020.01
B 60

中华人民共和国国家标准

GB/T 35818—2018

林业生物质原料分析方法 多糖及木质素含量的测定

Standard method for analysis of forestry biomass—Determination of structural polysaccharides and lignin

2018-02-06 发布　　2018-09-01 实施

中华人民共和国国家质量监督检验检疫总局
中国国家标准化管理委员会　发布

前　言

本标准按照GB/T 1.1—2009给出的规则起草。

本标准由国家林业局提出。

本标准由全国林业生物质材料标准化技术委员会(SAC/TC 416)归口。

本标准起草单位:东北林业大学。

本标准主要起草人:王清文、郝笑龙、王奉强、肖泽芳、隋淑娟、王伟宏、李淑君、牟彬杉。

林业生物质原料分析方法 多糖及木质素含量的测定

1 范围

本标准规定了林业生物质原料中多糖及木质素含量的测定方法。

本标准适用于木材、竹材、藤材、农作物秸秆等植物原料内多糖和木质素的定量分析。

2 术语和定义

下列术语和定义适用于本文件。

2.1

林业生物质　forestry biomass

由植物光合作用等生命活动产生的天然有机物质，由纤维素、半纤维素和木质素三种主要高分子以及淀粉、果胶、蛋白质、抽提物等其他多种成分构成，主要以各种形态的木材、竹材、藤材、秸秆、果壳等形式存在，是可再生的天然植物纤维资源。

2.2

多糖　structural polysaccharides

植物纤维原料除去细胞腔内含物和细胞壁木质素后所保留的全部纤维素及半纤维素的统称，也称综纤维素。

3 林业生物质粉末样品的制备

3.1 林业生物质原料分类

样品原料按来源和形态分为木材、非木材原料和其他林业生物质原料三类，最终制备的粉末样品量应均不少于 200 g。

3.2 木材原料

3.2.1　采集同一产地、同一树种的木材，并标明木材的树种、树龄、产地、砍伐年月等。

3.2.2　在所取木材原料的上部、中部、下部各截取 2 块～3 块厚度 6 mm 左右的圆盘，或者选取直径不超过 6 mm 的细枝。

3.2.3　将所截取的材料在干燥通风处放置数日后，切成小薄木片，将所选材料均匀混合，按四分法采集均匀薄片样品约 1 000 g。

3.2.4　将所得材料置于 105 ℃±2 ℃的烘箱中烘干以便粉碎，用粉碎机将原料粉碎至全部通过 40 目筛，得粉末样品。

3.2.5　取适量粉末样品于恒重的容器中，在 105 ℃±2 ℃的烘箱中干燥，至相邻两次称重的质量偏差小于 0.2%(时间差应不小于 1 h)，得绝干粉末样品，密封贮存在干燥器中备用。

3.3 非木材原料

3.3.1　采集竹材、稻草、秸秆、麻类等原料 500 g，详细记录其种类、产地、采集年月、贮存年月、品质情况

(变质情况及清洁程度等)，若其中夹杂铁丝、铁屑等硬物应先用磁铁吸除。根据需要，可以去掉或者保留根、髓和穗部。

3.3.2 将所得材料置于105 ℃±2 ℃的烘箱中烘干以便粉碎，用粉碎机将原料粉碎至全部通过40目筛，得粉末样品。

3.3.3 取适量粉末样品于恒重的容器中，在105 ℃±2 ℃的烘箱中干燥，至相邻两次称重的质量偏差小于0.2%(时间差应不小于1 h)，得绝干粉末样品，密封贮存在干燥器中备用。

3.4 其他林业生物质原料

3.4.1 木材加工剩余物、废旧木质纤维材料及其制品等其他林业生物质原料，可以是一种或几种的混合物，除去其中夹杂的铁丝、石块等杂物。

3.4.2 原料中形态差异较大的可以将体积较大的部分进行切削，均匀混合，按四分法采集均匀样品约1 000 g。

3.4.3 将所得材料置于105 ℃±2 ℃的烘箱中烘干以便粉碎，用粉碎机将原料粉碎至全部通过40目筛，得粉末样品。

3.4.4 取适量粉末样品于恒重的容器中，在105 ℃±2 ℃的烘箱中干燥，至相邻两次称重的质量偏差小于0.2%(时间差应不小于1 h)，得绝干粉末样品，密封贮存在干燥器中备用。

4 粉末样品中抽提物的去除

4.1 试剂和仪器

4.1.1 试剂

4.1.1.1 苯(GB/T 690)C_6H_6。

4.1.1.2 乙醇(GB/T 679)CH_3CH_2OH:95%(质量分数)。

4.1.1.3 苯-乙醇混合液:2∶1(体积比)。

4.1.1.4 定性滤纸。

4.1.2 仪器

4.1.2.1 分析天平:感量0.1 mg。

4.1.2.2 恒温水浴。

4.1.2.3 250 mL索氏抽提器。

4.1.2.4 烘箱。

4.1.2.5 干燥器。

4.1.2.6 布氏漏斗。

4.1.2.7 抽滤瓶:1 000 mL。

4.1.2.8 真空泵。

4.2 抽提物的去除

4.2.1 将索氏提取器放置在105 ℃±2 ℃烘箱中干燥3 h～4 h，将其取出放置在干燥器中冷却至室温。

4.2.2 称取1 g～2 g绝干粉末样品，记录，将滤纸叠成一边不封口的纸包，将已称取的样品装入纸包，用线扎住(不可包得太紧，但亦应防止过松，以免漏出)。将滤纸包用长镊子加入到索氏提取套管中，滤纸包的高度不超过虹吸管的顶端。

4.2.3 组装索氏提取装置，在其中加入适量溶剂，超过其溢流水平，并多加20 mL左右，连接冷凝器，在恒温水浴上加热回流 6 h～8 h。定期检测回流的速率，并且调整加热速率使回流效率保持在每小时 4 次～5 次溶剂交换。

4.2.4 当抽提结束时，移除套管，取出滤纸包，去除溶剂，在干燥器中保存备用。

5 灰分的测定

5.1 仪器

5.1.1 分析天平：感量 0.1 mg。

5.1.2 瓷坩埚。

5.1.3 电炉。

5.1.4 马弗炉。

5.1.5 干燥器。

5.2 实验步骤

5.2.1 将瓷坩埚放入马弗炉中，温度为 575 ℃±25 ℃下灼烧 4 h，移出马弗炉，置于干燥器中冷却 1 h，称重(精确至 0.1 mg)，重复以上操作直至相邻两次称量间误差小于±0.3 mg 时确认为达到恒重。

5.2.2 精确称取 2 g～3 g 绝干粉末试样 G_0，放入已预先经过灼烧并已恒重的瓷坩埚中，盖上盖子，在电炉上充分炭化至无烟。

5.2.3 将瓷坩埚移入马弗炉中，在 575 ℃±25 ℃温度下灼烧 3 h～4 h，重复以上操作直至相邻两次称量间误差小于±0.3 mg 时确认为已恒重，称重(精确至 0.1 mg)，灰渣质量记为 G_1。

5.3 结果计算

生物质原料中灰分含量 X 按式(1)计算：

$$X=\frac{G_1}{G_0}\times 100\% \qquad \cdots\cdots(1)$$

式中：

X ——生物质原料中灰分含量；

G_1——灰渣质量，单位为克(g)；

G_0——绝干试样质量，单位为克(g)。

同时进行平行测试，取其算术平均值作为测定结果，精确至小数点后两位，相对误差应不超过 1%。

6 多糖含量测定

6.1 试剂和仪器

6.1.1 试剂

6.1.1.1 亚氯酸钠：化学纯以上。

6.1.1.2 冰醋酸：分析纯。

6.1.1.3 蒸馏水。

6.1.1.4 定性、定量滤纸。

6.1.1.5 pH 试纸。

6.1.2 仪器

6.1.2.1 分析天平：感量 0.1 mg。

6.1.2.2 锥形瓶:250 mL、25 mL。

6.1.2.3 恒温水浴。

6.1.2.4 烘箱。

6.1.2.5 1G2 玻璃滤器。

6.1.2.6 抽滤瓶:1 000 mL。

6.1.2.7 真空泵。

6.2 实验步骤

6.2.1 准确称取 2 g(精确至 0.1 mg)绝干粉末样品 G_0,按照 5.2 中方法去除抽提物,移入 250 mL 锥形瓶中。加入 65 mL 蒸馏水,10 滴(0.5 mL)冰乙酸及 0.6 g 亚氯酸钠(以 100%纯度计)摇匀,在锥形瓶口上倒扣一个容量 25 mL 的小锥形瓶,放在 75 ℃恒温水浴中加热 1 h。在加热过程中,应经常旋转并摇动锥形瓶。1 h 后,不必等溶液冷却,可再加入 10 滴(0.5 mL)冰乙酸及 0.6 g 亚氯酸钠,摇匀,继续放在 75 ℃恒温水浴中加热 1 h,如此重复进行(一般重复 3 次~4 次),直至试样变白。

6.2.2 将锥形瓶自水浴中取出,放进冰水中冷却。

6.2.3 用已恒重的 1G2 玻璃滤器(称重记为 G_1)抽滤,用冰冷的蒸馏水反复洗涤至洗液 pH 值为 7.0 时,再用丙酮洗涤 3 次,吸干洗液,取出滤器,用蒸馏水洗涤滤器外部。

6.2.4 将已洗涤的滤器移入烘箱,于 105 ℃±2 ℃烘箱中烘至恒重,相邻两次称量的时间差应不小于 1 h,质量偏差应小于 0.2%。

6.2.5 冷却滤器,称重记为 G_2。

6.3 结果计算

6.3.1 木材原料中多糖含量 X_1 按式(2)计算:

$$X_1 = \frac{G_2 - G_1}{G_0} \times 100\% \qquad \cdots\cdots(2)$$

式中:

X_1——木材原材料中多糖含量;

G_0——绝干试样质量,单位为克(g);

G_1——恒重玻璃滤器质量,单位为克(g);

G_2——恒重玻璃滤器与多糖总质量,单位为克(g)。

6.3.2 非木材原料中多糖含量 X_2 按式(3)计算:

$$X_2 = \frac{G_2 - G_1}{G_0} \times 100\% - X \qquad \cdots\cdots(3)$$

式中:

X_2——非木材原材料中多糖含量;

G_0——绝干试样质量,单位为克(g);

G_1——恒重玻璃滤器质量,单位为克(g);

G_2——恒重玻璃滤器与多糖总质量,单位为克(g);

X ——按照第 5 章测定的灰分含量。

同时进行平行测试,取其算术平均值作为测定结果,精确至小数点后两位,相对误差应不超过 1%。

6.3.3 其他林业生物质原料中多糖的含量,若灰分含量 $X \leqslant 1\%$(测定方法参见第 5 章),按式(2)计算;若灰分含量 $X > 1\%$,按式(3)计算。

7 木质素含量测定

7.1 试剂和仪器

7.1.1 试剂

7.1.1.1 72%硫酸:将 665 mL 浓硫酸缓缓倒入装有 300 mL 蒸馏水的锥形瓶中,冷却后,再加蒸馏水稀释至 1 000 mL,充分摇匀。将此溶液移至量筒中,冷却至室温,通过比重计标定其比重为 1.633 8。

7.1.1.2 蒸馏水。

7.1.1.3 定性、定量滤纸。

7.1.1.4 pH 试纸。

7.1.2 仪器

7.1.2.1 分析天平:感量 0.1 mg。

7.1.2.2 锥形瓶:1 000 mL、100 mL。

7.1.2.3 量筒:100 mL。

7.1.2.4 比重计。

7.1.2.5 恒温水浴。

7.1.2.6 油浴。

7.1.2.7 烘箱。

7.1.2.8 1G2 玻璃滤器。

7.1.2.9 抽滤瓶:1 000 mL。

7.1.2.10 真空泵。

7.2 实验步骤

7.2.1 称取 1 g(精确至 0.1 mg)绝干粉末样品 G_0,按照 5.2 去除抽提物,移入 100 mL 锥形瓶中,加入预先冷却至 12 ℃～15 ℃的 72%硫酸 15 mL,塞紧瓶塞,摇荡使试样全部被酸浸渍。将锥形瓶置入温度为 18 ℃～20 ℃的恒温水浴中,并在此温度下保温 2 h～3 h,并经常摇荡锥形瓶内容物。

7.2.2 到规定时间后,将锥形瓶内容物移入容量 1 000 mL 锥形瓶中,用蒸馏水漂洗锥形瓶,将所有残渣全部洗入 1 000 mL 锥形瓶,所有洗液也倒入该锥形瓶中,然后加蒸馏水稀释至硫酸的浓度为 3%,继续加入蒸馏水使总体积为 560 mL。

7.2.3 在锥形瓶上装上回流冷凝器或不用冷凝器,过程中需要加蒸馏水保持总体积 560 mL 不变,煮沸 4 h,静置,以便不溶物沉积下来。

7.2.4 滤纸应使用 3%硫酸溶液洗涤 3 次～4 次,再用蒸馏水洗涤至滤纸边缘 pH 值为 7.0,并烘干至恒重,待用。

7.2.5 采用已恒重滤纸过滤锥形瓶中样品,将滤纸和残渣移入已知质量(记为 G_1)的称量瓶中,放在 105 ℃±2 ℃烘箱烘至恒重(相邻两次称量的时间差不应小于 1 h,质量偏差应小于 0.2%),称重记为 G_2。

7.3 结果计算

7.3.1 木材原料中酸不溶木质素含量 X_1 按式(4)计算:

$$X_1=\frac{G_2-G_1}{G_0}\times 100\% \qquad \cdots\cdots(4)$$

式中：

X_1——木材原材料中酸不溶木质素含量；

G_0——绝干试样质量，单位为克(g)；

G_1——恒重称量瓶质量，单位为克(g)；

G_2——恒重称量瓶与木质素总质量，单位为克(g)。

7.3.2 非木材原料中酸不溶木质素含量 X_2 按式(5)计算：

$$X_2 = \frac{G_2 - G_1}{G_0} \times 100\% - X \qquad \cdots\cdots(5)$$

式中：

X_2——非木材原材料中酸不溶木质素含量；

G_0——绝干试样质量，单位为克(g)；

G_1——恒重称量瓶质量，单位为克(g)；

G_2——恒重称量瓶与木质素总质量，单位为克(g)；

X ——按照第5章测定的灰分含量。

同时进行平行测试，取其算术平均值作为测定结果，精确至小数点后两位，相对误差应不超过2%。

7.3.3 其他林业生物质原料中酸不溶木质素的含量，若灰分含量 $X \leqslant 1\%$(测定方法参见第5章)，按式(4)计算；若灰分含量 $X > 1\%$，按式(5)计算。

8 试验报告

试验报告应包括如下项目：

a) 样品信息：试验或测试样品的名称、种类、尺寸、数量、取样信息等；

b) 所使用的标准，包括标准名称、标准号；

c) 所使用的试验方法；

d) 试验结果；

e) 试验中观察到的异常现象；

f) 试验人员、日期。

参 考 文 献

[1] GB/T 742—2008 造纸原料、纸浆、纸和纸板灰分的测定
[2] GB/T 2677.1—1993 造纸原料分析用试样的采取
[3] GB/T 2677.6—1994 造纸原料有机溶剂抽出物含量的测定
[4] GB/T 2677.8—1994 造纸原料酸不溶木素含量的测定
[5] GB/T 2677.10—1995 造纸原料综纤维素含量的测定

ICS 65.020
B 05

中华人民共和国国家标准

GB/T 35819—2018

天然橡胶生产良好操作规范

Good agricultural practice for natural rubber

2018-02-06 发布　　　　2018-09-01 实施

中华人民共和国国家质量监督检验检疫总局
中国国家标准化管理委员会　发布

前　言

本标准按照 GB/T 1.1—2009 给出的规则起草。

本标准由中华人民共和国农业部提出并归口。

本标准起草单位：中国热带农业科学院橡胶研究所、海南大学、中国热带农业科学院农产品加工研究所、海南天然橡胶产业集团股份有限公司、云南农垦总局、广东农垦总局、西双版纳农业局、海南省农业厅热作处。

本标准主要起草人：林位夫、魏小弟、郑服丛、卢光、李家宁、兰国玉、李智全、李传辉、陈叶海、严志平、傅建、周珺。

引　言

天然橡胶是一种重要的工业原料。我国巴西橡胶树天然橡胶的生产资源十分宝贵。合理开发利用这一宝贵资源，保障我国巴西橡胶树天然橡胶产业可持续发展，与国民经济运行和国防战略安全、热带地区生态环境保护和天然橡胶产业从业人员身心健康乃至热区经济繁荣、社会稳定都具有十分密切关系。因此，依法、合规、可持续利用我国巴西橡胶树天然橡胶生产资源是对天然橡胶生产过程所有从事种植、加工等组织或个人的首要职责。

为达到符合法律法规、相关标准的要求，满足市场需求和促进天然橡胶产业的可持续发展，本标准包括了以下规定：

a）　天然橡胶生产的管理：

本标准采用危害分析与关键控制点（HACCP）方法识别、评价和控制巴西橡胶树天然橡胶生产。针对巴西橡胶树天然橡胶生产过程的特点，对胶园开垦种植、橡胶树身管理、胶园土壤管理、割胶、植物保护、产品初加工、木材收获、生产组织管理、质量追溯和员工福利等提出了控制点和符合性要求。

b）　产业可持续发展的环境保护要求：

本标准提出了巴西橡胶树天然橡胶生产环境保护的要求，通过要求生产者遵守环境保护法规和标准，营造巴西橡胶树天然橡胶生产过程的良性生态环境，协调产品生产与环境保护的关系。

c）　员工的职业健康、安全和福利要求：

本标准包括了员工职业健康、安全和福利的要求。

本标准将内容条款的控制点划分为3个等级，具体见表1。

表1　本标准内容条款的控制点

等级	级别内容
1	基于危害分析与关键控制点（HACCP）和巴西橡胶树天然橡胶可持续生产直接相关的安全生产要求
2	基于1级控制点要求的环境保护和员工福利的基本要求
3	基于1级和2级控制点要求的环境保护和员工福利的持续改善措施要求

天然橡胶生产良好操作规范

1 范围

本标准规定了巴西橡胶树天然橡胶生产良好农业规范的基础要求。

本标准适用于对巴西橡胶树天然橡胶生产良好农业规范基础要求的符合性判定。

2 规范性引用文件

下列文件对于本文件的应用是必不可少的。凡是注日期的引用文件，仅注日期的版本适用于本文件。凡是不注日期的引用文件，其最新版本（包括所有的修改单）适用于本文件。

GB/T 8081 天然生胶 技术分级橡胶(TSR)规格导则

GB/T 8082 天然生胶 标准橡胶 包装、标志、贮存和运输

GB/T 8289 浓缩天然胶乳 氨保存离心或膏化胶乳 规格

GB 8978 污水综合排放标准

GB 12348 工业企业厂界环境噪声排放标准

GB 14554 恶臭污染物排放标准

GB/T 17822.1 橡胶树种子

GB/T 17822.2 橡胶树苗木

GB/T 19188 天然生胶和合成生胶贮存指南

GB/T 20014.1 良好农业规范 第1部分：术语

LY/T 1184 橡胶木锯材

NY/T 221 橡胶树栽培技术规程

NY/T 229 天然生胶 胶清橡胶

NY/T 409 天然橡胶初加工机械 通用技术条件

NY/T 924 浓缩天然胶乳 氨保存离心胶乳 加工技术规程

NY/T 1038 天然生胶初加工原料 凝胶 验收方法

NY/T 1088 橡胶树割胶技术规程

NY/T 1089 橡胶树白粉病测报技术规程

NY/T 1219 浓缩天然胶乳初加工原料 鲜胶乳

NY 1404 天然橡胶初加工企业安全技术规范

NY/T 1686 橡胶树育苗技术规程

NY/T 2185 天然生胶 胶清橡胶加工技术规程

NY/T 2259 橡胶树主要病虫害防治技术规范

NY/T 2263 橡胶树栽培学 术语

3 术语和定义

GB/T 20014.1 和 NY/T 2263 界定的以及下列术语和定义适用于本文件。

3.1

灾害性天气　disastrous weather

可导致橡胶树发生明显损害的天气。

3.2

胶园种植图　block location sketch map of rubber plantation

胶园(林段)地理位置或园内植行位置信息等示意图。

4　要求

4.1　胶园建设

4.1.1　园地选择

橡胶园建设园地选择的控制点要求见表2。

表2　橡胶园建设园地选择的控制点要求

序号	控制点	符合性要求	等级
1	主要气候条件	海南、广东年均气温>20 ℃,云南>19 ℃;海南、广东年降雨量>1 400 mm,云南>1 000 mm,且分布较均匀	1级
2	灾害性天气出现频率	近50 a出现最低气温小于或等于0 ℃的低温天气次数≤5次; 近50 a出现持续阴雨天≥20 d,期内平均日气温≤10 ℃的低温天气次数≤5次; 近50 a出现风力≥12级,风速32.6 m/s的台风天气次数<5次	1级
3	胶园海拔	海南、广东和云南哀牢山以东植胶区海拔≤350 m(金平≤650 m),云南哀牢山以西植胶区≤900 m	1级
4	胶园坡度	海南、广东植胶区坡度≤25°,云南植胶区≤35°	1级
5	土壤条件	凡有下列情况之一者,不宜作为常规橡胶宜林地: ——地下水埋深<1 m,排水困难的低洼地; ——土层厚度<1 m,且下层为坚硬基岩或不利根系生长的坚硬层的地带; ——pH<4.5和pH>6.5	2级
6	耕作历史	除前茬多年种植木薯以外的土地	2级

4.1.2　胶园规划与开垦

橡胶园建设规划与开垦的控制点要求见表3。

表3　橡胶园建设规划与开垦的控制点要求

序号	控制点	符合性要求	等级
1	土地利用规划	山、水、园、林、路和收胶点综合规划,同时充分考虑区域整体的生态效益,确保水源涵养林和生态多样性基本需要。具体要求应符合NY/T 221的规定	1级
2	垦前园地卫生	垦前查明拟垦园区内的可能引发橡胶树根病的病原菌寄主,逐一标记,彻底清除和处理土壤。 采用化学或人工方法灭除园区内的恶草	1级
3	清岜方法	采用零烧垦技术	1级

表 3（续）

序号	控制点	符合性要求	等级
4	水土保持措施	山顶(脊)和沟壑处留林；等高开垦；坡度>10°的胶园在其上方开天沟；胶园下部开泄水沟	1 级
5	开垦方式	坡度≤5°，修筑沟埂梯田或梯田；坡度>5°，修筑环山行或小梯田。环山行上隔每 3 株～5 株留 1 条土埂	1 级
6	开垦作业	挖大植穴或植沟，植穴规格上宽×深×下宽为 70 cm×60 cm×50 cm；植沟规格宽×深为 80 cm×80 cm；保留足够表土回填植穴(植沟)。 机械作业时应避免反复碾压园内土地	1 级
7	种植密度和形式	风害地区 500 株/hm^2～620 株/hm^2，其他地区 420 株/hm^2～500 株/hm^2；宽行窄株，株距≥2.5 m(广东≥2.0 m)	2 级
8	基肥	腐熟有机肥 10 kg/穴～20 kg/穴或精制有机肥 5 kg/穴～8 kg/穴；钙镁磷肥 0.5 kg/穴	2 级
9	防护林体系	风害地区应高处、风口处留林；人造防护林应因害设防，交联成网。具体要求按 NY/T 221 的规定执行	2 级
10	胶园图示档案	1/5 000 胶园林段示意图	2 级
11	胶园档案	建立胶园建设档案，记录胶园建设和主要生产经营活动	3 级

4.2 种苗生产与使用

橡胶树种苗生产与使用的控制点要求见表 4。

表 4 橡胶树种苗生产与使用的控制点要求

序号	控制点	符合性要求	等级
1	技术培训	有橡胶树育苗专业技术知识和实践经验的师资力量，培训、实习场地和设施。 新工人上岗接受现场技术培训，考核合格后方可上岗。 培训内容主要有当地主栽品种甄别、主推育苗技术、主要苗木病虫害防治技术和苗木质量要求等	2 级
2	种子园建设	采用经国家或省级权威部门推荐的品种或品种组合按推荐的技术要求建立种子园或采种园。具体要求应符合 NY/T 1686 的规定	1 级
3	品种选择	采用农业部或所在省区主管部门主推的品种	1 级
4	种子产地	培育砧木苗用的种子应采自经部省级主管部门认定的种子园或采种区；培育有性系种植材料的种子应采集于经部省级主管部门批准或认定的种子园	1 级
5	种子质量	纯净、新鲜、饱满、无损伤、无畸形，符合 GB/T 17822.1 质量要求二级及以上	1 级
6	芽条产地	用于建立增殖圃和复壮的芽条应来自经部省级主管部门认定的原种圃；培育生产性苗木的芽条应来自经部省级主管部门认定的增殖圃	1 级
7	品种纯化和芽条复壮	品种纯化：每年由有资质人员对原种圃或增殖圃苗木鉴定纯化 1 次～2 次； 芽条复壮：原种圃、增殖圃每 4 a 复壮芽条一次	1 级
8	籽苗优选	淘汰黄化、畸形、病弱的和播种 20 d 以后萌发的植株，具体按照 NY/T 1686 的规定执行	2 级
9	砧木优选	淘汰弱、病、畸形的和 2 次芽接不成活的实生苗	2 级

表 4（续）

序号	控制点	符合性要求	等级
10	苗圃地选择	地形平坦、土层深厚、土壤肥沃、光照和水源充足；地处非根病区，远离胶园100 m以上；交通便利	2级
11	芽接技术	采用籽苗芽接或小苗芽接技术进行芽接育苗	2级
12	苗木检疫	无橡胶树主要病虫害	1级
13	苗木质量	出圃苗木应符合GB/T 17822.2规定的二级及以上质量要求。每批出圃苗木附有质量检验证书	1级
14	苗木分级出圃	按苗木类型、大小、长势分级分批分别出圃	2级
15	苗圃档案	建立育苗档案，记录育苗材料来源和育苗生产主要农事活动	3级

4.3 定植抚育

橡胶苗定植与抚育的控制点要求见表5。

表 5 橡胶苗定植与抚育的控制点要求

序号	控制点	符合性要求	等级
1	技术培训	具备橡胶树种植专业技术知识和实践经验的师资力量，培训、实习场地和设施。 新工人操作前接受技术，考核合格后方可上岗。 培训内容主要有苗木定植、树身管理、土壤管理技术等	2级
2	定植时间	除3蓬叶以上大袋苗可迟至8月底外，其他苗木应在4月以前或当地雨季初期完成定植，最迟不应晚于6月底	1级
3	分级定植	将苗木按长势或植株大小分级并分片定植	2级
4	定植当年成活率或成功率	容器苗的定植成活率应达到100%；高截干的定植成功率应达到90%以上	1级
5	补换植	定植当年9月底前和次年6月底前选用同一品种的个体大于成活植株的苗木补缺株和换弱株	1级
6	抹芽修枝	及时抹除砧木芽和接穗上未来割面部位的萌芽。在风害易发区，宜在早春抽新叶前，对3 m高以内不分枝的幼树截顶，短截霸王枝，修去密集、重叠分枝	1级
7	胶园土地利用	可利用行间土地资源发展种养业，但应距离橡胶树矮干间作物1.5 m、高干间作物3 m以上，加强间作物水肥管理，且在建设生产过程尽量减少水土流失。不应间种橡胶树主要病原的中间寄主作(植)物或掠夺性间种	2级
8	胶园覆盖	定植后在根盘上或植胶带上宜建立死覆盖；不间作的行间裸露地面应尽早建立豆科覆盖	2级
9	荫生带管理	不应灭除荫生带中除恶草外的植物，宜将其高度控制在30 cm～50 cm	1级
10	胶园追肥	有机肥与化肥相结合；采用叶片营养诊断指导施肥技术，或按土壤分区施用橡胶树专用肥；开割树施专用肥约2 kg/株(N、P、K肥总含量30%)；肥料采用沟施	2级
11	胶园水土保持	雨后应及时维护胶园水保工程；将扩穴、挖肥坑等挖出的泥土用于维修环山行和护根；入冬前后进行深翻土	1级

表 5（续）

序号	控制点	符合性要求	等级
12	灾后措施	及时开展灾害调查评估，对不同受害程度的胶园或橡胶树宜及时分别处理	1 级
13	种植生产卫生	回收塑料营养袋和肥料袋等；沟施或穴施化肥；不用易复生易传播的恶草材料作覆盖；不用化学除草剂灭除萌生带杂草；不使用含有大量塑料制品、玻璃、瓦砾、混凝土等垃圾肥料	2 级
14	林段图示档案	1/1 000 胶园种植图	2 级
15	胶园管理档案	建立胶园档案，记录每年胶园抚管主要措施	3 级

4.4 病虫草害防治

橡胶树病虫草害防治的控制点要求见表 6。

表 6 橡胶树病虫草害防治的控制点要求

序号	控制点	符合性要求	等级
1	技术培训	有橡胶树病、虫、草害防治专业知识和实践经验的植物保护中级以上专业技术人员。 有比较完善的橡胶树植保专业培训设施，包括具备集中培训的多媒体设备、教学标本、实习场所等。 基层植物保护人员每年接受不少于一次的岗前培训，考核合格的方可上岗。 培训内容主要有农药安全合理使用、植物保护机械使用与维护、病虫草害调查与识别、主要病虫草害防治等知识和操作技术	2 级
2	防治原则	应贯彻“预防为主，综合防治”的植保方针，综合应用农业防治、生物防治、物理防治和化学防治，其中化学防治应根据病虫草害种类、不同病虫草害危害程度，合理选择和安全使用对主要病虫草害高效、低毒、低残留的农药种类；不应使用高毒、高残留的化学农药	1 级
3	疫情动态	基层植物保护单位应掌握当地病虫草害种类和发生情况；建立病虫草害数据库；每 1 a～2 a 实施一次病虫草害普查	1 级
4	病虫草害预警	区域植物保护部门应建立病虫草害发生危害情况的监测预报网络；有专门负责病虫草害监测及预测预报的人员、设施和条件；对重要病虫害每年实施预测预报，橡胶树白粉病测报具体要求按 NY/T 1089 的规定执行；备有新发生危险性病虫害的应急预案	1 级

表 6（续）

序号	控制点	符合性要求	等级
5	主要病虫草害的化学防治	基层植物保护单位应配备病虫草害化学防治的专业技术和操作人员；有必要的施药器械和安全贮存药物的场所；有比较完善的病虫草害防治效果评价体系；有药物中毒事故应急处理预案。 对于流行性的叶部病害，如白粉病和炭疽病，主要采取化学防治措施，并结合选育种计划推广抗病、耐病品种。喷药时机应根据天气、橡胶树物候以及病情确定。 对于根病、条溃疡病等病害，应采取农业、物理、生物、化学等措施相结合的综合防治措施。根病的防治以预防为主，关键环节是减少或杜绝初侵染源，出现根病病株时应及时挖沟隔离和施药处理。条溃疡病的防治应以贯彻“一浅四不割”为主、化学防治为辅的防治措施。（一浅：科学安排割胶深度；四不割：树身不干不割胶、30 cm 以下低割线不割胶、早晨气温低于 15 ℃不割胶、未经治疗处理的发病树不割胶）。 对于六点始叶螨等高温干旱季节发生、爆发性强的害螨（虫），应根据害螨（虫）发生史和天气预报，及早采取化学防治措施做好防治。对于小蠹虫、介壳虫等发生危害进程缓慢的害虫，可采用保护利用天敌诱杀和安全合理使用农药相结合的综合防治措施。 具体防治技术按 NY/T 2259 的规定执行。 至少有两种毒理作用不同、防治效果良好、对人畜低毒、对天敌杀伤力小的防治药剂可供选择使用；具有能保护生态安全的其他辅助防治措施。 施药时选用能有效送达靶标的药剂和向非靶标区扩散少的剂型。 按照农药使用说明上规定的有效间隔期安排施药时间。 按照农药使用说明推荐的使用浓度施药。 施药人员应经过安全操作培训，熟悉安全操作程序；有可靠的防护装备；有中毒应急预案	1 级
6	残药处理	施药器具使用完毕后应在远离人畜居住和耕作区处清洗；残存废药、清洗产生的废水、可生物降解的药物包装器物应集中安全处理；不可生物降解材料应集中进行无害化处理	1 级
7	植保档案	建立胶园植物保护档案，记录病虫草害发生、危害和防治措施等。格式按附录 A 执行	3 级

4.5 割胶生产

4.5.1 开割标准、割胶技术、割胶制度

橡胶树割胶的控制点要求见表 7。

表 7 橡胶树割胶的控制点要求

序号	控制点	符合性要求	等级
1	技术培训	有割胶专业知识和熟练掌握割胶技术的师资力量，培训、实习场地和设施。 新胶工在上岗前、老胶工在开割前分别接受为期 1 月和 1 周的割胶技术培训或复训，考核合格后方可上岗	1 级

表 7（续）

序号	控制点	符合性要求	等级
2	开割标准	芽接树(含自根无性系,下同)离地高度 100 cm 处的茎围≥50 cm,其中处于重风、重寒害区以及树龄大于或等于 12 a 的茎围≥45 cm 的植株之和占林段内总株数的 50%及以上	1 级
3	割面规划	第一割面为割线下端离地面高度 130 cm～150 cm,第二割面为 150 cm;再生皮均为 150 cm	1 级
4	割胶制度	按 NY/T 1088 的规定执行	1 级
5	割胶强度	建议割胶强度为非刺激割胶初割期 67%,稳产期 100%,更新前>100%;刺激割胶初割期和稳产期 40%～67%。实际割胶强度应采用产胶动态分析指导割胶技术确定	1 级
6	开割日期	同林段内第一蓬叶老化的植株占比达 80%以上(云南植胶区达 70%以上)或单株老化期叶片占比达 80%以上	2 级
7	停割日期	早上 8 时气温低于 15 ℃的当天停割,若低温停割连续 3 d 以上的当年停割;单株 50%以上叶片变黄,单株停割;≥50%植株停割的,整个树位停割;≥50%树位停割的,全园(场)停割;年割胶刀数或树皮消耗量达到既定指标的当年停割 **注:**既定指标可以企业规定或推荐割制要求。	2 级
8	割胶技术	宜选用小圆口,刀口锋利、平齐的胶刀,不应使用"三角刀";割胶深度均匀,耗皮适中,割线顺直,下收刀整齐;推荐"三看割胶"	1 级
9	树皮消耗量	阳刀和阴刀割胶的单刀耗皮量分别是:d/2、d/3,≤1.4 mm 和≤1.8 mm;d/4,≤1.6 mm 和≤2.0 mm;d/5,≤1.7 mm 和≤2.1 mm	2 级
10	割胶深度	刺激割制:PR107 等耐刺激品种≥1.8 mm;RRIM600 等不耐刺激品种≥2.0 mm。 非刺激割制:耐刺激品种≥1.4 mm;不耐刺激品种≥1.8 mm	1 级
11	年增死皮率	当年新增 4 级以上死皮率≤0.5%	1 级
12	月伤口率	当月特伤伤口率为 0;大伤口率<5%;小伤口率<20%	1 级
13	割胶档案	建立割胶档案,记录天气、割胶日期、制度、强度、产量和死皮等副作用等情况	3 级
注:d/2、d/3、d/4、d/5 的含义参见 NY/T 1088—2006。			

4.5.2 提高胶乳产品质量的措施

提高胶乳产品质量的措施的控制点要求见表 8。

表 8 提高胶乳产品质量的措施的控制点要求

序号	控制点	符合性要求	等级
1	保持"六清洁"	在割胶生产期间经常进行"六清洁"工作,即保持胶杯、胶刮、胶桶、胶舌、树身和树头清洁	1 级
2	安全割胶技术	割胶工了解安全割胶生产基础知识和掌握安全生产技能	1 级
3	合理割胶	采用与品种、树龄和树况匹配的割胶制度。不加刀、不加药	1 级
4	避免雨冲胶	采用防雨帽或防雨裙装置;雨天不割胶,雨前收胶	1 级

表 8（续）

序号	控制点	符合性要求	等级
5	胶乳田间保存	按生产要求使用胶乳保存剂	2 级
6	保持原料纯度	胶乳及其他原料中不应掺杂影响产品质量的物质	1 级
7	胶乳收集与运输	用于生产浓缩胶乳的鲜胶乳，应在收集后 3 h 内送到收胶站或加工厂	2 级
8	合理施肥	采用叶片营养诊断技术指导施肥，保持胶乳中有关养分比例合理	2 级

4.6 橡胶初加工

4.6.1 加工技术培训

对从事橡胶初加工人员技术培训的控制点要求见表 9。

表 9 对橡胶初加工人员技术培训的控制点要求

序号	控制点	符合性要求	等级
1	师资力量	有天然橡胶加工专业知识和实践经验的中级职称或高级技师以上（含）的师资力量	2 级
2	培训设施	有比较完善的天然橡胶加工、质量检测专业设备设施和培训场地	2 级
3	培训对象和次数	制胶工每年培训一次或以上，新制胶工考核合格后方可上岗	2 级
4	培训内容	天然橡胶加工理论基础知识；加工机械使用与维护操作技术；天然橡胶初加工技术和产品质量控制与管理；安全、环保及应急救援管理	2 级

4.6.2 加工场地及设备设施

橡胶初加工场地及条件的控制点要求见表 10。

表 10 橡胶初加工场地及条件的控制点要求

序号	控制点	符合性要求	等级
1	厂址地点	位于其加工服务区域的中心地带；能从该服务区域内获得其设计加工能力的 60%以上（含）的原料；厂区不应处于居民区的上风向并离居民区合理距离；厂区应远离易燃易爆品和化学药品仓库	1 级
2	基础设施	有充足水源；有市政供电或充足自备电源；具备原料和产品运输的道路条件；厂区应有防洪防涝条件或设施	3 级
3	加工设备设施	满足 NY/T 409 等有关规范的要求，处于良好的状态，有维护记录以及常用配件	2 级
4	产品仓贮设施	满足 GB/ 8082、GB/T 19188、NY/T 924 的要求	1 级
5	环保与安全设施	满足国家相关法规要求，生产废水能全部回收利用或达到 GB 8978 的排放要求；厂界臭气符合 GB 14554 规定；厂界噪声符合 GB 12348 要求。 有国家相关规定要求的消防设备设施	1 级

4.6.3 天然橡胶初加工操作

4.6.3.1 技术分级橡胶全乳胶(SCR WF)加工

技术分级橡胶全乳胶(SCR WF)加工技术的控制点要求见表 11。

表 11 技术分级橡胶全乳胶(SCR WF)加工技术的控制点要求

序号	控制点	符合性要求	等级
1	鲜胶乳的氨含量	鲜胶乳的氨含量(质量分数,以胶乳计)应控制在 0.05% 之内,特殊情况不应超过 0.10%	3 级
2	凝固方法	采用乙酸或甲酸溶液凝固,或者微生物凝固等方法,熟化时间不少于 8 h	3 级
3	胶乳稀释浓度	除了对开割初期的鲜胶乳稀释之外,其他均按原浓度凝固	3 级
4	凝固用酸量	凝固剂采用乙酸时,适宜用酸量为干胶质量的 0.60%～0.70%,中和酸量为纯氨量的 3.53 倍;采用甲酸时,适宜用酸量为干胶质量的 0.30%～0.50%,中和酸量为纯氨量的 2.88 倍	3 级
5	干燥温度与时间	进口热风温度不应超过 125 ℃;使用洞道式深层干燥的干燥时间不应超过 5 h;使用洞道式浅层干燥的干燥时间不应超过 4 h;停止供热后,继续抽风至进风口温度 70 ℃以下	3 级
6	压包时胶温	压包时,胶温不应超过 60 ℃	3 级
7	产品质量	符合 GB/T 8081 要求	1 级

4.6.3.2 技术分级橡胶 5 号胶(SCR 5)加工

技术分级橡胶 5 号胶(SCR 5)加工技术的控制点要求见表 12。

表 12 技术分级橡胶 5 号胶(SCR 5)初加工技术的控制点要求

序号	控制点	符合性要求	等级
1	胶片及凝块	胶片及凝块取样按生产工艺制备样品,其杂质含量不应超过 0.05%(质量分数)	3 级
2	干燥温度与时间	热端进口热风温度 115 ℃±5 ℃,干燥时间不超过 4.5 h;停止供热后,继续抽风至进风口温度 70 ℃以下	3 级
3	压包时胶温	压包时,胶温不应超过 60 ℃	3 级
4	产品质量	符合 GB/T 8081 要求	1 级

4.6.3.3 技术分级橡胶凝胶橡胶(SCR 10、SCR 20)加工

技术分级橡胶凝胶橡胶(SCR10、SCR20)加工技术的控制点要求见表 13。

表 13 技术分级橡胶凝胶橡胶(SCR10、SCR20)加工技术的控制点要求

序号	控制点	符合性要求	等级
1	胶料储存及验收	凝块储存应避免阳光直晒,储存时间不得超过 1 个月。凝块的验收按 NY/T 1038进行	3 级

表 13（续）

序号	控制点	符合性要求	等级
2	胶料喷水	生产前 1 d～2 d 应将胶料喷水淋至湿润	3 级
3	凝块切割	加工前应将大团凝块切割至 5 kg 以下	3 级
4	生产线的运转速度	应注意整条生产线的运转速度是否同步，加工不同类型的胶料，设备技术状态应做相应的调整	3 级
5	更换清洗池水	应根据破碎、造粒后各清洗池的杂质量，放掉部分池底脏水，同时加入部分干净清水或全部更换清洗池水	3 级
6	绉片机的滚筒间隙	应根据绉片机的出料速度及绉片状况，调节绉片机的滚筒间隙	3 级
7	绉片机组间输送带的速度	应根据绉片机组的出料速度，调节绉片机组间输送带的速度，避免拉片和堆片	3 级
8	造粒机调整	应根据造粒后的粒子大小，调节造粒机，避免出现较大片状胶料、结团胶料	3 级
9	干燥温度与时间	热端进口热风温度 115 ℃±5 ℃，干燥时间不超过 4.5 h；停止供热后，继续抽风至进风口温度 70 ℃以下	3 级
10	压包时胶温	压包时，胶温不应超过 60 ℃	3 级
11	产品质量	符合 GB/T 8081 要求	1 级

4.6.3.4 高氨浓缩天然胶乳加工

高氨浓缩天然胶乳加工技术的控制点要求见表 14。

表 14 高氨浓缩天然胶乳加工技术的控制点要求

序号	控制点	符合性要求	等级
1	鲜胶乳质量	① 过滤：公称孔径为 355 μm(40 目)的不锈钢筛网； ② 氨含量(质量分数，按胶乳计)：0.20%～0.35%； ③ TT/ZnO 含量(质量分数，按胶乳计)：≤0.03%； ④ 挥发脂肪酸值：≤0.10	3 级
2	离心浓缩	① 鲜胶乳澄清时间：≥8 h； ② 胶乳分离机工作电压：350 V～380 V； ③ 离心机连续加工运转时间：≤3 h	3 级
3	浓缩胶乳调节	① 非胶物质(质量分数)：≤2.0%； ② 干胶含量(质量分数)：60.7%～61.2%； ③ 氨含量(质量分数，按胶乳计)：0.65%～0.75%； ④ 月桂酸用量(质量分数，按胶乳计)≤0.05%； ⑤ 凝块含量(质量分数)≤0.03%； ⑥ 挥发脂肪酸值：≤0.05	3 级
4	浓缩胶乳积聚	① 干胶含量(质量分数)：60.10%～60.20%； ② 非胶固体含量(质量分数)：≤1.70%； ③ 氨含量(质量分数，按胶乳计)：0.65%～0.75%； ④ 机械稳定度：≥650 s； ⑤ 挥发脂肪酸值：≤0.06	3 级

表 14（续）

序号	控制点	符合性要求	等级
5	产品质量	符合 GB/T 8289 要求	1 级
6	胶清橡胶	加工符合 NY/T 2185 要求，产品质量符合 NY/T 229 要求	1 级

4.7 橡胶木利用

4.7.1 橡胶木加工场地

橡胶木加工场地的控制点要求见表 15。

表 15 橡胶木加工场地的控制点要求

序号	控制点	符合性要求	等级
1	原料加工场地	场区应远离学校、医院、居住区、易燃易爆品和化学药品仓库；位于服务区域中心，服务内能提供设计加工能力的 60%以上(含)的原料	1 级
2	原料加工场地规模	有可堆放 3 d 的设计日加工能力所需原料及所生产废弃物的场地；有足够的木材气干的场地和安全距离的设备安放空间	1 级
3	加工场地基础设施	有市政供水或充足自备水源；有市政供电或充足自备电源；有能通卡车的道路条件；厂区应有防洪防涝条件或设施	1 级
4	加工设备设施	具备木材装卸机械、木材锯解设备、木材加压处理和干燥设备以及木材质量检测设备，且设备处于良好状态，有维护记录以及常有配件	2 级
5	产品仓贮地点与设施	位于地势高处，便于排水，通风干燥；有可靠电源和充足消防水源；具备分类垛存条件；有配套装卸机具、照明和消防设备设施	1 级
6	环保和安全设施	符合国家相关法规要求，生产废水能全部回收利用或达标排放。 配备有国家相关法规要求的消防设施	1 级

4.7.2 橡胶木锯解与防护处理

橡胶木锯解与防护处理技术的控制点要求见表 16。

表 16 橡胶木锯解与防护处理技术的控制点要求

序号	控制点	符合性要求	等级
1	技术培训	有橡胶木加工利用专业知识和实践经验的中级职称或高级技师职称或以上的师资力量。 有比较完善的橡胶木材积计算、锯解、保护处理、质量检测等加工专业设备设施和培训场地。 木材加工人员每年接受岗前培训至少一次以上，考核合格后方可上岗。 培训内容包括橡胶木加工利用理论基础知识；加工机械使用与维护；橡胶木产品质量分析；机械损伤现场救护知识	2 级
2	造材	按照板材产品需求和树木状况曲直断料造材，原木长度一般 2 m，按照 10 cm 晋级。 尾径≥8 cm 的枝、干均可造材	2 级

表 16（续）

序号	控制点	符合性要求	等级
3	木材锯解时间	砍伐后 3 d 以内完成橡胶树原木锯解	1 级
4	制材	板材不能带树皮，无腐朽，厚度方向的加工余量不大于 3 mm	1 级
5	木材防护方法	橡胶木材锯解后，应及时进行漂白、防霉、防腐、防虫处理。 木材处理应采用安全、节能、高效的物理或化学处理方法。 物理方法：将木材干燥到含水率低于其制品使用地区环境的平衡含水率，木材出窑含水率为 8%～12%。 化学方法：用高效低毒的化学药剂浸渍或压入木材，使其毒化，然后干燥。不应使用五氯酚钠合剂等高残留的处理药剂等，推荐采用硼酸和硼砂混剂加压浸注防腐处理橡胶木，其中处理液中每吨水含硼酸 10 kg，硼砂 20 kg，雨季时加入 FB 等低毒环保型木材防霉剂。 推荐采用过氧化氢和氨水合剂或过氧化氢和次氯酸钠合剂，浸渍 3 h～6 h，进行漂白处理，并抽真空加压处理	1 级
6	木材干燥处理方法	对 2.5 cm 厚度或 5.5 cm 厚度的板材，用常规→高温或过热蒸汽联合干燥，后者亦可采用分段逐步升温法干燥；2.5 cm 厚度的一般干燥周期 1 周左右，5.5 cm 厚度一般 2 周左右	1 级
7	产品质量	符合 LY/T 1184 的质量要求	1 级
8	废弃物处理	橡胶木材处理过程中产生的废弃物应及时进行无害化处理。其中废水应达到 GB 8978 二类排放标准，木屑等废渣需要作为燃料或人造板产业原料，循环利用	2 级

4.8 投入品和产品管理

4.8.1 农药、肥料、刺激剂和化学品等投入品贮存管理

农药、肥料、刺激剂和化学品等投入品贮存管理的控制点要求见表 17。

表 17 农药、肥料、刺激剂和化学品等投入品贮存管理的控制点要求

序号	控制点	符合性要求	等级
1	保管人员	具有初中以上文化程度、身体健康；应经过农药、肥料、刺激剂和化学药品理化性质等基本知识和安全使用保存知识专业培训，考核合格后方可上岗	1 级
2	库房选址及设施	应与水源（地）分开，与居民区、学校、医院、商业区等人群密集地和食品厂相隔离，四周应有消防通道。 应具备不渗漏，干燥、明亮、通风良好等条件。不应用地下室、燃料库作为库房。 应配备消防器材（包括灭火器、水桶、锹、叉等）、照明系统和急救药箱（内装常用解毒药、特效解毒药、高锰酸钾、脱脂棉、红汞水、碘酒、双氧水、绷带等物品）。电灯应装在顶部且高于货堆顶部 1 m；急救药箱应挂在显眼处。 有防止人畜进入的隔离设施，有显眼的警示标志，有防盗设施	1 级

表 17（续）

序号	控制点	符合性要求	等级
3	货物存放	农药、化肥和化学药品应分类存放，且不同种类、不同危险程度也应分类存放，其中乳油、烟剂、油悬浮剂等易燃的农药以及溴甲烷等易爆农药，硝酸类等易燃化肥和液氨、氨水、甲酸和乙酸等易腐蚀类物质，应分别储存在有防火墙分隔开的不同房间里；高浓度农药应存放在彼此隔离的单间（或专箱）内；同类产品不同包装应分类存放。保持通风。 农药与化肥不应存放于同一房间。农药、化肥与食品、种子、粮食不应存放于同一房间。不应存放入其他易燃易爆物品，对品质有影响、对防火有障碍的物质等。 乙烯利以及其制品应盛于耐酸蚀容器内，置于阴凉、人畜不易触及的地方。 存放的产品应有完整无损的包装和标志，包装破损或无标识的农药应及时处理。 堆放应合理，垛码稳固，不宜过高，远离电源，避免阳光直接照射	1 级
4	库房管理	严格执行货物入库、出库登记制度。 定期检查存放情况是否符合货物存放要求，定期维护库房内通风、照明、消防等设施和用具。 严格控制温度。易燃易爆品和农药的储存温度不能高于 35 ℃（烟雾剂农药储存温度不超过 30 ℃），不能低于 1 ℃。 防潮湿，应当保持干燥，相对湿度在 75%以下。 定期清扫库房，保持整洁。 存放新的货物前应将库房清扫干净。 进入高毒农药存放房间的人员应佩带防护面具和穿用防护服装，同时应保证房间通风、照明良好	2 级
5	物资搬运	了解产品性质。搬运前先了解产品是否易燃易爆、是否过期、毒性大小、注意事项及有关中毒防治知识等。 检查包装。搬运前应检查产品包装，如发现破损，应改换包装或修补，防止渗漏。损坏的包装袋、容器应集中保管，统一处理，不能乱扔，以免引起火灾、人畜中毒或造成污染。 谨慎合理装卸。装卸时应轻拿轻放，不得倒置，严防碰撞、外溢和破损；堆放整齐，重不压轻，标记向外，箱口朝上。 安全防护。装卸人员在工作时应做好安全防护：戴口罩、手套，穿长衣裤，不抽烟、不喝水、不吃东西，工作时间不能过长	2 级

4.8.2 初产品贮存管理

初产品贮存管理的控制点要求见表 18。

表 18 初产品贮存管理的控制点要求

序号	控制点	符合性要求	等级
1	种子贮存	宜临时贮存，于荫凉处摊开，种子层厚约 3 cm～5 cm	2 级
2	苗木贮存	宜临时贮存，于荫凉处，逐株或整捆竖立存放或假植	2 级

表 18（续）

序号	控制点	符合性要求	等级
3	鲜胶乳保存	满足 NY/T 924、NY/T 1219 的规定	1 级
4	浓缩天然胶乳贮存	满足 NY/T 924 的规定	1 级
5	天然生胶贮存	满足 GB/T 8082、GB/T 19188 的规定	1 级
6	原木保存	宜临时贮存，堆放在制材带锯旁，放置时间不超过 1 周	1 级
7	锯材保存	宜临时贮存，经过防腐处理的锯材，堆垛放置于气干板院，通风良好，等待人工窑干	1 级
8	方板材保存	宜临时贮存，板方材经过防腐处理后，堆垛放置于气干板院，通风良好，等待人工窑干	1 级
9	木材存储保存	干燥好的板材按照厚度规格堆垛保存在库房内，做好库房防雨防水措施，防止板材过度吸湿回潮	3 级

4.9 胶园更新

胶园更新的控制点要求见表 19。

表 19 胶园更新的控制点要求

序号	控制点	符合性要求	等级
1	更新标准	经多年割胶，单产低于该类型区平均单产的 60% 的低产胶园，或有效割株＜225 株/hm^2（云南植胶区＜150 株/hm^2）的残旧胶园	2 级
2	更新规划	在拟更新前 4a～5a 编制更新计划，确定拟采用品种和苗木类型、种植密度和形式，制订强割计划、更新方法和木材利用计划	2 级
3	更新前强割	在拟更新前 3a～4a 割胶强度逐年提高 50%～150%，刺激剂量逐渐增大	2 级
4	更新园地卫生	倒树前 4 个月进行根病调查和标记，对全部根病植株进行药剂毒杀处理，在树根完全腐烂后将土壤挖开并让阳光暴晒 2 个月以上。 方便机械作业的胶园应采用机垦方式把全部树头、树根挖出。 采用机械或化学手段清除胶园恶草	1 级
5	木材和枝叶处理	人工倒树的锯断面离地高应＜12 cm；尾径≥8 cm 的树干、枝条或其他可商业利用的木材都要采集。 清理并运出商用原木后，将残留枝叶等（除根病树外）相对集中掩埋或堆沤于行间	1 级
6	更新园地建设	按照 4.1.2 的规定执行	1 级

4.10 从业人员培训与保护

4.10.1 培训要素

从业人员培训要素的控制点要求见表 20。

表 20 从业人员培训要素的控制点要求

序号	控制点	符合性要求	等级
1	培训能力与设施	具备相关专业中级职称以上(含)且熟练掌握操作技能的专业人员(含资深割胶辅导员或割胶技师)等师资力量;具备授课、实习场地;具有相关教学的教材、标(样)本、机具等	2 级
2	事故和紧急情况处理培训	通过通俗的口头讲解,并尽可能地在指导书中使用标识,使受训人员能掌握事故和紧急情况的应对措施;了解山蚂蝗、蚊虫和毒蛇等防患知识	2 级
3	芽接工培训	芽接工上岗前应接受专业技术培训,应能甄别当地主栽品种,掌握芽接育苗技术,并取得合格资质	2 级
4	割胶工培训	割胶工上岗前应接受专业技术培训,上树桩练习,熟练掌握割胶技术,并取得合格资质	1 级
5	植保工培训	植保工上岗前应接受专业技术培训,应能鉴别橡胶树主要病虫草害,熟练使用植保机具,了解农药安全使用知识,并取得合格资质	1 级
6	制胶工培训	制胶工上岗前应接受专业技术培训,应熟练掌握所在岗位设备的安全操作方法、产品质量控制及成本控制方法,并取得合格资质	1 级
7	培训记录	员工上岗前或操作前应有经过相关的技术培训记录;每次培训都有培训记录;培训记录内容包括提供培训机构、培训教师、培训科目、培训课件和培训人员签到表等	2 级

4.10.2 厂区、设施、设备的事故处理程序

对厂区、设施、设备的事故处理程序的控制点要求见表 21。

表 21 对厂区、设施、设备的事故处理程序的控制点要求

序号	控制点	符合性要求	等级
1	制度建设	用人单位应建立、健全本单位劳动安全、卫生制度	2 级
2	作业要求	当进行橡胶树植保施药或天然橡胶加工作业时,至少有一名在过去 5a 内接受过急救培训的人在场; 严格按照作业要求进行操作; 出现故障或违规操作时应立即中止作业;出现事故立即报告上级主管	1 级
3	应对事故和紧急情况说明	有书面的事故和紧急情况处理程序的文件,处理程序应清楚地标明联系人、最近的通讯地点(包括电话、无线通讯设施等)和相关部门的电话号码(包括公安、急救、医院、消防等)。 在易发生事故处应配备急救药箱。有描述如何应对事故或紧急情况的宣传画和小册子	2 级
4	急救程序要求	轻微伤按培训要求当场进行自救处理;出现严重安全事故立即呼叫 120;出现火灾应立即报告 119,或遵守适用的急救法规	1 级

4.10.3 员工保护

对从事天然橡胶生产员工保护的控制点要求见表 22。

表 22 对从事天然橡胶生产员工保护的控制点要求

序号	控制点	符合性要求	等级
1	全体从业人员	受过安全生产知识和急救知识培训。对经常接触毒物的人员每年体检一次	1级
2	胶园安全	胶园附近为非大型危险动物活动区域;每个胶园都有安全通行的工作道路;雷雨多发地应建设有避雷配避雨设施。 定期和雨后及时维护胶园道路,使道路通畅、防滑。在高产期在胶园道路边增设临时收胶点	2级
3	加工厂区安全	应符合 NY 1404 的要求	2级
4	加工设施、设备的安装、保养与维修安全	应符合 NY 1404 的要求	2级
5	加工实验室安全	应符合 NY 1404 的要求	2级
6	生产中各岗位的安全	应符合 NY 1404 的要求	2级
7	环境保护安全	应符合国家对环境保护的法律法规要求以及 NY 1404、GB 8978 的规定	2级
8	蚊虫防患	有山蚂蟥的胶园,每年施药毒杀山蚂蟥1次～2次;蚊虫较多的地方给员工配备无副作用的防蚊、防虫药物或设备	3级
9	割胶工休息环境	有安静和比较舒适的夜间休息环境	3级
10	割胶工早餐供应	给割早胶的胶工提供优质优惠的营养早餐	3级
11	割胶工	割胶时应穿水鞋,做好蚊虫防护	1级
12	植保工	作业时穿戴防护口罩或面具和防护服装	1级
13	制胶工	涉水处应穿水鞋;操作酸或碱前(如加酸或加氨前)应穿戴防护手套、防护口罩或保护面具;与开放式设备接触的女工应戴工作帽,电工、修理工等特殊作业应穿戴专用防护用具	1级
14	仓库管理工	进入高毒农药存放房间前,打开通风照明设备,进入房间时应佩带好防护面具和穿用防护服装	2级

4.11 植胶区域环境保护

植胶区域环境保护的控制点要求见表23。

表 23 植胶区域保护的控制点要求

序号	控制点	符合性要求	等级
1	公益林保护	不应开垦、侵扰各级政府划定的公益林地和当地水源涵养林地	1级
2	生物多样性建设	在开垦前充分考虑区域生物多样性要求,植胶区内山顶、山脊和沟壑处等应保留原有植被或营造林木,保护和增加植胶区域物种多样性,景观多样性和生态系统多样性;根据区域环境特点配置一个以上橡胶树品种;采用宽行窄株种植形式并尽量多保留萌生带的植被	2级
3	林地开垦与抚育	开垦时不烧岜;采用等高开垦,建设完善胶园水土保持工程;尽量多保留垦前植被(除恶草和橡胶树主要病虫害交互寄主植物外)。 在不影响生产活动前提下尽量保留林下植物;在行间增设鱼鳞坑等蓄水保土工程;多采用免耕或少耕作业;雨后及时维护胶园水土保持设施	1级

表 23（续）

序号	控制点	符合性要求	等级
4	植保用药污染	选择高效、低毒、低残留农药；根病施药防治时机应尽量选择在少雨季节，避免在台风季节施药；大规模病虫草害防治施药时，需提前通知周围民众；采用药物利用率高的植保器械施药；尽量采用低容量或超低容量农药剂型	2 级
5	胶园杂草控制	保留萌生带的杂草灌木，一般将其高度控制在 30 cm～50 cm 之间，不得使用化学除草剂等将其灭除(除恶草外)	1 级
6	作物种类	间作作物种类宜尽量多[除橡胶树主要病虫害交互寄主作(植)物和高耗地力作物外]，并开展轮作；选择生长快、寿命长、抗性强的防护林树种，以优良的乡土树种为宜；根据当地条件，营造树冠高矮不同或冠型不同的混交林	2 级
7	加工厂废物处理	天然橡胶加工废水采用厌氧-好氧综合处理法，收集和利用沼气，采用合理的中水回用措施，达到最适合废水减量化与资源化的处理目的；橡胶木材加工废料和加工残液作无害化处理	1 级
8	园地卫生	不应在胶园和防护林带内堆放废弃塑料、玻璃、瓦砾、混凝土渣等垃圾和废料	1 级

4.12 质量追溯

对种苗、橡胶、木材质量追踪溯源制度等的控制点要求见表 24。

表 24 对种苗、橡胶、木材质量追踪溯源制度等的控制点要求

序号	控制点	符合性要求	等级
1	质量内控	各生产单位应设置中间产品和产品质量控制部门并开展内部质量管理工作	1 级
2	档案保存	生产基地要能够提供所有要求的档案记录，这些记录至少保存 30 a(法律法规和某些特殊控制点要求保存更长时间的记录除外)。 申请注册之前对档案记录没有要求。初次申请至检查前有至少 3 个月的完整记录档案	1 级
3	内部审核	每年对照标准进行年度内部审核并记录存档；有完成本标准检查表内所有项目的书面材料	1 级
4	内部整改	对内部审核中发现问题应采取有效的纠正措施并有相关记录	1 级
5	对 2 级不符合项的整改要求	(除第一次检查外)有证据证实已经制定和实施了以往外部检查中发现的 2 级及以上不符合项的纠正措施计划，并对相应的不符合项进行改进。如果导致这些不符合项的原因是由外部造成的，应证明其一直在努力寻求解决的办法	1 级
6	种苗质量	每批产品有生产档案。 每批种子和苗木出售时提供用户相关质量合格证书。质量合格证书上应明确标明主要种苗质量参数和生产单位名称、责任人姓名等信息	1 级
7	橡胶质量	每批产品有生产档案。 每批橡胶产品出库时提供用户相关质量合格证书。质量合格证书上明确标明主要橡胶质量参数和生产单位名称、责任人姓名等信息	1 级
8	橡胶木质量	每批产品有生产档案。 每批橡胶木材出库时提供用户相关质量合格证书。质量合格证书上明确标明主要橡胶木质量参数和生产单位名称、责任人姓名等信息	1 级

4.13 社会经济问题

对天然橡胶生产中社会经济问题的控制点要求见表 25。

表 25 对天然橡胶生产中社会经济问题的控制点要求

序号	控制点	符合性要求	等级
1	可接受的安全工作条件	室外场地有比较安全通畅的工作便道，工作场地附近没有大型危险动物；作业时配备有水鞋、雨具、斗笠等防雨防晒用具。 室内场地的噪声在 65 dB(A)以下；作业时配备有工作服、手套、水鞋、口罩或防毒面具等；休息室气温≤30 ℃	1 级
2	有关劳动力使用的法规	《就业服务和就业管理规定》《中华人民共和国劳动合同法》《劳动保障监察条例》《违反和解除劳动合同的经济补偿办法》	1 级
3	提供的教育机会	上岗前提供相关专业培训；每年上班前提供重温性培训；使用新设备、新技术前提供操作培训	1 级
4	尽可能减轻劳动强度	方便机械作业的内容采用机械作业；设立尽量接近割胶地块的流动收胶站；采用工厂化育苗技术进行育苗	2 级
5	优化橡胶生产产量质量和毛利等要求	按照高产、高效、优质和可持续发展的要求开展生产活动	3 级

注：合理和可接受的安全生产条件是指在规定的性能、时间和成本范围内达到的最佳的可接受风险程度。因此可接受风险不是一成不变的，是随着人们对危险根源的深入了解，随着技术的进步和经济综合实力的提高而变化。同时风险可接受并非说放弃对这类风险的管理，因为风险随时间和环境条件的变化有可能升级为高风险。

附 录 A
（规范性附录）
植保档案格式

地点（林段号）：　　　　　　　　　　　　　树位号：

林段面积/hm^2		原定植株数				定植日期		
橡胶树品种		开割年度						
年份	年	年	年	年	年	年	年	年
胶工姓名								
橡胶树白粉病								
发生时间								
危害程度								
危害面积								
防治方法								
橡胶树炭疽病								
发生时间								
危害程度								
危害面积								
防治方法								
橡胶树割面条溃疡病								
发生时间								
危害程度								
危害面积								
防治方法								
橡胶树根病								
发生时间								
危害程度								
危害面积								
防治方法								
棒孢霉落叶病								
发生时间								
危害程度								
危害面积								
防治方法								

（续）

六点始叶螨(橡胶树红、黄蜘蛛)								
发生时间								
危害程度								
危害面积								
防治方法								
小蠹虫								
发生时间								
危害程度								
危害面积								
防治方法								
蚧壳虫								
发生时间								
危害程度								
危害面积								
防治方法								
注 1：发生时间指病害(害虫)严重危害的大致时段。 **注 2**：危害程度指未采取防治措施是的危害等级。 **注 3**：防治方法指采取的防治措施(如喷药、灌药、挖沟隔离、天敌等),如不采取任何防治措施,记录为“不防治”。								

参 考 文 献

[1] 中华人民共和国产品质量法
[2] GB 12801—2008 生产过程安全卫生要求总则
[3] AQ/T 9006—2010 企业安全生产标准化基本规范
[4] NY/T 925—2013 天然生胶 技术分级橡胶全乳胶(SCR WF)生产技术规程
[5] NY/T 1811—2009 天然橡胶 凝胶标准橡胶生产技术规程

ICS 79-010
B 60

中华人民共和国国家标准

GB/T 35820—2018

林业生物质原料分析方法　取样方法

Method for analysis of forestry biomass—Sampling methods

2018-02-06 发布　　　　2018-09-01 实施

中华人民共和国国家质量监督检验检疫总局
中国国家标准化管理委员会　发布

前　言

本标准按照GB/T 1.1—2009给出的规则起草。

本标准由国家林业局提出。

本标准由全国林业生物质材料标准化技术委员会(SAC/TC 416)归口。

本标准起草单位:东北林业大学、中国林业科学研究院木材工业研究所、中南林业科技大学、厦门标普标准化服务有限公司。

本标准主要起草人:肖泽芳、王清文、周冠武、谢延军、秦特夫、吴义强、陈晓玲。

林业生物质原料分析方法　取样方法

1　范围

本标准规定了林业生物质原料取样的术语和定义、取样总则、取样工具及设备、取样技术以及样品标记、包装和运送。

本标准适用于颗粒度不超过200 mm的林业生物质原料取样，林业生物质原料的容积密度、机械强度、粒度分布、含水率、化学成分、灰分含量、纯度等项目的一般分析试样的制备也可参照使用。

2　规范性引用文件

下列文件对于本文件的应用是必不可少的。凡是注日期的引用文件，仅注日期的版本适用于本文件。凡是不注日期的引用文件，其最新版本(包括所有的修改单)适用于本文件。

GB/T 6679—2003　固体化工产品采样通则

GB/T 21923—2008　固体生物质燃料检验通则

GB/T 30366—2013　生物质术语

NY/T 1879—2010　生物质固体成型燃料采样方法

NY/T 1880—2010　生物质固体成型燃料样品制备方法

3　术语和定义

GB/T 21923—2008、GB/T 30366—2013界定的以及下列术语和定义适用于本文件。

3.1

林业生物质　forestry biomass

由植物光合作用等生命活动产生的天然有机物质，由纤维素、半纤维素和木质素三种主要高分子以及淀粉、果胶、蛋白质、抽提物等其他多种成分构成，主要以各种形态的木材、竹材、藤材、秸秆、果壳等形式存在，是可再生的天然植物纤维资源。

注：改写GB/T 30366—2013，定义2.1.3。

3.2

批　lot

在一定条件下，确立为物料性质研究对象的全部林业生物质原料。物料处于静态时，为原料储存场地内的所有原料。物料处于动态时，为一定时间间隔内通过取样点的所有原料。

注：需明确说明批的原料种类、等级等指标。

3.3

采样　sampling

从大量林业生物质原料中采集具有代表性的一部分样品的过程。

3.4

样品　sample

为确定林业生物质原料的品质特性而从中采取的具有代表性的一部分林业生物质原料。

注：改写GB/T 21923—2008，定义3.84。

3.5

份样　increment

采样器具操作一次所采取的一份林业生物质样品。

3.6

分批　sub-lot

批中采取的一个总样的量。

注：批可含一个或多个分批。

3.7

合并样品　combined sample

将一个分批中取出的全部份样合并形成的样品。

注：并入合并样品之前，份样可通过缩分的方法减少质量。

3.8

共用样品　common sample

为进行多个试验而采取的样品。

[GB/T 21923—2008，定义 3.86]

3.9

分样　sub-sample

一个样品的一部分。

[GB/T 21923—2008，定义 3.81]

3.10

实验室样品　laboratory sample

送入实验室进行检测的样品。

注：实验室样品可为合并样品或合并样品的分样，或一个份样，或份样的分样。

3.11

一般分析样品　general analysis sample

破碎到粒度小于 1 mm 或更小的、并达到空气干燥状态，用于多数物理性质和化学成分测定的林业生物质原料样品。

3.12

试样量　test portion

单次进行某一试验方法所需要的试样量。

[GB/T 21923—2008，定义 3.91]

3.13

样品破碎　sample reduction

减小样品或分样粒度的制样过程。

[GB/T 21923—2008，定义 3.83]

3.14

含水率分析样品 moisture analysis sample

用于测定林业生物质原料水分的样品。

3.15

粒度分析样品　size analysis sample

进行粒度分析的样品。

[GB/T 21923—2008，定义 3.89]

3.16

标称最大粒度　nominal top size

使用筛网筛分林业生物质原料颗粒，至少有95%的林业生物质原料通过筛网时筛网的孔径尺寸。

4　取样总则

4.1　基本原则

使用合理的采样技术和设备取得部分原料，再通过切割、破碎、混合、缩分等步骤，制备能代表总体原料特性的分析用试样。

4.2　要求

根据采样目的、采样条件和物料状态(批量大小、原料颗粒大小、粒度均一程度、几何形态、容积或质量、原料性质均一性)确定样品的分类及取样技术，取样应符合下列要求：

a)　样品可正确真实地反映出整体原料的待测性质的信息，取样方法应简单实用；

b)　在能代表总体原料性质的前提下，样品量应达到检验所需最佳量；

c)　依据原料的包装状态及不均一性程度，样品数量按6.2的规定确定；

d)　采样和制备的全过程中，样品组成和物料特性不应改变；批或分批中原料颗粒的采集概率应相同；如实际取样过程未遵循这一要求，取样人员应在取样记录(附录A的表A.1)中注明；

e)　破碎及其他操作中应避免样品损失；需检验含水率的样品，应防止热量集中和失水；

f)　采用的取样技术所得到的样品应代表全部原料的性质，取样时不应污染或影响样品的待测性质；对温度、水分、光或微生物敏感的原料，应选用适当的取样技术。

5　取样工具及设备

5.1　总则

当使用工具或设备取样时，所用的材质不能和接触的原料反应，不能对接触的原料分层或引起损失。工具和设备需保持干燥、清洁及便于清洗。即使在其维修保养充分的情况下，正式使用前仍需对取样工具或设备按GB/T 6679—2003中4.2的要求进行可行性测试。

5.2　人工取样工具

5.2.1　概述

人工取样时，根据作为取样对象的原料状态来选用适当的取样工具。例如：当原料从输送带上下落时，应采用图1所示接料斗取样；当原料处于静止时，则根据材料的形态和尺寸选用适当的工具，例如：图2所示取样铲、图3所示平底铲、图4所示取样耙、图5所示取样钩、图6所示取样管，进行取样。任何颗粒的漏取都会影响到取样的质量，取样工具应避免取样的偏倚。

5.2.2　接料斗

用于在原料落流处截取样品或在传送带上刮动取样。接料斗的尺寸应符合NY/T 1879—2010中5.2的要求。

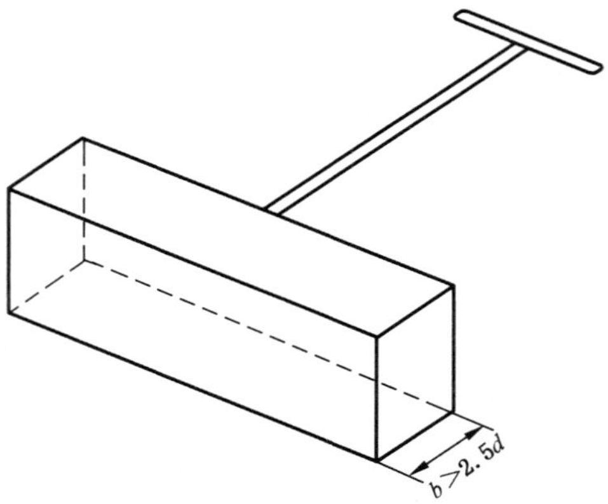

说明：

b ——开口宽度；

d ——最大标称粒度。

图 1 接料斗示意图

5.2.3 取样铲

取样铲如图 2 所示。铲子的两侧向上收起，边缘高度和宽度均应不小于被采样品的标称最大粒度（d）的 2.5 倍，铲面的长度不小于标称最大粒度（d）的 5 倍。铲柄的长度应满足取样铲在待取的物料堆各个部位取样。

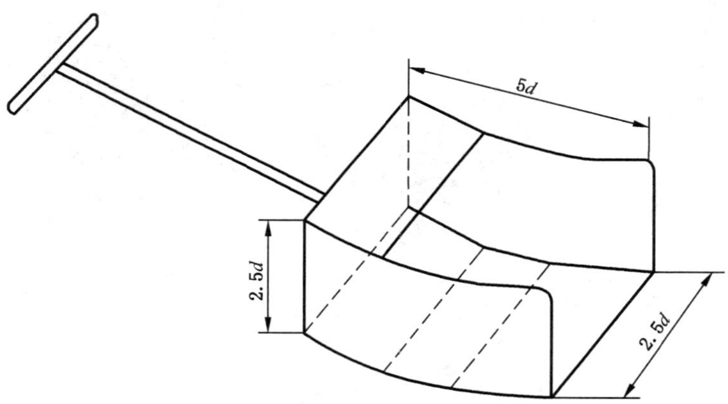

说明：

d——样品标称最大粒度。

图 2 取样铲示意图

5.2.4 平底铲

平底铲两侧应向上收起，如图 3 所示。铲面的前宽度和两侧的边缘高度不小于被采样品的标称最大粒度（d）的 2.5 倍，铲面的长度不小于标称最大粒度（d）的 5 倍。铲柄的长度应满足平底铲在待取的物料堆各个部位取样。

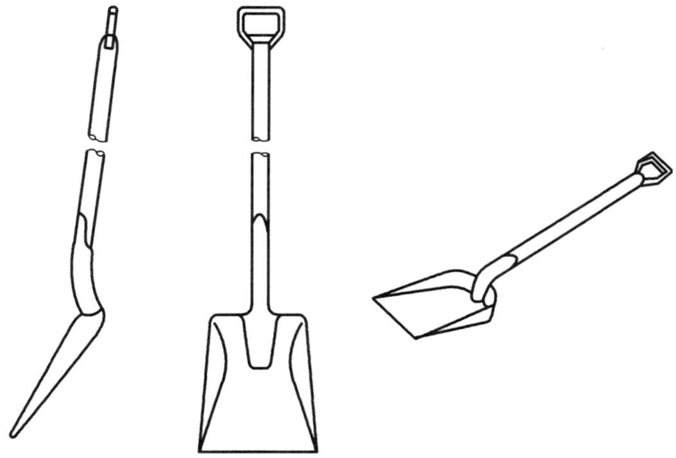

图 3　平底铲示意图

5.2.5　取样耙

取样耙如图 4 所示。耙子齿距应紧凑，以确保小颗粒原料不会在取样时漏出，前宽度不小于被采样品的标称最大粒度(d)的 2.5 倍，耙面的长度不小于标称最大粒度(d)的 5 倍，耙面的形状应保证取得样品在移动中不会掉落。耙柄的长度应满足取样耙在待取的物料堆各个部位取样。

图 4　取样耙的示意图

5.2.6　取样钩

取样钩适用于秸秆等高长径比的林业生物质材料采样。

单位为毫米

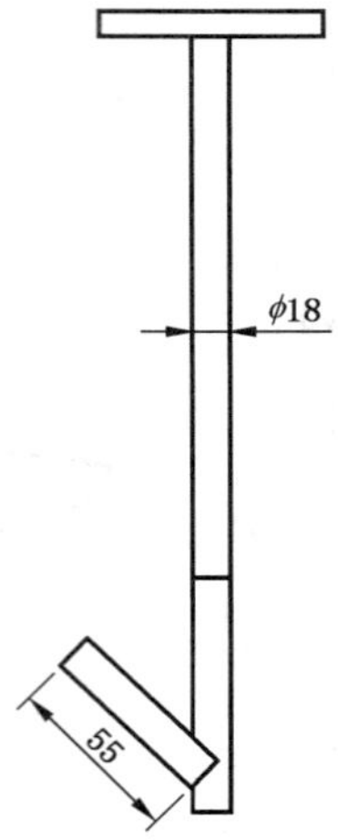

图 5　高长径比材料(秸秆)取样钩的示意图

5.2.7　取样管(采样探子)

适用于标称最大粒度小于 25 mm 颗粒状原料的取样。原料进入管中后可在管腔内自由流动。取样管能取到批或分批任何位置的原料。取样管孔长大于被取样品的标称最大粒度,管孔宽大于样品标称最大粒度的 3 倍。管孔如图 6 所示旋转排列在管道上。这种旋转管孔可以实现越靠近管尖部分越先开口取样,然后逐步向上移动。

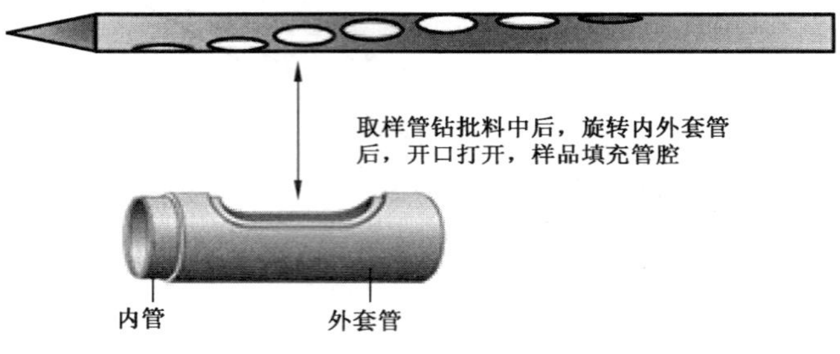

图 6　取样管示意图

5.3　机械自动取样

应使用没有偏倚的机械取样设备随机或按一定的间隔时间取样,设备如图 7～图 9 所示。

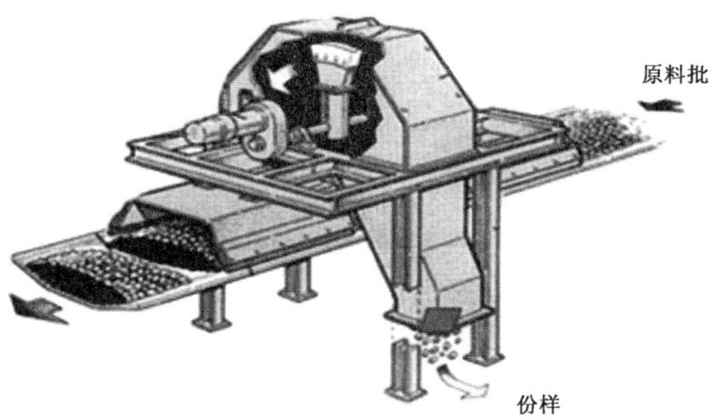

图 7　传输带截面取料机

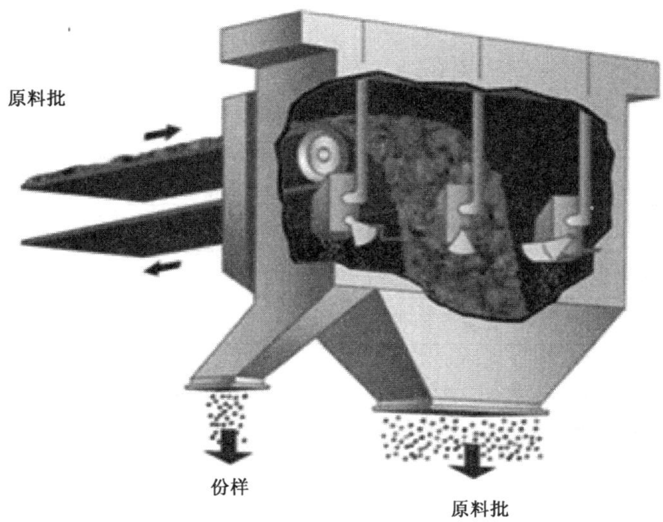

图 8　斗式落流取料机

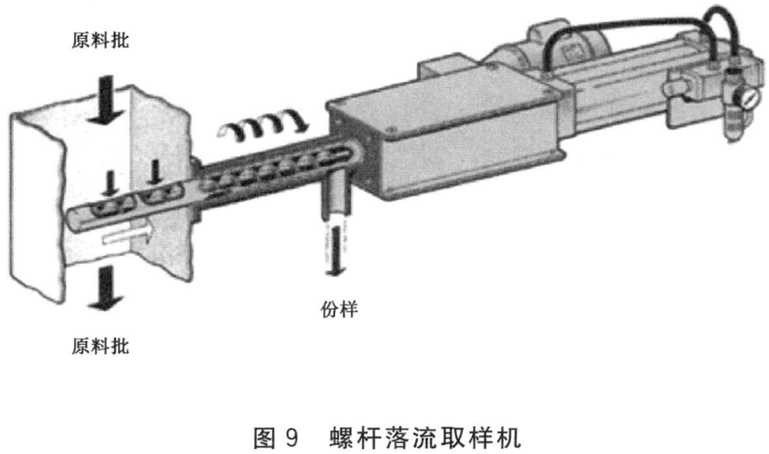

图 9　螺杆落流取样机

6 取样量

6.1 份样体积

份样体积由取样工具的取样容量(L)确定。根据原料的标称最大粒度(d),取样工具的取样容量(L)应当符合下列要求:

——原料的标称最大粒度(d)不大于 10 mm,取样工具的取样容量(L)不低于 5 L;

——原料的标称最大粒度(d)大于 10 mm,取样工具的取样容量(L)不低于 d 的 0.05 倍,即为 $d \times 0.05$ L。

6.2 份样数量

6.2.1 根据原料的整体均质程度确定每一批或分批中取出份样的最小量。取样人员应根据表 1 对原料进行分组。

表 1 原料的均质程度分组表

组别	整体均质程度	原料示例
组 1	均质林业生物质原料标称最大粒度≤10 mm	锯末、木粉
组 2	均质林业生物质原料标称最大粒度>10 mm	木片、坚果壳
组 3	非均质林业生物质原料	原木剩余物、树皮

6.2.2 对于静态的原料批或分批,表 1 中的组 1 通过式(1)计算份样数量,组 2 通过式(2)计算份样数量,组 3 通过式(3)计算份样数量:

$$n = 5 + 0.025 \times M_{\text{lot}} / T \qquad (1)$$

式中:

n ——份样数量的最小值,单位为个,计算结果保留到个位;

M_{lot} ——批或分批的质量,单位为吨(t);

T ——单位换算常数,值为 1,单位为吨(t)。

$$n = 10 + 0.04 \times M_{\text{lot}} / T \qquad (2)$$

式中:

n ——份样数量的最小值,单位为个,计算结果保留到个位;

M_{lot} ——批或分批的质量,单位为吨(t);

T ——单位换算常数,值为 1,单位为吨(t)。

$$n = 20 + 0.06 \times M_{\text{lot}} / T \qquad (3)$$

式中:

n ——份样数量的最小值,单位为个,计算结果保留到个位;

M_{lot} ——批或分批的质量,单位为吨(t);

T ——单位换算常数,值为 1,单位为吨(t)。

6.2.3 对于动态的原料批或分批,表 1 中的组 1 通过式(4)计算份样数量,组 2 通过式(5)计算份样数量,组 3 通过式(6)计算份样数量:

$$n = 3 + 0.025 \times M_{\text{lot}} / T \qquad (4)$$

式中:

n ——份样数量的最小值,单位为个,计算结果保留到个位;

M_{lot} ——批或分批的质量，单位为吨(t)；

T ——单位换算常数，值为 1，单位为吨(t)。

$$n = 5 + 0.04 \times M_{lot}/T \quad (5)$$

式中：

n ——份样数量的最小值，单位为个，计算结果保留到个位；

M_{lot} ——批或分批的质量，单位为吨(t)；

T ——单位换算常数，值为 1，单位为吨(t)。

$$n = 10 + 0.06 \times M_{lot}/T \quad (6)$$

式中：

n ——份样数量的最小值，单位为个，计算结果保留到个位；

M_{lot} ——批或分批的质量，单位为吨(t)；

T ——单位换算常数，值为 1，单位为吨(t)。

7 取样场地

7.1 场地查看

取样人员在取样场地取样前，需对被取样的批或分批进行查看。如果发现原料中混有大量不同物料，结块的杂质(沙土或金属)应及时清除后进行取样。

7.2 传送带上取样

7.2.1 静态原料

人工取样时，先用一个样框和工具在传送带上分离出一段原料作为一个份样。取样框的宽度至少要大于原料标称最大粒度的 2.5 倍。如果取样时有原料落在两条边界线中，只能从一条边界线中的原料取入份样。在传送带上取份样的时间或长度间隔应相同。

7.2.2 动态原料

使用自动采样设备从传送带横截面上取样，如图 7 所示。取样设备需在一次操作中取出这段横截面上的所有原料。

7.3 落流中取样

当原料从运行的传送带上下落时形成一个瀑布式的落流。这种情况下，批或分批由在指定时间间隔内通过采样点的所有原料组成。

可使用手工或自动采样方法取样。

使用接料斗或其他工具通过下落原料流时，所用工具能够将下落横断面上的所有的原料截断，因此接料斗开口的宽度要大于原料标称最大粒度的 2.5 倍(见图 1)。取样工具容量应大于一次取样量。当取样工具通过下落流时，速度应均匀，不能超过 1.5 m/s。

卸下每一个批或分批期间，应定期取出份样。采样间隔期间的出料量应是份样的 10 倍。

7.4 斗式输送机、刮板输送机、斗式装载机或挖掘机中取样

采用斗式输送机、刮板输送机、斗式装载机或挖掘机取样时，原料批或分批应为原料储存场地里的所有原料，或者在连续生产的情况下指定时间内通过采样点的所有原料。在卸下批或分批时，定期采样的份样数量可为输送机斗数(或挖掘机铲数、刮板输送机车厢数等)。

将选定的一斗(或一铲、刮板输送机一厢)作为分批。

可根据原料特点,采用直接方法或非直接方法取样:

——可直接取样时,使用取样铲、取样耙或者取样钩直接取出原料,获得份样,取样时每次应从不同点采取份样;

——若无法直接取得份样时,先将传输机上的斗或刮板中的原料倒在干净、坚硬的地面上形成原料堆。再使用取样铲、取样耙或者取样钩从倒出的原料堆中采集份样。应从原料堆中的不同点采集每一个份样,取样点不低于原料堆的底部 300 mm。

7.5 料仓

料仓中取样,批为料仓中所有原料。采样管适用于容器或料仓中最大标称粒度不超过 25 mm 的原料取样,原料具有良好的流动性(例如:木粉、植物种子)。使用采样管采集份样时,先将取样管沿与水平面 30°～75°完全插入取样点的原料中后再打开取样孔。取样时要震动采样管以便填装原料。当将份样从管腔中移出时,要确保移出管腔内所有细小颗粒的原料。

7.6 包装袋中原料取样

包装袋中取样,批为在一次运送中的所有原料。原料被分开包装成袋后,集合在一起形成批。应当从原料批中随机抽取作为份样(在包装袋通过选定的取样点随机抽取,或对包装袋进行编号使用随机号抽取)。份样数量的最小值通过式(1)计算。

每件包装作为一个份样。当样品的质量或容积过大时,按 NY/T 1880—2010 中第 5 章缩分法来减小样品的质量或容积。

对于小颗粒的原料可用取样管来取样。

7.7 包装成型或大块林业生物质原料的取样

包装成型或大块原料存于批或分批中,根据原料(单块原料或单个包装)的标称最大粒度及体积来确定取样方法。如原料(单块原料或单个包装)标称最大粒度大于 100 mm、体积不大于 5 L,每块原料可以作为一个份样,通过人工随机抽取的方式取样,取样铲和取样耙不能作为取样工具。

原料(单块原料或单个包装)标称最大粒度大于 100 mm、体积大于 5 L 时,所取份样的体积不能小于 1 L。份样可以通过钻取、锯解或切割的方式采集。

份样数量根据式(2)和式(5)计算得出。

7.8 小料堆取样(体积<100 m^3)

小料堆作为取样对象时,批为料堆中的整体原料。取样工具为取样铲、取样耙或者取样管。

如果原料以彼此分离形式堆积,应将原料重新迁移形成新料堆,份样则按 7.5 中规定的方法在迁移过程中取样。

为确定份样在小料堆中取出的高度,取样人员可通过目测方式将料堆按高度分成 3 层,根据每层原料的体积比例从中取出一定数量的份样。斗式装载机可通过挖入料堆达采样点采集份样,取样点应均布在料堆周围,最低采样点不低于小料堆底部 300 mm。图 10 为小料堆的采样点分布示意图。

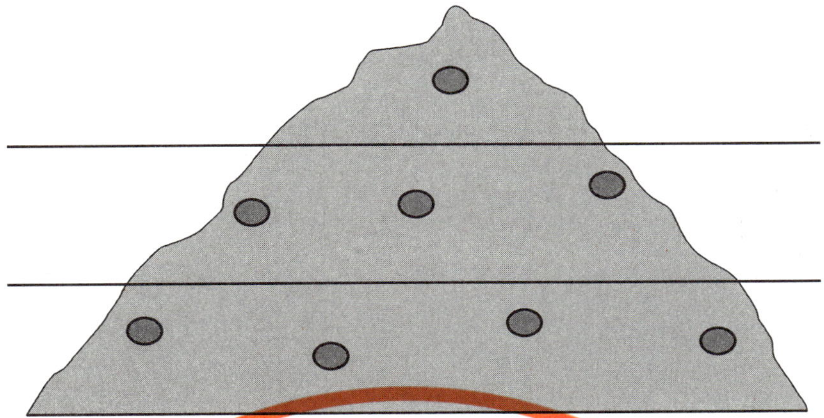

图10　小料堆的采样点分布示意图

8　合并样品和实验室样品制备

以下两种方法任意一种均可用于合并样品和实验室样品的制备：

——将所有份样全部放置一个密封的容器中形成合并样品，然后送到实验室，这种样品既是合并样品也是实验室样品；

——将份样分别放入单个的容器后，送入实验室，在实验室将份样合并成实验室样品。

9　样品标记、包装和运送

所有的样品都应密封包装和存储。取出的样品应密封保存和避光，并做好标记，防止样品湿度变化、顺序混乱及其他不利影响的产生。避免样品的物理、化学、光学、表面等性质发生变化而影响后期原料分析。样品标记、包装和运送应满足下列要求：

a）样品的包装应是密封的，如带密封盖的塑料桶、封口的塑料袋等，包装材料不能与样品发生反应；

b）使用透明包装时，应避免阳光直射；

c）当生物活动对样品性质测定影响敏感时，应当在得到样品24 h内对样品进行分析测定，从而降低生物活动对材料性质测定的影响；或将样品在5 ℃保存并在1周内检测分析；

d）如需确定原料的含水率，空气干燥原料时所损失的质量则应记录下来，并将记录结果随气干样品一同提交，应在取出样品后对干燥前后样品的包装物称重；

e）如仅测定样品的颗粒度，则将样品放入盒子或其他便利的包装中；

f）样品容器或包装袋上的标签应包含如下内容：

——样品名称及编号；

——取样时中所参考的取样量；

——原料的批号及数量；

——取样人员姓名；

——取样日期和时间；

g）样品在运输过程中应避免污染或损坏。

10 取样记录

取样记录见附录 A。取样时，取样人员应根据实际取样情况填写取样记录。

附　录　A
（规范性附录）
取样记录

表 A.1　取样记录表

<table>
<tr><td colspan="5">取样编号：</td></tr>
<tr><td colspan="2">样品编号：</td><td colspan="3">取样日期：　　年　　月　　日</td></tr>
<tr><td colspan="2">取样人姓名：</td><td colspan="3">固定电话：</td></tr>
<tr><td colspan="2">E-mail：</td><td colspan="3">手机：</td></tr>
<tr><td colspan="2">批或分批编号：</td><td colspan="3" rowspan="2">实验室样品包装
塑料密封容器
其他</td></tr>
<tr><td colspan="2">原料(或产品)名称：</td></tr>
<tr><td colspan="2">原料(或产品)提供方：</td><td colspan="3" rowspan="4">备注</td></tr>
<tr><td>近似最大尺寸：</td><td>mm</td></tr>
<tr><td>分批的质量或体积：</td><td>t 或 m^3</td></tr>
<tr><td>实验室样品和容器总重：</td><td>kg</td></tr>
<tr><td colspan="5">原料(或产品)提供方地址：</td></tr>
<tr><td colspan="5">运输方地址：</td></tr>
<tr><td colspan="5">取样人地址：</td></tr>
<tr><td colspan="5">实验室地址：</td></tr>
<tr><td colspan="2">取样计划标号：</td><td colspan="3">日期：　　年　　月　　日</td></tr>
<tr><td colspan="2">样品标号：</td><td colspan="3">取样设备</td></tr>
<tr><td colspan="2">取样目的：</td><td rowspan="7">
□
锹
耙
挖掘机
其他</td><td rowspan="7">人工
□
□
□
□</td><td rowspan="7">自动
铲
□
□
□</td></tr>
<tr><td>原料检测项目</td><td>样品质量</td></tr>
<tr><td>含水率</td><td>kg</td></tr>
<tr><td>颗粒分布</td><td>kg</td></tr>
<tr><td>容积密度</td><td>kg</td></tr>
<tr><td>力学性质</td><td>kg</td></tr>
<tr><td>灰分</td><td>kg</td></tr>
<tr><td>化学成分</td><td>kg</td><td colspan="3">采样点位置：</td></tr>
<tr><td>其他</td><td>kg</td><td colspan="3"></td></tr>
<tr><td>测试样品总重</td><td>kg</td><td colspan="3">采样要求：</td></tr>
<tr><td>总容积密度</td><td>kg/L</td><td colspan="3">最小份样数(n_{min})(个)</td></tr>
<tr><td>样品所需总体积(V_{req})</td><td>L</td><td colspan="2">单个份样最小体积(V_{inc})</td><td>L</td></tr>
<tr><td colspan="2">如果所需体积(V_{req})超过计算合并样品体积(V_{com})，份样数量需要增加</td><td colspan="2">合并样品体积(V_{com})</td><td>L</td></tr>
<tr><td colspan="2">份样实际数量(个)
(n_{act})，大于 V_{req}/V_{com}</td><td colspan="3">从合并样品中制备实验室样品方法</td></tr>
<tr><td>合并样品的实际体积
($n_{act}\times V_{inc}$)</td><td>L</td><td colspan="3">实验室样品体积</td></tr>
</table>

ICS 79.060.99
B 70

GB

中华人民共和国国家标准

GB/T 35821—2018

生物质/塑料复合材料生物质含量测定方法

Determination of biomass content in biomass/plastic composites

2018-02-06 发布 2018-09-01 实施

中华人民共和国国家质量监督检验检疫总局
中国国家标准化管理委员会 发布

前　　言

本标准按照 GB/T 1.1—2009 给出的规则起草。

本标准由国家林业局提出。

本标准由全国林业生物质材料标准化技术委员会(SAC/TC 416)归口。

本标准起草单位:中国林业科学研究院木材工业研究所、清华大学、华南农业大学、云南正邦科技有限公司、黄河三角洲京博化工研究院有限公司。

本标准主要起草人:李改云、秦特夫、周群、黄洛华、王清文、刘定文、姚刚、邹献武、劳万里。

生物质/塑料复合材料生物质含量测定方法

1 范围

本标准规定了傅立叶变换红外光谱法测定生物质/塑料复合材料中生物质含量的术语和定义、原理、试剂、仪器设备、仪器安装环境条件、取样、测定、结果处理和表述、试验报告。

本标准适用于以木质或其他纤维素基生物质和热塑性塑料(PP 和 PE)为主要原料,经挤出、注塑和压延等方式加工成型的未发泡复合材料中生物质含量的测定,生物质含量的测定范围为 30%～60%。

2 规范性引用文件

下列文件对于本文件的应用是必不可少的。凡是注日期的引用文件,仅注日期的版本适用于本文件。凡是不注日期的引用文件,其最新版本(包括所有的修改单)适用于本文件。

GB/T 24895—2010 粮油检验 近红外分析定标模型验证和网络管理与维护通用规则

GB/T 29858—2013 分子光谱多元校正定量分析通则

3 术语和定义

GB/T 24895—2010 和 GB/T 29858—2013 界定的以及下列术语和定义适用于本文件。

3.1

样品集 sample collection

具有代表性的、基本覆盖相关组分含量范围的样品集合。

[GB/T 24895—2010,定义 3.7]

3.2

校正模型 calibration model

表达一组样品的成分浓度或性质与其光谱之间关联关系的数学表达式。

[GB/T 29858—2013,定义 3.2]

3.3

校正样品 calibration samples

用于建立校正模型的样品,其成分浓度或性质数据已知。

[GB/T 29858—2013,定义 3.3]

3.4

验证样品 validation samples

用来验证模型性能的样品,其成分浓度或性质数据已知。

[GB/T 29858—2013,定义 3.6]

3.5

未知样品 unknown samples

其成分浓度或性质数据未知的样品。

[GB/T 29858—2013,定义 3.12]

3.6

标准值　reference values

校正或验证样品的生物质含量配制值。

3.7

预测值　estimate values

用校正模型和样品的红外光谱计算所得到的样品生物质含量。

3.8

预测标准偏差　standard error of prediction;SEP

验证样品的红外光谱法预测值与其标准值之间残差的标准差。预测标准偏差按式(1)计算：

$$SEP=\sqrt{\frac{\sum_{i=1}^{n}(\hat{y}_i-y_i-\mathrm{Bias})^2}{n-1}} \qquad \cdots\cdots(1)$$

式中：

$\hat{y}_i$ ——验证样品 i 的预测值；

y_i ——验证样品 i 的标准值；

n ——验证样品数；

Bias ——偏差，即残差的平均值，$\mathrm{Bias}=\frac{1}{n}\sum_{i=1}^{n}d_i$；

d_i ——残差，即样品 i 的预测值与其标准值的差值。

3.9

决定系数　determination coefficient

R^2

验证样品的预测值与其标准值之间相关系数的平方。决定系数按式(2)计算：

$$R^2=1-\frac{\sum_{i=1}^{n}(y_i-\hat{y}_i)^2}{\sum_{i=1}^{n}(y_i-\bar{y})^2} \qquad \cdots\cdots(2)$$

式中：

$\hat{y}_i$、y_i 和 n ——同3.8；

$\bar{y}$ ——标准值的平均值。

4　原理

基于物质吸光度与该物质的浓度呈线性关系的朗伯比尔定律，建立红外光谱测定生物质/塑料复合材料中生物质含量的方法。配制一组具有代表性生物质含量变化范围的校正样品和验证样品，样品用溴化钾压片后测定其红外吸收光谱，对红外吸收光谱进行去噪和波长选择预处理后，采用偏最小二乘法将校正样品的红外吸收光谱和生物质含量进行关联，建立校正模型。利用校正模型和验证样品的红外吸收光谱计算验证样品的生物质含量，并与验证样品的生物质含量标准值比对，验证校正模型的有效性。通过测定未知样品的红外吸收光谱，利用校正模型即可计算出未知样品的生物质含量。

5　试剂

溴化钾：优级纯或光谱纯。

6 仪器设备

傅立叶变换红外光谱仪：波数范围 4 000 cm^{-1}～400 cm^{-1}，仪器分辨率优于 4 cm^{-1}，基线噪声 6 000∶1～2 000∶1，基线倾斜 0.1%T～0.5%T，透过率准确度 0.1%T，透过率重复性 0.1%T～0.5%T，吸光度重复性<0.005。红外光谱仪配备的软件具有红外光谱数据的收集、存储、加工等功能，化学计量学软件具有红外光谱数据的存储、加工、偏最小二乘法（PLS1）建模与验证以及预测未知样品浓度或性质等功能。

7 仪器安装环境条件

7.1 仪器应安装在清洁无尘、无震动、无电磁干扰、无腐蚀性气体的实验室内。

7.2 应尽量避免日光的直接照射，室内温度应控制在 18 ℃～25 ℃范围内，相对湿度小于 60%。

7.3 配备稳压电源，电压稳定在（220±5）V，50 Hz。

8 取样

8.1 对于挤出生物质/塑料复合材料产品，样品应从垂直于产品的长轴方向锯切，保留产品的原截面。对于采用其他工艺生产的产品，样品的取样方法由各方协商确定。

8.2 样品被全部粉碎至能通过 40 目筛的粉末，充分混合，按四分法从中取 2 g～3 g 代表性粉末继续粉碎至能通过 200 目筛的粉末。

9 测定

9.1 校正模型的建立

9.1.1 校正样品和验证样品的选择

9.1.1.1 样品应包含使用该模型预测的未知样品中可能存在的所有化学成分。

9.1.1.2 样品中的生物质含量范围应涵盖使用该校正模型预测的未知样品中可能遇到的浓度范围。

9.1.1.3 样品中的生物质含量均匀分布在整个变化范围内。

9.1.1.4 样品的数量按 GB/T 29858—2013 的规定执行。

9.1.2 校正样品和验证样品的准备

准确称量木质或其他纤维素基生物质、塑料、添加剂等原料，充分混合均匀，经挤出、注塑或压延等加工方式，配制系列符合 9.1.1 要求的已知准确生物质含量的生物质/塑料复合材料校正样品和验证样品。样品中的生物质含量应精确至 0.1%。

9.1.3 红外吸收光谱的采集

9.1.3.1 参数设置

扫描范围 4 000 cm^{-1}～400 cm^{-1}。

分辨率 4 cm^{-1}。

扫描次数 32 次。

仪器的参数设置对于校正样品、验证样品和未知样品的光谱采集应保持一致。

9.1.3.2 谱图测量

校正样品和验证样品的取样参照第8章进行，利用 KBr 压片法采集红外吸收光谱。样品与 KBr 的质量比宜为 1∶99～2∶98，所得红外吸收光谱图中最强吸收峰的透过率应超过 70%。每个样品重复测定 5 次。

9.1.4 校正模型的建立

采用平滑、微分、多元散射校正(MSC)、标准正态变量(SNV)等数据预处理方法对光谱进行预处理。选择合适的建模波长等条件，采用 PLS1 建立校正样品处理后的红外吸收光谱与对应生物质含量之间关系的数学模型。参照 GB/T 29858—2013 的方法对校正模型进行评价与优化。

9.1.5 校正模型的验证

用校正模型计算验证样品中的生物质含量，比较验证样品生物质含量标准值和预测值之间的一致性，R^2 应不小于 0.90，SEP 应不大于 5.0%。

9.2 未知样品的测定

未知样品红外吸收光谱的采集参照 9.1.3。按建立校正模型时采用的谱图处理方法对样品的红外吸收光谱图进行处理，利用已建立的校正模型测定样品中的生物质含量。

10 结果处理和表述

测定结果取 5 次重复测量数据的算术平均值，精确至 0.1%。

11 试验报告

试验报告至少应该包括以下信息：

a) 使用标准编号及标准名称；

b) 对试样的有关说明；

c) 试验结果及必要的说明；

d) 试验中观察到的任何异常现象；

e) 本标准或引用标准中未规定的并可影响结果的任何操作；

f) 试验日期。

12 生物质/塑料复合材料中生物质含量的建模与验证实例

傅立叶变换红外光谱法测定生物质/塑料复合材料中生物质含量的建模与验证实例，参见附录 A。

附 录 A
（资料性附录）
傅立叶变换红外光谱法测定生物质/塑料复合材料中生物质含量的建模与验证实例

A.1 生物质/塑料复合材料校正样品和验证样品的制备

根据9.1.1样品选择原则，样品制备考虑因素包括纤维素基生物质种类、生物质含量、添加剂种类和含量等因素。制备3种杉木/聚丙烯(PP)、杨木/PP、毛竹/PP复合材料，共计62个生物质/塑料复合材料标准样品，生物质含量在30%～60%之间均匀分布，样品信息详见表A.1。

生物质/塑料复合材料样品的制备过程：精确称取一定量的木粉放入高速混合机中，用铝酸酯改性，后加入碳酸钙、聚乙烯蜡、四[β-(3,5-二叔丁基-4羟基苯基)丙酸]季戊四醇(又名1010)、硫代二丙酸二月桂酯(简称DLTP)和塑料，充分混合均匀，放入双螺杆机中挤出造粒，将生物质/塑料粒料用高速粉碎机粉碎后置于干燥器中待用。

表A.1 生物质/塑料复合材料校正样品和验证样品的配比

种类	样品个数	组分	质量分数/%	
			最小值	最大值
杨木/PP	20	木粉	29.7	59.7
		PP	36.0	64.3
		添加剂	6.0	6.3
杉木/PP	21	木粉	29.5	57.4
		PP	36.4	64.5
		添加剂	6.0	6.2
毛竹/PP	21	木粉	29.7	59.6
		PP	36.1	64.4
		添加剂	5.9	6.3

A.2 红外吸收光谱的采集

仪器：傅立叶变换红外光谱仪，红外光谱范围为4 000 cm^{-1}～400 cm^{-1}，DTGS检测器，分辨率4 cm^{-1}，扫描次数16次。

62个生物质/塑料复合材料样品用KBr压片，每个样品重复5次，采集其红外吸收光谱图。部分原料和生物质/塑料复合材料样品的红外谱图分别见图A.1和图A.2。

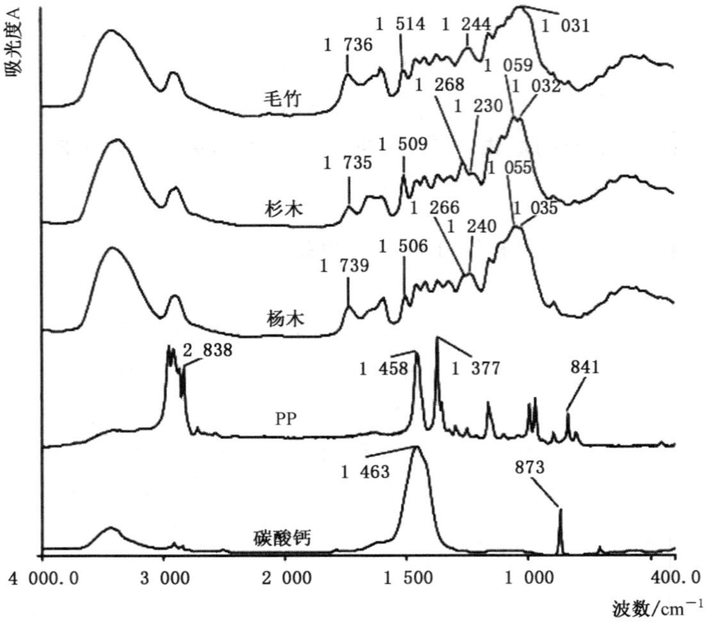

图 A.1 生物质、PP 及碳酸钙的红外光谱图

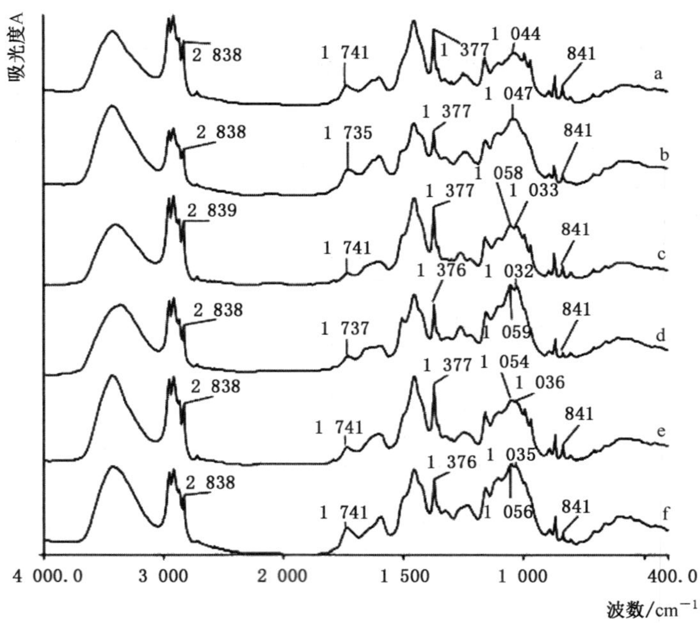

说明：

a——毛竹/PP(29.7%)；

b——毛竹/PP(57.7%)；

c——杉木/PP composites(29.5%)；

d——杉木/PP(57.4%)；

e——杨木/PP(29.7%)；

f——杨木/PP(57.7%)。

图 A.2 不同生物质种类和含量的生物质/塑料复合材料的红外光谱图

A.3 校正模型的建立

按照9.1.1的规定，将62个生物质/塑料复合材料样品随机分成44个校正样品和18个验证样品。对于44个校正样品，将每个样品的5次重复光谱平均为一个光谱后，利用PLS1和完全交互验证法在生物质含量和红外光谱之间建立相关性模型。研究微分处理、归一化处理和光谱范围的选择对模型预测精度的影响，部分结果见表A.2。

表A.2 不同光谱预处理的生物质含量的校正和验证结果

预处理方法	光谱区间 cm^{-1}	主成分数	校正模型		交互验证	
			R_c^2	SEC/%	R_p^2	SECV/%
原始	4 000～400	9	0.967	1.531	0.948	2.545
SNV	4 000～400	8	0.964	1.605	0.930	2.339
MSC	4 000～400	8	0.974	1.370	0.961	2.141
一阶导数	4 000～400	8	0.959	1.717	0.918	2.753
一阶导数+SNV	4 000～400	2	0.956	1.768	0.955	1.916
一阶导数+MSC	4 000～400	2	0.956	1.777	0.941	1.956
二阶导数	4 000～400	6	0.978	1.263	0.934	2.440
二阶导数+SNV	4 000～400	4	0.972	1.416	0.892	2.190
二阶导数+MSC	4 000～400	4	0.963	1.633	0.921	2.276
一阶导数+SNV	3 100～2 800 1 800～800	3	0.965	1.573	0.942	1.807
一阶导数+SNV	1 800～800	3	0.967	1.543	0.953	1.687
一阶导数+SNV	1 390～800	3	0.965	1.573	0.942	1.807

从表A.2可知，选取1 800 cm^{-1}～800 cm^{-1}波段，对样品原始红外光谱进行一阶微分处理和SNV处理，可以获得较好的预测效果。生物质/塑料复合材料中生物质含量的标准值和红外光谱法测定值之间具有非常高的线性相关性，决定系数(R^2)为0.953，交互验证预测标准偏差(SECV)为1.687%。

A.4 校正模型的验证

采用18个未参加定标模型的验证样品对定标模型的准确度进行验证，从表A.3可知，验证样品的生物质含量的预测值与其标准值之差的绝对值小于4.0%。红外光谱测定值和理论值之间线性相关性较强，决定系数 R^2 为0.925 6，预测标准偏差SEP为1.775%，符合9.1.5规定的要求。

表A.3 验证结果

样品号	标准值/%	预测值/%	绝对误差/%	相对误差/%
1	36.8	34.0	2.8	7.6
2	40.8	39.7	1.1	2.7
3	43.7	45.3	−1.6	−3.7

表 A.3（续）

样品号	标准值/%	预测值/%	绝对误差/%	相对误差/%
4	47.7	45.9	1.8	3.8
5	49.6	49.7	−0.1	−0.2
6	53.6	55.9	−2.3	−4.3
7	33.7	35.7	−2.0	−5.9
8	39.4	39.5	−0.1	−0.3
9	43.4	45.9	−2.5	−5.8
10	47.5	46.5	1.0	2.1
11	49.5	50.4	−0.9	−1.8
12	53.5	51.8	1.7	3.2
13	34.6	34.8	−0.2	−0.6
14	38.6	42.6	−4.0	−10.4
15	43.7	43.5	0.2	0.5
16	47.7	46.0	1.7	3.6
17	49.7	50.0	−0.3	−0.6
18	53.7	54.1	−0.4	−0.7

ICS 65.020.99
B 65

中华人民共和国国家标准

GB/T 35822—2018

自然保护区功能区划技术规程

Technical regulation for nature reserve zoning

2018-02-06 发布　　　　2018-09-01 实施

中华人民共和国国家质量监督检验检疫总局
中国国家标准化管理委员会　发布

前 言

本标准按照 GB/T 1.1—2009 给出的规则起草。

本标准由国家林业局提出并归口。

本标准起草单位:北京林业大学、国家林业局、国家海洋局。

本标准主要起草人:崔国发、李忠、王清春、郭子良、徐基良、邢韶华、雷霆、郭红燕、安丽丹、武立磊、贾恒、王斌。

自然保护区功能区划技术规程

1 范围

本标准规定了自然保护区功能区划的基本原则、功能分区、依据、程序、结果和调整等技术性要求。

本标准适用于自然保护区的规划、设计、建设与管理等有关领域。

2 规范性引用文件

下列文件对于本文件的应用是必不可少的。凡是注日期的引用文件，仅注日期的版本适用于本文件。凡是不注日期的引用文件，其最新版本(包括所有的修改单)适用于本文件。

GB/T 3792.6 测绘制图资料著录规则

GB/T 18317 专题地图信息分类与代码

LY/T 2016 陆生野生动物廊道设计技术规程

SL 609 水利水电工程鱼道设计导则

3 区划原则

3.1 针对性

针对自然保护区主要保护对象的类型、数量、分布和面临的影响因素，选择科学的区划方法，因地制宜地划定自然保护区的各功能区。

3.2 完整性

为保证主要保护对象的长期安全和稳定，核心区应集中连片；在确定各功能区的界线时，尽量保持地貌单元的完整性。

3.3 协调性

在主要保护对象能够得到有效保护的前提下，统筹考虑当地社区生产生活的基本需要和社会经济的发展需求。

3.4 稳定性

自然保护区各功能区确定后应保持长期稳定，在主要保护对象和自然环境未发生显著变化时一般不得调整。

4 功能分区

4.1 功能区的一般组成

自然保护区一般划分为核心区、缓冲区和实验区，必要时可划建季节性核心区、生物廊道和外围保护地带。

4.2 核心区

自然保护区内保存完好的自然生态系统、珍稀濒危野生动植物和自然遗迹的集中分布区域。

4.3 缓冲区

在核心区外围划定的用于减缓外界对核心区干扰的区域。

4.4 实验区

自然保护区内自然保护与资源可持续利用有效结合的区域，可开展传统生产、科学实验、宣传教育、生态旅游、管理服务和自然恢复。

4.5 季节性核心区

根据野生动物的迁徙或洄游规律确定的核心区，在野生动物集中分布的时段按核心区管理，在其他时段按实验区管理。

4.6 生物廊道

连接隔离的生境斑块并适宜生物生存、扩散与基因交流等活动的生态走廊。生物廊道参照缓冲区管理。

4.7 外围保护地带

在自然保护区外划定的、主要对自然保护区的建设与管理起增强、协调、补充作用的保护地带。外围保护地带参照缓冲区或实验区管理。

5 分区依据

5.1 核心区

5.1.1 划为核心区的区域

划为核心区的区域包括：

——典型自然生态系统、珍稀濒危物种、农作物野生近缘种或自然遗迹等主要保护对象集中分布的区域；

——典型地带性植被和完整的垂直植被带分布的区域，主要保护植物的原生地；

——主要保护动物的繁殖区，关键的水源地、取食地和食盐地等区域。

5.1.2 核心区的要求

核心区的要求包括：

——自然保护区内可以有一个或几个核心区；

——自然生态系统类自然保护区的核心区面积应能维持生态系统的完整性和稳定性；

——野生生物类自然保护区的核心区面积应根据主要保护对象的生物生态学特性和生境要求确定，至少一片核心区的面积应满足其最小可存活种群的生存空间需要；

——核心区面积占自然保护区总面积的比例一般不低于30%。

5.2 缓冲区

5.2.1 划为缓冲区的区域

缓冲区的空间位置和范围应根据外界干扰源的类型和强度确定。缓冲区的宽度应足以消除外界主要干扰因素对核心区的影响。

5.2.2 可不划定缓冲区的情况

可不划定缓冲区的情况包括：

——核心区边界有悬崖、峭壁、河流等较好自然隔离；
——核心区外围是另一个自然保护区的核心区或缓冲区；
——核心区外围是森林公园的生态保育区；
——核心区外围是湿地公园的湿地保育区；
——核心区外围是地质公园的特级保护区；
——核心区外围是风景名胜区的生态保护区；
——核心区外围是天然林保护工程的禁伐区；
——核心区外围是一级国家级公益林；
——核心区外围是海洋特别保护区的重点保护区；
——核心区边界存在永久性人工隔离带。

5.3 实验区

5.3.1 划为实验区的区域

在划定核心区、缓冲区和生物廊道后，自然保护区的其他区域划为实验区。根据自然保护区有效管理和当地社区发展需求，应把下列区域划为实验区：

——自然保护区原住居民的基本生产、生活所占用的区域；
——具有较好的科学研究条件，便于开展科学实验的区域；
——具有比较丰富的生物多样性和良好的生态环境，适宜开展生态环境教育和生态文化宣传等活动的区域；
——拥有较好自然旅游资源，便于开展生态旅游活动的区域；
——具有较好的区位条件，能满足自然保护区管护人员办公、管理及生活等方面需要的区域。

5.3.2 实验区要求

实验区面积占自然保护区总面积的比例不应高于50％。

5.4 季节性核心区

主要保护对象以迁徙性或洄游性野生动物为主的自然保护区，可以在核心区以外保护对象相对集中分布的区域划定季节性核心区，一般包括下列区域：

——自然保护区内迁徙鸟类的繁殖、取食的关键区域；
——自然保护区内迁徙或迁移兽类、爬行类、两栖类的关键繁殖区域；
——自然保护区内洄游性水生动物的关键繁殖区域。

5.5 生物廊道

根据主要保护对象的种类、数量、分布、迁徙或洄游规律，以及生境适宜性和阻隔因子等情况，可以划定生物廊道，并明确其空间位置、数量、长度和宽度。陆生野生动物的生物廊道划定按照LY/T 2016的要求。淡水鱼类的生物廊道划定按照SL 609的要求。

5.6 外围保护地带

下列情况可划定外围保护地带：

——自然保护区面积较小，难以维持自然生态系统的稳定性以及野生动植物生境的安全性；
——自然保护区缓冲区宽度不足以消除外界干扰因素对主要保护对象的影响；
——自然保护区外围有主要保护对象的分布。

5.7 简化分区条件

可以简化分区的情况：
——自然保护区的面积较小；
——自然保护区呈线型或带状分布；
——自然保护区的主要保护对象分布均匀；
——自然保护区的人为干扰很少。

6 区划程序

6.1 基础资料收集

全面收集自然保护区的主要保护对象、自然环境与自然资源、社会经济、土地与水域利用等方面的最新资料，参见附录A。必要时，应在科学考察等基础上开展补充调查。

6.2 图件准备

根据主要保护对象的类型和当地社会经济情况，收集或绘制自然保护区的遥感影像图、地形图、水文图、植被图、国家重点保护野生动植物分布示意图、土地和海域利用现状图、自然遗迹分布图、行政区划图和干扰因素分布系列图等基础图件。所有图件应缩放成相同的比例尺。

6.3 图层叠加与分析

根据区划原则和相关资料分析，通过不同图层叠加，标示主要保护对象及其适宜生境的分布区域、干扰因素的时空格局，确定自然保护区内不同区域的优先保护等级，在此基础上拟定各功能区的范围。

6.4 实地勘查定界

根据拟定的各功能区范围，结合实地勘查，确定各功能区的界线。尽量利用河流、沟谷、山脊和海岸线等自然界线或道路、居民区等永久性人工构筑物作为各功能区的界线。

7 区划结果

7.1 功能区范围说明

说明各功能区的地理位置、面积大小、四至边界、主要拐点坐标，以及边界的明显地标物等。自然保护区功能区划附表的名称、内容与格式见附录B。

7.2 功能区划图标识

绘制“自然保护区功能区划图”，并使用对比鲜明的颜色在图面上标明各功能区范围，具体见附录C。

8 区划调整

8.1 调整条件

以下情况可对自然保护区的功能区进行调整：

——主要保护对象及其分布格局发生显著变化;
——已建的人工构筑物和建筑物对主要保护对象产生显著影响;
——重大的交通运输、水利水电等工程建设需要;
——功能分区与当地社会经济发展产生严重冲突。

8.2 调整要求

自然保护区功能区调整,应满足以下要求:
——不应对主要保护对象造成损害;
——不得缩小核心区面积或使核心区碎片化;
——自批准建立或调整自然保护区功能区之日起,原则上五年内不得进行调整。

附 录 A
（资料性附录）
自然保护区功能区划依据的基础资料

A.1 主要保护对象资料

A.1.1 景观

根据土地利用现状，明确主要保护土地景观类型的分布状况。

A.1.2 植被

根据自然保护区面积大小，植被分类单位应细化到群系组、群系或群丛组；明确植被分布状况，并绘制植被图。

A.1.3 野生动植物

包括野生动植物的名录、重点保护物种和特有种的种群及其生境状况，以及国家重点保护野生动植物分布示意图。

A.1.4 自然遗迹

包括自然遗迹类型、数量和分布示意图等内容。

A.2 自然环境与自然资源资料

A.2.1 地质地貌

包括地质、地貌等资料。

A.2.2 土壤

包括土类及其特征，以及土壤分布图。

A.2.3 气候

包括气候要素资料以及气候资源分布等资料。

A.2.4 水文

包括水系、水体类型、流量、水域面积、水深、利用状况及其动态变化等资料，以及水文图。

A.2.5 自然灾害

包括多发性自然灾害的类型、影响程度、分布和发生频率等资料。

A.2.6 环境质量

包括大气、水体、土壤、固体废弃物、噪声等污染源的类型、分布和污染程度等。

A.2.7 周边保护区情况

包括周边自然保护区、森林公园、湿地公园、地质公园、风景名胜区、天然林保护工程区、国家级公益林和海洋特别保护区等的分布情况。

A.3 社会经济资料

A.3.1 历史与文化古迹

包括自然保护区内的古迹类型及分布资料。

A.3.2 人口

包括自然保护区及周边社区常住人口的数量、分布、民族组成、年龄结构、教育水平、生活习俗等。

A.3.3 行政区划

包括行政建制及行政区划图,居民点及其分布,村界、乡界及其他相关地界等资料。

A.3.4 国民经济基础设施

包括交通、能源、水利、通讯、供电等基础设施资料。

A.3.5 社区生活配套设施

包括给排水、生活能源、卫生等配套基础设施状况。

A.3.6 经济状况

包括产业结构、地方财政收入、居民经济收入和社会经济发展规划等资料。

A.3.7 自然保护区基础设施

包括自然保护区内道路、桥梁、办公场所及保护站点等现有基础设施的规模和布局。

A.3.8 自然保护区土地海域利用状况与土地海域权属

包括自然保护区内土地海域利用现状及其变更资料,土地海域使用权和管理权资料,以及土地海域利用现状图、土地海域权属图等。

A.3.9 自然资源开发与利用

包括自然资源的开发利用价值及利用规划方面的资料。

A.4 测绘资料

测绘资料包括地形图和专业图,其中专业图主要指遥感影像(航片、卫片)、地下溶洞与河流测图、地下工程与管网等专业测图。

附　录　B
（规范性附录）
自然保护区功能区划结果的附表格式

B.1　范围

本附录确定了自然保护区功能区划附表的名称、内容与格式。

B.2　附表种类

附表种类包括：

——自然保护区各功能区统计表，见表 B.1；

——自然保护区各功能区主要拐点坐标表，见表 B.2。

B.3　附表内容与格式

表 B.1　自然保护区各功能区统计表

功能区	面积/hm^2	比例/%	备注
核心区			
缓冲区			
实验区			
季节性核心区			
生物廊道			
外围保护地带			
自然保护区总面积			
注：季节性核心区和外围保护地带面积不计入总面积。			

表 B.2　自然保护区各功能区主要拐点坐标表

编号	核心区	缓冲区	实验区	季节性核心区	生物廊道	外围保护地带

附　录　C
（规范性附录）
自然保护区功能区划图的制图要求[1)]

C.1　总则

C.1.1　为了统一自然保护区功能区划的制图要求，保证制图质量，符合规划、设计、存档等要求，适应自然保护区科学规范建设的需要，特制定本附录。

C.1.2　本附录适用于计算机制图。

C.1.3　本附录适用于自然保护区功能区划图的制作。

C.1.4　自然保护区功能区划制图，除应符合本附录要求外，还应符合 GB/T 18317、GB/T 3792.6 以及国际现行的有关强制性标准的规定和制图规范。

C.1.5　为了将来能够准确地进行数字化，地图应是原印刷件。

C.2　一般规定

C.2.1　比例尺

应根据自然保护区面积大小，选择 1∶1 000、1∶10 000、1∶50 000、1∶100 000、1∶250 000 标准比例尺。

C.2.2　投影和坐标系

根据所选地形图及自然保护区面积大小确定投影和坐标系，以高斯-克吕格投影为宜；坐标系则以国家 2000 坐标系为宜，海域可使用 WGS-84 坐标系。

C.2.3　地理要素的编绘

C.2.3.1　地理要素的编绘是以国家测绘局新编的不同比例尺地形图为基础，按专题图的要求进行缩编，其印色一般为浅色。

C.2.3.2　地理要素选取要求如下：

a）陆地水系：包括河流、湖泊、大中型水库、蓄洪区、水渠、运河、盐田等。水系印中蓝色，水部印浅蓝网点，咸水湖括注（咸）。

b）海域：包括海岸线、等深线和海岛等。

c）交通：铁路全取，不分等级和性质，以一种符号表示。公路选取主要公路（包括国道、省道和县级公路），其他如乡村路、大车路视与自然保护区管护工作及规划项目安排的关系确定取舍。

d）居民地：标注行政意义较大的或可能对资源与环境保护和利用有较大影响的居民地。

e）境界：根据自然保护区具体情况，应标注国界、省（自治区、直辖市）及市、县、乡、村界。

f）等高线：应有等高线及高程点。

C.2.3.3　地理要素中，各符号、线型及填充样式的应用执行 GB/T 3792.6 中有关规定。

C.2.4　图面配置

图面配置如下所示：

1）本附录参照 GB/T 20399—2006 中附录 B 编写。

a) 图形应尽量分布于图幅中央；
b) 图廓上应标注经纬度或公里网，图幅内标注指北针和图例等信息；
c) 图名位于北图廓外中央，制作单位和日期位于南图廓的东西两侧；
d) 比例尺位于南图廓外中央；
e) 指北针位于图幅右上角；
f) 图例应满足视图者方便，按照图例内实际情况确定位置；
g) 图面色调应注意搭配和谐。

C.3 功能区划图

功能区划图应符合：

a) 以遥感影像图为底图，划定自然保护区核心区、缓冲区和实验区等分区边界与范围；
b) 三区范围以色面表示，核心区填注淡粉色 RGB(255,166,166)、缓冲区填注淡黄色 RGB(255,187,0)、实验区填注淡绿色 RGB(167,255,166)；三区边界以色线表示，核心区边界为红色 RGB(255,0,0)，缓冲区为黄色 RGB(255,255,0)，实验区为绿色 RGB(0,255,0)；
c) 地理要素应包括境界、水系、海岛、海岸线、交通、居民地、标志性地物、等高线和高程点等。

参 考 文 献

[1] GB/T 14529—1993 自然保护区类型与级别划分原则
[2] GB/T 17108—2006 海洋功能区划技术导则
[3] GB/T 20399—2006 自然保护区总体规划技术规程
[4] GB/T 21010—2007 土地利用现状分类
[5] HJ/T 129—2003 自然保护区管护基础设施建设技术规范
[6] LYJ 126—1988 自然保护区工程总体设计标准
[7] LY/T 1685—2007 自然保护区名词术语
[8] LY/T 1725—2008 自然保护区土地覆被类型划分
[9] LY/T 1726—2008 自然保护区有效管理评价技术规范
[10] LY/T 1764—2008 自然保护区功能区划技术规程
[11] LY/T 1813—2009 自然保护区自然生态质量评价技术规程
[12] LY/T 1819—2009 珍稀濒危野生植物保护小区技术规程
[13] LY/T 1953—2011 自然保护区设施标识规范
[14] LY/T 2089—2013 自然保护区生态旅游管理评价技术规范
[15] LY/T 5126—04 自然保护区工程设计规范
[16] NY/T 1899—2010 草原自然保护区建设技术规范
[17] SC/T 9408—2012 水生生物自然保护区评价技术规范
[18] 中华人民共和国自然保护区条例(国务院令〔1995〕167 号)
[19] 自然保护区土地管理办法(国土[法]字〔1995〕117 号)
[20] 国家级自然保护区调整管理规定(国务院函〔2013〕129 号)
[21] 国家级自然保护区监督检查办法(国家环境保护总局令〔2006〕36 号)
[22] 自然保护区综合科学考察规程(环函〔2010〕139 号)
[23] 国家级自然保护区范围和功能区调整申报材料编制规范,2012(中华人民共和国环境保护部)
[24] 国家级自然保护区规范化建设和管理导则(试行),2009(中华人民共和国环境保护部)
[25] 自然保护区工程建设项目建设标准,2002(国家林业局)
[26] 国家级自然保护区总体规划大纲,2002(中华人民共和国环境保护部)

ICS 65.020.30
B 44

中华人民共和国国家标准

GB/T 35823—2018

实验动物 动物实验通用要求

Laboratory animals—General requirements for animal experiment

2018-02-06 发布　　2018-09-01 实施

中华人民共和国国家质量监督检验检疫总局
中国国家标准化管理委员会　发布

前　言

本标准按照 GB/T 1.1—2009 给出的规则起草。

本标准由全国实验动物标准化技术委员会(SAC/TC 281)提出并归口。

本标准起草单位:中国医学科学院医学实验动物研究所、重庆医科大学、国家卫生计生委科学技术研究所、浙江中医药大学、中国医科大学、中国食品药品检定研究院、沈阳化工研究院有限公司。

本标准主要起草人:秦川、谭毅、高虹、孙德明、李秦、陈民利、王禄增、王秀文、王捷、孔琪。

实验动物 动物实验通用要求

1 范围

本标准规定了各类动物实验中动物实验审查、实验室管理、实验条件、实验动物质量、基本技术操作、实验记录与归档的要求。

本标准适用于从事动物实验的各类机构。

2 规范性引用文件

下列文件对于本文件的应用是必不可少的。凡是注日期的引用文件,仅注日期的版本适用于本文件。凡是不注日期的引用文件,其最新版本(包括所有的修改单)适用于本文件。

GB 5749 生活饮用水卫生标准

GB 14922.1 实验动物 寄生虫学等级及监测

GB 14922.2 实验动物 微生物学等级及监测

GB 14923 实验动物 哺乳类实验动物的遗传质量控制

GB/T 14924.1 实验动物 配合饲料通用质量标准

GB 14924.3 实验动物 配合饲料营养成分

GB 14925 实验动物 环境及设施

GB 18871 电离辐射防护与辐射源安全基本标准

GB 19489 实验室 生物安全通用要求

GB/T 29510 个体防护装备配备基本要求

GB 50346 生物安全实验室建筑技术规范

GB 50447 实验动物设施建筑技术规范

关于善待实验动物的指导性意见(国科发财字〔2006〕398 号)

3 术语和定义

下列术语和定义适用于本文件。

3.1

动物实验 animal experiment

使用实验动物或其他动物开展的科学研究、教学、检定以及其他科学实验。

3.2

通用要求 general requirement

或称基本要求,为某一领域广泛使用的基础规范。

3.3

实验动物从业人员 laboratory animal practitioner

从事实验动物或动物实验相关工作的各类人员,包括技术人员、科研人员、管理人员、实验动物医师、辅助人员、阶段性从业人员。

3.4

实验动物医师 laboratory animal veterinarian

从事实验动物疾病预防、诊断和治疗、护理和动物福利相关工作的人员。

3.5

动物实验室 animal experimental laboratory

具备从事动物实验条件的实验室。

3.6

动物生物安全实验室 animal biosafety level laboratory

具备从事危险生物因子实验条件的动物实验室。

3.7

动物实验设施 animal experiment facility

从事动物实验的建筑物和设备的总和。

3.8

实验动物管理与使用委员会 Institutional Animal Care and Use Committee；IACUC

实验动物管委会

审查和监管实验动物的使用及福利伦理工作的组织。

3.9

仁慈终点 humane endpoint

动物实验过程中，在得知实验结果时，及时选择动物表现疼痛和痛苦的较早阶段为实验的终点。

3.10

安死术 euthanasia

人道地终止动物生命的方法，最大限度地减少或消除动物的惊恐和痛苦，使动物安静地和快速地死亡。

4 动物实验审查

4.1 实验动物管委会职责

从事动物实验工作的法人单位应成立实验动物管委会，制定实验动物管委会章程、审查程序、监管制度、例会制度、报告制度、工作纪律、专业培训计划等。

4.2 审查原则

审查应坚持和遵守合法性、必要性、科学性、动物福利、伦理、公正性、利益平衡等原则。

4.3 审查程序

4.3.1 各类动物实验项目的负责人应向实验动物管委会提交审查申请，实验动物管委会做出审查意见。

4.3.2 实验动物管委会应对已批准的项目实施年度审查。项目负责人提交项目执行情况，涉及与动物操作有关的修改内容需经实验动物管委会审核后方可执行。

5 动物实验室管理

5.1 管理机构

动物实验机构应设立动物实验管理部门，负责组织实施动物实验、人员管理，监督实验设施运行状态和实验进展情况。

5.2 从业人员

5.2.1 从业人员应获得实验动物从业人员岗位证书。
5.2.2 从业人员应经过各级行业学会举办的技能等级培训。
5.2.3 从事特殊操作的人员必须获得相关资质后方可从事相关工作。
5.2.4 从事动物实验的人员应每年至少一次健康检查，检查结果应符合所从事工作岗位的要求。

5.3 管理文件

动物实验室应制定与动物实验工作相适应的标准操作规程(SOP)和相关管理规定。

5.4 质量保障

动物实验室应设专人对实验过程和设施运行进行监督检查，以保证实验结果的可靠性。

5.5 运行记录管理

动物实验室应保存动物实验过程和设施运行记录。保存期限应符合实验室管理规定。

6 实验条件

6.1 环境设施

6.1.1 动物实验室的选址、建筑设施和区域布局应符合 GB 14925 和 GB 50447 的要求。
6.1.2 动物生物安全实验室应符合 GB 19489 和 GB 50346 的要求。
6.1.3 涉及电离辐射的放射性动物实验室应符合 GB 18871 的要求。

6.2 饲养笼具

笼具的材质和制造工艺应符合 GB 14925 的要求。

6.3 仪器设备

6.3.1 动物实验室宜根据不同的实验目的配置满足动物福利要求的相关仪器设备。
6.3.2 动物实验室宜配置动物麻醉、心电监护、称重、保定等必要的动物专用设备。

6.4 饲料

6.4.1 应根据不同品种的实验动物选择使用不同种类的配合饲料，各类配合饲料的营养成份应符合 GB 14924.3 的要求。
6.4.2 为满足特殊实验目的或某些品种动物的特殊营养需要，除调整的营养成份之外，其他营养成份应符合 GB 14924.3 的要求。
6.4.3 饲料贮存应符合 GB/T 14924.1 的要求。特殊饲料应在相应条件下贮存，并在保质期内使用。

6.5 垫料

垫料应符合 GB 14925 的要求。

6.6 饮水

普通级实验动物的饮水应符合 GB 5749 的要求。清洁级以及以上等级实验动物的饮水还应达到无菌要求。

6.7 安全防护

6.7.1 动物实验室应根据相关规定在入口处、实验区域等醒目位置设置提醒标识。

6.7.2 动物实验室应配备必要的符合 GB/T 29510 要求的个体防护用品,建立个人防护用品选择、使用、维护的培训制度。

6.7.3 动物实验室应根据动物实验的风险因素,制定动物实验职业健康指南和安全风险防范预案。

7 实验动物质量

7.1 实验动物的微生物、寄生虫、遗传应分别符合 GB 14922.1、GB 14922.2、GB 14923 的要求。

7.2 所有实验动物均应依照国家相关法律法规和相关标准,排除对人类具有危害的病原体,动物的外观、行为及生理指标无异常。

7.3 使用基因修饰动物,应明确其遗传背景。

8 基本技术操作规范

8.1 动物获取

8.1.1 应合法地购买或获赠动物,并索取标明动物种类、级别、数量、性别、年龄、购买日期等相关资料。

8.1.2 购买或获赠背景清晰的实验动物,供应方应提供该品系(种)动物微生物、寄生虫和遗传的检测报告。

8.2 动物运输

运输动物应符合 GB 14925 和《关于善待实验动物的指导性意见》的要求。

8.3 隔离检疫

8.3.1 动物实验室应遵守相关的法律法规,制定对动物进行隔离检疫的标准操作规程。

8.3.2 隔离检疫动物前后,应对动物设施作严格消毒。

8.3.3 检疫人员宜作相应的安全防护。

8.3.4 隔离检疫不合格的动物,应进行无害化处理。

8.4 动物保定

8.4.1 按照实验动物医师或其他动物专家的建议,建立科学合理的动物保定方法及相关预案。

8.4.2 保定装置应与动物大小相匹配,易于操作,能够最大限度地满足动物福利要求。使用保定装置前,应对动物进行适应性训练。

8.4.3 在满足实验要求的前提下,应尽量缩短保定时间。动物在保定期间出现异常情况时,应尽快将其从保定装置上释放下来。

8.5 动物麻醉和镇痛

8.5.1 建立科学合理的麻醉和镇痛方法及相关预案。

8.5.2 实施麻醉的人员应经过相应的专业培训,并具备相应的能力。

8.6 术后护理

根据动物及手术特点,建立合理的术后护理、观察及相关预案。

8.7 仁慈终点

根据动物品种和研究目的制定、落实仁慈终点量表。

8.8 安死术

8.8.1 开展动物实验的机构应遵守相关法规或指南，根据动物品种、年龄、研究目的、安全性等因素制定安死术实施与评估的标准操作规程。

8.8.2 负责实施安死术的人员必须经过专门的培训。

8.8.3 实施安死术的操作区域不宜有其他动物在场。安死术之前必须对每只动物的信息进行确认，确定死亡后，应进行无害化处理。

8.8.4 非人灵长类动物原则上不予处死。

8.9 废弃物处理

开展动物实验所产生的污水、废弃物、动物尸体等应按照 GB 14925 的要求进行处理。

9 实验记录与档案管理

9.1 实验记录

9.1.1 动物实验室应按照国家相关规定，制定相应的动物实验记录规范。

9.1.2 实验记录应准确、完整、清晰。

9.1.3 实验记录不得随意修改，如必须修改，应由修改人签字，并注明修改时间和原因。

9.1.4 计算机、自动记录仪器等打印的图表和数据资料等，应妥善保存其拷贝或复印件。

9.2 档案管理

9.2.1 动物实验室应按照国家相关规定，制定相应的动物实验档案管理制度。

9.2.2 实验研究结束后，原始记录的各种资料应整理归档。

ICS 71.100.70
Y 42

中华人民共和国国家标准

GB/T 35824—2018

染发类化妆品中20种禁限用染料成分的测定 高效液相色谱法

Determination of 20 kinds of prohibited and restricted dyestuff in hair dyes—High performance liquid chromatography

2018-02-06 发布　　　　2018-09-01 实施

中华人民共和国国家质量监督检验检疫总局
中国国家标准化管理委员会　发布

前　　言

本标准按照 GB/T 1.1—2009 给出的规则起草。

本标准由中国轻工业联合会提出。

本标准由全国香料香精化妆品标准化技术委员会(SAC/TC 257)归口。

本标准起草单位:北京市产品质量监督检验院、欧莱雅(中国)有限公司、上海市日用化学工业研究所。

本标准主要起草人:卢晓蕊、沈虹、许海东、杜洪森、沈敏。

引　言

本标准的被测物质邻苯二胺、间苯二胺是我国《化妆品安全技术规范》规定的禁用物质。

禁用物质是指不能作为化妆品生产原料即组分添加到化妆品中的物质。《化妆品安全技术规范》规定：若技术上无法避免禁用物质作为杂质带入化妆品时，应进行安全性风险评估，确保在正常、合理及可预见的使用条件下不得对人体健康产生危害。

目前我国尚未规定这些物质的限量值，本标准的制定，仅对化妆品中测定这些物质提供检测方法。

染发类化妆品中20种禁限用染料成分的测定　高效液相色谱法

1　范围

本标准规定了染发类化妆品中20种禁限用染料成分的高效液相色谱测定方法。

本标准适用于染发类化妆品中20种禁限用染料成分的测定。

本标准染料成分的检出限和定量限参见附录A的表A.1。

2　规范性引用文件

下列文件对于本文件的应用是必不可少的。凡是注日期的引用文件，仅注日期的版本适用于本文件。凡是不注日期的引用文件，其最新版本(包括所有的修改单)适用于本文件。

GB/T 6682　分析实验室用水规格和试验方法

3　方法提要

试样经溶剂提取后，采用高效液相色谱分离，二极管阵列检测器检测，外标法定量。

4　试剂与材料

除非另有说明，所用水为GB/T 6682中规定的一级水。

4.1　标准物质：20种禁限用染料成分的中文名称、INCI名称、CAS号、分子式、结构式、相对分子质量参见附录B的表B.1。

4.2　甲醇：色谱纯。

4.3　乙醇：分析纯。

4.4　磷酸二氢钾：分析纯。

4.5　磷酸氢二钠：分析纯。

4.6　亚硫酸氢钠：分析纯。

4.7　亚硫酸氢钠水溶液(1 g/L)：称取亚硫酸氢钠(4.6)1.00 g(精确至0.01 g)于容量瓶中，加水定容至1 000 mL。

4.8　乙醇水溶液：[乙醇＋亚硫酸氢钠水溶液(4.7)]＝1＋1(体积比)。

4.9　0.05 mol/L磷酸盐缓冲液溶液：准确称取磷酸二氢钾(4.4)6.804 5 g(精确至0.000 1 g)和磷酸氢二钠(4.5)17.907 g(精确至0.000 1 g)至容量瓶中，加水定容至1 000 mL。

4.10　乙醇＋0.05 mol/L磷酸盐缓冲液＝1＋49(体积比)。

4.11　乙醇＋0.05 mol/L磷酸盐缓冲液＝1＋1(体积比)。

4.12　乙醇＋0.05 mol/L磷酸盐缓冲液＝5＋95(体积比)。

4.13　标准储备溶液A：分别准确称取各标准物质(*p*-苯二胺、*o*-苯二胺、*m*-苯二胺、*p*-氨基苯酚、*m*-氨基苯酚、间苯二酚、4-氨基-2-羟基甲苯、2-甲基-5-羟乙氨基苯酚、5-氨基-6-氯-*o*-甲酚、6-羟基吲哚、4-氯间苯二酚、羟苯并吗啉、邻氨基苯酚、6-氨基间甲酚、1-萘酚、1,5二羟基萘、2,7二羟基萘，共17种)

50 mg(精确至 0.1 mg)于棕色容量瓶中,用乙醇水溶液(4.8)溶解后定容至 10 mL,配置成浓度为 5 mg/mL 的标准储备液,于 4 ℃～6 ℃条件下避光保存,保存期为 3 天。

标准储备溶液 B:分别准确称取各标准物质(甲苯-2,5-二胺硫酸盐、*N*,*N*-双(2-羟乙基)-*p*-苯二胺硫酸盐,共 2 种)50 mg(精确至 0.1 mg)于棕色容量瓶中,用亚硫酸氢钠水溶液(4.7)溶解后定容至 10 mL,配置成浓度为 5 mg/mL 的标准储备液,于 4 ℃～6 ℃条件下避光保存,保存期为 3 天。

标准储备溶液 C:准确称取标准物质(4-硝基-*o*-苯二胺,1 种)25 mg(精确至 0.1 mg)于棕色容量瓶中,用乙醇水溶液(4.8)溶解后定容至 10 mL,配置成浓度为 2.5 mg/mL 的标准储备液,于 4 ℃～6 ℃条件下避光保存,保存期为 3 天。

4.14 混合标准中间液:混合标准中间液:准确移取 A、B 标准储备液各 200 μL,C 标准储备液 400 μL 于 10 mL 容量瓶中,用磷酸盐缓冲液溶液稀释至刻度,配置成各标准物质浓度均为 100 μg/mL 的混合标准溶液,需现用现配。

4.15 混合标准工作溶液:准确移取混合标准中间液(4.14),用磷酸盐缓冲液溶液稀释定容,配制成 1 μg/mL,5 μg/mL,10 μg/mL,20 μg/mL,40 μg/mL,80 μg/mL,100 μg/mL 的系列标准混合溶液,需现用现配。

5 仪器和设备

5.1 高效液相色谱-二极管阵列检测器。

5.2 分析天平:感量 0.1 mg。

5.3 漩涡混合器。

5.4 超声波清洗器。

5.5 离心机:转速不小于 5 000 r/min。

6 试样制备

本标准提供三个前处理方法,可根据需要自行选择合适的方法。

方法一:准确称取 1.0 g 样品(精确至 0.001 g)于 25 mL 具塞刻度塑料离心管中,首先加入 10 mL 甲醇(4.2)涡旋并超声 10 min,使样品分散并提取目标物,用甲醇(4.2)定容至 25 mL,涡旋混合均匀,超声提取 10 min,然后于 5 000 r/min 离心 10 min。准确移取上层提取液 5 mL 于 5 mL 刻度塑料试管中,氮吹浓缩至约 0.5 mL,然后用乙醇＋0.05 mol/L 磷酸盐缓冲液＝5＋95(体积比)(4.12)稀释并定容至 5 mL,涡旋 1 min 后,上清液经 0.45 μm 滤膜过滤作为测定液,用高效液相色谱测定。

方法二:准确称取 1.0 g 样品(精确至 0.001 g)于 25 mL 具塞刻度塑料离心管中,加入乙醇＋0.05 mol/L 磷酸盐缓冲液＝1＋49(体积比)(4.10)的混合溶液定容至 25 mL,剧烈振荡使样品分散,涡旋 1 min,超声 15 min,5 000 r/min 离心 10 min,取上清液经 0.45 μm 滤膜过滤作为测定液,用高效液相色谱测定。

注:适合分离 *p*-苯二胺、*o*-苯二胺、*m*-苯二胺、*p*-氨基苯酚、*m*-氨基苯酚、间苯二酚、4-氨基-2-羟基甲苯、羟苯并吗啉、邻氨基苯酚、6-氨基间甲酚、甲苯-2,5-二胺硫酸盐、*N*,*N*-双(2-羟乙基)-*p*-苯二胺硫酸盐、4-硝基-*o*-苯二胺这 13 种染料。

方法三:准确称取 1.0 g 样品(精确至 0.001 g)于 25 mL 具塞刻度塑料离心管中,加入乙醇＋0.05 mol/L 磷酸盐缓冲液＝1＋1(体积比)(4.11)的混合溶液定容至 25 mL,剧烈振荡使样品分散,涡旋 1 min,超声 15 min,5 000 r/min 离心 10 min,取上清液经 0.45 μm 滤膜过滤作为测定液,用高效液相色谱测定。

注:适合分离 2-甲基-5-羟乙氨基苯酚、5-氨基-6-氯-*o*-甲酚、6-羟基吲哚、4-氯间苯二酚、1-萘酚、1,5 二羟基萘、2,7 二羟基萘这 7 种染料。

7 分析步骤

7.1 液相色谱参考条件

液相色谱参考条件如下：

a) 色谱柱：Poroshell HPH C18，2.7 μm，3.0 mm×100 mm（或相当者）；

b) 柱温：30 ℃；

c) 检测器：二极管阵列检测器；

d) 流动相：A：50 mmol/L 磷酸盐缓冲液溶液（含 3%甲醇）；B：甲醇；

e) 流速：0.5 mL/min；

f) 进样量：2 μL；

g) 液相色谱分离条件见表 1。

表 1 液相色谱分离条件

时间/min	流速/(mL/min)	流动相 A/%	流动相 B/%
0	0.5	94	6
10	0.5	94	6
20	0.5	70	30
25	0.5	50	50
30	0.5	50	50
33	0.5	94	6
35	0.5	94	6
色谱柱的型号，内径和长度及色谱填料粒径可根据色谱分离情况自由选择。流动相比例，流速等色谱条件随仪器而异，应通过试验选择最佳操作条件。			

7.2 试样测定

移取系列标准溶液（4.15），按照色谱条件（7.1）进行高效液相色谱分析，以系列标准溶液浓度为横坐标，峰面积为纵坐标，制作标准曲线。*p*-苯二胺、*o*-苯二胺、*m*-苯二胺、*p*-氨基苯酚、甲苯-2，5-二胺硫酸盐、*m*-氨基苯酚、间苯二酚、4-氨基-2-羟基甲苯、2-甲基-5-羟乙氨基苯酚、5-氨基-6-氯-*o*-甲酚、6-羟基吲哚、4-氯间苯二酚、羟苯并吗啉、邻氨基苯酚、*N*，*N*-双（2-羟乙基）-*p*-苯二胺硫酸盐、4-硝基-*o*-苯二胺、6-氨基间甲酚（17 种）根据 280 nm 下的紫外吸收进行定量计算；1-萘酚、1，5 二羟基萘、2，7 二羟基萘（3 种）根据 225 nm 下的紫外吸收进行定量计算。样品溶液中的被测物的响应值均应在仪器测定的线性范围之内。如果检出的目标染料的色谱峰的保留时间与标准品一致，并且在扣除背景后的样品色谱图中，该物质的紫外吸收光谱图与标准品一致，则可初步认定样品中存在目标染料，用外标法定量。20 种禁限用染料的标准物质液相色谱图参见附录 C 的图 C.1。20 待测样液中目标染料含量应该标准曲线之内，超出线性范围则应稀释后再进行分析。

7.3 空白试验

除不称取样品外，均按上述测定条件和步骤进行。

8 结果计算

试样中20种目标染料的含量按式(1)计算:

$$X=\frac{c\times V}{m\times 1\ 000\times 1\ 000}\times 100 \qquad \cdots\cdots(1)$$

式中:

X ——试样中目标染料的含量,%;

c ——试样溶液中目标染料的浓度,单位为微克每毫升(μg/mL);

V ——试样溶液体积,单位为毫升(mL);

m ——试样质量,单位为克(g)。

计算结果保留至小数点后两位。

注:对于混合使用的试样,取含有目标染料的试样进行检测,计算结果按实际使用时的比例进行折算。

9 回收率

在添加浓度100 μg/g ~1 000 μg/g 浓度范围内,回收率在80%~115%之间,相对标准偏差小于10%。

10 精密度

在重复条件下获得的两次独立测定结果的绝对差值不得超过算术平均值的10%。

附 录 A
（资料性附录）
20 种禁限用染料成分的检出限和定量限

20 种禁限用染料成分的检出限和定量限见表 A.1。

表 A.1 20 种禁限用染料成分的检出限和定量限

序号	化合物名称	检出限 %	定量限 %
1	*p*-苯二胺	0.003	0.01
2	*o*-苯二胺	0.003	0.01
3	*m*-苯二胺	0.003	0.01
4	*p*-氨基苯酚	0.003	0.01
5	甲苯-2,5-二胺硫酸盐	0.007 5	0.025
6	*m*-氨基苯酚	0.003	0.01
7	间苯二酚	0.003	0.01
8	4-氨基-2-羟基甲苯	0.006	0.02
9	2-甲基-5-羟乙氨基苯酚	0.006	0.02
10	5-氨基-6-氯-*o*-甲酚	0.006	0.02
11	*N*,*N*-双(2-羟乙基)-*p*-苯二胺硫酸盐	0.007 5	0.025
12	6-羟基吲哚	0.006	0.02
13	4-氯间苯二酚	0.006	0.02
14	羟苯并吗啉	0.006	0.02
15	邻氨基苯酚	0.003	0.01
16	6-氨基间甲酚	0.006	0.02
17	4-硝基-*o*-苯二胺	0.006	0.01
18	1-萘酚	0.001 5	0.005
19	1,5 二羟基萘	0.001 5	0.005
20	2,7 二羟基萘	0.001 5	0.005

附 录 B
（资料性附录）
20 种禁限用染料成分的中文名称、INCI 名称、CAS 号、分子式、结构式、相对分子质量

20 种禁限用染料成分的中文名称、INCI 名称、CAS 号、分子式、结构式、相对分子质量见表 B.1。

表 B.1　20 种禁限用染料成分的中文名称、INCI 名称、CAS 号、分子式、结构式、相对分子质量

序号	中文名称	INCI 名称	CAS 号	分子式	结构式	相对分子质量
1	*p*-苯二胺	1,4-diaminobenzene	106-50-3	$C_6H_8N_2$	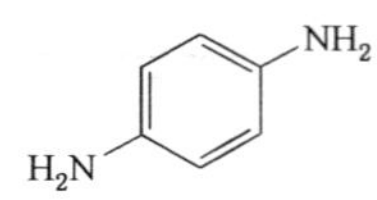	108.14
2	*o*-苯二胺	1,2-diaminobenzene	95-54-5	$C_6H_8N_2$	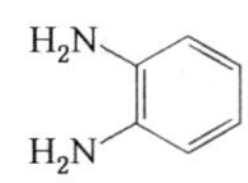	108.14
3	*m*-苯二胺	1,3-Diaminobenzene	108-45-2	$C_6H_8N_2$	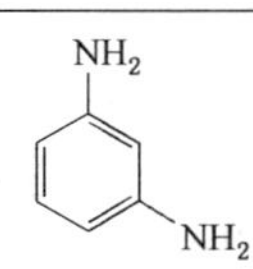	108.14
4	*p*-氨基苯酚	4-aminophenol	123-30-8	C_6H_7NO	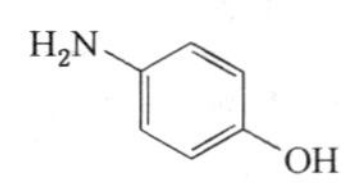	109.13
5	甲苯-2，5-二胺硫酸盐	2-Methyl-1,4-benzenediamine sulfate	615-50-9	$C_7H_{12}N_2O_4S$	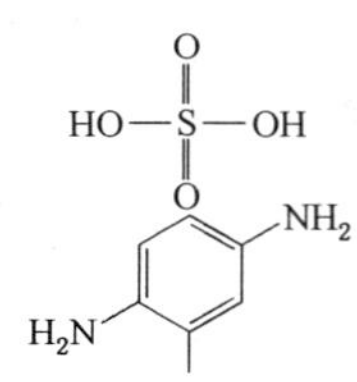	220.25
6	*m*-氨基苯酚	3-aminophenol	591-27-5	C_6H_7NO	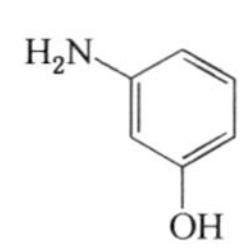	109.13
7	间苯二酚	1,3-Dihydroxybenzene	108-46-3	$C_6H_6O_2$	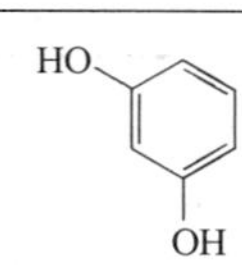	110.11
8	4-氨基-2-羟基甲苯	4-Amino-2-hydroxy-toluene	2835-95-2	C_7H_9NO	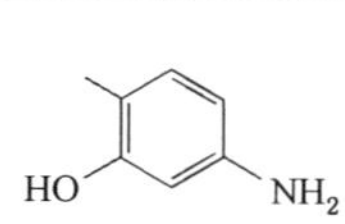	123.15
9	2-甲基-5-羟乙氨基苯酚	2-Methyl-5-N-hydroxyethylamino phenol	55302-96-0	$C_9H_{13}NO_2$	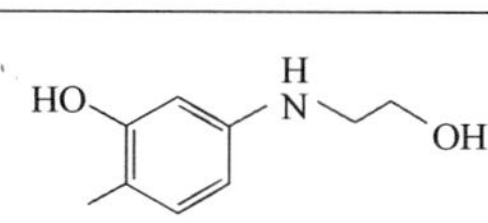	167.21

表 B.1（续）

序号	中文名称	INCI 名称	CAS 号	分子式	结构式	相对分子质量
10	5-氨基-6-氯-*o*-甲酚	2-Methyl-5-amino-6-chlorophenol	84540-50-1	C_7H_8ClNO	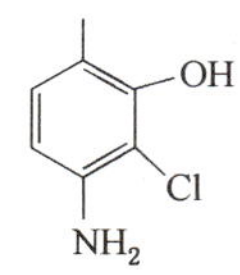	157.6
11	*N*，*N*-双（2-羟乙基）-*p*-苯二胺硫酸盐	*N*,*N*-Bis(2-hydroxyethyl)-*p*-phenylenediamine sulphate	54381-16-7	$C_{10}H_{18}N_2O_6S$	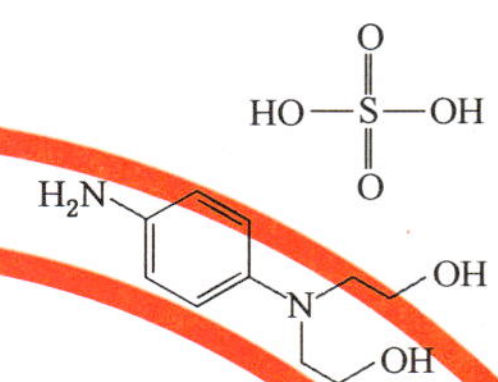	294.32
12	6-羟基吲哚	6-Hydroxyindole	2380-86-1	C_8H_7NO	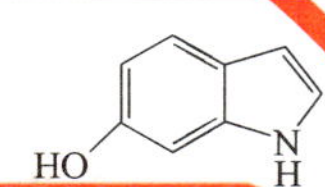	133.15
13	4-氯间苯二酚	4-Chlororesorcinol	95-88-5	$C_6H_5ClO_2$	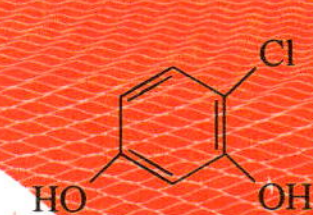	144.56
14	羟苯并吗啉	Hydroxybenzomorpholine	26021-57-8	$C_8H_9NO_2$	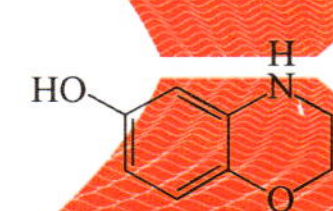	151.16
15	邻氨基苯酚	o-aminophenol	95-55-6	C_6H_7NO	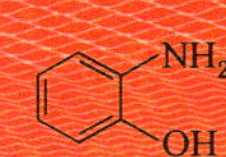	109.13
16	6-氨基间甲酚	6-Amino-m-cresol	2835-98-5	C_7H_9NO	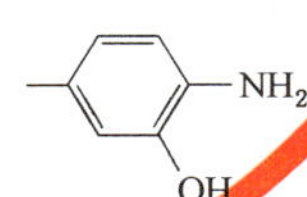	123.15
17	4-硝基-*o*-苯二胺	4-Nitro-*o*-phenylenediamine	99-56-9	$C_6H_7N_3O_2$	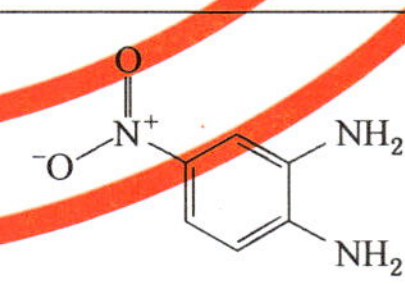	153.14
18	1-萘酚	1-Naphthol	90-15-3	$C_{10}H_8O$	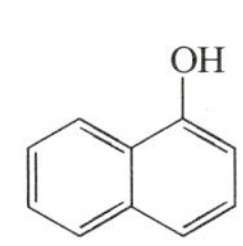	144.17
19	1,5 二羟基萘	1,5-Naphthalenediol	83-56-7	$C_{10}H_8O_2$	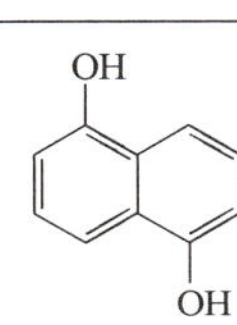	160.17
20	2,7 二羟基萘	2,7-Dihydroxynaphthalene	582-17-2	$C_{10}H_8O_2$	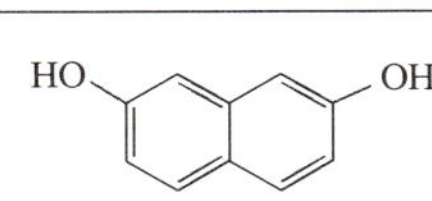	160.17

附　录　C
（资料性附录）
20 种禁限用染料的标准物质液相色谱图

20 种禁限用染料的标准物质液相色谱图见图 C.1。

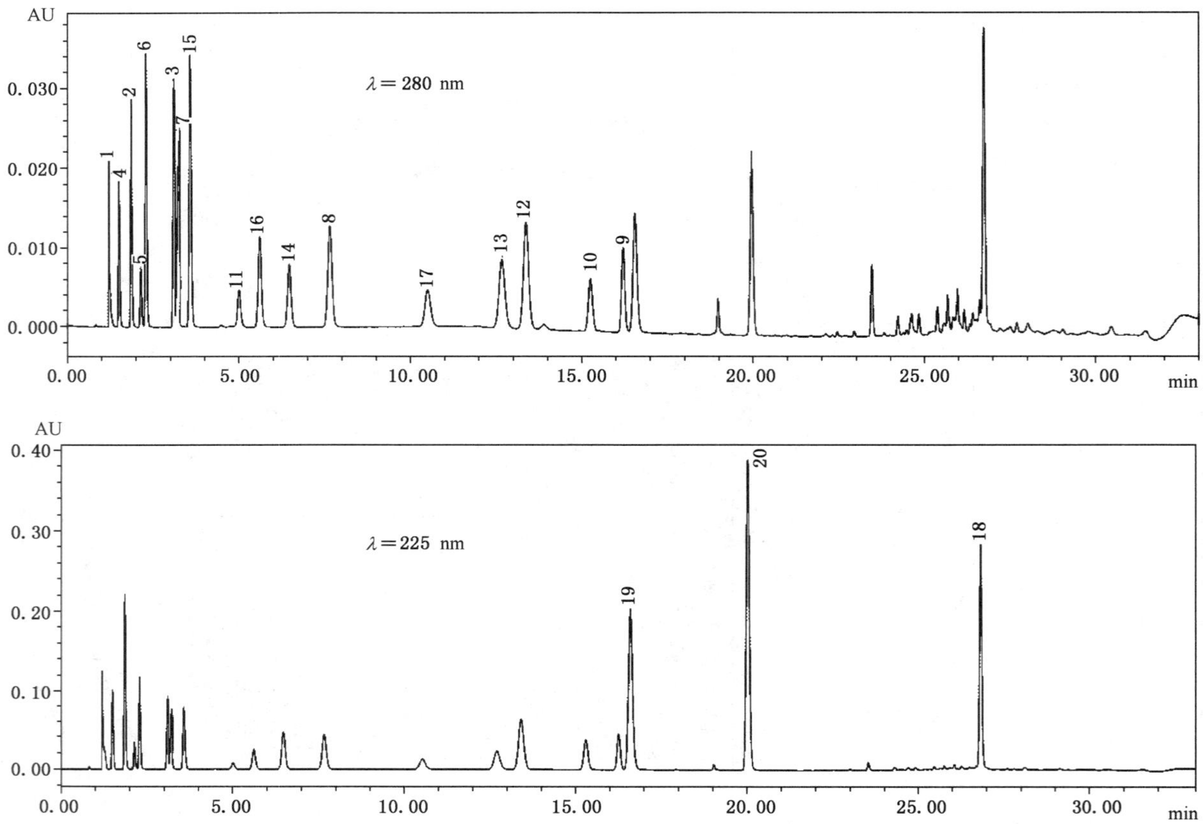

对应峰号：

1——*p*-苯二胺；
2——*o*-苯二胺；
3——*m*-苯二胺；
4——*p*-氨基苯酚；
5——甲苯-2,5-二胺硫酸盐；
6——*m*-氨基苯酚；
7——间苯二酚；
8——4-氨基-2-羟基甲苯；
9——2-甲基-5-羟乙氨基苯酚；
10——5-氨基-6-氯-*o*-甲酚；
11——*N*,*N*-双(2-羟乙基)-*p*-苯二胺硫酸盐；
12——6-羟基吲哚；
13——4-氯间苯二酚；
14——羟苯并吗啉；
15——邻氨基苯酚；
16——6-氨基间甲酚；
17——4-硝基-*o*-苯二胺；
18——1-萘酚；
19——1,5 二羟基萘；
20——2,7 二羟基萘。

图 C.1　20 种禁限用染料的标准物质液相色谱图

ICS 67.140.10
X 55

中华人民共和国国家标准

GB/T 35825—2018

茶叶化学分类方法

The method of tea classification by chemical analysis

2018-02-06 发布　　2018-06-01 实施

中华人民共和国国家质量监督检验检疫总局
中国国家标准化管理委员会　发布

前 言

本标准按照GB/T 1.1—2009给出的规则起草。

本标准由中华全国供销合作总社提出。

本标准由全国茶叶标准化技术委员会(SAC/TC 339)归口。

本标准起草单位:安徽农业大学、中华全国供销合作总社杭州茶叶研究院、福建农林大学、中国农业科学院茶叶研究所、安徽省质量和标准化研究院、华南农业大学。

本标准主要起草人:宛晓春、宁井铭、李大祥、周卫龙、张正竹、孙威江、鲁成银、张士胜、王登良、曹琼。

茶叶化学分类方法

1 范围

本标准规定了茶叶化学分类方法的术语和定义、原理、特征性成分因子的检测和表述、分步判别方法、分类结果的复判。

本标准适用于绿茶、红茶、乌龙茶(青茶)、白茶、黄茶和黑茶的分类。

本标准不适用于以这些基本茶类为原料的再加工茶叶产品。

2 规范性引用文件

下列文件对于本文件的应用是必不可少的。凡是注日期的引用文件,仅注日期的版本适用于本文件。凡是不注日期的引用文件,其最新版本(包括所有的修改单)适用于本文件。

GB/T 8302 茶 取样

GB/T 8303 茶 磨碎试样的制备及其干物质含量测定

GB/T 8312 茶 咖啡碱测定

GB/T 8313 茶叶中茶多酚和儿茶素类含量的检测方法

GB/T 23193 茶叶中茶氨酸的测定 高效液相色谱法

GB/T 23776 茶叶感官审评方法

GB/T 30766 茶叶分类

3 术语和定义

GB/T 30766 界定的以及下列术语和定义适用于本文件。

3.1

特征性成分因子 characteristic composition factor

通过统计学方法得到的能够反映茶类特征的一个或多个成分因子。

3.2

六大茶类分步判别 stepwise identification of six tea categories

利用茶叶中特征性成分因子,采用统计学和逐步分析的方法,判别未知茶样是绿茶、红茶、乌龙茶(青茶)、白茶、黄茶和黑茶其中之一。

4 原理

通过对六大茶类中主要化学成分含量进行检测,利用统计分析的方法筛选出能代表不同茶类的特征性成分因子,利用特征性成分因子结合判别模型对茶样进行分类,判别未知茶样是绿茶、红茶、乌龙茶(青茶)、白茶、黄茶和黑茶其中之一。

5 特征性成分因子的检测和表述

5.1 取样

按 GB/T 8302 的规定。

5.2 样品制备

按 GB/T 8303 的规定。

5.3 检测方法

5.3.1 咖啡碱含量测定，按 GB/T 8312 的规定。

5.3.2 儿茶素含量测定，按 GB/T 8313 的规定。

5.3.3 茶氨酸含量测定，按 GB/T 23193 的规定。

5.4 特征性成分因子的表述

如下所示：

——咖啡碱含量(X_1)；

——儿茶素总量[EGCG+ECG+EGC+EC+(+)C](X_2)；

——茶氨酸含量(X_3)；

——EGCG 含量/儿茶素总量(X_4)；

——茶氨酸含量×茶氨酸含量(X_5)；

——茶氨酸含量×咖啡碱含量(X_6)。

6 分步判别方法

6.1 六大茶类分步判别示意图

六大茶类分步判别步骤见图 1。

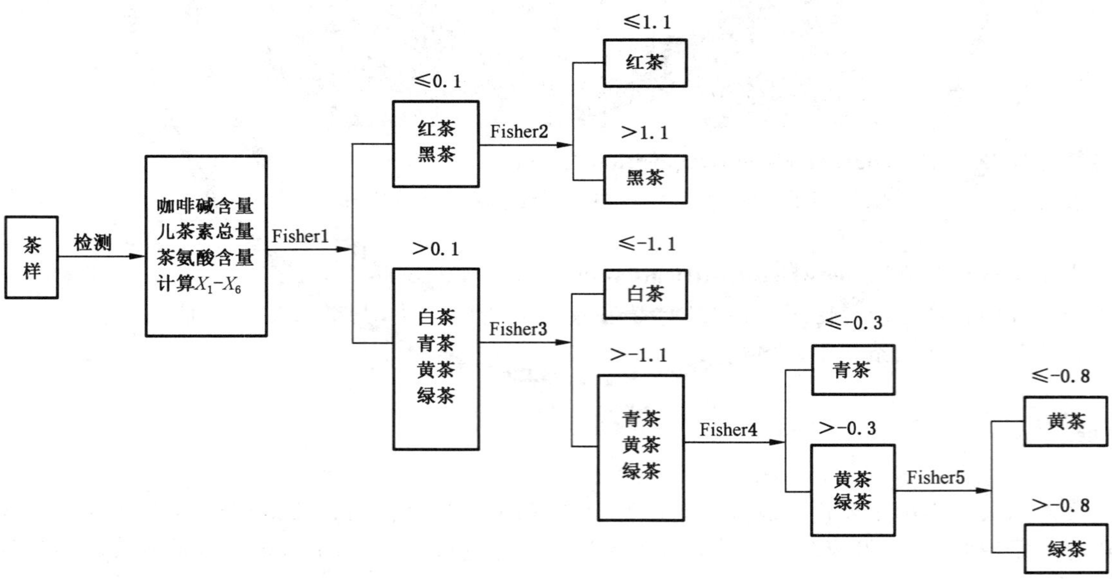

注：Fisher 判别是一种统计方法，是将存在于多维空间内的样本点，借助方差分析的思想，找到一个最合适的投影轴，将多维空间的样本点投影到同一个平面，使不同类样本在该轴上投影之间的距离尽可能远，而同一类样本的投影尽可能紧凑，从而达到分类的目的。

图 1 六大茶类 Fisher 分步判别示意图

6.2 完全发酵茶判别(红茶和黑茶)与不发酵茶或部分发酵茶[绿茶、白茶、黄茶和乌龙茶(青茶)]的判别

判别方法见式(1):

$$Fisher1 = 0.732X_1 + 0.270X_2 + 0.062X_3 + 6.102X_4 + 1.751X_5 - 1.183X_6 - 4.548 \quad \cdots\cdots\cdots\cdots(1)$$

判定:

将任意一个茶样的 $X_1 - X_6$ 六个因子值代入式(1):

——如 Fisher1≤0.1,则判定该茶样属于红茶或黑茶其中一种,再按 6.3 的规定,判定该茶样是红茶还是黑茶;

——如 Fisher1>0.1,则判定该茶样属于绿茶、白茶、黄茶和乌龙茶(青茶)一种,按 6.4、6.5、6.6 规定进行分析判别。

6.3 红茶和黑茶判别

判别方法见式(2):

$$Fisher2 = 1.269X_1 - 0.283X_2 + 0.462X_3 - 0.753X_4 + 2.358X_5 - 1.971X_6 - 1.486 \quad \cdots\cdots\cdots\cdots(2)$$

判定:

将 Fisher1≤0.1 的茶样 $X_1 - X_6$ 六个因子值代入式(2):

——如 Fisher2≤1.1,则判定该茶样为红茶;

——如 Fisher2>1.1,则判定该茶样是黑茶。

6.4 白茶与绿茶、黄茶和乌龙茶(青茶)间的判别

判别方法见式(3):

$$Fisher3 = -0.619X_1 + 0.394X_2 - 0.202X_3 + 0.861X_4 + 0.820X_5 - 0.441X_6 - 0.300 \quad \cdots\cdots\cdots\cdots(3)$$

判定:

将 Fisher1>0.1 的茶样 $X_1 - X_6$ 六个因子值代入式(3):

——如 Fisher3≤−1.1,则判定该茶样是白茶;

——如 Fisher3>−1.1,则判定该茶样属于绿茶、黄茶和乌龙茶(青茶)一种,再按 6.5、6.6 规定进行分析判别。

6.5 乌龙茶(青茶)与绿茶和黄茶间的判别

判别方法见式(4):

$$Fisher4 = 0.808X_1 - 0.196X_2 + 9.328X_3 - 1.408X_4 - 3.488X_5 - 0.145X_6 - 2.894 \quad \cdots\cdots\cdots\cdots(4)$$

判定:

将 Fisher3>−1.1 的茶样 $X_1 - X_6$ 六个因子值代入式(4):

——如 Fisher4≤−0.3,则判定该茶样是乌龙茶(青茶);

——如 Fisher4>−0.3,则判定该茶样属于绿茶和黄茶一种,再按 6.6 规定进行分析判别。

6.6 绿茶和黄茶间的判别

判别方法见式(5):

$$\text{Fisher5} = -4.357X_1 + 0.512X_2 - 4.452X_3 + 6.831X_4 - 2.604X_5 + 3.058X_6 + 1.377 \quad \cdots\cdots\cdots\cdots(5)$$

判定：

将 Fisher4＞－0.3 的茶样 $X_1 - X_6$ 六个因子值代入式(5)：

——如 Fisher5≤－0.8，则判定该茶样是黄茶；

——如 Fisher5＞－0.8，则判定该茶样是绿茶。

7 分类结果的复判

对于判别结果有争议的样品，由三名以上总人数为奇数的具有高级职称和国家一级评茶师资质的专家，对原样品按 GB/T 23776 规定的方法，进行综合评判，分类结果以复判结果为准。

ICS 71.100.70
Y 42

中华人民共和国国家标准

GB/T 35826—2018

护肤化妆品中禁用物质乐杀螨和克螨特的测定

Determination of prohibited binapacryl and propargite in skin care cosmetics

2018-02-06 发布　　2018-09-01 实施

中华人民共和国国家质量监督检验检疫总局
中国国家标准化管理委员会　发布

前　言

本标准按照 GB/T 1.1—2009 给出的规则起草。

本标准由中国轻工业联合会提出。

本标准由全国香料香精化妆品标准化技术委员会(SAC/TC 257)归口。

本标准起草单位：上海市质量监督检验技术研究院(国家保洁产品质量监督检验中心)、上海市日用化学工业研究所。

本标准主要起草人：顾宇翔、虞成华、熊薇、杜高斐、沈敏、周泽琳、周静、戴彦韵、于单、康薇。

引　言

本标准的被测物质是我国《化妆品安全技术规范》规定的禁用物质。

禁用物质是指不能作为化妆品生产原料即组分添加到化妆品中的物质。《化妆品安全技术规范》规定：若技术上无法避免禁用物质作为杂质带入化妆品时，应进行安全性风险评估，确保在正常、合理及可预见的使用条件下不得对人体健康产生危害。

目前我国尚未规定这些物质的限量值，本标准的制定，仅对化妆品中测定这些物质提供检测方法。

护肤化妆品中禁用物质
乐杀螨和克螨特的测定

1 范围

本标准规定了护肤化妆品中禁用物质乐杀螨和克螨特的高效液相色谱和气相色谱-质谱测定方法。

本标准适用于膏霜、乳液、水类化妆品中乐杀螨和克螨特的测定。

本标准高效液相色谱法对于乐杀螨和克螨特检出限分别为 7 mg/kg、16 mg/kg，定量下限分别为 20 mg/kg、50 mg/kg；使用固相萃取时乐杀螨和克螨特检出限分别为 3.5 mg/kg、8 mg/kg；定量下限分别为 10 mg/kg、25 mg/kg。本标准气相色谱-质谱法对于乐杀螨和克螨特检出限均为 2 mg/kg，定量下限均为 6 mg/kg。

2 规范性引用文件

下列文件对于本文件的应用是必不可少的。凡是注日期的引用文件，仅注日期的版本适用于本文件。凡是不注日期的引用文件，其最新版本(包括所有的修改单)适用于本文件。

GB/T 6682 分析实验室用水规格和试验方法

3 高效液相色谱法

3.1 原理

试样经乙腈涡旋振荡，超声提取，离心沉淀，分离过滤，固相萃取去除杂质。采用反相高效液相色谱分离，二极管阵列检测器检测，外标法定量。

3.2 试剂和材料

除非另有规定，所用试剂均为分析纯，水为 GB/T 6682 规定的二级水。

3.2.1 乙腈：色谱纯。

3.2.2 正己烷。

3.2.3 丙酮。

3.2.4 5%丙酮-正己烷溶液(体积比)。

3.2.5 Florosil 粉末。

3.2.6 乐杀螨和克螨特标准品：纯度不小于 95%，中文名称、英文名称、INCI 名称、CAS 号、分子式、相对分子质量和结构式参见附录 A 中表 A.1。

3.2.7 乐杀螨和克螨特标准储备液：准确称取乐杀螨和克螨特标准品各 20 mg(精确到 0.1 mg)于 100 mL的容量瓶中，用乙腈(3.2.1)溶解并定容至刻度。即得乐杀螨和克螨特溶液浓度为 200.0 μg/mL 的标准储备液。冰箱冷藏保存。

3.2.8 标准工作溶液：用乙腈(3.2.1)将上述标准储备液(3.2.7)分别配成一系列浓度 0 μg/mL、1 μg/mL、5 μg/mL、20 μg/mL、50 μg/mL、100 μg/mL 的标准工作溶液，冰箱冷藏保存，可使用一个月。

3.3 仪器

3.3.1 高效液相色谱仪(二极管阵列检测器)。

3.3.2 分析天平:感量为0.1 mg。

3.3.3 分析天平:感量为0.001 g。

3.3.4 容量瓶:10 mL、50 mL和100 mL。

3.3.5 具塞离心刻度试管:25 mL。

3.3.6 超声振荡器。

3.3.7 离心机:转速≥8 000 r/min。

3.3.8 滤膜:孔径0.22 μm。

3.3.9 涡旋振荡器。

3.3.10 Florosil固相萃取小柱:6 mL。

3.3.11 氮吹装置。

3.3.12 移液管或移液器:1 mL和5 mL。

3.4 测定步骤

3.4.1 水类化妆品提取和净化

称取样品1 g(精确至0.001 g)于25 mL具塞刻度离心管中,加入乙腈(3.2.1)至近10 mL,漩涡振荡0.5 min混匀,定容至10 mL。水浴中超声提取15 min,8 000 r/min离心分离3 min。在上清液中加入1 g Florosil粉末(3.2.5),漩涡振荡1 min混匀,8 000 r/min离心分离3 min,上清液经0.22 μm滤膜过滤检测。

3.4.2 膏霜、乳液类化妆品提取和净化

称取样品1 g(精确至0.001 g)于25 mL具塞刻度离心管中,加入正己烷(3.2.2)至近10 mL,漩涡振荡0.5 min混匀,定容至10 mL。水浴中超声提取15 min,8 000 r/min离心分离3 min。将Florosil固相萃取柱先用5 mL正己烷(3.2.2)活化,然后取离心后的样品上清液2 mL加入小柱(如上清液较为浑浊,可以提高离心速度或用滤膜过滤后再上样)。上样结束后用5 mL正己烷(3.2.2)洗涤,然后用5 mL 5%丙酮-正己烷溶液(3.2.4)洗脱,收集洗脱液常温氮吹至干,准确取用1 mL乙腈(3.2.1)溶解并超声助溶,经0.22 μm滤膜过滤。上述过程的流速均控制在1 mL/min以下。

3.4.3 测定条件

高效液相色谱测定参考条件如下:

a) 色谱柱规格:C_{18}色谱柱,250 mm×4.6 mm(粒径5 μm),或相当者;

b) 流动相:乙腈(3.2.1)∶水=74∶26(体积比);

c) 柱温:30 ℃;

d) 流速:1.0 mL/min;

e) 进样量:10 μL;

f) 检测波长:224 nm。

3.4.4 标准工作曲线绘制

按3.4.3色谱条件检测。以标准系列溶液(0 μg/mL、1 μg/mL、5 μg/mL、20 μg/mL、50 μg/mL、100 μg/mL)的浓度为横坐标,对应的峰面积为纵坐标,进行线性回归得到标准曲线方程。

乐杀螨和克螨特标准品的 HPLC 色谱图参见附录 B 中的图 B.1。

3.4.5 测定

按 3.4.3 的色谱条件，取 3.4.1 或 3.4.2 步骤中滤液进样，得到试样溶液的峰面积，根据保留时间和二极管阵列的光谱图定性，乐杀螨和克螨特标准品的 DAD 光谱图见附录 B 中的图 B.2。从标准曲线上查得试样溶液中乐杀螨和克螨特的含量。必要时，克螨特阳性样品可用液相色谱-质谱进行确认试验，确认试验参见附录 C，乐杀螨阳性样品可用第 4 章气相色谱-质谱法进行确认试验。

试样溶液中乐杀螨和克螨特的响应值应在标准曲线线性范围内，超过线性范围则应将提取液稀释后测定或增加提取溶液的量重新检测。

3.4.6 空白试验

除不称取试样外，均按上述步骤进行。

3.4.7 平行试验

样品中的乐杀螨和克螨特含量应根据两次独立的平行试验结果的平均值确定。

3.5 结果计算

试样中乐杀螨或克螨特含量的计算按式(1)计算：

$$X = \frac{c \times V \times 1\,000}{m \times 1\,000} \times F \qquad \cdots\cdots(1)$$

式中：

X ——试样中乐杀螨或克螨特的含量，单位为毫克每千克 (mg/kg)；

c ——从标准曲线中得出的乐杀螨或克螨特浓度(应扣除空白值)，单位为微克每毫升 (μg/mL)；

V ——试样溶液的体积，单位为毫升 (mL)；

m ——试样质量，单位为克 (g)；

F ——不采用固相萃取时为 1，采用固相萃取时为 $\frac{1}{2}$。

计算结果保留 3 位有效数字。

3.6 回收率和精密度

乐杀螨在添加浓度为 40 mg/kg～942 mg/kg 的范围内，回收率在 82.6%～107.0%之间，相对标准偏差小于 10%。克螨特在添加浓度为 41.2 mg/kg～958 mg/kg 的范围内，回收率在 80.4%～105.9%之间，相对标准偏差小于 10%。

3.7 允许差

在重复条件下获得的两次独立测定结果的绝对差值不得超过算术平均值的 10%。

4 气相色谱-质谱法

4.1 原理

试样经乙腈涡旋振荡，超声提取，离心沉淀，分离过滤。用气相色谱质谱联用仪进行测定，采用特征选择离子监测扫描模式(SIM)，以碎片的丰度比定性，标准样品定量离子外标法定量。

4.2 试剂和材料

除非另有规定，所用试剂均为分析纯，水为 GB/T 6682 规定的二级水。

4.2.1 乙腈：色谱纯。

4.2.2 Florosil 粉末。

4.2.3 乐杀螨和克螨特标准品：纯度不小于 95%，中文名称、英文名称、INCI 名称、CAS 号、分子式、相对分子质量和结构式参见附录 A 中表 A.1。

4.2.4 乐杀螨和克螨特标准储备液：准确称取乐杀螨和克螨特标准品各 20 mg，精确到 0.1 mg，于 100 mL的容量瓶中，用乙腈(4.2.1)溶解并定容至刻度。即得乐杀螨和克螨特溶液浓度为 200.0 μg/mL 的标准储备液。冰箱冷藏保存。

4.2.5 标准工作溶液：用乙腈(4.2.1)将上述标准储备液(4.2.4)分别配成一系列浓度 0 μg/mL、0.6 μg/mL、1.0 μg/mL、2.0 μg/mL、3.0 μg/mL、4.0 μg/mL 的标准工作溶液，冰箱冷藏保存，可使用一个月。

4.3 仪器

4.3.1 气相色谱质谱联用仪。

4.3.2 分析天平：感量为 0.1 mg。

4.3.3 分析天平：感量为 0.001 g。

4.3.4 容量瓶：10 mL，50 mL 和 100 mL。

4.3.5 具塞离心刻度试管：25 mL 或 50 mL。

4.3.6 超声振荡器。

4.3.7 离心机：转速≥8 000 r/min。

4.3.8 滤膜：孔径 0.22 μm。

4.3.9 涡旋振荡器。

4.3.10 移液管或移液器：200 μL、1 mL 和 5 mL。

4.4 测定步骤

4.4.1 提取与净化

同 3.4.1 和 3.4.2。

4.4.2 测定条件

气相色谱测定参考条件如下：

a) 色谱柱规格：HP-5ms 色谱柱，30 m×250 μm(粒径 0.25 μm)，或相当者；
b) 色谱柱升温程序：初始炉温 100 ℃，然后以 20 ℃/min 程序升温至 230 ℃，再以 5 ℃/min 升温至 280 ℃，保持 2 min，300 ℃后运行 3 min；
c) 载气：氦气，纯度≥99.999%，流速 1.0 mL/min；
d) 进样口温度：260 ℃；
e) 进样量：1 μL；
f) 进样方式：无分流进样，1.5 min 后打开分流阀和隔垫吹扫阀。

质谱测定参考条件如下：

a) 电子轰击源：70 eV；
b) 离子源温度：230 ℃；

c) GC-MS 接口温度:280 ℃;

d) 扫描方式:特征选择离子监测 SIM(m/z);

e) 乐杀螨 定量离子:83,定性离子:55;克螨特 定量离子:135,定性离子:173、350。

4.4.3 标准工作曲线绘制

按 4.4.2 仪器条件检测。以标准系列溶液(0 μg/mL、0.6 μg/mL、1.0 μg/mL、2.0 μg/mL、3.0 μg/mL、4.0 μg/mL)的浓度为横坐标,对应的峰面积为纵坐标,进行线性回归得到标准曲线方程。

乐杀螨和克螨特标准品的选择离子监测(SIM)色谱图和质谱图参见附录 D 中的图 D.1 和图 D.2。

4.4.4 定性确证

在 4.4.2 仪器条件下,试样待测液和标准品的选择离子色谱峰在相同保留时间处(±0.5%)出现,并且对应质谱碎片离子的质荷比与标准品一致,其丰度比与标准品相比应符合表 1 的规定,则判断样品中存在相关目标化合物。

表 1 定性离子相对丰度的最大允许偏差

相对离子丰度	>50%	>20%且≤50%	>10%且≤20%	≤10%
允许的相对偏差	±20%	±25%	±30%	±50%

4.4.5 定量分析

本标准采用外标校准曲线法定量测定。以乐杀螨和克螨特的标准溶液浓度为横坐标,各自的定量离子的峰面积为纵坐标,做标准曲线线性回归方程,以试样的峰面积与标准曲线比较定量。

试样溶液中乐杀螨和克螨特的响应值应在标准曲线线性范围内,超过线性范围则应将提取液稀释后测定或增加提取溶液的量重新检测。

4.4.6 空白试验

除不称取试样外,均按上述步骤进行。

4.4.7 平行试验

样品中的乐杀螨和克螨特含量应根据两次独立的平行试验结果的平均值确定。

4.5 结果计算

试样中乐杀螨或克螨特含量的计算按式(1)计算:

$$X = \frac{c \times V \times 1\,000}{m \times 1\,000} \times F \qquad \cdots\cdots(2)$$

式中:

X ——试样中乐杀螨或克螨特的含量,单位为毫克每千克(mg/kg);

c ——从标准曲线中得出的乐杀螨或克螨特的浓度(应扣除空白值),单位为微克每毫升(μg/mL);

V ——试样溶液的体积,单位为毫升(mL);

m ——试样质量,单位为克(g);

F ——不采用固相萃取时为 1,采用固相萃取时为 $\frac{1}{2}$。

计算结果保留3位有效数字。

4.6 回收率和精密度

乐杀螨在添加浓度为6.0 mg/kg～40.0 mg/kg的范围内，回收率在76.2%～93.1%之间，相对标准偏差小于10%。克螨特在添加浓度为6.0 mg/kg～40.0 mg/kg的范围内，回收率在77.2%～95.0%之间，相对标准偏差小于10%。

4.7 允许差

在重复条件下获得的两次独立测定结果的绝对差值不得超过算术平均值的10%。

附 录 A
（资料性附录）
乐杀螨和克螨特的中文名称、英文名称、INCI 名称、CAS 号、分子式、相对分子质量和结构式

乐杀螨和克螨特的中文名称、英文名称、INCI 名称、CAS 号、分子式、相对分子质量和结构式见表 A.1。

表 A.1 乐杀螨和克螨特的中文名称、英文名称、INCI 名称、CAS 号、分子式、相对分子质量和结构式

中文名称	乐杀螨	克螨特
英文名称	2-sec-butyl-4,6-dinitrophenyl 3-methyl-2-butenoate	2-(4-tert-Butylphenoxy) cyclohexyl 2-propynyl sulfite
INCI 名称	binapacryl	propargite
CAS 号	485-31-4	2312-35-8
分子式	$C_{15}H_{18}N_2O_6$	$C_{19}H_{26}O_4S$
相对分子质量	322.18	350.47
结构式	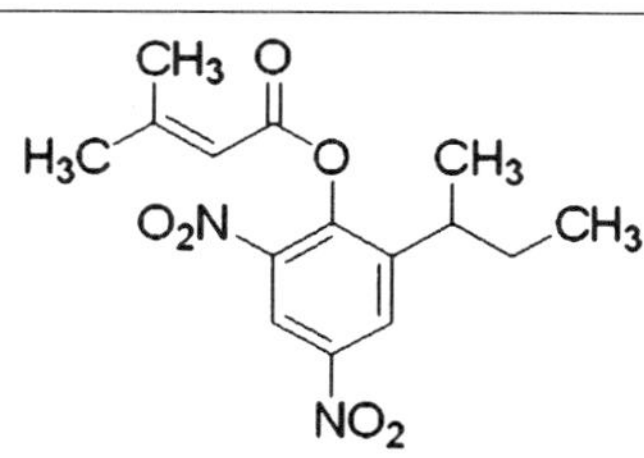	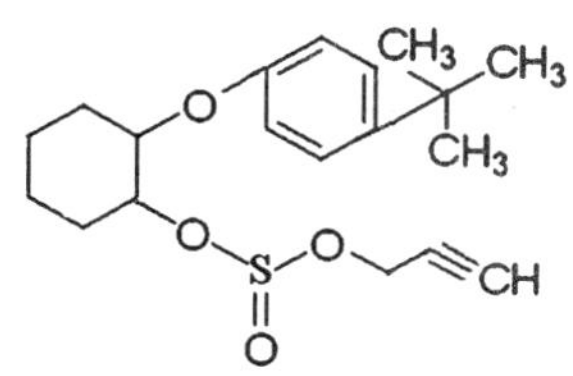

附　录　B
（资料性附录）
乐杀螨和克螨特标准品 HPLC 色谱图和 DAD 光谱图

乐杀螨和克螨特标准品的 HPLC 色谱图见图 B.1，DAD 光谱图见图 B.2。

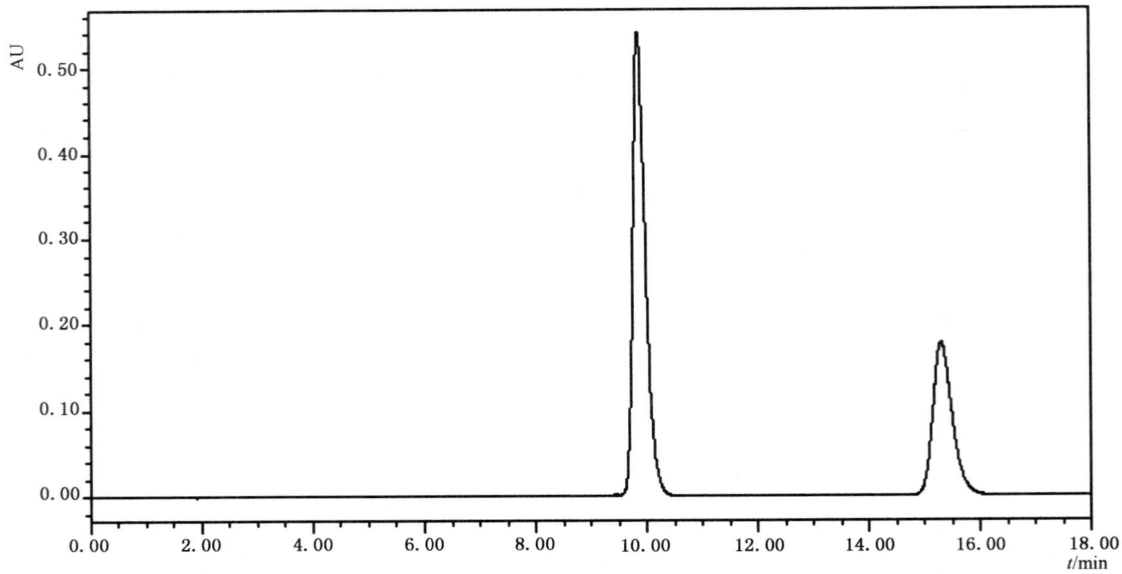

注：乐杀螨和克螨特参考保留时间分别为 9.9 min 和 15.3 min。

图 B.1　乐杀螨和克螨特标准品的 HPLC 色谱图

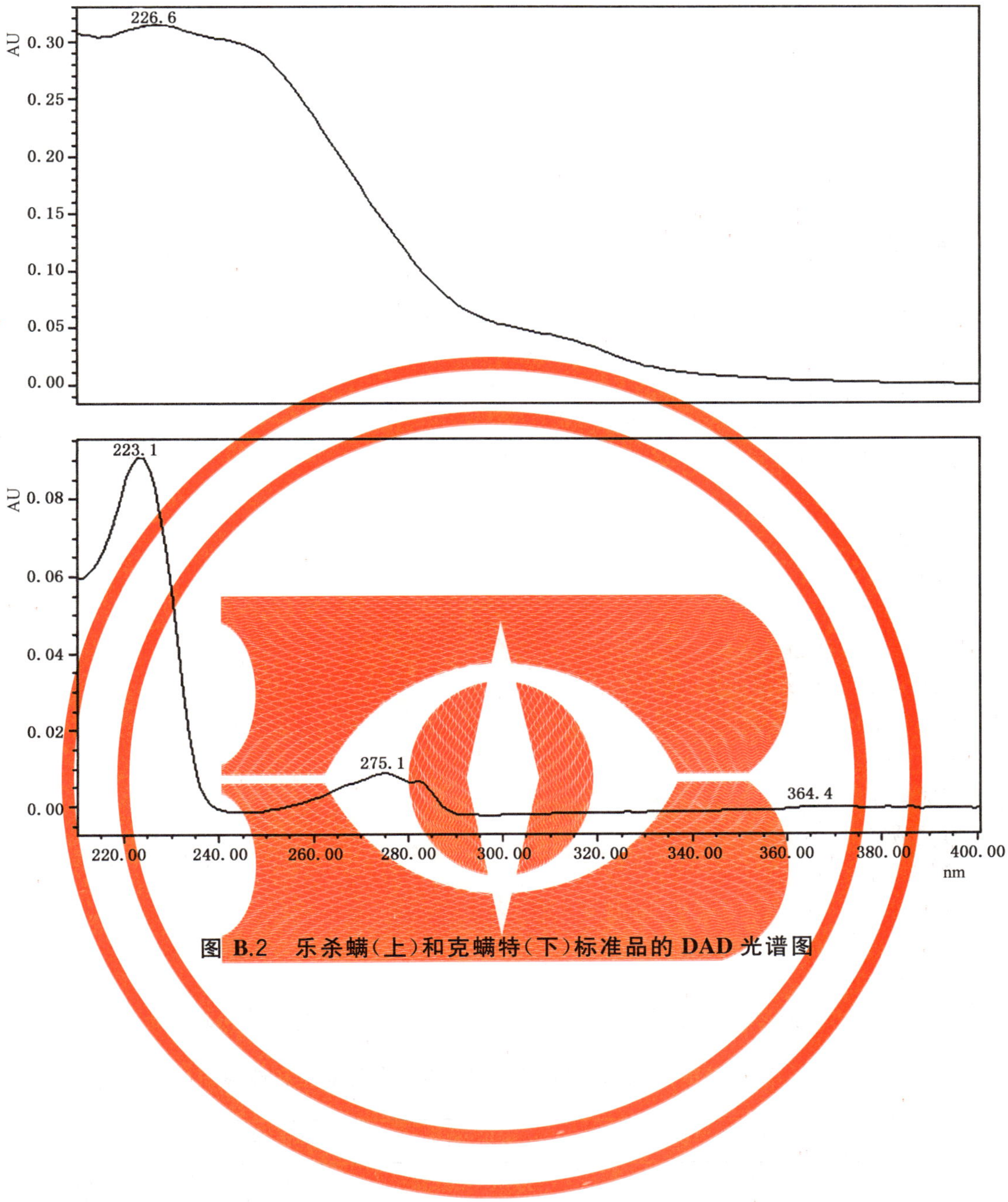

图 B.2　乐杀螨(上)和克螨特(下)标准品的 DAD 光谱图

附　录　C
（资料性附录）
克螨特液相色谱-质谱确认试验

C.1　液相色谱条件

高效液相色谱测定参考条件如下：

a）　色谱柱规格：C_{18}色谱柱，100 mm×2.1 mm（粒径 3 μm），或相当者；
b）　流动相：甲醇：含 0.1%甲酸的 2 mmol/L 乙酸铵溶液＝80：20（体积比）；
c）　柱温：30 ℃；
d）　流动相流速：0.3 mL/min；
e）　进样量：10 μL。

C.2　质谱条件

质谱测定参考条件如下：

a）　电离方式：电喷雾电离，正离子；
b）　毛细管电压：3.5 kV；
c）　锥孔电压：30 V；
d）　萃取电压：1.0 V；
e）　射频透镜电压：0.5 V；
f）　离子源温度：150 ℃；
g）　脱溶剂气：氮气，流速 850 L/h，温度 450 ℃；
h）　锥孔气：氮气，流速 45 L/h；
i）　碰撞气：氩气；
j）　扫描模式：多反应监测（MRM），定性离子对、定量离子对、锥孔电压和碰撞气能量参见表 C.1。

表 C.1　克螨特的定性离子对、定量离子对、锥孔电压和碰撞气能量

中文名称	英文名称	定性离子对（m/z）	定量离子对（m/z）	锥孔电压/V	碰撞气能量/eV
克螨特	propargite	368.1>175.0	368.1>231.0	60	11,5

C.3　定性判定

被测物质组分选择合适的母离子和子离子，在相同实验条件下，样品中待测物质的保留时间与标准溶液中的标准物质的保留时间偏差在±2.5%以内；且样品图谱中各组分定性离子的相对丰度接近混合标准溶液图谱中对应的定性离子的相对丰度，若偏差不超过表 1 所规定的范围，则可判定样品中存在对应的待测物。

克螨特的多反应监测（MRM）质谱图参见图 C.1。

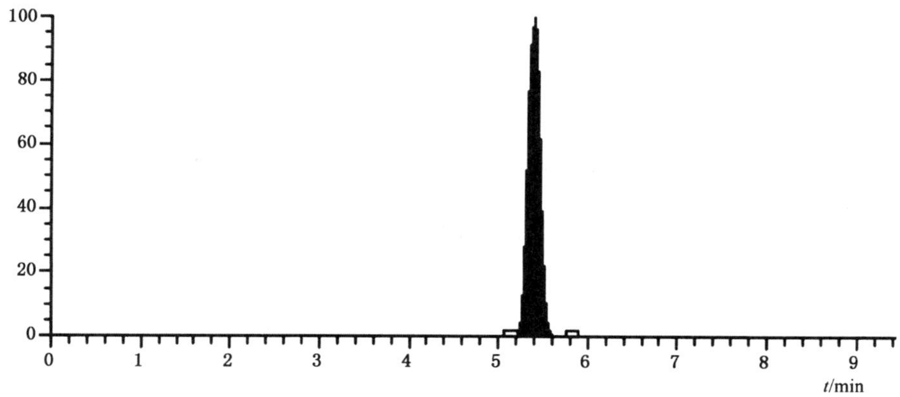

图 C.1 克螨特的多反应监测(MRM)质谱图

附　录　D
（资料性附录）
乐杀螨和克螨特标准品的选择离子监测(SIM)色谱图和质谱图

乐杀螨和克螨特标准品 GC 色谱图和质谱图见图 D.1 和图 D.2。

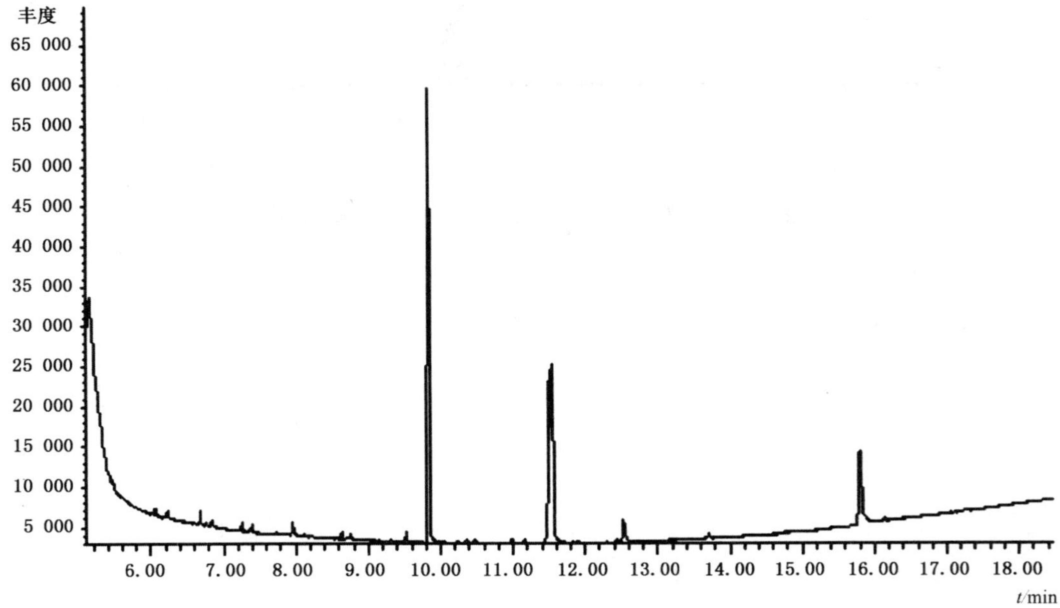

注：乐杀螨和克螨特参考保留时间分别为 9.96 min 和 11.66 min。

图 D.1　乐杀螨和克螨特标准品的选择离子监测(SIM)色谱图

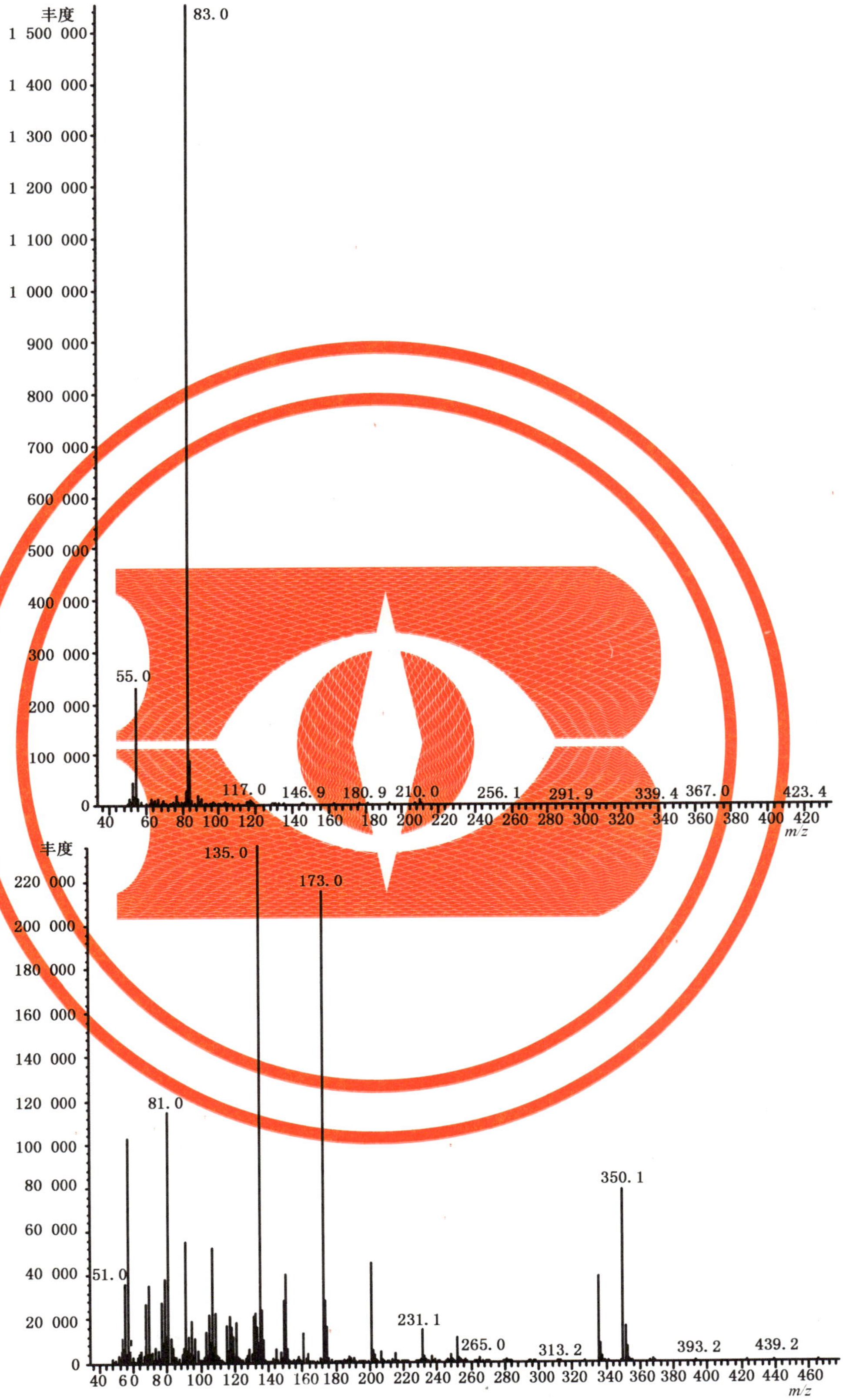

图 D.2 乐杀螨(上)和克螨特(下)标准品的质谱图

ICS 71.100.70
Y 42

中华人民共和国国家标准

GB/T 35827—2018

化妆品通用检验方法 乳化类型(w/o或o/w)的鉴别

General methods on determination of cosmetics—Identification of the emulsion type (w/o or o/w)

2018-02-06 发布

2018-09-01 实施

中华人民共和国国家质量监督检验检疫总局
中国国家标准化管理委员会 发布

前　言

本标准按照 GB/T 1.1—2009 给出的规则起草。

本标准由中国轻工业联合会提出。

本标准由全国香料香精化妆品标准化技术委员会(SAC/TC 257)归口。

本标准起草单位:上海市日用化学工业研究所、珀莱雅化妆品股份有限公司、无限极(中国)有限公司、广州丹姿集团有限公司。

本标准主要起草人:赵颖、沈敏、孙淑蓉、蒋丽刚、陆智、刘德海。

化妆品通用检验方法 乳化类型(w/o或o/w)的鉴别

1 范围

本标准规定了用电导法、稀释法、染色法对膏霜、乳液类化妆品乳化类型(w/o或o/w)的鉴别方法。

本标准适用于膏霜、乳液类化妆品乳化类型(w/o或o/w)的定性鉴别。

2 电导法

2.1 原理

水包油型(o/w)产品导电性强于油包水型(w /o)。

2.2 仪器

电导率仪。

2.3 步骤

2.3.1 测试前按仪器说明书的要求对仪器进行校正。

2.3.2 选择合适的量程(>10 μS/cm),将电极插入试样中,观察是否导电。

2.4 结果判定

如有电导率显示的为水包油型(o/w)。反之,则为油包水型(w/o)。

3 稀释法

3.1 原理

利用乳化体外相相似相溶的原理。

3.2 试剂和材料

蒸馏水。

3.3 步骤

取少量试样滴入水中,用搅拌棒搅拌观察试样能否在水中稀释分散。

注:如遇到黏度很高的水包油型(o/w)体系比较难在水中分散,可适当提高水的温度或者搅拌时间。

3.4 结果判定

如试样能在水中稀释分散即为水包油型(o/w),反之则为油包水型(w/o)。

4 染色法

4.1 原理

利用乳化体外相相似相溶的原理。

4.2 试剂和材料

水溶性染料，如：胭脂红、亮蓝（1 份染料＋9 份实验室用水）。

4.3 步骤

4.3.1 称取水溶性染料 1 份，加入实验室用水 9 份，搅拌至均匀，待用。

4.3.2 称取 1 g 膏体在表面皿上，连续 2 次用 1 mL 滴管吸取染料水溶液，缓慢滴在膏体表面，等待 2 min，使用肉眼观察膏体是否被染色。

4.4 结果判定

如试样表面被染料染色，即为水包油型（o/w），反之则为油包水型（w/o）。

ICS 71.100.70
Y 42

中华人民共和国国家标准

GB/T 35828—2018

化妆品中铬、砷、镉、锑、铅的测定 电感耦合等离子体质谱法

Determination of chromium, arsenic, cadmium, stibium, and lead in cosmetics—Inductively coupled plasma mass spectrometry

2018-02-06 发布　　2018-09-01 实施

中华人民共和国国家质量监督检验检疫总局
中国国家标准化管理委员会　发布

前　言

本标准按照 GB/T 1.1—2009 给出的规则起草。

本标准由轻工业联合会提出。

本标准由全国香料香精化妆品标准化技术委员会(SAC/TC 257)归口。

本标准起草单位:福建出入境检验检疫局。

本标准主要起草人:陈祥明、王丹红、陈旻实、潘迎芬、谢白璐、石祥程、林妍、陈佳东、李飞。

引　　言

本标准的被测物质是我国《化妆品安全技术规范(2015 年版)》规定的禁用物质。

禁用物质是指不能作为化妆品生产原料即组分添加到化妆品中的物质。《化妆品安全技术规范(2015 年版)》规定:若技术上无法避免禁用物质作为杂质带入化妆品时,应进行安全性风险评估,确保在正常、合理及可预见的使用条件下不得对人体健康产生危害。

目前我国尚未规定铬、锑的限量值,本标准的制定,仅对化妆品中测定这些物质提供检测方法。

化妆品中铬、砷、镉、锑、铅的测定 电感耦合等离子体质谱法

1 范围

本标准规定了化妆品中铬、砷、镉、锑、铅的电感耦合等离子体质谱测定方法。

本标准适用于面霜、润肤乳、唇彩、唇膏、眼线液、粉底液、香水、指甲油、沐浴液、洗发露等化妆品中铬、砷、镉、锑、铅的电感耦合等离子体质谱法测定。

本标准对于测定铬、砷、锑、铅的检出限为 0.07 mg/kg，定量限为 0.2 mg/kg；镉的检出限为 0.04 mg/kg；定量限为 0.1 mg/kg。

2 规范性引用文件

下列文件对于本文件的应用是必不可少的。凡是注日期的引用文件，仅注日期的版本适用于本文件。凡是不注日期的引用文件，其最新版本(包括所有的修改单)适用于本文件。

GB/T 6682　分析实验室用水规格和试验方法

3 原理

试样经消解后，由电感耦合等离子体质谱仪(ICP-MS)测定，ICP-MS 由离子源和质谱仪两个主要部分构成，试样溶液经过雾化后由载气送入 ICP 炬焰中，经过蒸发、解离、原子化、电离等过程，转化为带正电荷的离子，经离子聚焦后进入质谱仪，在质谱仪内根据元素特定质荷比(m/z)进行分离、采集。对于一定质荷比，质谱响应值与进入质谱仪中的离子数成正比，即质谱信号强度和待测元素浓度成正比，与标准系列比较定量。

4 试剂和材料

除非另有说明，本方法所用试剂均为分析纯，水为 GB/T 6682 规定的一级水。

4.1　硝酸(ρ=1.42 g/mL,65%)：优级纯。

4.2　过氧化氢(30%)：优级纯。

4.3　稀硝酸溶液(5+95，体积比)：取 50 mL 硝酸(4.1)，加入 950 mL 超纯水。

4.4　氢氟酸：优级纯。

4.5　质谱调谐液：由仪器生产商提供或建议购买。

4.6　铬、锑、镉、砷、铅标准溶液(1 000 μg/mL)：有标准物质证书的有效期内的标准品。

4.7　钇、铟、铋内标标准溶液(1 000 μg/mL)：有标准物质证书的有效期内的标准品。

4.8　一级标准中间溶液(10.0 μg/mL)：移取铬、砷、镉、锑、铅标准溶液(4.6)1.00 mL 于 100 mL 容量瓶中，用稀硝酸溶液(4.3)稀释至刻度，摇匀。

4.9　二级标准中间溶液(0.1 mg/L)：移取一级标准中间溶液(4.8)1.00 mL 于 100 mL 容量瓶中，用稀硝酸溶液(4.3)稀释至刻度，摇匀。

4.10　内标工作溶液(0.5 mg/L)：分别移取 0.50 mL 钇、铟、铋内标标准溶液(4.7)至 1 000 mL 容量瓶

中,用稀硝酸溶液(4.3)稀释至刻度。

5 仪器和设备

5.1 分析天平:感量 0.001 g。

5.2 微波消解系统。

5.3 石墨消解系统:温度上限>300 ℃,控温精度±1 ℃。

5.4 电感耦合等离子体质谱仪。

5.5 微量移液器:固定或可调,范围 0.1 mL~10 mL。

5.6 比色管:50 mL。

6 分析步骤

6.1 试样制备

样品制备中应避免外来的污染,样品制备及分析中涉及的所有区域应尽可能保持无尘以减少样品或仪器的污染。样品充分混匀,装入清洁容器内,并标明标记。样品应于常温贮存,如含乙醇等挥发性溶剂,称取后应预先将溶剂挥发(不得干涸)。

6.2 试样消解

6.2.1 湿消解

称取混合均匀的样品约 0.5 g~1 g(精确至 0.001 g)于聚四氟乙烯消解管中,加入 5 mL 硝酸(4.1),浸泡 1 h~2 h 后参见表 A.1 设定,于石墨消解系统上消解,对于难以消解的物质,可以滴加 1 mL~2 mL 过氧化氢(4.2),对于口红、粉类化妆品,可以加 0.5 mL~1 mL 氢氟酸(4.4)破坏 SiO_2 晶格以减少对待测元素的吸附;升高温度消解至近干后加入少量水,继续蒸发近干,稍冷却后加入 3 mL 硝酸溶解,冷却,加 5 mL 水稀释,过滤至预先加入 1 mL 内标工作溶液(4.10)的 50 mL 比色管中,定容至刻度,摇匀待用,同法做空白试验。

6.2.2 微波消解

称取混合均匀的样品约 0.5 g(精确至 0.001 g)于微波消解罐中,加入 3 mL 硝酸(4.1),2 mL 过氧化氢(4.2)浸泡 1 h 后参见表 A.2 设定,按照微波消解程序进行消解,冷却,将消解液过滤至预先加入 1 mL 内标工作溶液(4.10)的 50 mL 比色管中,定容至刻度。对于口红、粉类化妆品,可以预先加 0.5 mL~1 mL 氢氟酸(4.4),然后按照微波消解程序进行消解,消解结束后,应进行赶酸以驱尽残留的氢氟酸,然后补加 3 mL 硝酸,冷却,将消解液过滤至预先加入 1 mL 内标工作溶液(4.10)的 50 mL 比色管中,定容至刻度,摇匀待用,同法做空白试验。

6.3 标准系列的制备

分别吸取二级标准中间溶液(4.9)0.00 mL、1.00 mL、5.00 mL、10.00 mL 和一级标准中间溶液(4.8)0.50 mL、1.00 mL、2.00 mL 于 100 mL 容量瓶中,再分别加入 2.00 mL 内标工作溶液(4.10),用稀硝酸溶液(4.3)稀释至刻度,混匀。得到铬、锑、镉、砷、铅混合标准浓度为 0.00 ng/mL、1.00 ng/mL、5.00 ng/mL、10.00 ng/mL、50.00 ng/mL、100.00 ng/mL、200.00 ng/mL。

6.4 电感耦合等离子体质谱仪(ICP-MS)参考条件

根据仪器厂商提供的消除干扰模式进行测定条件的优化,如果没有合适的消除干扰模式,可以参考附录A进行优化。

6.5 测定

用调谐液调整仪器各项指标，使仪器灵敏度、精密度(RSD)、氧化物、双电荷、峰形以及分辨率等各项指标达到测定要求后，将标准系列、试剂空白、样品溶液分别测定。待测元素及内标元素测定质量数见表1。输入各参数，绘制标准曲线、计算回归方程。若测定结果超出标准曲线的线性范围，应将试样稀释后再测定。

空白试验除不加试样外，采用完全相同的分析步骤、试剂和用量，平行测定次数不少于两次。

表1 内标的选择

序列	内标	测定元素
1	^{89}Y	^{52}Cr、^{75}As
2	^{115}In	^{111}Cd、^{121}Sb
3	^{209}Bi	^{208}Pb

7 结果计算

试样中待测元素的含量按式(1)计算：

$$X_i = \frac{(c_1 - c_0) \times V}{m \times 1\ 000} \quad \cdots\cdots(1)$$

式中：

X_i ——试样中待测元素的含量，单位为毫克每千克(mg/kg)；

c_1 ——样液中待测元素的浓度，单位为纳克每毫升(ng/mL)；

c_0 ——试剂空白液中待测元素的浓度，单位为纳克每毫升(ng/mL)；

V ——试样定容体积，单位为毫升(mL)；

m ——试样的质量，单位为克(g)；

1 000——单位转换。

计算结果以重复性条件下获得的两次独立测定结果的算术平均值表示，保留三位有效数字。

8 回收率和精密度

在添加浓度为0.2 mg/kg～40 mg/kg浓度范围内，回收率在85%～110%，相对标准偏差小于10%。

9 允许差

在重复条件下获得的两次独立测定结果的绝对差值不得超过算术平均值的10%。

附 录 A
(资料性附录)
电感耦合等离子体质谱仪(ICP-MS)工作条件

A.1 前处理及仪器设备条件

石墨消解仪参数参见表A.1。微波消解参数参见表A.2。电感耦合等离子体质谱仪(ICP-MS)的工作参数参见表A.3。

表 A.1 石墨消解仪参数

条件	消解程序		
	1	2	3
控制温度/℃	120	150	180
加热时间/min	20	40	240

表 A.2 微波消解参数

条件	消解程序		
	1	2	3
功率/W	1 600	1 600	16 00
控制温度/℃	120	150	180
加热时间/min	5	10	40

表 A.3 ICP-MS 的工作参数

样锥类型	镍锥
雾化器	同心雾化器
采样深度	150 mm
雾化室气体流量	0.8 L/min
射频(RF)功率	1 300 W
辅助气体流量	0.8 L/min
等离子体气流量	13 L/min
采样锥孔径	1.0 mm
截取锥孔径	0.8 mm

A.2 质谱仪消除干扰条件

A.2.1 铬(Cr) 测定干扰的消除

^{52}Cr 的天然丰度为 83.79%，一般情况下是首选，如果基体中存在明显干扰可采用 ^{53}Cr，其干扰源较少，虽然丰度较低，但是可以通过提高质谱的检测灵敏度及延长采集时间来补偿。

A.2.2 砷(As)测定干扰的消除

^{75}As 易受到 $^{40}Ar^{35}Cl$ 的干扰，其干扰校正方程：$^{75}As={}^{75}M-{}^{77}M\times3.127+{}^{82}M\times2.733-{}^{83}M\times2.75$，其中 M 表示具有特定质荷比的原子和分子，例如 75M 表示具有 75 质荷比的原子和分子的总数。

A.2.3 镉测定干扰的消除

镉的干扰物主要是 $^{94}Zr^{16}O^{1}H$，其干扰校正方程：$^{111}Cd={}^{111}M-1.073\times{}^{108}Cd+0.674\times{}^{106}Cd$。

A.2.4 铅测定干扰的消除

铅的干扰校正方程：$^{208}Pb={}^{208}M+{}^{207}M+{}^{206}M$。

ICS 71.100.70
Y 42

中华人民共和国国家标准

GB/T 35829—2018

化妆品中 4 种萘二酚的测定 高效液相色谱法

Determination of four naphthalenediols in cosmetics—High performance liquid chromatography

2018-02-06 发布　　2018-09-01 实施

中华人民共和国国家质量监督检验检疫总局
中国国家标准化管理委员会　发布

前言

本标准按照 GB/T 1.1—2009 给出的规则起草。

本标准由中国轻工业联合会提出。

本标准由全国香料香精化妆品标准化技术委员会(SAC/TC 257)归口。

本标准起草单位:广州质量监督检测研究院、苏州世谱检测技术有限公司、江苏省产品质量监督检验研究院。

本标准主要起草人:黄金凤、寻知庆、刘冬虹、王强、叶嘉荣、刘香梅、吴楚森、冼燕萍、王小丹、黄金花、卢剑、车文军、郭新东、侯向昶、吴玉銮。

引　言

本标准的被测物质1,7-萘二酚和2,3-萘二酚是我国《化妆品安全技术规范(2015年版)》规定的禁用物质。

禁用物质是指不能作为化妆品生产原料即组分添加到化妆品中的物质。《化妆品安全技术规范(2015年版)》规定:若技术上无法避免禁用物质作为杂质带入化妆品时,应进行安全性风险评估,确保在正常、合理及可预见的使用条件下不得对人体健康产生危害。

目前我国尚未规定1,7-萘二酚和2,3-萘二酚的限量值,本标准的制定,仅对化妆品中测定这些物质提供检测方法。

化妆品中4种萘二酚的测定 高效液相色谱法

1 范围

本标准规定了化妆品中1,7-萘二酚、2,3-萘二酚、1,5-萘二酚和2,7-萘二酚的高效液相色谱测定方法。

本标准适用于非蜡基膏霜类、乳液类、啫喱类、水类和粉类化妆品中1,7-萘二酚、2,3-萘二酚、1,5-萘二酚和2,7-萘二酚的测定。

本标准的方法检出限:4种萘二酚的方法检出限均为2.5 mg/kg。

本标准的方法定量限:4种萘二酚的方法定量限均为7.5 mg/kg。

2 规范性引用文件

下列文件对于本文件的应用是必不可少的。凡是注日期的引用文件,仅注日期的版本适用于本文件。凡是不注日期的引用文件,其最新版本(包括所有的修改单)适用于本文件。

GB/T 6682 分析实验室用水规格和试验方法

3 原理

膏霜类、乳液类、啫喱类和水类化妆品试样直接用95%乙醇提取;粉类化妆品试样用95%乙醇和0.1%乙酸溶液的混合溶液提取;提取液经离心、过滤后,用高效液相色谱仪测定。根据保留时间和光谱图定性,外标法定量,必要时用液相色谱-质谱/质谱法确证。

4 试剂和材料

除非另有说明,所用试剂均为分析纯,水为GB/T 6682规定的一级水。

4.1 甲醇:色谱纯。

4.2 乙酸:色谱纯。

4.3 95%乙醇。

4.4 0.1%乙酸溶液:准确移取1.0 mL乙酸(4.2),用水稀释至1 L。

4.5 4种萘二酚标准物质:纯度均不小于97%,其中文名称、国际化妆品原料标准(INCI)名称、CAS号、分子式、相对分子质量及化学结构式参见表A.1。

4.6 4种萘二酚的标准储备液(各为1 000 μg/mL):准确称取各种萘二酚标准物质(4.5)100 mg(精确至0.000 1 g),分别置于100 mL棕色容量瓶中,用甲醇(4.1)定容,于4 ℃避光保存。

4.7 4种萘二酚的混合标准储备液(各为100 μg/mL):移取4种萘二酚标准储备液(4.6)各10 mL,置于100 mL棕色容量瓶中,用甲醇(4.1)定容,于4 ℃避光保存。

4.8 滤膜:孔径为0.22 μm的有机过滤膜。

5 仪器和设备

5.1 高效液相色谱仪:配有二极管阵列检测器。

5.2 分析天平:感量 0.000 1 g。

5.3 漩涡振荡器。

5.4 超声波清洗仪。

5.5 高速离心机:转速不低于 10 000 r/min。

6 分析步骤

6.1 试样处理

6.1.1 膏霜类、乳液类和水类试样

称取 0.5 g(精确至 0.001 g)试样,于 10 mL 具塞比色管中,加入 4 mL 95%乙醇(4.3),于漩涡振荡器(5.3)上振荡混匀后,超声提取 15 min,冷却至室温,用 95%乙醇(4.3)定容至 5 mL。取 2 mL 溶液于离心管中,10 000 r/min 离心 2 min,上清液经滤膜(4.8)过滤后供高效液相色谱仪(5.1)测定。

6.1.2 粉类试样

称取 0.5 g(精确至 0.001 g)试样,于 10 mL 具塞比色管中,加入 2 mL 95%乙醇(4.3),于漩涡振荡器(5.3)上振荡混匀后,再加入 2 mL 0.1% 乙酸溶液(4.4),超声提取 15 min,冷却至室温,用 95%乙醇(4.3)定容至 5 mL。取 2 mL 溶液于离心管中,10 000 r/min 离心 2 min,上清液经滤膜(4.8)过滤后供高效液相色谱仪(5.1)测定。

6.2 测定

6.2.1 高效液相色谱参考工作条件

高效液相色谱参考工作条件如下:

a) 色谱柱:C_{18}柱,5 μm,250 mm×4.6 mm(内径),或相当者;

b) 流动相:甲醇(4.1)和 0.1%乙酸溶液(4.4),高效液相色谱梯度洗脱条件见表 1;

c) 流速:1.0 mL/min;

d) 柱温:30 ℃;

e) 波长:230 nm;

f) 进样量:20 μL。

表 1 高效液相色谱梯度洗脱条件

时间/min	甲醇/%	0.1%乙酸溶液/%
0.0	25	75
35.0	55	45
35.1	25	75
45.0	25	75

6.2.2 标准工作曲线绘制

用甲醇逐级稀释萘二酚混合储备液(4.7),得到 0.75 μg/mL、2.5 μg/mL、5 μg/mL、10 μg/mL、20 μg/mL 标准工作溶液,按色谱条件(6.2.1)进行测定,以色谱峰的峰面积为纵坐标,与其对应的溶液浓度为横坐标作图,绘制标准工作曲线。

6.2.3 试样测定

按色谱条件测定试样溶液(6.1),如果检出的萘二酚的色谱峰的保留时间与标准品一致,并且在扣除背景后的样品色谱图中,该物质的光谱图与标准品的一致,则可初步认定样品中存在萘二酚,记录色谱峰的峰面积,以外标法定量。试样溶液中被测物的响应值均应在标准曲线的线性范围之内,超出线性范围的试样溶液可用 95% 乙醇适当稀释后进行测定。4 种萘二酚标准物质溶液的液相色谱图参见附录 B 图 B.1,4 种萘二酚标准物质溶液的光谱图参见图 B.2~图 B.5。

必要时,阳性样品需用液相色谱-质谱/质谱法进行确证试验,确证试验参见附录 C。

6.3 空白试验

除不称取试样外,均按 6.1~6.2 进行测定。

7 结果计算

结果下式计算:

$$X_i = \frac{(c_i - c_0) \times V \times 1\,000}{m \times 1\,000} \times f$$

式中:

X_i ——试样中被测组分的含量,单位为毫克每千克 (mg/kg);

c_i ——从标准曲线得到的试样溶液中被测组分的质量浓度,单位为微克每毫升 (μg/mL);

c_0 ——从标准曲线得到的空白样品中被测组分的质量浓度,单位为微克每毫升 (μg/mL);

V ——试样溶液定容体积,单位为毫升 (mL);

m ——试样质量,单位为克 (g);

f ——稀释倍数。

结果保留两位有效数字。

8 回收率和精密度

在添加浓度为 7.5 mg/kg ~ 75 mg/kg 范围内,回收率在 80%~110%,相对标准偏差小于 10%。

9 允许差

在重复性条件下获得的两次独立测定结果的绝对差值不应超过算术平均值的 10%。

附 录 A
（资料性附录）
萘二酚标准物质的信息

4种萘二酚标准物质的中文名称、INCI名称、CAS号、分子式、相对分子质量及化学结构式见表A.1。

表A.1 4种萘二酚标准物质的中文名称、INCI名称、CAS号、分子式、相对分子质量及化学结构式

序号	中文名称	INCI名称	CAS号	分子式	相对分子质量	化学结构式
1	1,7-萘二酚	1,7- Naphthalenediol	575-38-2	$C_{10}H_8O_2$	160.17	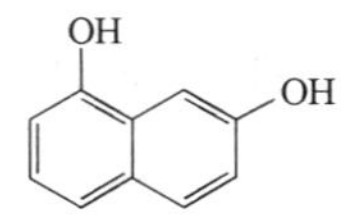
2	2,3-萘二酚	2,3- Naphthalenediol	92-44-4	$C_{10}H_8O_2$	160.17	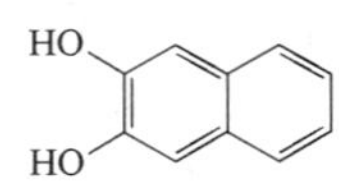
3	1,5-萘二酚	1,5-Naphthalenediol	83-56-7	$C_{10}H_8O_2$	160.17	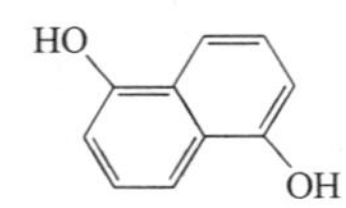
4	2,7-萘二酚	2,7- Naphthalenediol	582-17-2	$C_{10}H_8O_2$	160.17	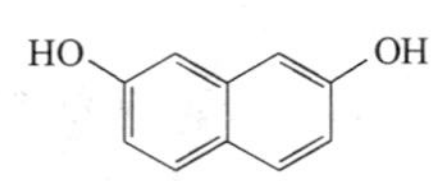

附　录　B
(资料性附录)
4种萘二酚标准物质溶液的液相色谱图及光谱图

4种萘二酚标准物质溶液的液相色谱图、1,7-萘二酚标准物质溶液的光谱图、2,3-萘二酚标准物质溶液的光谱图、1,5-萘二酚标准物质溶液的光谱图和2,7-萘二酚标准物质溶液的光谱图分别见图B.1、图B.2、图B.3、图B.4和图B.5。

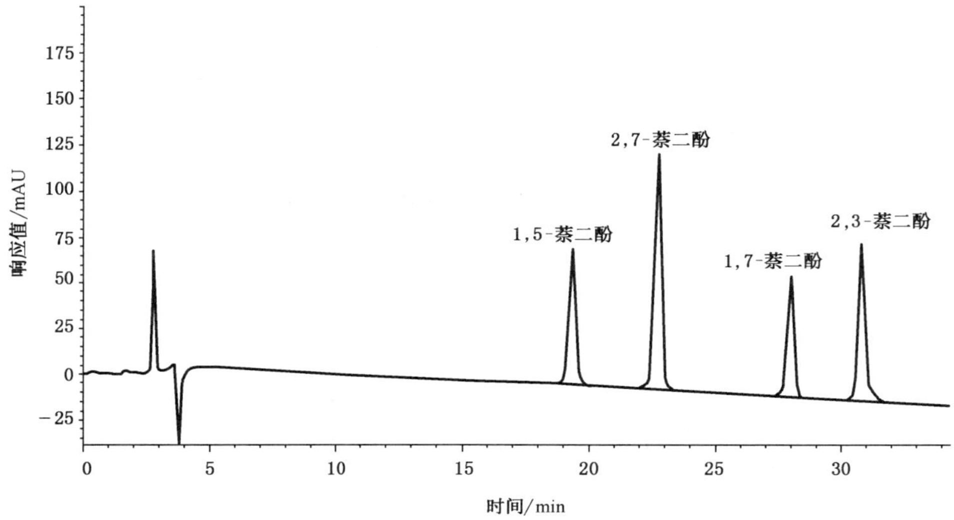

图 B.1　4种萘二酚标准物质溶液的液相色谱图

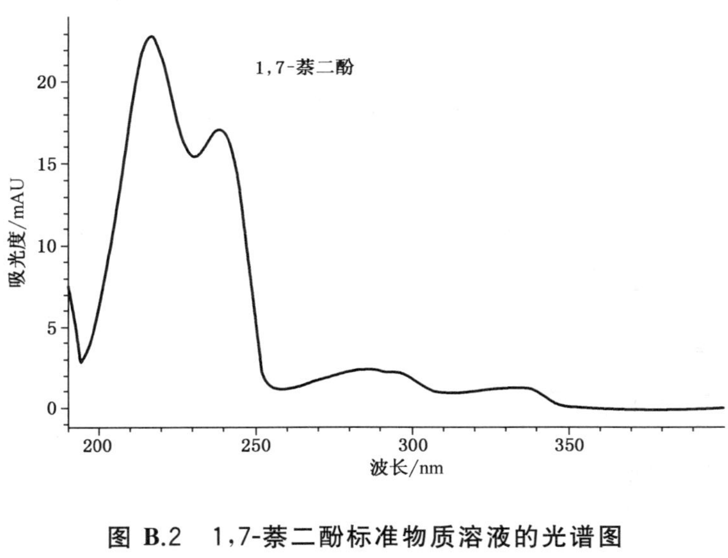

图 B.2　1,7-萘二酚标准物质溶液的光谱图

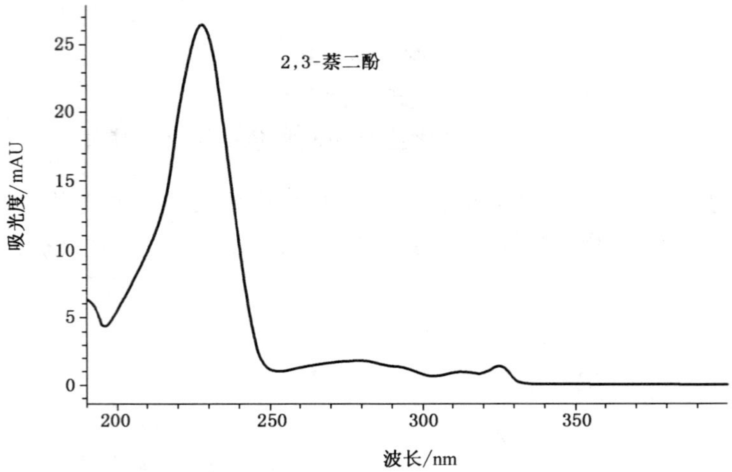

图 B.3　2,3-萘二酚标准物质溶液的光谱图

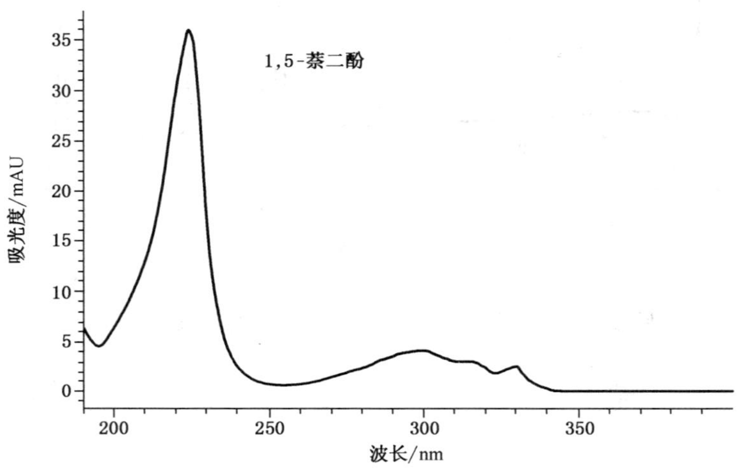

图 B.4　1,5-萘二酚标准物质溶液的光谱图

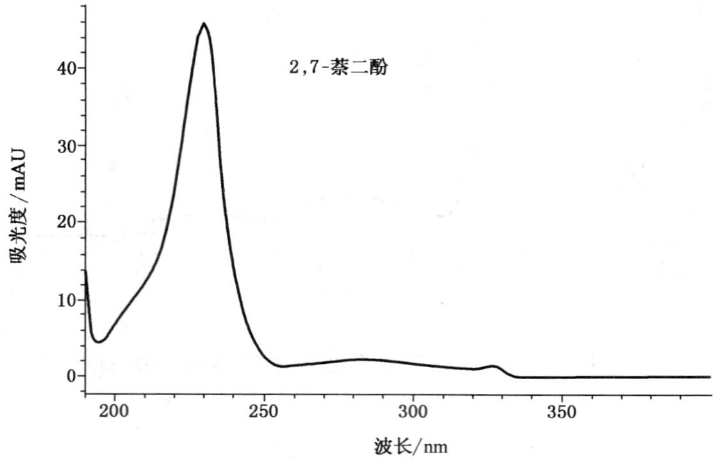

图 B.5　2,7-萘二酚标准物质溶液的光谱图

附 录 C
（资料性附录）
确 证 试 验

C.1 液相色谱参考条件

液相色谱参考条件如下：

a) 色谱柱：Luna C_{18}(2)，150×2.0 mm(内径)，3 μm；或相当者；
b) 流动相：A——甲醇，B——水，梯度洗脱：0.0 min～10.0 min，25%～65%A；10.1 min～30.0 min，65%A；
c) 流速：150 μL/min；
d) 柱温：25 ℃；
e) 进样量：10 μL。

C.2 质谱参考条件

质谱参考条件如下：

a) 离子源：电喷雾离子源；
b) 离子化模式：负离子模式；
c) 电离电压：−4 500 V；
d) 雾化气压力：0.345 MPa(50 psi)；
e) 气帘气压力：0.241 MPa(35 psi)；
f) 辅助加热气压力：0.483 MPa(70 psi)；
g) 辅助气温度：500 ℃；
h) 检测模式：多反应监测(MRM)模式。4 种萘二酚的质谱分析参数参见表 C.1，4 种萘二酚的多反应监测质量色谱图参见图 C.1。

C.3 定性测定

C.3.1 保留时间

进行试样测定时，将样液适当稀释，按液相色谱-质谱/质谱条件测定样液和标准工作溶液，试样中目标化合物色谱峰的保留时间与相应标准色谱峰的保留时间一致。

C.3.2 定量离子、定性离子及子离子丰度比

所选择的离子均出现，且所选择离子比与标准物质的相对丰度一致，允许偏差应在表 C.1 规定范围之内。

表 C.1　4 种萘二酚的质谱分析参数

化合物	定量离子对 m/z	定性离子对 m/z	去簇电压 V	碰撞能量 eV	相对离子丰度 %	允许相对偏差 %
1,7-萘二酚	158.9/158.0	158.9/130.1	−75	−26，−33	100，38	±20
2,3-萘二酚	158.9/131.0	158.9/113.0	−75	−29，−42	100，27	±20
1,5-萘二酚	158.9/115.0	158.9/158.0	−75	−25，−26	100，22	±20
2,7-萘二酚	158.9/158.0	158.9/130.1	−75	−26，−33	100，44	±20

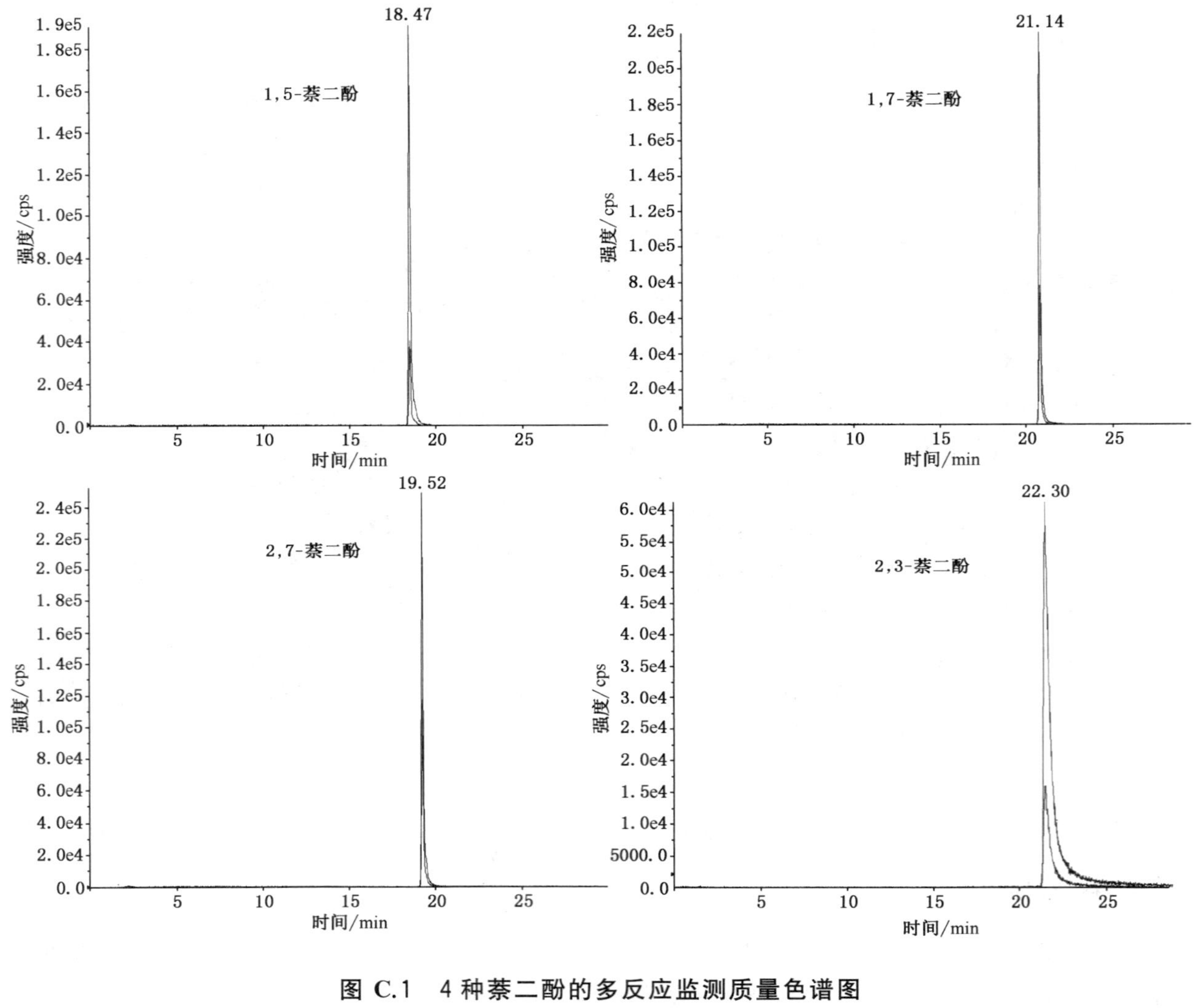

图 C.1　4 种萘二酚的多反应监测质量色谱图

ICS 71.100.40
Y 43

中华人民共和国国家标准

GB/T 35830—2018

洗涤用品　三氯生含量的测定

Cleaning products—Determination of triclosan

2018-02-06 发布　　2018-09-01 实施

中华人民共和国国家质量监督检验检疫总局
中国国家标准化管理委员会　发布

前　　言

本标准按照 GB/T 1.1—2009 给出的规则起草。

本标准由中国轻工业联合会提出。

本标准由全国表面活性剂和洗涤用品标准化技术委员会(SAC/TC 272)归口。

本标准起草单位:中国日用化学工业研究院[国家洗涤用品质量监督检验中心(太原)]、深圳市芭格美生物科技有限公司、涪陵出入境检验检疫局、西安开米股份有限公司、山西省能源产品质量监督检验研究院。

本标准主要起草人:吴杰、李红玉、李情、于文、姚晨之。

洗涤用品　三氯生含量的测定

1　范围

本标准规定了洗涤用品中三氯生含量的高效液相色谱测定方法。

本标准适用于洗涤用品中三氯生含量的测定。

2　规范性引用文件

下列文件对于本文件的应用是必不可少的。凡是注日期的引用文件，仅注日期的版本适用于本文件。凡是不注日期的引用文件，其最新版本(包括所有的修改单)适用于本文件。

GB/T 6682　分析实验室用水规格和试验方法

3　原理

试样经流动相溶解，超声波提取，提取液经过滤后，以配置紫外检测器或二极管阵列检测器的高效液相色谱仪测定。根据被测组分的保留时间定性，外标法定量。

4　试剂与材料

除非另有说明，在分析中仅使用确认为分析纯的试剂和符合 GB/T 6682 的二级水。

4.1　甲醇：色谱纯。

4.2　三氯生(Triclosan，CAS：3380-34-5，分子式：$C_{12}H_7Cl_3O_2$)：纯度大于或等于 99%。

4.3　三氯生储备溶液：精密准确称取 100 mg 三氯生(4.2)，以甲醇溶解并定容至 100 mL，配制成浓度为 1 000 mg/L 的储备液，4 ℃冰箱中保存，根据需要配制适当浓度的标液制作标准曲线。

4.4　滤膜：有机系，0.45 μm。

5　仪器和设备

5.1　高效液相色谱仪：配有二极管阵列或紫外检测器。

5.2　分析天平：感量为 0.1 mg。

5.3　超声波清洗仪。

5.4　离心机：转速不低于 4 000 r/min。

6　测定

6.1　试样制备

称取液体或膏状样品 0.5 g(固体类样品 0.2 g)(精确至 1 mg)，置于 25 mL 容量瓶中，加入 15 mL 流动相，超声提取 20 min，用流动相稀释至刻度，混匀。若溶液呈浑浊，则将定容后的提取液转移至离心管，以 4 000 r/min 离心 10 min，取离心后上清液经滤膜(4.4)过滤，所得滤液供高效液相色谱测定。

6.2 高效液相色谱测定

6.2.1 色谱参考条件

色谱参考条件如下：

a) 色谱柱：C_{18}硅胶键合相柱，填料粒径 5 μm，色谱柱尺寸 250 mm×4.6 mm(内径)或性能相当者；

注：不同批号、规格的 C_{18} 色谱柱对三氯生组分有不同的保留时间，为保证合适的样品洗脱时间可以调整流动相中甲醇和水的比例。

b) 流动相：甲醇＋水(77＋23，质量比)；

c) 流速：1.0 mL/min；

d) 检测波长：281 nm；

e) 进样量：10 μL 或相当进样量；

f) 柱温：室温。

6.2.2 标准曲线的绘制

移取三氯生储备溶液(4.3)配制成浓度分别为 1.0 mg/L、2.0 mg/L、5.0 mg/L、10.0 mg/L、50.0 mg/L 的工作溶液。按色谱条件(6.2.1)测定，以峰面积为纵坐标，三氯生工作溶液浓度为横坐标，绘制标准曲线，采用保留时间定性，外标法定量。在 6.2.1 条件下的三氯生色谱图参见附录 A 中图 A.1。

6.2.3 试样测定

在 6.2.1 的色谱条件下，定量将 10 μL 样品溶液(6.1)注入于色谱仪进行测定，记录保留时间和峰面积。如果样品溶液的浓度较高，可用甲醇稀释后进样。

6.2.4 计算

样品中三氯生的含量(w)以质量分数(%)表示，按式(1)计算：

$$w=\frac{c\times V}{m\times 10\ 000} \qquad \cdots\cdots(1)$$

式中：

c ——从标准曲线上得到的样品溶液中三氯生的浓度，单位为毫克每升(mg/L)；

V——样品溶液总定容体积，单位为毫升(mL)；

m——样品的质量，单位为克(g)。

计算结果保留两位有效数字。

7 回收率和定量下限

三氯生含量在 10 mg/kg～172 mg/kg 范围内，回收率范围 90.2%～112.4%。

若称取 0.5 g 样品，方法的检出限为 2.5 mg/kg，定量下限为 10 mg/kg。

8 精密度

在重复性条件下获得的两次独立测试结果的绝对差值不大于这两个测定值的算术平均值的 10%，以大于这两个测定值的算术平均值的 10%情况不超过 5%为前提。

附　录　A
（资料性附录）
三氯生标准物质色谱图

三氯生标准物质色谱图见图 A.1。

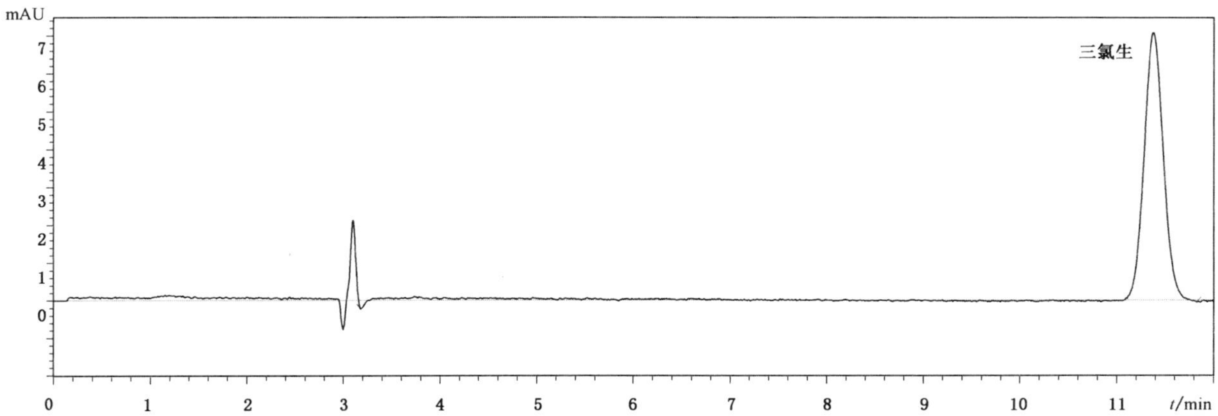

图 A.1　三氯生标准溶液色谱图

ICS 71.100.40
Y 43

中华人民共和国国家标准

GB/T 35831—2018

口腔护理产品中芦荟苷的测定方法

Determination of barbaloin in oral care and cleansing products

2018-02-06 发布　　2018-09-01 实施

中华人民共和国国家质量监督检验检疫总局
中国国家标准化管理委员会　发布

前　言

本标准按照GB/T 1.1—2009给出的规则起草。

本标准由中国轻工业联合会提出。

本标准由全国口腔护理用品标准化技术委员会(SAC/TC 492)归口。

本标准起草单位:重庆登康口腔护理用品股份有限公司、国家轻工业牙膏蜡制品质量监督检测中心、广州质量监督检测研究院。

本标准主要起草人:黄毅、董海德、郑伟、郭长虹、刘文玉。

口腔护理产品中芦荟苷的测定方法

1 范围

本标准规定了测定口腔护理产品中芦荟苷含量的方法原理、试剂和材料、仪器与设备、分析步骤、结果计算、检出限、回收率和精密度。

本标准采用高效液相色谱法，适用于口腔护理产品中芦荟苷含量的测定。

本标准对于芦荟苷的检出限 26 ng/mL。

2 规范性引用文件

下列文件对于本文件的应用是必不可少的。凡是注日期的引用文件，仅注日期的版本适用于本文件。凡是不注日期的引用文件，其最新版本(包括所有的修改单)适用于本文件。

GB/T 6682—2008 分析实验室用水规格和试验方法

3 方法原理

芦荟苷，又名芦荟素或芦荟大黄素甙，英文名 Aloin 或 Barbaloin，分子式 $C_{21}H_{22}O_9$。芦荟产品中的芦荟苷都是以光学异构体芦荟苷 A 和 B 的混合体存在。本标准以芦荟苷 A 和 B 混合物的含量评价芦荟制品的芦荟苷指标。

此方法是将样品以甲醇溶解，漩涡振荡，超声提取其中的芦荟苷，离心处理过滤，取上清液用带紫外检测器或二极管阵列检测器的高效液相色谱仪分析测定，通过峰面积外标法定量计算。

4 试剂和材料

除非另有说明，在分析中仅适用确认为分析纯的试剂和 GB/T 6682—2008 规定的一级水。

4.1 甲醇：色谱纯。

4.2 乙腈：色谱纯。

4.3 冰乙酸：色谱纯。

4.4 1%冰乙酸(体积比)：1 mL 冰乙酸＋99 mL 水。

4.5 芦荟苷 A 对照品纯度≥98%，CAS 号：1415-73-2；芦荟苷 B 对照品纯度≥98%，CAS 号：28371-16-6。

5 仪器与设备

5.1 高效液相色谱仪：配有紫外检测器或二极管阵列检测器。

5.2 电子分析天平：精度 0.000 1 g。

5.3 超声波仪。

5.4 多联漩涡振荡器。

5.5 高速离心机：转速≥10 000 r/min。

6 分析步骤

6.1 色谱条件

表 1 给出了液相色谱条件。

表 1 液相色谱条件

项目	条件
紫外检测器	359 nm
二极管阵列检测器	359 nm,参比波长 450 nm
进样量	10 μL
流速	1 mL/min
流动相(体积比)	乙腈：1%冰乙酸=30：70
色谱柱	C_{18} 4.6 mm×250 mm,5 μm
柱温	30 ℃

6.2 标准储备液的制备

称量 10 mg 标准品,精确至 0.000 1 g,以甲醇定容于 10 mL 棕色容量瓶并摇匀,此浓度为 1 000 mg/L,置于 2 ℃～4 ℃冷藏。

6.3 标准工作溶液的制备

吸取储备液适量以甲醇稀释配制 1 mg/L、2 mg/L、4 mg/L、10 mg/L、20 mg/L 的标准工作系列溶液。

6.4 样品溶液的制备

称取样品 1 g(精确至 0.000 1 g)于 50 mL 尖嘴平底离心管中,加磁力转子一枚,再以移液管加 8 mL 甲醇,以多联漩涡混匀器 1 500 r/min 振荡 5 min,再超声提取 40 min,在 10 000 r/min 离心 10 min,将上清液过 0.45 μm 有机膜。

6.5 标准溶液的测定

准确吸取上述标准工作溶液各 10 μL,分别注入液相色谱仪,按照表 1 液相色谱条件进行测定,谱图参照图 A.1。以芦荟苷 A 或 B 的浓度为 X 轴,以其相应的峰面积为 Y 轴,绘制标准曲线。

6.6 样品溶液的测定

准确吸取 10 μL 样品溶液,注入液相色谱仪测定其峰面积,谱图参照图 A.2,由标准曲线计算试样溶液中芦荟苷 A 或 B 的含量。

7 结果计算

样品中芦荟苷 A 或 B 的含量由色谱数据处理软件或按式(1)计算,芦荟苷的总量为两者之和。

$$X = \frac{(c_A \times K_A + c_B \times K_B) \times V \times N}{m} \times \frac{1\,000}{1\,000} \quad \cdots\cdots (1)$$

式中：

X ——样品中芦荟苷的总量，单位为毫克每千克(mg/kg)；

c_A，c_B ——样品溶液中芦荟苷 A、B 对应的浓度，单位为微克每毫升(μg/mL)；

K_A，K_B——芦荟苷 A、B 对照品的纯度；

V ——样液最终定容体积，单位为毫升(mL)；

N ——稀释倍数；

m ——样品的质量，单位为克(g)。

在重复性条件下获得的两次独立测定结果的绝对差值不得超过算术平均值的 10%。

8 检出限

芦荟苷的检出限 26 ng/mL。

9 回收率和精密度

在添加浓度 5 mg/kg～15 mg/kg 浓度范围内，回收率在 87.87%～94.29%之间，相对标准偏差小于 5%。

附 录 A
（资料性附录）
芦荟苷 A、芦荟苷 B 色谱图

图 A.1 给出了芦荟苷 A、芦荟苷 B 对照品的色谱图。

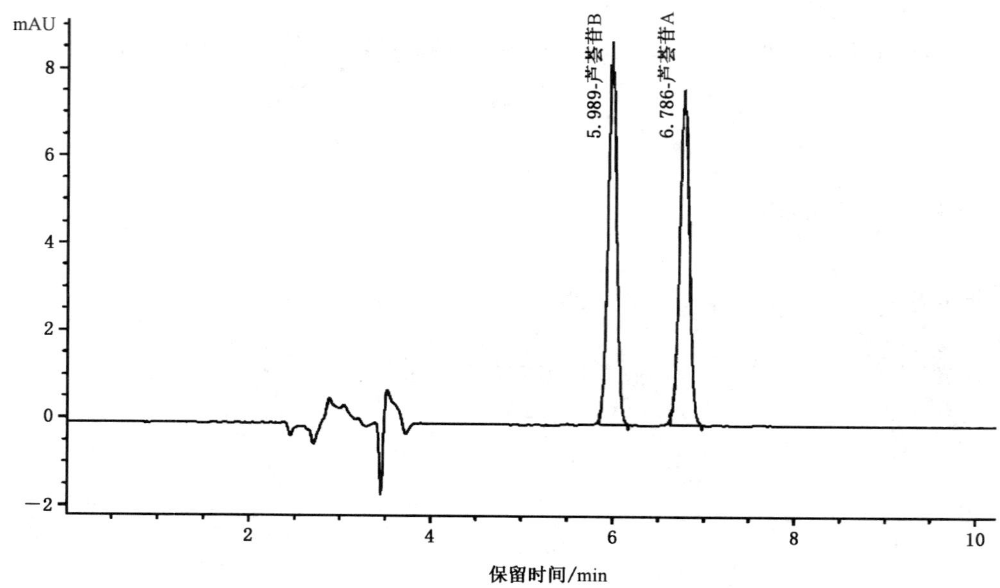

图 A.1 芦荟苷 A、芦荟苷 B 对照品的色谱图

图 A.2 给出了样品中芦荟苷 A、芦荟苷 B 的色谱图。

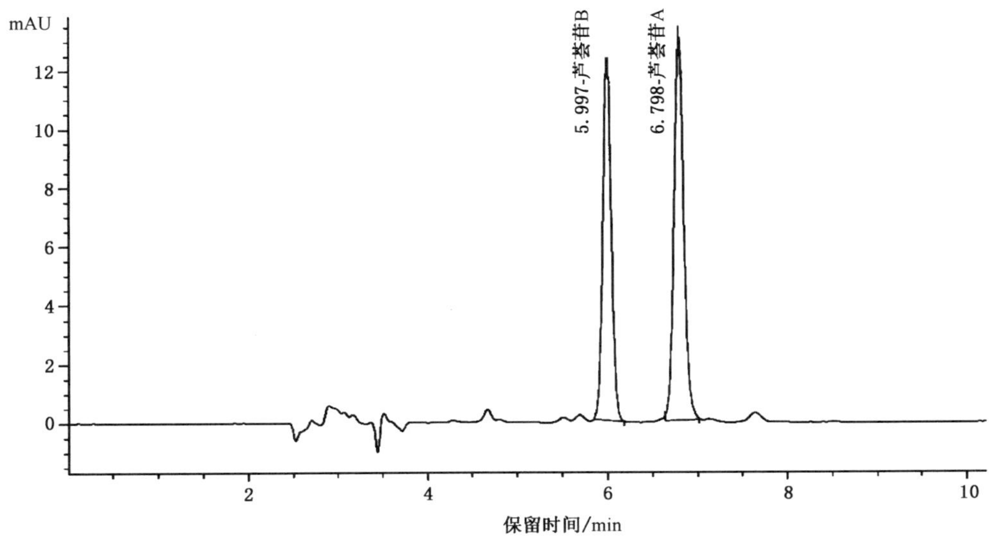

图 A.2 样品中芦荟苷 A、芦荟苷 B 的色谱图

ICS 71.100.40
Y 43

中华人民共和国国家标准

GB/T 35832—2018

牙膏磨擦值检测方法

Testing method of the abrasivity value of toothpastes

2018-02-06 发布　　2018-09-01 实施

中华人民共和国国家质量监督检验检疫总局
中国国家标准化管理委员会　发布

前　言

本标准按照 GB/T 1.1—2009 给出的规则起草。

本标准由中国轻工业联合会提出。

本标准由全国口腔护理用品标准化技术委员会(SAC/TC 492)归口。

本标准起草单位:上海美加净日化有限公司、云南白药集团股份有限公司、广州质量监督检测研究院、肇庆金三江硅材料有限公司、美晨集团股份有限公司、广州立白企业集团有限公司、纳爱斯集团有限公司、国家轻工业牙膏蜡制品质量监督检测中心。

本标准主要起草人:陈健芬、孙东方、施裔磊、高鹰、郑伟、郭长虹、任振雪、李毅苹、刘都树、徐项亮。

牙膏磨擦值检测方法

1 范围

本标准规定了牙膏磨擦值的检测方法。

本标准适用于各类磨檫体系牙膏磨擦值的测定以及对同类磨檫体系牙膏的磨擦性能比较。

2 规范性引用文件

下列文件对于本文件的应用是必不可少的。凡是注日期的引用文件，仅注日期的版本适用于本文件。凡是不注日期的引用文件，其最新版本(包括所有的修改单)适用于本文件。

GB/T 6682　分析实验室用水规格和试验方法

GB/T 7134—2008　浇铸型工业有机玻璃板材

ISO 28399:2011　牙科　牙齿外漂白用产品(Dentistry—Products for external tooth bleaching)

DIN EN ISO 3274　几何产品规范(GPS)　表面结构　剖面方法　接触仪器的标准性能[Geometrical Product Specifications (GPS)—Surface texture: Profile method—Nominal characteristics of contact(stylus) instruments(ISO 3274:1996)]

3 原理

利用具有刷磨载荷全程可控功能的刷磨仪作为刷磨仪器，聚甲基丙烯酸甲酯(PMMA)作为代替牙齿的试验材料进行体外试验，在一定的刷磨速度、刷磨载荷的条件下对牙膏试样进行刷磨测试。刷磨测试后用表面粗糙度仪测定 PMMA 磨块的磨擦值，以刷磨试验后 8 块 PMMA 磨块上 Ra 值的平均值评价牙膏试样对 PMMA 磨块的磨损性。

4 试剂与材料

4.1　水：本标准所用水符合 GB/T 6682 规定的三级水。

4.2　牙膏浆液的配制：称取牙膏试样 600 g(精确至 0.01 g)于 2 000 mL 的烧杯中，用 960 g 的水溶解并搅拌至牙膏分散均匀。牙膏试样与水的质量比为 1∶1.6。

4.3　PMMA 磨块：磨块要求及示意图见附录 A。

4.4　标准牙刷：牙刷要求及示意图见附录 B。

5 仪器与设备

5.1 刷磨仪

L8-Ⅱ型，刷磨仪机位至少 8 个，压力及刷磨次数可调，刷磨载荷可控(精度 0.1 g)，"动态"刷磨载荷的变化值≤±30 g，"静态"刷磨载荷的变化值≤±20 g，示意图参见附录 C。

注：L8-Ⅱ型刷磨仪是由上海美加净日化有限公司提供的产品的商品名，给出这一信息是为了方便本标准的使用者，并不表示对该产品的认可。如果其他等效产品具有相同的效果，则可使用这些等效产品。

5.2 表面粗糙度仪

PS1 型，仪器符合 DIN EN ISO 3274，最大测量范围为 350 μm(－200 μm 至＋150 μm)最大扫描长度为 17.5 mm。配 PHT6-350 标准测头，仪器探针可用于在水平表面测量，针尖半径为 2 μm。

注：PS1 型表面粗糙度仪是德国马尔公司提供的产品的商品名，给出这一信息是为了方便本标准的使用者，并不表示对该产品的认可。如果其他等效产品具有相同的效果，则可使用这些等效产品。

5.3 天平

精度 0.01 g。

6 测试步骤

6.1 标准牙刷的预处理

标准牙刷在使用前需要在水中浸泡 24 h 以上，每次试验时都需更换新牙刷。

6.2 牙膏磨擦值的测定

6.2.1 预刷试验

安装 PMMA 磨块(8 块/组)、预处理过的标准牙刷及浆料杯至刷磨仪上。将水注入浆料杯内至埋没 PMMA 磨块，调节刷磨载荷至 200 g±2 g，以 100 次/min 的刷磨速度往复刷磨 200 次。待 200 次刷磨结束后，标准牙刷的刷毛与 PMMA 磨块之间的载荷基本处于稳定的状态，预刷试验结束。

6.2.2 正式刷磨试验

去除预刷后各浆料杯中的水，将 4.2 中的牙膏浆液注入各浆料杯内至埋没 PMMA 磨块，并微调各刷磨机位的载荷至 200 g±2 g，以 100 次/min 的刷磨速度往复刷磨 8 000 次。

刷磨期间，为防止各浆料杯底有沉淀产生，每进行约 2 000 次刷磨时，均需要暂停刷磨仪，并取下各浆料杯，对杯中的牙膏浆液进行搅拌处理后，重新安装浆料杯至刷磨仪上，并继续刷磨。保证牙膏浆液在刷磨的过程中处于均匀的状态。

刷磨结束后，将 PMMA 磨块从夹具上取下，用水洗净晾干后，供 6.2.3*Ra* 值测定用。

6.2.3 牙膏试样磨擦值(*Ra* 值)的测定

如图 1 所示，在 PMMA 磨块刷磨区域最中间位置选取 7 根扫描线。以图 1 中“*Ra* 值测试标记点”作为扫描起点，用表面粗糙度仪沿扫描方向自动扫描测量各扫描线的 *Ra* 值，并计算 7 根扫描线 *Ra* 值测量结果的平均值。

按照表 1 设定表面粗糙度仪测量参数。

表 1 表面粗糙度仪测量条件

仪器参数	设定值
扫描长度 L_t/mm	17.5
截止波长 L_c/mm	2.5
取样数 n	5

单位为毫米

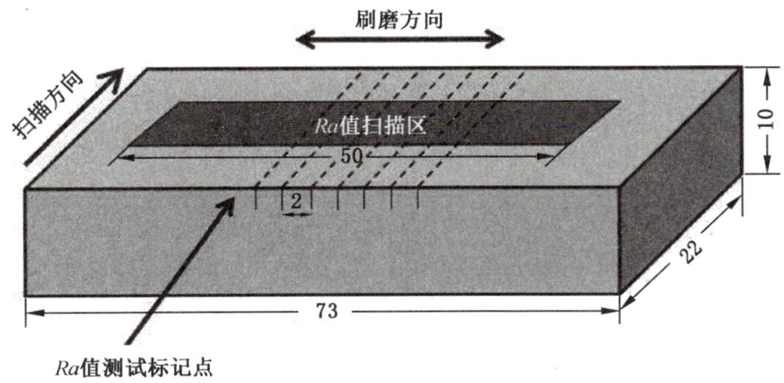

图 1 PMMA 磨块示意图

牙膏试样的磨擦值 Ra 按式(1)计算：

$$Ra = \frac{1}{8}\sum_{i=1}^{8}\overline{Ra_i} \qquad \cdots\cdots(1)$$

式中：

Ra ——牙膏试样的磨擦值，单位为微米(μm)；

$\overline{Ra_i}$ ——刷磨测试后每块 PMMA 磨块的平均 Ra 值，单位为微米(μm)。

所测得的 Ra 值越高，说明牙膏试样的磨损性能越强。

附　录　A
（规范性附录）
PMMA 磨块

A.1　PMMA 磨块规格

图 A.1 给出了 PMMA 磨块的规格。

单位为毫米

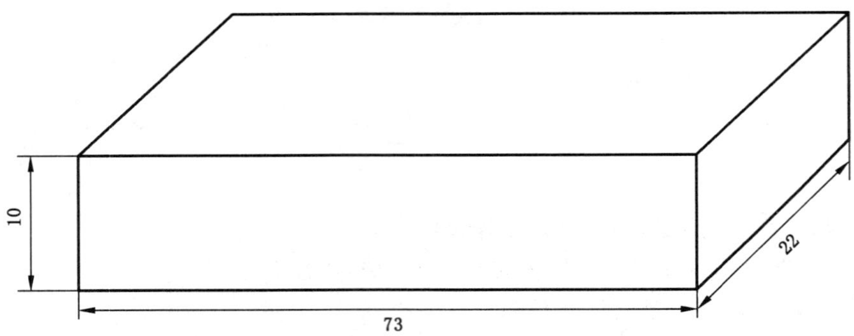

图 A.1　PMMA 磨块示意图

A.2　PMMA 磨块要求

A.2.1　材料要求

PMMA 磨块所用材料，应符合 GB/T 7134—2008 的要求。

A.2.2　尺寸

模块的长度、宽度、厚度和公差应符合表 A.1 的规定。

表 A.1　模块的规格

项目	规定值/mm	公差/mm
长度	73	±0.5
宽度	22	±0.5
厚度	10	±0.6

A.2.3　性能

模块的性能指标应符合表 A.2 的规定。

表 A.2　模块的性能

项目		规定值
粗糙度/μm	≤	0.020
维氏硬度/HV		18～25

A.3　试验方法

A.3.1　模块的长度、宽度和厚度

PMMA 磨块的长度、宽度和厚度，按 GB/T 7134—2008 的 6.4 要求执行。

A.3.2　模块的粗糙度

按 6.2.3 测试方法进行。

A.3.3　模块的维氏硬度

按 ISO 28399:2011 的 6.3 中，牛牙釉质、牙本质显微硬度的测试方法进行。

附　录　B
（规范性附录）
标 准 牙 刷

B.1　标准牙刷的规格

图 B.1 给出了标准牙刷的规格。

单位为毫米

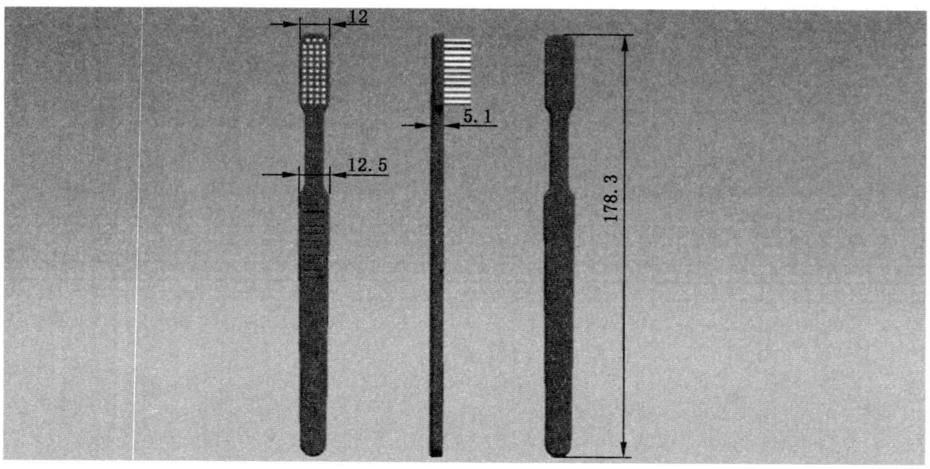

图 B.1　标准牙刷示意图

B.2　标准牙刷刷毛技术要求

表 B.1 给出了标准牙刷刷毛技术要求。

表 B.1　标准牙刷刷毛技术要求

序号	项　目	要　求
1	刷毛用丝	杜邦丝 612
2	刷毛用丝直径/mm	0.19～0.21
3	刷毛类型	无色透明平形毛
4	毛束根数/(根/束)	32～40
5	磨毛率/%　≥	80
6	植毛高度/mm	10.5±0.5
7	毛束拉力/N　≥	15

B.3 标准牙刷刷柄技术要求

表 B.2 给出了标准牙刷刷柄技术要求。

表 B.2 标准牙刷刷柄技术要求

序号	项　　目	要　　求
1	刷头孔数/个	43
2	刷孔直径/mm	1.8±0.2
3	刷柄长度/mm	178±1.5

附　录　C
（资料性附录）
L8-Ⅱ型刷磨仪

图 C.1 给出了 L8-Ⅱ型刷磨仪示意图。

图 C.1　L8-Ⅱ型刷磨仪示意图

ICS 71.100.40
Y 43

中华人民共和国国家标准

GB/T 35833—2018

厨房油污清洁剂

Cleaner for kitchen stains and grease

2018-02-06 发布 2018-09-01 实施

中华人民共和国国家质量监督检验检疫总局
中国国家标准化管理委员会 发布

前　言

本标准按照 GB/T 1.1—2009 给出的规则起草。

请注意本文件的某些内容可能涉及专利。本文件的发布机构不承担识别这些专利的责任。

本标准由中国轻工业联合会提出。

本标准由全国食品用洗涤消毒产品标准化技术委员会(SAC/TC 395)归口。

本标准起草单位:中国日用化学工业研究院[国家洗涤用品质量监督检验中心(太原)]、西安开米股份有限公司、广州蓝月亮实业有限公司、江苏同大股份有限公司、广州市浪奇实业股份有限公司、北京绿伞化学股份有限公司、无限极(中国)有限公司、深圳市芭格美生物科技有限公司、北京洛娃日化有限公司。

本标准主要起草人:公培龙、高欢泉、何琼、赵建红、张辉、王常江、郭宏涛、赵建利、姚晨之。

厨房油污清洁剂

1 范围

本标准规定了家庭用厨房油污清洁剂的要求、试验方法、检验规则和标志、包装、运输、贮存。

本标准适用于由表面活性剂、助剂、溶剂配制而成,用于厨房硬表面清洁去污的洗涤剂产品,如灶台、油烟机等。

本标准不适用于通过摩擦作用去除油污的清洁剂,如去污粉。

本标准不适用于直接接触食品器具的清洗,如锅具内表面。

2 规范性引用文件

下列文件对于本文件的应用是必不可少的。凡是注日期的引用文件,仅注日期的版本适用于本文件。凡是不注日期的引用文件,其最新版本(包括所有的修改单)适用于本文件。

GB/T 6368 表面活性剂 水溶液pH值的测定 电位法

GB/T 6682 分析实验室用水规格和试验方法

GB/T 7378 表面活性剂 碱度的测定 滴定法

GB/T 13173—2008 表面活性剂 洗涤剂试验方法

GB/T 26396—2011 洗涤用品安全技术规范

QB/T 2117—1995 通用水基金属清洗剂

QB/T 2951 洗涤用品检验规则

QB/T 2952 洗涤用品标识和包装要求

JJF 1070—2005 定量包装商品净含量计量检验规则

定量包装商品计量监督管理办法(国家质量技术监督检验检疫总局令[2005]第75号)

3 要求

3.1 材料要求

厨房油污清洁剂产品及使用的原料应符合GB/T 26396—2011中C类产品的要求。

3.2 感官指标

3.2.1 外观

液体产品应均匀,不分层,无悬浮物或沉淀(加入均匀悬浮颗粒组分的除外);浆状产品应为均匀膏体,无结块,无明显离析现象(加入均匀悬浮颗粒组分的除外);粉状产品应松散,无结块。

3.2.2 稳定性(适用于液体或浆状产品)

于−5 ℃±2 ℃的冰箱中放置24 h,取出恢复至室温后观察,液体产品无分层、无结晶、无沉淀和变色现象,透明产品不混浊;浆状产品无结晶析出,无明显离析。

于40 ℃±2 ℃的保温箱中放置24 h,取出恢复至室温后观察,液体产品无分层和变色现象,透明产品不混浊;浆状产品无明显离析。

注:稳定性是指样品经过测试后,外观前后无明显变化。

3.3 理化指标

厨房油污清洁剂产品的理化指标应符合表1的规定。

表1 厨房油污清洁剂的理化指标

项目		指标
总活性物含量/%	≥	1.0
碱度(以 Na_2O 计)/%	≤	3.0
pH 值(25 ℃,1%水溶液)	≤	11.8
腐蚀量(LY_{12} 硬铝)/mg	≤	100
总五氧化二磷含量/%	≤	1.1(仅对无磷产品)
去污力		暂不要求

3.4 定量包装要求

每批产品的销售包装净含量应符合《定量包装商品计量监督管理办法》。

4 试验方法

除非另有说明,在分析中仅使用确认为分析纯的试剂和 GB/T 6682 中规定的三级或以上的水。

4.1 外观

取适量样品,置于干燥洁净的透明实验器皿内,在非直射光条件下进行观察,按指标要求进行评判。

4.2 稳定性

量取一定量试样两份至 200 mL 的无色具塞广口玻璃瓶中,分别置于−5 ℃±2 ℃的冰箱和 40 ℃±2 ℃的保温箱中 24 h,取出恢复至室温后观察。

4.3 总活性物含量

按 GB/T 13173—2008 中 7.5.1(A 法)规定测定。

当产品配方中含有不溶于乙醇的表面活性剂组分时,或客商订货合同书中规定总活性物含量检测结果不包括水助溶剂,要求用三氯甲烷萃取法测定时,按 GB/T 13173—2008 第 7 章规定的 B 法测定。

4.4 碱度

按照 GB/T 7378 规定测定,称样量为 2 g~3 g,滴定管的体积为 50 mL。对于有颜色干扰实验终点的样品,可以以酸度计代替指示剂,滴定至 pH 为 7.0±0.1 并且稳定 10 s 不变时,即为滴定终点,记录消耗盐酸标准滴定溶液的体积。

4.5 pH 值

按 GB/T 6368 规定测定。测试温度 25 ℃,1%试样溶液浓度。

4.6 腐蚀量

按 QB/T 2117—1995 中 5.6 测定，测试样品溶液 150 mL，两块硬铝（LY_{12}）试片，水浴加热使溶液温度为 25 ℃±2 ℃，浸泡时间为 30 min，其他操作同 QB/T 2117—1995 中 5.6.4 规定。

4.7 总五氧化二磷含量

按 GB/T 13173—2008 中 6.2 的规定测定。

4.8 去污力

按附录 A 规定测定。液体产品以原样测试；浆状或粉状产品以最低推荐使用浓度测试，当产品使用标识未明确推荐使用浓度时，以 3%溶液浓度测试。结果可供鉴别产品使用性能作参考。

4.9 净含量

按 JJF 1070—2005 规定测定。

5 检验规则

按 QB/T 2951 执行。

出厂检验项目包括产品的感官指标、pH 值、碱度、总活性物含量及净含量要求。

6 标志、包装、运输、贮存

6.1 标志、包装

按 QB/T 2952 执行。

6.2 运输

产品在运输时应轻装轻卸，不得倒置，避免日晒雨淋，严禁在箱上踩踏和堆放重物。

6.3 贮存

6.3.1 产品应贮存在通风干燥且不受阳光直射、雨淋的场所。

6.3.2 堆垛要采取必要的防护措施，堆垛高度要适当，避免损坏运输包装。

附　录　A
（规范性附录）
去污力的测试

A.1　方法概要

将标准人工污垢均匀涂敷在不锈钢试片上，用油污清洁剂溶液在规定的条件下洗涤后，测量污垢的去除百分率。

A.2　试剂和材料

测试所用试剂和材料如下：

a)　精炼大豆油；
b)　无氨焦糖色素（CI004）；
c)　小麦粉；
d)　炼制毛牛油（指屠宰牛油原料经高温炼制后，沉淀、过滤去除残渣后的牛油）；
e)　炼制毛猪油（指屠宰猪油原料经高温炼制后，沉淀、过滤去除残渣后的猪油）；
f)　单硬脂酸甘油酯。

A.3　仪器

普通实验室仪器和以下仪器：

a)　摆洗机，频率(40±2)次/min，距离(50±2)mm；
b)　紫外灯管，8 W，其他指标应符合表 A.1 规定；

表 A.1　紫外灯管规格及数量

代号	波长/nm	规格	数量/支
UV-C	254	石英，照度大于 10 μW/cm²	3
UV-B	312	普通，照度大于 20 μW/cm²	3
UV-A	365	紫色，照度大于 800 μW/cm²	3

注：紫外灯管及时更换，保证紫外灯管的强度。

c)　烘箱，分别可控温 120 ℃±2 ℃、200 ℃±2 ℃；
d)　紫外恒温老化箱，可控温 45 ℃±2 ℃ ，工作室尺寸 500 mm×570 mm×740 mm，安装紫外灯管，按图 A.1 分布；
e)　恒温水浴，可控温 35 ℃±2 ℃；
f)　试片，1Cr18Ni9Ti，拉丝不锈钢，50 mm×50 mm×3 mm；
g)　电动搅拌器，可控转速 1 000 r/min；
h)　毛刷，宽 10 mm～20 mm；
i)　瓷板 M_1、瓷板 M_2，330 mm×250 mm；小瓷板，4 块，165 mm×125 mm；
j)　塑料烧杯，250 mL；

k) 玻璃烧杯,300 mL,ϕ(80±1) mm或者同样直径的其他杯型;

l) 玻璃培养皿,ϕ90 mm;

m) 托盘,搪瓷或不锈钢;

n) 干燥器,内置变色硅胶;

o) 分析天平,最大称量200 g,感量为0.000 2 g;

p) 天平,最大称量500 g,感量为0.01 g;

q) 秒表。

A.4 试验程序

A.4.1 人工污垢的配制

配方:大豆油64.0 g、无氨焦糖色素8.0 g、小麦粉12.0 g、猪油8.0 g、牛油8.0 g、单硬脂酸甘油酯2.4 g。

在250 mL塑料烧杯中称取大豆油、牛油、猪油、单硬脂酸甘油酯,水浴70 ℃加热溶解;边搅拌,边冷却到30 ℃后,加入无氨焦糖色素,以不少于1 000 r/min的速度搅拌30 min,乳化均匀后加入小麦粉,再搅拌10 min,陈化24 h,置冰箱冷藏室备用,使用时恢复至20 ℃~25 ℃。

注1:人工污垢在冰箱冷藏室保质期定为半个月。

注2:某些实际样品的去污力测试结果会随着污垢保存期的延长而发生变化,因此测试结果标注污垢制作及使用日期,以便结果追溯。

A.4.2 污片的制备

洗净试片,于120 ℃±2 ℃烘箱中干燥1 h,再于干燥器中冷却30 min后称量(称准至0.000 2 g)。用毛刷在试片单面规定部位(见图A.2)涂敷人工污垢(A.4.1)(每个样品需用6片试片,最多可同时测定4个样品)。污垢质量控制在0.24 g/片~0.26 g/片,涂好后放在干燥的瓷板M_1上,于200 ℃±2 ℃烘箱中干燥10 min(合上烘箱待温度升至200 ℃后干燥10 min)。取出冷却20 min后分别置于小瓷板上,小瓷板再放到瓷板M_2上,并整体放入预先恒温为45 ℃±2 ℃的紫外恒温老化箱中(试片水平位置见图A.1,分布位置见图A.3),开启紫外灯照射1.5 h后,应关闭紫外灯,参考图A.4迅速对角调换位置,使老化均匀,再开启紫外灯照射1.5 h。取出污片放入培养皿,于干燥器中干燥陈化20 h~22 h。

单位为毫米

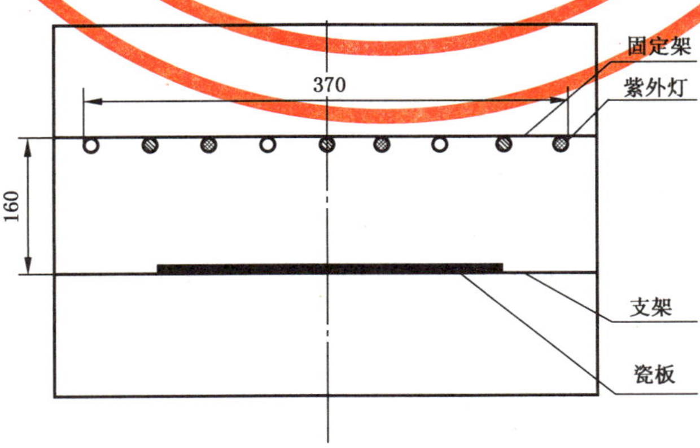

a) 正视图

图A.1 紫外灯分布和试片水平位置

单位为毫米

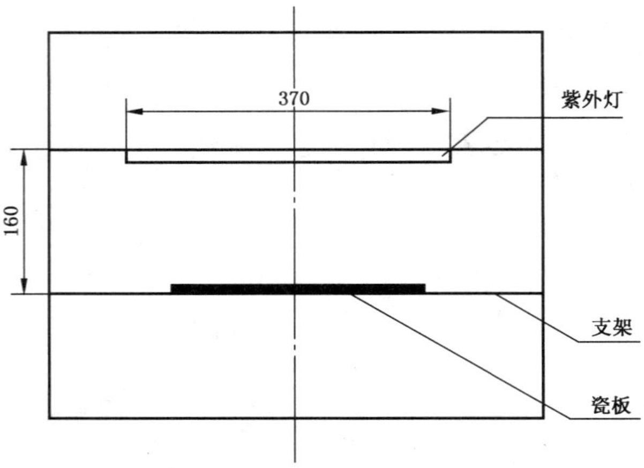

b） 侧视图

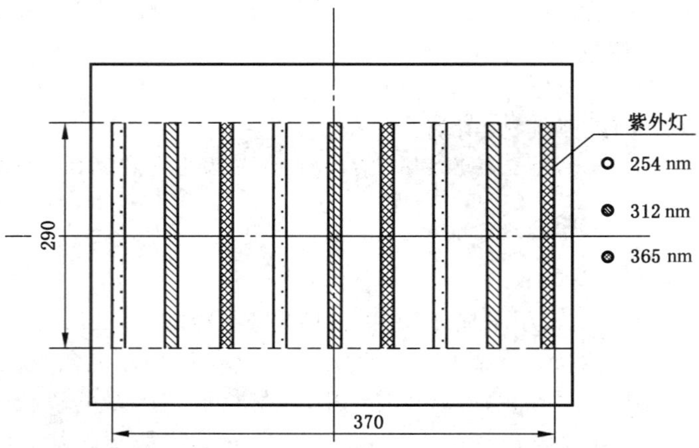

c） 俯视图

说明：

○——254 nm；

●——312 nm；

●——365 nm。

图 A.1（续）

单位为毫米

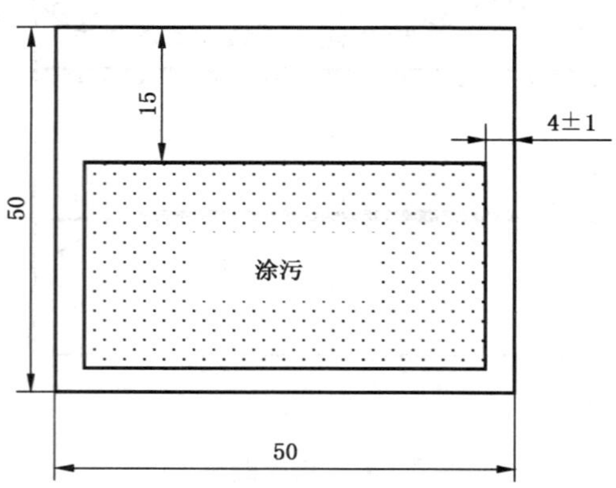

图 A.2 试片涂污示意图

单位为毫米

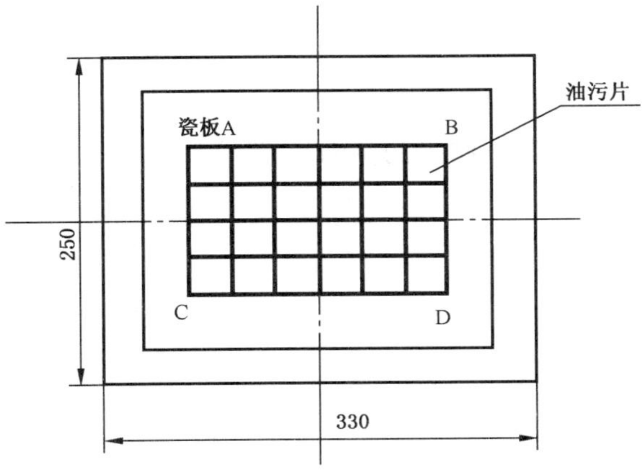

图 A.3 同时测定4个样品的试片放置位置

单位为毫米

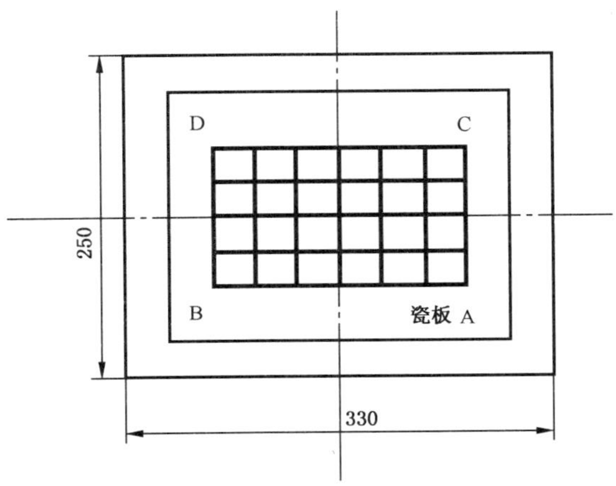

图 A.4 调换放置位置

A.4.3 测定

称取 200 g 试样(称准至 0.01 g)于玻璃烧杯中,水浴预热至 35 ℃±2 ℃。将准备好的测试试片(A.4.2)称量后(称准至 0.001 g),夹在摆洗机的摆洗架上,使其保持垂直状态,每个样品需用 6 个烧杯,每个烧杯内吊置一片试片。用秒表计时,使油污部分完全浸泡 10 min,摆洗 5 min。然后清洗试样烧杯,各倒入 210 mL 水(35 ℃±2 ℃),摆洗 30 s。取下试片放入托盘,于 120 ℃±2 ℃烘箱中干燥 45 min,再于干燥器中冷却 30 min 后称量(称准至 0.001 g),计算去污力。

注:同一时间制备的污片从称量到摆洗全部过程在 2 h 内完成。

A.4.4 结果计算

去污力为洗去油污 f 的质量分数,以%表示,按式(A.1)计算:

$$f=\frac{m_1-m_2}{m_1-m_0}\times 100\% \qquad \text{(A.1)}$$

式中:

m_1——污片洗前的质量,单位为克(g);

m_2——污片洗后的质量,单位为克(g);

m_0——试片的质量,单位为克(g)。

参考附录B格鲁布斯(Grubbs)法剔除可疑数据,但至少保留4个数据,取保留数据的算术平均值作为去污力的结果。

A.4.5 精密度

在重复条件下获得的两次独立测试结果的绝对差值不大于3%,以大于3%的情况不超过5%为前提。

附　录　B
（资料性附录）
格鲁布斯(Grubbs)法

B.1　数据排列

将 n 个数据从小到大排成一列，即 $X_1, X_2, X_3, \cdots, X_{n-1}, X_n$。

B.2　计算平均值

$$\overline{X}=\frac{1}{n}\sum_{i=1}^{n}X_i$$

B.3　计算标准偏差

$$S=\sqrt{\frac{\sum(X_i-\overline{X})^2}{n-1}}$$

B.4　判断可疑值

计算统计量 T，判断可疑值是否异常。

$$T=\frac{|X_i-\overline{X}|}{S}$$

若 T 值大于舍弃临界值 $T_{\alpha/2,n}=T_{0.025,n}$，则舍弃 X_i，危险率 α 为 5%。

其中：

$T_{\alpha/2,4}=T_{0.025,4}=1.481$；

$T_{\alpha/2,5}=T_{0.025,5}=1.715$；

$T_{\alpha/2,6}=T_{0.025,6}=1.887$。

ICS 65.040.20
B 93

中华人民共和国国家标准

GB/T 35834—2018

机采棉加工技术规范

Technical specifications for machine-picked cotton processing

2018-02-06 发布 2018-06-01 实施

中华人民共和国国家质量监督检验检疫总局
中国国家标准化管理委员会 发布

前　言

本标准按照 GB/T 1.1—2009 给出的规则起草。

本标准由中华全国供销合作总社提出。

本标准由全国棉花加工标准化技术委员会(SAC/TC 407)归口。

本标准起草单位:邯郸金狮棉机有限公司、中华全国供销合作总社郑州棉麻工程技术设计研究所、中国棉花协会棉花工业分会、中华棉花集团有限公司、南通棉花机械有限公司、北京中棉工程技术有限公司、中棉集团新疆棉花有限公司。

本标准主要起草人:杨国庆、关纪培、胡春雷、王瑞霞、苏英杰、王树来、董春强、朱瑞峰、李树新、韩庆。

机采棉加工技术规范

1 范围

本标准规定了机采棉加工过程的基本要求、加工要求和检验要求。

本标准适用于棉花加工企业加工机采棉的加工过程。

2 规范性引用文件

下列文件对于本文件的应用是必不可少的。凡是注日期的引用文件，仅注日期的版本适用于本文件。凡是不注日期的引用文件，其最新版本(包括所有的修改单)适用于本文件。

GB 1103.1 棉花 第1部分：锯齿加工细绒棉

GB 6975 棉花包装

GB/T 18353 棉花加工企业基本技术条件

GB/T 22335—2018 棉花加工技术规范

GB/T 32139 棉花加工术语

GB/T 30358 棉花加工工艺系统安装及制作通用技术条件

3 术语和定义

GB/T 32139 界定的术语和定义适用于本文件。

4 基本要求

4.1 机采棉加工企业在棉花加工过程中，应满足 GB/T 18353 的基本要求。

4.2 工作人员、其他人员防异性纤维要求应符合 GB/T 22335—2018 的规定。

5 加工要求

5.1 加工前的准备

5.1.1 机采棉要求

5.1.1.1 机采棉中不得混入危害性杂物，在交售、收购过程中应符合 GB/T 22335—2018 的要求。

5.1.1.2 机采棉回潮率和含杂率应符合 GB/T 22335—2018 的要求。

5.1.2 机采棉的贮存

5.1.2.1 机采棉仓库和货场的设置应符合 GB/T 22335—2018 的要求。

5.1.2.2 机采棉应标明不同的品种、长度、含杂率、回潮率和级别等，以此为依据分类存放。

5.1.2.3 机采棉堆垛时，应堆成中间高四周低的形状，垛底应便于排水且堆垛高度不超过 4 m。

5.1.2.4 机采棉采用棉模放置时，棉模应按规定存放并留出运模车装卸通道。

5.1.2.5 定期测定籽棉垛及棉模内部温度，当温度超过 33 ℃时，应立即采取通风倒垛措施或采取烘干措施或立即加工。

5.1.2.6 机采棉棉模和籽棉垛宜用三防篷布封盖严密。

5.2 工艺要求

5.2.1 机采棉加工工艺流程图，见 GB/T 22335—2018 图 2。
5.2.2 工艺系统中应设置旁路系统，根据籽棉含杂率、回潮率高低选择不同的工艺路线。
5.2.3 机采棉清理工艺中，应设置不少于四道籽棉清理。能够清理籽棉中的棉叶、棉杆和铃壳等杂质。
5.2.4 机采棉清理工艺中，应设置异性纤维清理设备。
5.2.5 机采棉清理工艺中，应设置二道烘干设备。籽棉烘干次数按籽棉回潮率确定，与籽棉接触温度最高不超过 147 ℃，一般控制在 120 ℃以下。
5.2.6 工艺系统中应有调湿设备，根据籽棉回潮率确定加湿量。
5.2.7 皮棉清理工艺中，应具备二道锯齿式皮棉清理机。
5.2.8 大功率设备应具备节能控制装置，生产线关键部位应具备检测元件，采集的数据应集中显示。
5.2.9 气力输送管网设计、安装应符合 GB/T 30358 规定的要求。

5.3 主要设备要求

5.3.1 棉花异性纤维清理机

5.3.1.1 异性纤维清除率应不小于 60%。
5.3.1.2 清理 100 kg 籽棉耗电量应不大于 0.18 kW·h。

5.3.2 籽棉干燥机

5.3.2.1 籽棉经过干燥后，棉纤维回潮率不均匀度应不大于 1%。
5.3.2.2 当环境温度为 20 ℃、籽棉棉纤维回潮率不低于 10%时，对于额定产量，干燥机去除棉纤维中每千克水热耗量应不大于 11 000 kJ。
5.3.2.3 当环境温度为 20 ℃、籽棉棉纤维回潮率不低于 10%时，对于额定产量，干燥机的干燥强度(以水计算)应不低于 7 kg/(m^3·h)。

5.3.3 籽棉和皮棉加湿机

5.3.3.1 一次加湿量应不小于 2%。
5.3.3.2 加湿 100 kg 籽棉耗电量不大于 1 kW·h。
5.3.3.3 加湿 100 kg 皮棉耗电量不大于 1.5 kW·h。

5.3.4 籽棉清理机

5.3.4.1 清杂效率应不小于 50%。
5.3.4.2 清僵效率应不小于 70%(带有清僵功能的籽棉清理机)。
5.3.4.3 清铃壳效率应不小于 85%(清铃机或提净式籽棉清理机)。
5.3.4.4 100 kg 籽棉耗电量应不大于 0.18 kW·h。

5.3.5 锯齿轧花机

5.3.5.1 加工标准级籽棉时，台时皮棉产量应不低于 800 kg/h。
5.3.5.2 排出杂质中不孕籽含棉率应不大于 30%。
5.3.5.3 加工 100 kg 皮棉耗电量应不大于 3.5 kW·h。

5.3.6 皮棉清理机

5.3.6.1 清杂效率(以清理前皮棉含杂率为基数)：清前含杂率大于 2.5%时，清杂效率应不低于 40%。

5.3.6.2 杂质含棉率:清理出的杂质中含棉率应不大于50%。
5.3.6.3 清理100 kg皮棉耗电量应不大于1.5 kW·h 。

5.3.7 棉花打包机

5.3.7.1 棉花打包机的公称力应不低于4 000 kN,应具有取样装置,所取棉样应满足检验要求。
5.3.7.2 在规定的生产条件下,100 kg皮棉耗电量应不大于1.8 kW·h。

5.3.8 附属设备

生产线所配备的附属设备应与主机相匹配。

5.3.9 设备操作要求

5.3.9.1 每个岗位都应有固定人员,并具有明确的职责和质量责任制。
5.3.9.2 工作人员都应经过培训,具有应对人身、机械安全及质量等方面的突发事故的能力。
5.3.9.3 机采棉生产线在启动前,应对所有的设备进行检查。在没有异常情况下,逐台按程序启动。启动顺序应从流水线最后一台设备开始向前进行,停止程序应从前向后进行。
5.3.9.4 设备启动后运转5 min~10 min,确定无异常情况后再开始加工。
5.3.9.5 生产线工作面应随时保持清洁卫生,工具物料摆放有序,并放置专门收集特杂的特杂箱。
5.3.9.6 对容易混入特杂的淌棉道、集棉机左右、棉花打包机周围等重点工段和工位,应随时保持干净、整洁、物料摆放有序。

5.3.10 设备检修、保养要求

5.3.10.1 制定检修计划,明确不同设备的检修细则内容。
5.3.10.2 设备检修、保养应符合设备使用要求。

5.4 加工质量要求

5.4.1 应按GB 1103.1对机采棉分类别加工。
5.4.2 机采棉轧工质量应符合GB 1103.1的规定。

5.5 耗电指标要求

棉花加工耗电量指标应符合GB/T 18353的规定。

5.6 包装和贮存要求

5.6.1 机采棉加工后应进行包装并标注标识,包装及标示应符合GB 6975的要求。
5.6.2 机采棉的质量标示应符合GB 1103.1的要求。
5.6.3 机采棉棉包堆垛及贮存应符合GB/T 22335—2018的要求。

6 检验要求

6.1 机采棉加工工艺及设备的检验应按照GB/T 22335—2018的规定进行。
6.2 机采棉加工质量的检验应按照GB 1103.1的规定进行。
6.3 机采棉包装及标示的检验应按照GB 6975的规定进行。

ICS 65.020
B 22

中华人民共和国国家标准

GB/T 35835—2018

玉米秸秆颗粒

Cornstalk pellet

2018-02-06 发布　　　　2018-09-01 实施

中华人民共和国国家质量监督检验检疫总局
中国国家标准化管理委员会　发布

前　言

本标准按照 GB/T 1.1—2009 给出的规则起草。

本标准由中国标准化研究院提出并归口。

本标准起草单位：淄博森源秸秆能源开发有限公司、山东省标准化研究院、中国标准化研究院、淄博市农业科学研究院、山东丰信农业服务连锁有限公司、福建省标准化研究院、安徽省质量和标准化研究院、浙江省标准化研究院。

本标准主要起草人：安洁、宋苓元、谭德云、胡业军、席兴军、徐刚、韩址楠、王彬彬、宋丰好、戴继勇、刘彦林、董金锋、程晓明、郑玉艳、石峰、张艳荣。

玉米秸秆颗粒

1 范围

本标准规定了玉米秸秆颗粒的术语和定义、产品用途分类、要求及试验方法、检验规则、标签(标志)、包装、运输和贮存。

本标准适用于以玉米秸秆为原料生产的用于燃料和饲料的玉米秸秆颗粒。

2 规范性引用文件

下列文件对于本文件的应用是必不可少的。凡是注日期的引用文件,仅注日期的版本适用于本文件。凡是不注日期的引用文件,其最新版本(包括所有的修改单)适用于本文件。

GB/T 6432 饲料中粗蛋白测定方法

GB/T 6434 饲料中粗纤维的含量测定 过滤法

GB/T 6435 饲料中水分的测定

GB/T 6438 饲料中粗灰分的测定

GB 10648 饲料标签

GB 13078 饲料卫生标准

GB/T 14699.1 饲料 采样

GB/T 16765 颗粒饲料通用技术条件

GB/T 28732 固体生物质燃料全硫测定方法

GB/T 30727 固体生物质燃料发热量测定方法

GB/T 30728 固体生物质燃料中氮的测定方法

GB/T 30729 固体生物质燃料中氯的测定方法

LY/T 2379 木质生物质固体成型燃料

NY/T 1879 生物质固体成型燃料采样方法

NY/T 1881.2 生物质固体成型燃料试验方法 第2部分:全水分

NY/T 1881.5 生物质固体成型燃料试验方法 第5部分:灰分

NY/T 1881.7 生物质固体成型燃料试验方法 第7部分:密度

NY/T 1881.8 生物质固体成型燃料试验方法 第8部分:机械耐久性

3 术语和定义

下列术语和定义适用于本文件。

3.1

玉米秸秆颗粒 cornstalk pellet

以玉米秸秆为原料,经过机械加工致密成型、生产的具有一定规则形状的产品。

4 产品用途分类

玉米秸秆颗粒按用途可分为燃料和饲料。

5 要求及试验方法

5.1 作为燃料使用的玉米秸秆颗粒产品

作为燃料使用的玉米秸秆颗粒产品要求及试验方法应符合表1的规定。

表1 燃料产品要求及试验方法

项目	单位	要求	试验方法
规格	mm	直径或横截面尺寸≤25,长度小于直径或横截面尺寸4倍	游标卡尺
密度	kg/m^3	≥1 000	NY/T 1881.7
全水分(收到基)	%	≤12	NY/T 1881.2
灰分(干燥基)	%	≤12	NY/T 1881.5
低位发热量(收到基)	MJ/kg	≥12.6	GB/T 30727
氮(N,干燥基)	%	≤1.5	GB/T 30728
硫(S,干燥基)	%	≤0.2	GB/T 28732
氯(Cl,干燥基)	%	≤0.3	GB/T 30729
破碎率	%	≤5	LY/T 2379
机械耐久性	%	≥95	NY/T 1881.8

5.2 作为饲料使用的玉米秸秆颗粒产品

5.2.1 作为饲料使用的玉米秸秆颗粒产品要求及试验方法应符合表2的规定。

表2 饲料产品要求及试验方法

项目	单位	要求	试验方法
感官性状	—	色泽一致,颗粒均匀,无异味、无霉斑	感官判定
规格	mm	直径或横截面尺寸≤25,长度20～50	GB/T 16765
水分	%	≤14.0	GB/T 6435
粗蛋白质	%	≥5.0	GB/T 6432
粗纤维	%	<35.0	GB/T 6434
粗灰分	%	<11.0	GB/T 6438
粉化率	%	≤5.0	GB/T 16765
注：粗蛋白质、粗纤维、粗灰分均为以干物质含量为88%的饲料为基础计算。			

5.2.2 作为饲料使用的玉米秸秆颗粒产品卫生指标及试验方法应符合GB 13078和相关国家标准要求。

6 检验规则

6.1 出厂检验

6.1.1 燃料用途的玉米秸秆颗粒产品出厂检验项目包括规格、密度、全水分、灰分、破碎率。

6.1.2 饲料用途的玉米秸秆颗粒产品出厂检验项目包括感官性状、规格、水分、粗蛋白质、粗纤维、粗灰分、粉化率。

6.2 型式检验

型式检验项目为第5章规定的全部项目，正常生产时，每年型式检验一次以上。出现下列情况之一时，也应进行型式检验：

a) 原材料及生产工艺发生较大变动时；
b) 新产品出厂时或停产半年以上恢复生产时；
c) 出厂检验结果与上次型式检验有较大差异时；
d) 国家质量监督部门提出进行型式检验要求时。

6.3 组批与取样

以同一原料、同一生产工艺、同一设备生产的产品为一个批次。作为燃料使用的玉米秸秆颗粒产品取样，按NY/T 1879中相关规定进行；作为饲料使用的玉米秸秆颗粒产品取样按GB/T 14699.1中相关规定进行。

6.4 判定

6.4.1 检验结果全部符合本标准要求时判定为合格，检验结果若有指标不符合本标准要求时，则重新两倍量的采样复检，复检结果全部符合本标准要求时判定为合格，复检结果仍有指标不符合本标准要求时，则判定整批产品不合格。

6.4.2 饲料用途玉米秸秆颗粒产品卫生指标检验结果若有指标不符合本标准要求时，则判定整批产品不合格。

7 标签(标志)、包装、运输和贮存

7.1 标签(标志)

7.1.1 作为燃料使用的玉米秸秆颗粒产品标签(标志)应标明：产品名称、代号、原料组成、产品规格、产品净含量、产品执行标准号、生产日期、厂名、厂址。

7.1.2 作为饲料使用的玉米秸秆颗粒产品标签(标志)应符合GB 10648的规定。

7.2 包装

产品包装时，采用具有一定防潮和透气能力的包装物。包装材料应清洁、干燥、无毒、无异味，牢固无破损。

7.3 运输

运输工具应清洁、干燥，有防雨、防晒措施，保持包装完整性以防破碎和遗撒。不应与有毒、有害、有腐蚀性或其他有污染的物品混运。

7.4 贮存

产品应贮存在通风、干燥的场所内，防止日晒、雨淋、霉变，注意防虫、防鼠，不应与有毒、有害物质混放。

ICS 65.020.20
B 15

中华人民共和国国家标准

GB/T 35836—2018

甘蔗耐寒性鉴定技术规程

Technical regulation for evaluating cold tolerance of sugarcane

2018-02-06 发布　　2018-09-01 实施

中华人民共和国国家质量监督检验检疫总局
中国国家标准化管理委员会　发布

前　言

本标准按照GB/T 1.1—2009给出的规则起草。

本标准由中国标准化研究院提出并归口。

本标准起草单位：广西壮族自治区农业科学院、广西壮族自治区标准技术研究院、中国标准化研究院、中国农业科学院甘蔗研究中心。

本标准主要起草人：苏彩和、陆少峰、徐建平、杨荣仲、白云霞、陈远孟、王全永、唐继微、王欢、彭茂锋、席兴军、周会、刘春青、黄江流、玉家铭、唐艳琼、黄琨、马庭瑞、谢坤峻、黄菲。

甘蔗耐寒性鉴定技术规程

1 范围

本标准规定了甘蔗耐寒性鉴定技术的术语和定义、田间耐寒性鉴定方法、耐寒性调查、耐寒性评价。

本标准适用于甘蔗品种对非阴雨冻害、阴雨冻害和轻霜冻害的田间耐寒性鉴定。

2 规范性引用文件

下列文件对于本文件的应用是必不可少的。凡是注日期的引用文件，仅注日期的版本适用于本文件。凡是不注日期的引用文件，其最新版本(包括所有的修改单)适用于本文件。

GB/T 10499 糖料甘蔗试验方法

GB/T 19566 旱地糖料甘蔗高产栽培技术规程

NY/T 1488 农作物种质资源鉴定技术规程 甘蔗

3 术语和定义

下列术语和定义适用于本文件。

3.1

非阴雨冻害 drought frost damage

以晴朗天气为主的天气条件下发生的霜冻对甘蔗生长造成的危害。

3.2

阴雨冻害 overcast and rainy frost damage

以阴雨天气为主的天气条件下发生的霜冻或冰冻对甘蔗生长造成的危害。

3.3

茎长冻损率 percent of frost damage for cane stalk

生长点自上而下至蔗茎纵向剖面1/3以上节间呈水渍状的蔗茎长度占甘蔗蔗茎总长度的比例。

3.4

基部节间冻损率 percent of frost damage for basal internode

地面基部节间自下而上至蔗茎纵向剖面1/3以下受害呈水渍状的节间数占甘蔗植株伸长节间数的比例。

4 田间耐寒性鉴定方法

4.1 鉴定圃选择

试验应设在冬季常发霜冻、且在4月上旬以前气温适宜种植甘蔗的地区，选择土地平整、排灌方便、肥力均匀的地块作为试验地。

4.2 田间试验设计

田间设计宜为随机区组重复三次或三次以上，小区面积12 m^2～30 m^2，小区有效茎数80株以上。

4.3 田间管理

播种期在4月上旬，栽培管理按GB/T 19566实施。

4.4 温湿度监测

自然条件下发生的霜冻在不同年份及不同的田块间均有较大的差异，因此在霜冻来临15 d～25 d前应安装温湿度记录仪，测定甘蔗植株冠层的温度和离地1.5 m处的温度和相对湿度。

5 耐寒性调查

5.1 基本项目调查

按NY/T 1488的规定调查参试品种种植后的出苗率、分蘖率、株高、茎径、锤度、绿叶数和有效茎。

5.2 耐寒性调查

5.2.1 品种受害表现

耐寒调查时间可通过参加鉴定品种冻害受害的表现来确定，按附录A甘蔗冻害分级标准，当大多数品种为中度冻害表现、极少品种为重度冻害表现时进行调查。

5.2.2 冻害出现次数及时间

通过安装在田间温度记录仪中出现低于0 ℃的温度记录情况确定调查时间，出现以下情况时应进行调查：

——从第一次出现冠层温度低于0 ℃的记录开始需经3次～6次轻霜冻(温度低于0 ℃且连续时间小于4 h)，1次～3次重霜冻(温度低于0 ℃且连续时间大于7 h)；

——如果为阴雨冻害，出现1次重霜可考虑调查；如果为非阴雨冻害，出现2次～3次重霜可考虑调查；

——出现较为严重的冻害后，如果为非阴雨冻害则应在冻害出现7 d左右时进行调查；如果为阴雨冻害则应在冻害出现14 d～21 d时进行调查。

5.2.3 糖分取样分析时间

12月中旬开始取样，其后每周取样分析一次至翌年3月初，按GB/T 10499规定的方法分析甘蔗糖分。

5.3 耐寒性调查指标

5.3.1 非阴雨冻害调查指标

非阴雨冻害耐寒性调查的指标为绿叶面积百分率和茎长冻损率。

5.3.2 阴雨冻害调查指标

阴雨冻害耐寒性调查的指标为绿叶面积百分率和基部节间冻损率。

5.3.3 轻霜冻害调查指标

轻霜冻害耐寒性调查的指标为绿叶面积百分率和理论产糖量。

5.4 调查方法

5.4.1 植株取样方法

进行耐寒调查时，对参加鉴定的品种的试验小区进行调查，每个小区应取生长正常的植株 10 株，为主茎或与主茎差异小的分蘖茎，主茎与分蘖茎比例应高于 3∶1；糖分分析每个小区应取生长正常的植株 6 株～9 株，为主茎或与主茎差异小的分蘖茎，主茎与分蘖茎比例应不低于 2∶1。

5.4.2 绿叶面积百分率

非阴雨冻害调查自植株顶端第一片完全展开叶至下数第 1 片叶～第 5 片叶（+1 叶～+5 叶）的绿叶面积百分率，阴雨冻害调查+1 叶～+4 叶的绿叶面积百分率，轻霜冻调查+1 叶～+5 叶的绿叶面积百分率。计算见式(1)和式(2)：

$$G_b = \sum\left(\frac{G_t}{L_t} \times 100\right) \times \frac{1}{N_p} \quad \cdots\cdots(1)$$

$$G_p = \sum(G_b) \times \frac{1}{N_b} \quad \cdots\cdots(2)$$

式中：

G_b ——小区绿叶面积百分率，%；

G_t ——植株调查叶片总绿叶面积，单位为平方厘米（cm^2）；通过目测估计测定绿叶面积百分率，将未受冻害叶片的绿叶面积记为 1，受霜冻伤害 10%的叶片记为 0.9，受霜冻伤害 20%的叶片记为 0.8，依此类推获得调查植株不同叶位的绿叶面积；

L_t ——植株调查叶片总叶面积，单位为平方厘米（cm^2）；

N_p ——小区调查株数，每个试验小区调查 10 株；

G_p ——绿叶面积百分率，%；

N_b ——田间试验设计的试验小区数。

5.4.3 茎长冻损率

植株调查绿叶面积百分率后，去梢部叶片、保留生长点，从中间破开蔗茎，立即测量生长点至蔗茎纵向剖面 1/3 以上节间呈水渍状的蔗茎长度，计算茎长冻损率。计算见式(3)和式(4)：

$$C_b = \sum\left(\frac{L}{H} \times 100\right) \times \frac{1}{N_p} \quad \cdots\cdots(3)$$

$$C_p = \sum(C_b) \times \frac{1}{N_b} \quad \cdots\cdots(4)$$

式中：

C_b ——小区茎长冻损率，%；

L ——调查植株受害蔗茎长度，单位为厘米(cm)；

H ——调查植株蔗茎长度，单位为厘米(cm)；

N_p ——小区调查株数，每个试验小区调查 10 株；

C_p ——茎长冻损率，%；

N_b ——田间试验设计的试验小区数。

5.4.4 基部节间冻损率

阴雨冻害发生时，植株调查绿叶面积百分率后，去梢部叶片、保留生长点，从中间破开蔗茎，立即数地面基部节间至蔗茎纵向剖面1/3以上受害呈水渍状的节间数及蔗茎伸长节总数，计算基部节间冻损率。计算见式(5)和式(6)：

$$I_b = \sum\left(\frac{I_d}{I_t} \times 100\right) \times \frac{1}{N_p} \qquad \cdots\cdots(5)$$

$$I_p = \sum(I_b) \times \frac{1}{N_b} \qquad \cdots\cdots(6)$$

式中：

I_b ——小区基部节间冻损率，%；

I_d ——调查植株基部受害节间数；

I_t ——调查植株总节间数；

N_p ——小区调查株数，每个试验小区调查10株；

I_p ——基部节间冻损率，%；

N_b ——田间试验设计的试验小区数。

5.4.5 理论产糖量

理论产糖量计算见式(7)：

$$\mathrm{TRS} = 0.453\,6 \times \left(100 - \frac{56.67F_b}{100 - F_b}\right) \times \left(0.28P_j \times \frac{100 - F_b}{100} - 0.08B_x \times \frac{100 - F_b}{100}\right) \qquad \cdots\cdots(7)$$

式中：

TRS ——理论产糖量，单位为千克每吨(kg/t)；

F_b ——蔗渣纤维分(按GB/T 10499规定的方法测定)，%；

P_j ——蔗汁糖度(按GB/T 10499规定的方法测定)，%；

B_x ——蔗汁锤度(按GB/T 10499规定的方法测定)，%。

6 耐寒性评价

6.1 非阴雨霜冻评价

按B.1甘蔗非阴雨冻害耐寒评价分级标准评价该品种的耐寒性。绿叶面积百分率为第一评价指标，如果绿叶面积百分率能确定该品种的耐寒性等级则不再用茎长冻损率评价；如果绿叶面积百分率不能确定等级则继续用茎长冻损率确定该品种的耐寒性等级。

6.2 阴雨霜冻评价

按B.2甘蔗阴雨冻害耐寒评价分级标准评价该品种的耐寒性。绿叶面积百分率为第一评价指标，如果绿叶面积百分率能确定该品种的耐寒性等级则不再用基部节间冻损率评价；如果绿叶面积百分率不能确定等级则继续用基部节间冻损率确定该品种的耐寒性等级。

6.3 轻霜冻评价

按照B.3甘蔗轻霜冻害耐寒评价分级标准评价该品种的耐寒性。绿叶面积百分率为第一评价指标，如果绿叶面积百分率能确定该品种的耐寒性等级则不再用理论产糖量评价；如果绿叶面积百分率不能确定等级则继续用理论产糖量确定该品种的耐寒性等级。

6.4 重复鉴定

参照附录C甘蔗冻害耐寒鉴定对照品种，在耐寒鉴定试验中，当耐寒性差的对照品种被评价为较差及以上级别或耐寒性强的对照品种被评价为较强(或较好)及以下级别时需进行重复鉴定。

附 录 A
（规范性附录）
甘蔗冻害分级标准

A.1 甘蔗非阴雨冻害分级标准

甘蔗非阴雨冻害分为四级，冻害级别由低到高逐渐加重，如表 A.1 所示：

表 A.1 甘蔗非阴雨冻害分级标准

冻害等级	冻害等级名称	冻害特征
1 级	轻度冻害	叶片仍呈青绿，无明显受害，但生长点受害呈水渍状或坏死
2 级	中度冻害	大多数叶片 1/3～1/2 的面积受冻呈水渍状或枯死，生长点及以下几个节间呈水渍状或坏死，鞘部蔗芽受伤，蔗芽坏死变黑，留种受到影响
3 级	重度冻害	大多数叶片 1/2 以上的面积呈水渍状或枯白，只有叶鞘和近叶鞘的三叉口叶片有条斑状绿色，梢部蔗茎及蔗芽大部分死亡，无法留种茎
4 级	严重冻害	大多数叶片 3/4 以上的面积呈水渍状或枯白，蔗茎、芽全部死亡，有的蔗茎流糖汁，纵剖蔗茎呈黄色透明，似黄色的腊肉状

A.2 甘蔗阴雨冻害分级标准

甘蔗阴雨冻害分为四级，冻害级别由低到高冻害逐渐加重，如表 A.2 所示：

表 A.2 甘蔗阴雨冻害分级标准

冻害等级	冻害等级名称	冻害特征
1 级	轻度冻害	叶片仍呈青绿，无明显受害，为生长点冻死，心叶受害呈水渍状或坏死
2 级	中度冻害	叶尖已枯死，大多数叶片 1/4 面积受冻呈水渍状或枯死，生长点受害呈水渍状或坏死变黑，生长点以下 1 个～3 个伸长节间受害呈水渍状或坏死变黑。基部 1 节～4 节呈现水渍状，蔗蔸地下节未受伤害
3 级	重度冻害	茎受害节，大多数叶片 3/4 面积受害呈水渍状或枯死，生长点以下 3 个以上伸长节间受害呈水渍状或坏死变黑，地基部 4 个以上节呈现水渍状，中部至少有 2 个节间未受害呈水渍状，蔗蔸地下节 1 节～3 节间受害呈水渍状
4 级	严重冻害	大多数蔗叶全呈水渍状或枯白，蔗茎中部未受害节间数少于 2 个，蔗蔸地下节全部受害呈水渍状

A.3 甘蔗轻霜冻害分级标准

甘蔗轻霜冻害为 1 级，其特征为：叶片仍呈青绿，无明显受害，但生长点受害呈水渍状或坏死。

附 录 B
（规范性附录）
甘蔗耐寒评价分级标准

B.1 甘蔗非阴雨冻害耐寒评价分级标准

甘蔗非阴雨冻害耐寒评价分级标准应符合表 B.1 规定。

表 B.1 甘蔗非阴雨冻害耐寒评价分级标准

耐寒性等级	绿叶面积百分率/%	茎长冻损率/%
强	+1 叶～+5 叶的绿叶面积百分率≥40	茎长冻损率<20
较强	—	茎长冻损率≥20,<40
中	—	茎长冻损率≥40,<55
较差	—	茎长冻损率≥55,<70
差	+1 叶～+5 叶的绿叶面积百分率<10	茎长冻损率≥70

B.2 甘蔗阴雨冻害耐寒评价分级标准

甘蔗阴雨冻害耐寒评价分级标准应符合表 B.2 规定。

表 B.2 甘蔗阴雨冻害耐寒评价分级标准

耐寒性等级	绿叶面积百分率/%	基部节间冻损率/%
强	+1 叶～+4 叶的绿叶面积百分率≥40	基部节间冻损<20
较强	—	基部节间冻损≥20,<25
中	—	基部节间冻损≥25,<35
较差	—	基部节间冻损≥35,<40
差	+1 叶～+5 叶的绿叶面积百分率<5	基部节间冻损≥40

B.3 甘蔗轻霜冻害耐寒评价分级标准

甘蔗轻霜冻害耐寒评价分级标准应符合表 B.3 规定。

表 B.3 甘蔗轻霜冻害耐寒评价分级标准

耐寒性等级	绿叶面积百分率/%	理论产糖量/(kg/t)
强	+1 叶～+5 叶的绿叶面积百分率≥80	理论糖产量>111
较强	—	理论糖产量>100,<111

表 B.3（续）

耐寒性等级	绿叶面积百分率/%	理论产糖量/(kg/t)
较差	—	理论糖产量>95,<100
差	+1 叶～+5 叶的绿叶面积百分率<50	理论糖产量<95

附 录 C
（资料性附录）
甘蔗冻害耐寒鉴定对照品种

C.1 甘蔗非阴雨冻害耐寒鉴定对照品种

甘蔗非阴雨冻害耐寒鉴定采用的对照品种为福农 15 号、新台糖 22 号。

C.2 甘蔗阴雨冻害耐寒鉴定对照品种

甘蔗阴雨冻害耐寒鉴定采用的对照品种为桂糖 28 号、园林 9 号。

C.3 甘蔗轻霜冻害耐寒鉴定对照品种

甘蔗轻霜冻害耐寒鉴定采用的对照品种为桂糖 97-69、新台糖 22 号。

ICS 71.100.70
Y 42

中华人民共和国国家标准

GB/T 35837—2018

化妆品中禁用物质米诺地尔的测定 高效液相色谱法

Determination of prohibited minoxidil in cosmetics—
High performance liquid chromatography

2018-02-06 发布 2018-09-01 实施

中华人民共和国国家质量监督检验检疫总局
中国国家标准化管理委员会 发布

前　言

本标准按照 GB/T 1.1—2009 给出的规则起草。

本标准由中国轻工业联合会提出。

本标准由全国香料香精化妆品标准化技术委员会(SAC/TC 257)归口。

本标准起草单位:中国检验检疫科学研究院、上海市日用化学工业研究所。

本标准主要起草人:郭项雨、马强、白桦、李文雅、宗艺晶、王婉、胡明珠、沈敏。

引　言

本标准的被测物质是我国《化妆品安全技术规范》规定的禁用物质。

禁用物质是指不能作为化妆品生产原料即组分添加到化妆品中的物质。《化妆品安全技术规范》规定：若技术上无法避免禁用物质作为杂质带入化妆品时，应进行安全性风险评估，确保在正常、合理及可预见的使用条件下不得对人体健康产生危害。

目前我国尚未规定这些物质的限量值，本标准的制定，仅对化妆品中测定这些物质提供检测方法。

化妆品中禁用物质米诺地尔的测定 高效液相色谱法

1 范围

本标准规定了化妆品中禁用物质米诺地尔的高效液相色谱测定方法。

本标准适用于具有育发生发功效的乳液、膏霜、水剂和洗发类化妆品中米诺地尔的测定。

本标准对米诺地尔的检出限为 5 mg/kg，定量限为 10 mg/kg。

2 规范性引用文件

下列文件对于本文件的应用是必不可少的。凡是注日期的引用文件，仅注日期的版本适用于本文件。凡是不注日期的引用文件，其最新版本(包括所有的修改单)适用于本文件。

GB/T 6682 分析实验室用水规格和试验方法

3 原理

试样经溶剂超声提取，离心过滤后，以高效液相色谱进行测定，外标法定量，液相色谱-质谱确认。

4 试剂和材料

除非另有说明，所用试剂均为分析纯，水为 GB/T 6682 规定的一级水。

4.1 甲醇：色谱纯。

4.2 三氟乙酸：色谱纯。

4.3 氯化钠。

4.4 米诺地尔标准品：分子式 $C_9H_{15}N_5O$，CAS 号 38304-91-5，纯度不小于 99%，结构式参见附录 A 中的图 A.1。

4.5 70%甲醇水溶液：量取 70 mL 甲醇(4.1)和 30 mL 水，混合后备用。

4.6 米诺地尔标准储备溶液：称取米诺地尔标准品(4.4)10 mg(精确至 0.000 1 g)，置于 100 mL 容量瓶中，用 70%甲醇水溶液(4.5)溶解并定容，摇匀，配制成浓度为 100 mg/L 的标准储备溶液，于 4 ℃保存，可使用三个月。

5 仪器和设备

5.1 高效液相色谱(HPLC)仪：配有紫外检测器或二极管阵列检测器。

5.2 液相色谱-质谱/质谱(LC-MS/MS)仪：配有电喷雾离子源(ESI)。

5.3 分析天平：感量为 0.000 1 g 和 0.001 g。

5.4 离心机：转速不低于 5 000 r/min。

5.5 超声波清洗器。

5.6 具塞塑料离心管：10 mL。

5.7 微孔滤膜:0.45 μm,材质为聚四氟乙烯。

6 分析步骤

6.1 样品处理

6.1.1 乳液及膏霜类样品

称取 0.5 g 试样(精确至 0.001 g)置于 10 mL 具塞塑料离心管(5.6)中,加入 1 g 氯化钠(4.3),加入 70%甲醇水溶液(4.5)10 mL,摇匀,超声提取 20 min,5 000 r/min 离心 15 min 后,上清液经 0.45 μm 微孔滤膜过滤,供高效液相色谱测定。

6.1.2 水剂及洗发类样品

称取 0.5 g 试样(精确至 0.001 g)置于 10 mL 具塞塑料离心管(5.6)中,加入 70%甲醇水溶液(4.5)10 mL,摇匀,超声提取 20 min,5 000 r/min 离心 15 min 后,上清液经 0.45 μm 微孔滤膜过滤,供高效液相色谱测定。

6.2 测定条件

高效液相色谱参考条件如下:

a) 色谱柱:C_{18},5 μm, 250 mm×4.6 mm(内径),或相当者;
b) 流速:1.0 mL/min;
c) 流动相:甲醇+0.3%三氟乙酸水溶液=45+55(体积比);
d) 检测波长:230 nm;
e) 柱温:30 ℃;
f) 进样量:10 μL。

6.3 标准曲线的绘制

用 70%甲醇水溶液(4.5)将米诺地尔标准储备溶液(4.6)逐级稀释得到浓度为 0.5 mg/L、1 mg/L、2 mg/L、5 mg/L、10 mg/L、20 mg/L 标准工作溶液,按 6.2 测定条件浓度依次由低向高进样测定,以峰面积-浓度作图,绘制标准工作曲线。

米诺地尔标准品的高效液相色谱图参见附录 A 中的图 A.2,米诺地尔标准品的紫外吸收光谱图参见附录 A 中的图 A.3。

6.4 测定

按 6.2 测定条件对待测样品进行测定,如果检出的米诺地尔的色谱峰的保留时间与标准品一致,并且在扣除背景后的样品色谱图中,该物质的紫外吸收光谱图与标准品一致,则可初步认定样品中存在米诺地尔,用外标法定量。米诺地尔含量应在标准曲线之内,超出线性范围则应稀释后再进行分析。必要时,阳性样品需用液相色谱-质谱进行确认试验,确认试验参见附录 B。

6.5 空白试验

除不称取样品外,均按上述测定条件和步骤进行。

7 结果计算

结果按式(1)计算,计算结果保留两位小数,计算结果应扣除空白值:

$$W = \frac{c \times V}{m} \qquad \cdots\cdots(1)$$

式中：

W ——样品中米诺地尔的含量，单位为毫克每千克(mg/kg)；

c ——从标准工作曲线上查出的试样溶液中米诺地尔的浓度，单位为毫克每升(mg/L)；

V ——样液最终定容体积，单位为毫升(mL)；

m ——试样的质量，单位为克(g)。

8 检出限和定量限

米诺地尔的检出限为 5 mg/kg，定量限为 10 mg/kg。

9 回收率和精密度

在添加浓度 10 mg/kg～200 mg/kg 浓度范围内，测得回收率 85.4%～106.4%，相对标准偏差为 0.5%～7.6%。

10 允许差

在重复性条件下获得的两次独立测定结果的绝对差值不应超过算术平均值的 10%。

附　录　A
（资料性附录）
米诺地尔标准品的结构式、高效液相色谱图和紫外吸收光谱图

米诺地尔标准品的结构式见图 A.1；米诺地尔标准品的高效液相色谱图见图 A.2；米诺地尔标准品的紫外吸收光谱图见图 A.3。

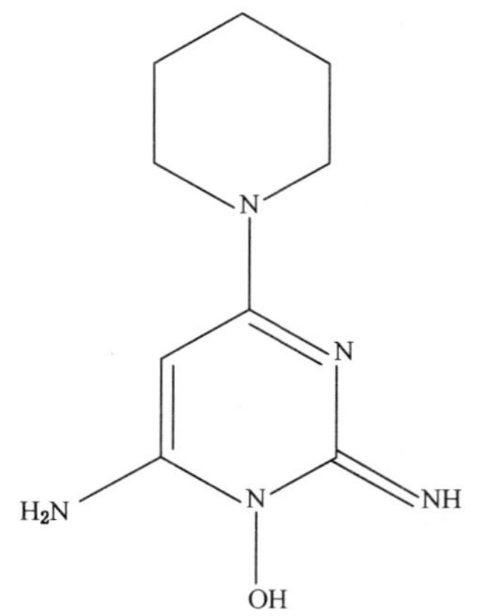

图 A.1　米诺地尔标准品的结构式

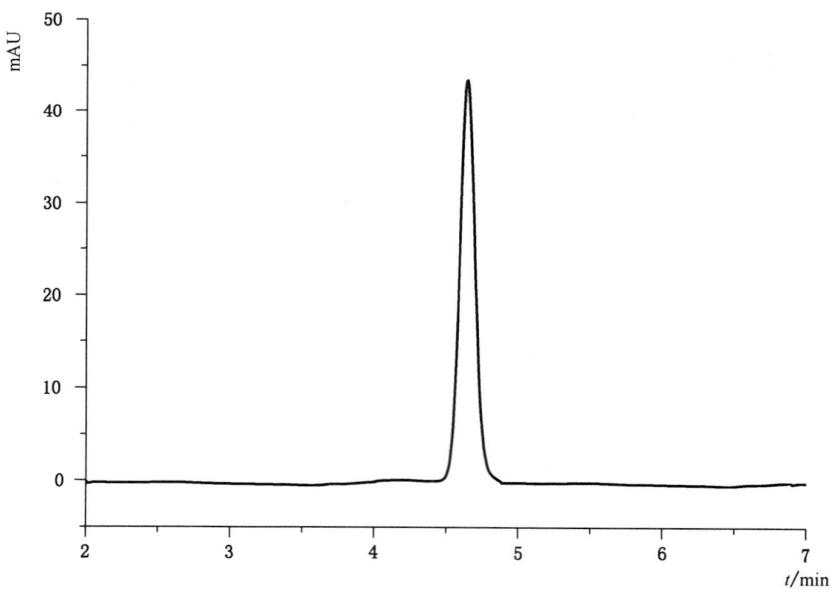

图 A.2　米诺地尔标准品的高效液相色谱图

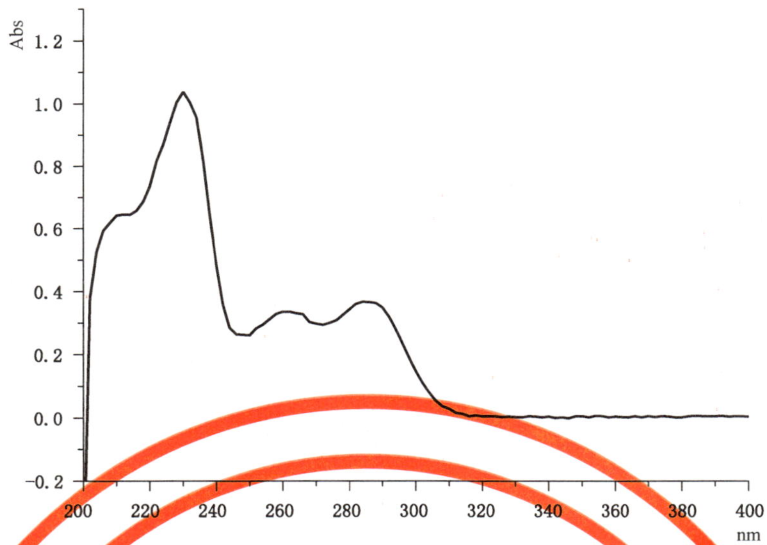

图 A.3 米诺地尔标准品的紫外吸收光谱图

附 录 B
（资料性附录）
确 认 试 验

B.1 液相色谱条件

液相色谱测定的参考条件如下：

a) 色谱柱：XBridge C_{18}，3.5 μm，150 mm×2.1 mm(内径)，或相当者；
b) 流动相：0.1%甲酸溶液＋乙腈＝10＋90(体积比)；
c) 流速：0.4 mL/min；
d) 柱温：40 ℃；
e) 进样量：5 μL。

B.2 质谱条件

质谱测定参考条件如下：

a) 离子源：电喷雾离子源；
b) 离子化模式：正离子模式；
c) 毛细管电压：3 kV；
d) 萃取电压：3V；
e) 离子源温度：150 ℃；
f) 脱溶剂气：氮气；
g) 脱溶剂气流速：800 L/h；
h) 脱溶剂气温度：500 ℃；
i) 数据采集方式：多反应监测(MRM)。

B.3 定性测定

进行试样测定时，将样液适当稀释，按液相色谱-质谱条件测定样液和标准工作溶液，如果所选择的离子均出现，而且所选择的离子比与标准物质的相对丰度一致，允许偏差不超过表 B.1 规定的范围，则可判断样品中含有米诺地尔。米诺地尔标准品的选择离子质量色谱图参见图 B.1。

表 B.1 米诺地尔质谱分析参数

化合物	定量离子对 m/z	定性离子对 m/z	锥孔电压 V	碰撞能量 eV	相对离子丰度 %	允许相对偏差 %
米诺地尔	210/193	210/164	25	14,25	100,89	±20

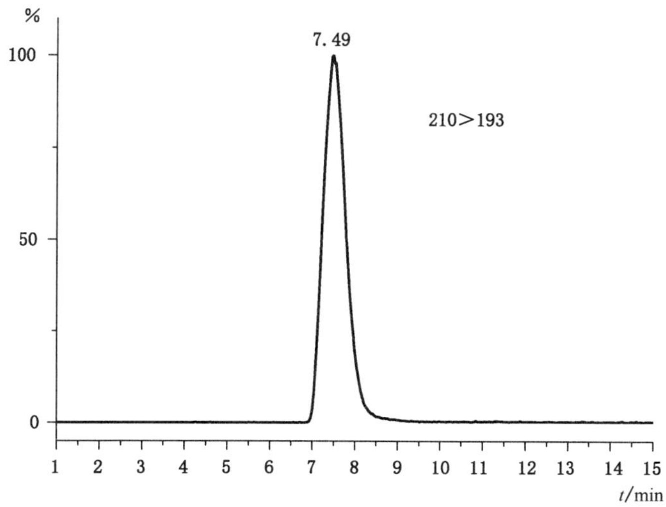

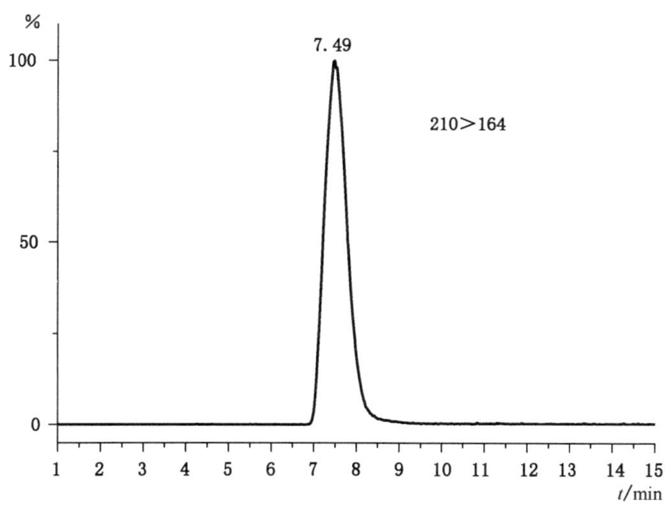

图 B.1　米诺地尔标准品的选择离子质量色谱图

ICS 65.060.35
B 91

中华人民共和国国家标准

GB/T 35838—2018

平移式喷灌机变量控制系统

Variable control system for the moving lateral irrigation machines

2018-02-06 发布

2018-09-01 实施

中华人民共和国国家质量监督检验检疫总局
中国国家标准化管理委员会 发布

前　言

本标准按照 GB/T 1.1—2009 给出的规则起草。

本标准由中国机械工业联合会提出。

本标准由全国农业机械标准化技术委员会(SAC/TC 201)归口。

本标准主要起草单位:中国农业机械化科学研究院、现代农装科技股份有限公司、农业部南京农业机械化研究所。

本标准主要起草人:张小超、毛文华、赵博、张俊宁、赵丽伟、吕程序、王俊友、王忠群。

平移式喷灌机变量控制系统

1 范围

本标准规定了平移式喷灌机变量控制系统的术语和定义、技术要求、试验方法、检验规则、标志、包装、运输和贮存。

本标准适用于平移式喷灌机变量控制系统(以下简称控制系统)。

2 规范性引用文件

下列文件对于本文件的应用是必不可少的。凡是注日期的引用文件,仅注日期的版本适用于本文件。凡是不注日期的引用文件,其最新版本(包括所有的修改单)适用于本文件。

GB/T 191 包装储运图示标志

GB/T 2423.38—2008 电工电子产品环境试验 第2部分:试验方法 试验R:水试验方法和导则

GB 5226.1—2008 机械电气安全 机械电气设备 第1部分:通用技术条件

GB/T 13306 标牌

GB/T 13384 机电产品包装通用技术条件

GB 19517 国家电气设备安全技术规范

GB/T 19797—2012 农业灌溉设备 中心支轴式和平移式喷灌机 水量分布均匀度的测定

GB/T 24670 节水灌溉设备 词汇

3 术语和定义

GB/T 24670 界定的以及下列术语和定义适用于本文件。

3.1

平移式喷灌机变量控制系统 variablerate control system for moving lateral irrigation machines

对平移式喷灌机的各跨同步摆角、姿态和行走速度进行自动监测并对监测数据进行实时处理的系统。

注:系统按功能分为监视单元、控制单元、驱动单元、反馈单元四个部分。

3.2

各跨同步摆角 synchronous swing angle between two contiguous towers

平移式喷灌机每两跨之间的夹角。

3.3

沿机组前进方向降雨深度变量范围 variable range of rainfall depth along the moving direction of irrigation machines

平移式喷灌机变量控制系统通过调整行走速度调控的沿机组前进方向降雨深度的变化范围。

3.4

喷洒均匀系数 coefficient of rainfall distribution uniformity

平移式喷灌机喷灌面积上喷洒水量分布的均匀程度。

3.5

GPS 动态定位系统定位误差 positioning error of GPS dynamic positioning system

各跨端点处安装的 GPS 接收机的位置精度。

4 技术要求

4.1 一般要求

4.1.1 控制系统在室外温度 0 ℃～40 ℃、相对湿度小于或等于 90%的环境条件下应能正常工作。

4.1.2 控制系统应能显示喷灌量、行进速度、喷灌处方图、定位信息等信息。

4.1.3 控制系统配备传感器的响应时间应≤0.1 s。

4.1.4 控制系统应配备主电源(发电机)、备电源(蓄电池)转换器。当主电源断电时，应能自动转换到备用电源；当主电源恢复时，应能自动转换到主电源。

4.1.5 控制系统应有过载保护措施及工作状态显示装置(或功能)。

4.1.6 控制系统的接线端子应具有防水措施，电源、信号接线端子应分开设置。

4.2 性能要求

平移式喷灌机在田间正常作业的情况下，控制系统性能应符合表 1 的规定。

表 1 平移式喷灌机变量控制系统性能指标

序号	项目	指标
1	各跨同步摆角的偏角误差	＜1°
2	沿机组前进方向降雨深度变量范围	5 mm～30 mm
3	喷洒均匀系数	≥85%
4	动态定位系统定位误差	≤10 mm+1 ppm(水平)

4.3 安全要求

4.3.1 控制系统应符合 GB 19517 的要求。

4.3.2 控制系统使用的电器元器件、电器导线、电器连线、控制装置安全设计应符合 GB 5226.1 的规定。

4.4 可靠性要求

控制系统平均故障间隔时间应不小于 800 h。

5 试验方法

5.1 一般要求试验方法

5.1.1 在控制系统正常工作状态下，目测检查控制系统显示屏所显示的主要技术参数。

5.1.2 在安装传感器之前，检查传感器的说明书中的响应时间。

5.1.3 在主电源供电、控制系统处于正常工作状态下，切断控制系统的主电源，检查控制系统是否能够转换为由备用电源供电；接通主电源，检查控制系统是否能自动转换为主电源供电。

5.1.4 采用目测法检测控制系统的过载保护措施及工作状态显示装置(或功能)。

5.1.5 按照 GB/T 2423.38 测试控制系统的接线端子的防水性能，目测电源、信号接线端子是否分开。

5.2 性能要求试验方法

5.2.1 试验条件及要求

试验用平移式喷灌机应性能完善，至少应在市场上已连续销售一年，并满足以下要求：

a) 环境温度：0 ℃～40 ℃；

b) 相对湿度：10%～85%；

c) 风速：平均风速不超过 1.5 m/s；最大风速不超过 3.0 m/s；

d) 电动机电源电压：AC380(1±5%)V；

e) 电脑及北斗/GNSS 基站电台电源电压：220(1±10%)V；

f) 周围无影响设备正常工作的遮挡物、机械振动、电磁干扰和无线电台干扰；

g) 保证机械结构连接完好；

h) 保证电线、电动机、各传感器及电线接头部分防水。

5.2.2 试验场地

根据平移式喷灌机使用说明书要求选择试验用地，且试验过程中地轮滑移率和驱动轮的滑转率均不大于 2%，试验地大小应满足平移式喷灌机自动导向和变速性能试验的要求，长度不小于 300 m，两端预备区不小于 20 m，幅宽满足机具不低于 2 个往返行程，坡度应符合平移式喷灌机爬坡能力的要求，地面平整，并且四周空旷、无遮挡物。

5.2.3 试验用仪器

试验用仪器应满足下列要求：

a) 温度计：精度±1 ℃。

b) 风速风向仪：指示精度 0.1 m/s。

c) 双频全球定位系统测量仪：测量精度 RTK 10 mm+1 ppm(水平)。

d) 雨量筒：应符合 GB/T 19797—2012 中 3.1 的规定。

e) 电子秤：示值精度±1 g。

f) 试验用仪器均应检定合格且在有效期内。

5.2.4 试验行走速度设置

试验行走速度应按如下设置：

a) 高速：电动机运行频率 40 Hz，对应 4 mm 降雨深度；

b) 中速：电动机运行频率 30 Hz，对应 4.5 mm 降雨深度；

c) 低速：电动机运行频率 7.5 Hz，对应 24 mm 降雨深度。

5.2.5 试验步骤

5.2.5.1 试验准备

按下列步骤进行试验准备：

a) 安装平移式喷灌机变量控制系统；

b) 在试验田块的地头空旷地带设置一个参考站，并使北斗/GNSS 接收机开机处于工作状态；

c) 选定平移式喷灌机的行驶航向(通常以直线水渠的边缘为参照对象)，并背负机载北斗/GNSS 终端，测定其航向的有关特征点位置。然后将机载北斗/GNSS 终端安放在平移式喷灌机的适当部位，使之处于测量状态；

d) 平移式喷灌机的机械系统和计算机控制系统处在正常工作状态，并使整个输水管路充满清水；
e) 将控制系统通电开机预热 10 min。

5.2.5.2 各跨同步摆角的偏角误差试验方法

按下列步骤进行试验：
a) 给每个变频器设定预期频率分别为 7.5 Hz、30 Hz、40 Hz，启动电动机。平移式喷灌机各跨在各电动机的驱动下前进，在控制器作用下，调整各电动机转速，克服各地轮阻力，实现同步行走。记录平移式喷灌机变量控制系统示的传感器偏角、马达实际频率、位置坐标数据，分别填入附录 A 中的表 A.1、A.2、A.3；
b) 取记录的传感器偏角的最大值作为各跨同步摆角的偏角误差。

5.2.5.3 沿机组前进方向降雨深度变量范围和喷洒均匀系数的试验方法

按下列步骤进行试验：
a) 雨量筒应按附录 B 中的图 B.1 三列纵向布置；
b) 测试工况：平移式喷灌机按高速、中速、低速三种移动速度分别进行试验，试验时，驱动轮减速器调频电动机的变频大小分别设定为 40 Hz、30 Hz 和 7.5 Hz。高速移动时，电动机运行频率 40 Hz，对应 4 mm 降雨深度；中速移动时，电动机运行频率 30 Hz，对应 4.5 mm 降雨深度；低速移动时，电动机运行频率 7.5 Hz，对应 24 mm 降雨深度；
c) 数据记录：在三种不同的速度下，分别记录各雨量筒的降雨深度，将测定数据填入附录 A 中的表 A.4；分别测量各雨量筒的降雨质量，将测定数据填入附录 A 中的表 A.5；
d) 沿机组前进方向降雨深度变量范围即为高速移动时的降雨深度值和低速移动时的降雨深度值的区间，降雨深度值按式(1)计算：

$$\bar{h}=\frac{\sum_{i=1}^{n}h_i}{n} \qquad \cdots\cdots(1)$$

式中：

$\bar{h}$ ——雨量筒平均降雨深度，单位为毫米(mm)；
n ——数据分析被采用的雨量筒数量；
h_i ——第 i 个雨量筒的降雨深度，单位为毫米(mm)。

e) 喷洒均匀系数计算：各列的喷洒均匀系数和综合喷洒均匀系数，采用克里斯琴森(Christiansen)公式计算表示，见式(2)。

$$C_{UC}=100\times\left[1-\frac{\sum_{i=1}^{n}\left|V_i-\bar{V}\right|}{\sum_{i=1}^{n}V_i}\right] \qquad \cdots\cdots(2)$$

式中：

C_{UC} ——克里斯琴森水量分布均匀系数，%；
n ——用于数据分析的雨量筒个数；
V_i ——第 i 个雨量筒内收集水的体积(也可用质量或水深)；
$\bar{V}$ ——用于数据分析的所有雨量筒收集水的体积(质量或水深)的算术平均值。按式(3)计算：

$$\bar{V}=\frac{\sum_{i=1}^{n}V_i}{n} \qquad \cdots\cdots(3)$$

注：试验方法参照 GB/T 19797—2012。

5.2.5.4 动态定位系统定位误差的试验方法

按下列步骤进行试验：

a) 测试工况：平移式喷灌机按高速、中速、低速三种移动速度分别进行试验，试验时，驱动轮减速器调频电动机的变频大小分别设定为 40 Hz、30 Hz 和 7.5 Hz。高速移动时，电动机运行频率 40 Hz，对应 4 mm 降雨深度；中速移动时，电动机运行频率 30 Hz，对应 4.5 mm 降雨深度；低速移动时，电动机运行频率 7.5 Hz，对应 24 mm 降雨深度。

b) 启动平移式喷灌机控制系统：设定平移式喷灌机导向控制角，并在至少四个以上的时间段内分别给定不同的速度值；然后执行平移式喷灌机工作程序，驱动平移式喷灌机移动作业。控制系统自动保存整个试验过程的控制记录。

c) 数据采集：在平移式喷灌机移动作业的同时，机载北斗/GNSS 终端按特定的采样间隔自动测定与记录每一个时刻接收机所处的相应位置。试验结束后，分别读取平移式喷灌机控制系统的控制记录和机载北斗/GNSS 终端的测量记录，并按北斗/GNSS 定位系统测量规范进行数据处理，将有关记录与结果填入附录 A 中的表 A.6。

d) 按式(4)进行 GPS 动态定位系统定位误差的结果计算：

$$S=\sqrt{\sum_{i}^{N}(x_i-\bar{x})/(N-1)} \quad \cdots\cdots\cdots\cdots (4)$$

式中：

S ——偏航距离测量轨迹符合度标准偏差。平移式变量喷灌机的动态定位系统定位误差取 S；

N ——所取的检测点点数；

i ——机械 GPS 测量时的位置编号；

x_i ——每个到 AB 线偏离值，单位为厘米(cm)；

$\bar{x}$ ——所有偏离值的平均值，单位为厘米(cm)。

5.3 安全检测

依据 GB 19517 进行检测。

5.4 可靠性评价

5.4.1 故障按严重程度分为以下四类：

a) 致命故障：导致控制系统功能丧失的故障，如电路板烧毁、控制系统完全失灵。

b) 严重故障：在正常作业条件下，控制系统功能出现故障在 4 h 以上能排除的故障。

c) 一般故障：在正常作业条件下，控制系统功能出现故障在 30 min～4 h 内能排除的故障，但通过调整、更换控制系统的电子元器件，便可修复。

d) 轻微故障：在正常作业条件下，控制系统功能出现故障，但控制系统在 30 min 内排除故障，可不按故障计。

5.4.2 可靠性评价应符合下列要求：

a) 试验时控制系统如果发生致命故障，可靠性试验为不合格。

b) 平均故障间隔时间：

采取定时截尾试验方法，在正常作业条件下(或模拟试验)控制系统的总工作时间不小于 1 000 h，试验期间记录试样的工作情况、故障情况和修复情况等，考核计算试样平均故障间隔时间 t_{MTBF} 按式(5)计算：

$$t_{MTBF}=\frac{1}{\gamma}\sum_{i=1}^{t}t_i \quad \cdots\cdots\cdots\cdots (5)$$

式中：

t_{MTBF}——平均故障间隔时间，单位为小时(h)；

t_i ——试样工作时间，单位为小时(h)；

γ ——试验期间控制系统发生的严重故障、一般故障次数，轻微故障不计。

6 检验规则

6.1 检验分类

控制系统的检验分出厂检验和型式检验。

6.2 出厂检验

控制系统在出厂前应逐台按表2中规定的出厂检验项目进行检验。检验项目经制造厂质量检验部门检验合格，签发合格证后方可出厂。

6.3 型式检验

6.3.1 控制系统有下列情况之一时，应进行型式检验：

a) 新产品或老产品转厂生产的试制定型鉴定；

b) 正式生产后，如结构、材料、工艺、元器件有较大改变，可能影响产品性能时；

c) 产品停产半年或半年以上恢复生产时；

d) 产品质量监督机构提出型式检验要求时；

e) 出厂检验结果与上次型式检验有较大差异时。

6.3.2 型式检验项目，按表2中规定的型式检验项目进行。检验项目按其重要性可分为A类检验项目和B类检验项目。

表2 检验项目分类表

项目分类		检验项目	技术要求	试验方法	型式检验	出厂检验
类	项					
A	1	显示技术参数	4.1.2	5.1.1	√	√
	2	传感器	4.1.3	5.1.2	√	√
	3	电源转换装置	4.1.4	5.1.3	√	√
	4	接线端子、电源线、信号线	4.1.6	5.1.5	√	√
	5	安全要求	4.3	5.3	√	√
B	1	各跨同步摆角的偏角误差	4.2	5.2.5.2	√	—
	2	沿机组前进方向降雨深度变量范围	4.2	5.2.5.3	√	—
	3	喷洒均匀系数	4.2	5.2.5.3	√	—
	4	动态定位系统定位误差	4.2	5.2.5.4	√	—
	5	可靠性	4.4	5.4	√	—
	6	标牌	7.2	目测	√	—

6.4 检验规则

6.4.1 出厂检验时，所有检验项目应全部达到要求，方为合格。型式检验时，A类不准许不合格，B类允许一项不合格，否则判定该产品为不合格。

6.4.2 型式检验试样，由委托方或制造商无偿提供且应是近半年内生产的合格产品，由检验单位(或委托相关部门)在委托方或制造商明确明示的合格产品存放处、成品库随机抽取，抽样基数不少于5套(市场抽样不受此限)，抽样数量为2套，其中1套用于检验，另1套备用。在检验过程中由于非机器质量原因造成检验无法继续进行时，启用备用试样。

6.4.3 订货单位有权按本标准要求抽查产品质量。抽样方案和合格质量水平(AQL)由供需双方协商确定。

7 标志、包装、运输和贮存

7.1 标志

7.1.1 控制系统应在明显的位置装设产品标牌。标牌的型式、尺寸和技术要求应符合GB/T 13306的规定。

7.1.2 标牌内容包括：

a) 产品注册商标；
b) 产品型号及名称；
c) 主要性能参数；
d) 出厂日期及编号；
e) 制造厂名称。

7.2 包装

7.2.1 控制系统的包装应执行GB/T 13384的规定。

7.2.2 控制系统应单独包装，并有防尘、防潮、防水措施。

7.2.3 随机附件应单独包装。

7.2.4 每套控制系统应随机提供下列文件：

a) 产品合格证书；
b) 产品使用说明书；
c) 装箱单及备、配件清单。

7.2.5 包装箱外应清晰、整齐地标明下列内容：

a) 制造厂名、厂址；
b) 产品型号、名称；
c) 出厂编号；
d) 出厂日期；
e) 箱体外形尺寸、质量及箱号；
f) 储运作业指示标志。

7.2.6 包装储运图示标志应符合GB/T 191的有关规定。

7.3 运输

7.3.1 运输、装卸不得摔碰。

7.3.2 海洋运输中应防范海水浸蚀。

7.4 贮存

7.4.1 控制系统应存放在通风良好、地面平整的室内，并注意防潮、防蚀。

7.4.2 长期贮存时应定期检查设备的包装保护层是否老化、破损，必要时予以更新。

7.4.3 长期贮存时应定期检查传感器是否失效。

附 录 A
(资料性附录)
平移式喷灌机试验结果记录表

表 A.1 给定频率为 7.5 Hz 时的平移式喷灌机各跨同步摆角试验结果

检测地点：　　　　　　检定日期：

环境温度：________℃　相对湿度：________

序号	传感器偏角数据/(°)						马达实际频率/Hz								位置坐标
	01	02	03	13	12	11	01	02	03	04	14	13	12	11	
1															
2															
3															
4															
5															
6															
7															
8															
9															
……															

检验：　　　　　　　　　　　　　　　　记录：

表 A.2 给定频率为 30 Hz 时的平移式喷灌机各跨同步摆角试验结果

检测地点：　　　　　　检定日期：

环境温度：________℃　相对湿度：________

序号	传感器偏角数据/(°)						马达实际频率/Hz								位置坐标
	01	02	03	13	12	11	01	02	03	04	14	13	12	11	
1															
2															
3															
4															
5															
6															
7															
8															
9															
……															

检验：　　　　　　　　　　　　　　　　记录：

表 A.3　给定频率为 40 Hz 时的平移式喷灌机各跨同步摆角试验结果

检测地点：　　　　　　检定日期：

环境温度：________℃　相对湿度：________

序号	传感器偏角数据/(°)						马达实际频率/Hz								位置坐标
	01	02	03	13	12	11	01	02	03	04	14	13	12	11	
1															
2															
3															
4															
5															
6															
7															
8															
9															
……															

检验：　　　　　　　　　　　　　　　　　记录：

表 A.4　不同行走速度下雨量筒内降雨深度数据

机具型号：　　　　　　制造单位：

检测地点：　　　　　　试验日期：____年____月____日

环境温度：________℃　风速：________ m/s

电动机频率/Hz	降雨深度/mm										平均降雨深度/mm	理论降雨深度/mm
	列号	行　号										
		1	2	3	4	5	6	7	8	9		
7.5	1											24
	2											
	3											
30	1											4.5
	2											
	3											
40	1											4
	2											
	3											

检验：　　　　　　　　　　　　　　　　　记录：

表 A.5 不同行走速度下雨量筒内水分的数据

机具型号： 制造单位：
检测地点： 试验日期：____年____月____日
环境温度：________℃ 风速：________ m/s

电动机频率/Hz	灌水质量/g										平均灌水/g	克里斯琴森度/%
	列号	行号										
		1	2	3	4	5	6	7	8	9		
7.5	1											
	2											
	3											
30	1											
	2											
	3											
40	1											
	2											
	3											

检验： 记录：

表 A.6 机载北斗/GNSS 终端测量数据记录表

机具型号： 制造单位：
检测地点： 试验日期：____年____月____日
环境温度：________℃ 风速：________ m/s
双频全球定位系统测量仪型号： 精度：

电动机频率/Hz	编号	时间/s	经度(°′″)	纬度(°′″)	偏航距离 X_i/m	前进距离 Y_i/m	参照航向	
							经度(°′″)	纬(°′″)
7.5	1							
	2							
	3							
	4							
	5							
30	6							
	7							
	8							
	9							
	10							
40	11							
	12							
	13							
	14							
	15							

检验： 记录：

附　录　B
（资料性附录）
平移式喷灌机雨量筒布置图

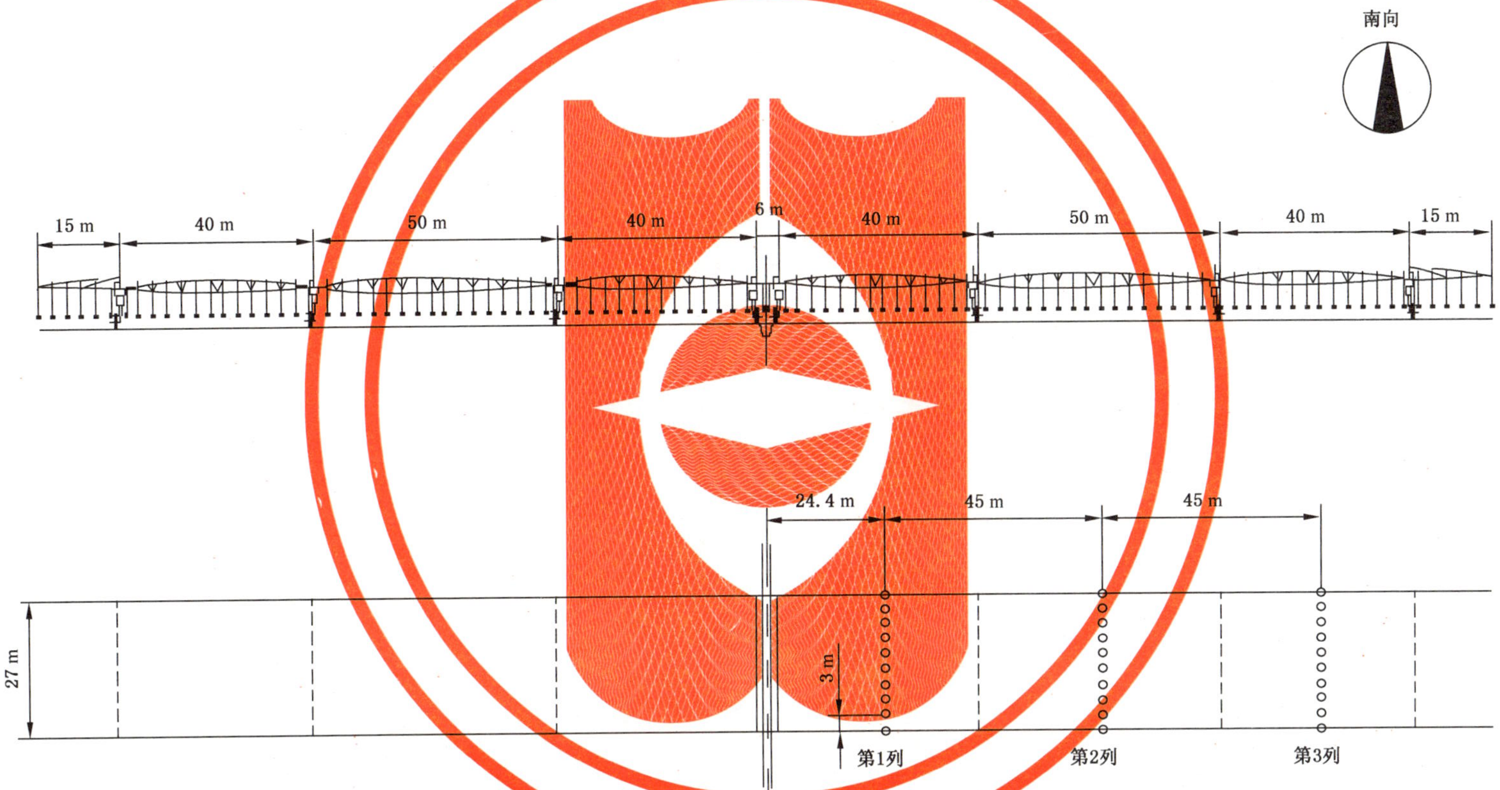

图 B.1　平移式喷灌机雨量筒布置图

ICS 19.100
J 04

中华人民共和国国家标准

GB/T 35839—2018

无损检测 工业计算机层析成像(CT)密度测量方法

Non-destructive testing—Test method for measuring industrial computed tomography (CT) density

2018-02-06 发布 2018-09-01 实施

中华人民共和国国家质量监督检验检疫总局
中国国家标准化管理委员会 发布

前　言

本标准按照GB/T 1.1—2009给出的规则起草。

本标准由全国无损检测标准化技术委员会(SAC/TC 56)提出并归口。

本标准起草单位:重庆大学、重庆真测科技股份有限公司、中国兵器科学研究院宁波分院、中国航天科技集团川南机械厂、中国人民解放军96630部队、重庆红宇精密工业有限责任公司、湖北三江航天江北机械工程有限公司。

本标准主要起草人:沈宽、王珏、蔡玉芳、刘丰林、段晓礁、卢艳平、倪培君、张政、苏志军、杨大洪、王晓勇、高锐、郭智敏、张维国。

无损检测
工业计算机层析成像(CT)密度测量方法

1 范围

本标准规定了使用工业计算机层析成像(CT)设备对物体的密度进行测量的方法。

本标准适用于使用能量范围为200 keV～10 MeV的工业CT系统对常见金属和非金属材料进行密度测量。

2 规范性引用文件

下列文件对于本文件的应用是必不可少的。凡是注日期的引用文件,仅注日期的版本适用于本文件。凡是不注日期的引用文件,其最新版本(包括所有的修改单)适用于本文件。

GB/T 9445 无损检测 人员资格鉴定与认证(GB/T 9445—2015,ISO 9712:2012,IDT)

GB/T 29069 无损检测 工业计算机层析成像(CT)系统性能测试方法

GB/T 29070 无损检测 工业计算机层析成像(CT)检测 通用要求

GB/T 34365 无损检测 术语 工业计算机层析成像(CT)检测

3 术语和定义

GB/T 34365界定的以及下列术语和定义适用于本文件。

4 基本要求

4.1 检测人员

4.1.1 从事工业CT密度测量的人员应符合GB/T 9445和GB/T 29070中有关检测人员的要求。

4.1.2 从事工业CT密度测量的人员要具备材料、结构、工艺等相关知识,并经过工业CT密度测量的专门技术培训。

4.2 环境条件

4.2.1 满足GB/T 29070关于环境条件的要求。

4.2.2 检测室和控制室的放射防护条件应符合满足使用单位要求。

4.3 检测设备

4.3.1 设备组成

工业CT系统一般由射线源系统、探测系统、数据采集传输系统、机械系统、控制系统、图像处理系统和辐射安全防护系统等组成。

4.3.2 设备性能

工业CT设备射线源的能量应满足被检测工件的穿透力要求。密度分辨力性能指标应满足实际被测工件密度的检测要求，通常情况下，密度分辨力指标应优于0.5%。空间分辨率、扫描时间等其他指标应满足实际产品的检测要求。

4.3.3 设备性能校验

按照GB/T 29069规定定期对CT系统的空间分辨力和密度分辨力等主要性能指标进行测试。在设备安装调试、维修或更换部件后，应对主要性能指标进行测试，并记录测试结果。

4.4 密度对比试件

4.4.1 概述

密度对比试件是在使用工业CT进行密度测量时，用来与待测工件进行密度比对的标准样件组，其中每一个密度标准样件由均质材料构成其密度值经过校准，射线衰减特性与被测样品相同或相近。密度对比试件含多个密度标准样件，其密度范围涵盖待测物体密度范围。

4.4.2 制作要求

应针对不同材料的产品、不同密度范围、不同部位进行单独设计和制作密度对比试件。密度对比试件的设计和制作要求参见附录A。

4.4.3 密度值的校准和核查

密度对比试件的密度值在首次使用时应进行校准。在使用过程中，每隔半年应采用排水法或其他适当的方法进行核查。如发现密度值变化范围超过0.5%时应重新进行校准。

5 检测方法

5.1 方法一

基本原理就是通过对密度对比试件进行工业CT扫描，建立当前扫描条件下密度对比试件CT数与线性衰减系数之间的关系，见式(1)。利用该关系计算出被测材料的线性衰减系数，再除以该材料的质量衰减系数，就能得到相应的质量密度，见式(2)。常见物质的质量衰减系数参见附录B。

$$N_{CT}=k\mu+c \qquad \cdots\cdots(1)$$

式中：

N_{CT}——被测样品的CT数平均值；

μ ——线性衰减系数；

k、c——常数。

$$\rho=\frac{\mu}{\mu_m} \qquad \cdots\cdots(2)$$

式中：

ρ ——被测样品的密度值，单位为克每立方厘米(g/cm^3)；

μ ——线性衰减系数；

μ_m ——质量衰减系数。

该方法由于需要已知被测物质的质量衰减系数，因此不能测量未知成分的物质或是难以测定质量衰减系数的聚合物类物质。由于不同能量下质量衰减系数是不同的，因此使用该方法时首先需要确定CT系统的等效能量，等效能量计算方法参见附录C。当等效能量在200 keV～2 MeV时，质量衰减系数几乎不随能量变化而变化，因此如果待测物质的质量衰减系数未知，可以试用密度相近的已知物质的质量衰减系数替代。

5.2 方法二

选取密度对比试件组中一个密度标准样件作为密度测量的密度参考样件。根据密度参考样件指定区域的平均 CT 密度 $\overline{f}_0$ 和 CT 系统设定的比例系数 K（根据 CT 系统总体参数确定，一般为 1 000～5 000），对每个密度对比试件指定区域的平均 CT 密度 $\overline{f}$ 按式(3)进行归一化处理，获得该区域内的平均 CT 数 $\overline{\mu}$：

$$\overline{\mu}=\frac{\overline{f}-\overline{f}_0}{\overline{f}_0}\times K \qquad \cdots\cdots(3)$$

式中：

$\overline{\mu}$ ——密度对比试件指定区域的平均 CT 数；

$\overline{f}$ ——密度对比试件指定区域的平均 CT 密度；

$\overline{f}_0$——密度标准样件指定区域的平均 CT 密度；

K ——CT 系统设定的比例系数。

利用各个密度对比试件指定区域的平均 CT 数 $\overline{\mu}$ 和该标准样件已知的密度 ρ，采用多项式拟合测量平均 CT 数 $\overline{\mu}$ 与物质密度 ρ 之间的关系式 $\rho=f(\overline{\mu})$，推荐采用三次多项式拟合。

该方法直接从 CT 数测量物质密度具有较广的应用范围，但对具有相同的线性衰减系数而具有不同的质量衰减系数的物质密度测量具有较大的测量误差。

6 检测工艺

6.1 材料特性分析

6.1.1 检测前应详细了解被检工件的形状、结构、材料、质量、密度分布范围、检测精度等要求，确保 CT 设备满足被检材料的密度检测要求。

6.1.2 检测前应考虑被测工件的射线最大等效钢穿透厚度，以保证射线能够完全穿透被检工件。

6.2 扫描参数确定

6.2.1 密度标定与密度测量过程的射线衰减条件与扫描参数应保持一致。射线能量在保证穿透被检试件的前提下，同时应满足系统检测信噪比要求，应选择较低能量以提高系统的对比度，选择较大电流以提高信噪比。

6.2.2 采用前后准直器控制射线的宽度和形状，减少散射射线。

6.2.3 采用滤波片预先滤波，去除无用的软射线和减少散射线的影响。

6.2.4 待测工件放置如图 1 所示。放大倍数 M 由式(4)定义：

$$M=\frac{\mathrm{SDD}}{\mathrm{SOD}} \qquad \cdots\cdots(4)$$

式中：

SDD——射线源焦点到中心探测器的距离，单位为毫米(mm)；

SOD——射线源焦点到旋转中心的距离，单位为毫米(mm)。

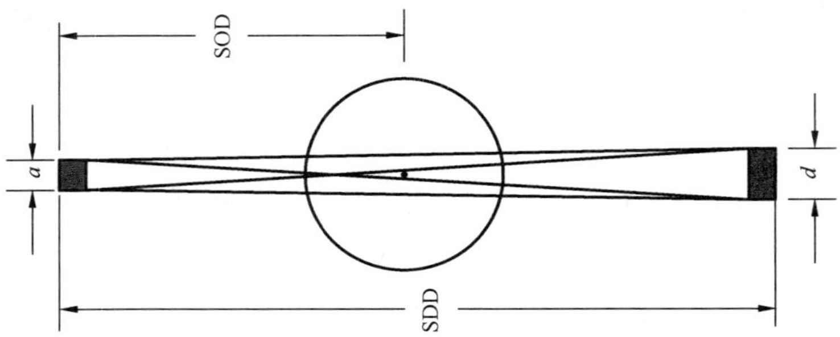

图 1　CT 扫描几何示意图

检测的最佳放大倍数 M_{opt} 由式(5)确定：

$$M_{opt}=1+\left(\frac{d}{a}\right)^{2} \qquad \cdots\cdots(5)$$

式中：

d ——探测器有效宽度，单位为毫米(mm)；

a ——射线源焦点尺寸，单位为毫米(mm)。

对于某些型号的工业 CT 设备，由于放大倍数不可调节，此时应将扫描视场设置为被测工件旋转直径的 1.5 倍。

6.2.5　在检测时间允许的情况下，选择的采样点数应足够多，一般不小于 512×512。具体应用中，采样点数的大小应根据工件及探测器的实际情况用试验的方法进行优选。

6.2.6　在检测时间允许及积分器输出不饱和的情况下，选择的积分时间应足够长，使材料均匀区域的 CT 图像具有较小的 CT 标准偏差。具体应用中，积分时间的大小应根据被检工件及探测器的实际情况用试验的方法进行优选。

6.3　图像重建、显示和处理

6.3.1　选用合适的数据滤波和图像重建方法，重建参数调整至系统密度分辨力最优的参数设置下。重建范围应大于被测工件断面，选用较大的重建矩阵以提高空间分辨力，且重建矩阵应不小于 512×512。

6.3.2　根据需要选取黑白、彩色，二维或三维等图像显示方式。通过窗宽/窗位调整等方法，使得图像便于观察。

6.3.3　必要时，采用合适的图像处理方法进行图像处理，改善对比度和清晰度。

7　测量流程

7.1　概述

若采用方法一进行密度测量则首先需要确定当前扫描参数下的等效能量(计算方法参见附录 C)，采用方法二则无需计算等效能量。

7.2　密度标定

7.2.1　用密度对比试件对工业 CT 设备进行密度标定。密度对比试件组应尽量放置在以系统转台中心为圆心的圆周上且等间角分布。密度标准样件旋转轴应与扫描切片平面垂直，切片位置应在密度标准样件高度的 1/2 处。密度标定的 CT 扫描工艺参数应与实际产品检测参数相同。

7.2.2　测定密度对比试件中每一个密度标准样件一定范围(测量范围宜为圆形区域，每个圆形区域像素数宜不少于 100 个，但不大于整个标准样件图像区域的 2/3 范围，测定次数不少于 5 次)的平均 CT

数，若使用方法一进行密度测量，推荐使用最小二乘法建立平均 CT 数和线性衰减系数之间的函数关系；若使用方法二进行密度测量，则推荐使用多项式拟合方法建立平均 CT 数和标准密度之间的函数关系。

7.2.3 CT 图像中灰度的变化反映被测物体密度的真实变化而不是伪像。由于探测器响应不一致、射线散射、射线硬化等原因，CT 图像可能呈现出一定程度的伪像，且伪像往往被误认为是密度变化。为确保该密度测量方法的有效性，在进行检测应尽量减少 CT 伪像和射线硬化引入的误差，测量范围选取应尽量避开受伪像影响的区域，选取的像素应保证是有效的像素，必要时可以采用滤波方法去除无效的像素。

7.3 密度测量

7.3.1 选取与密度标定时采用的同一密度参考样件（最接近待测物质密度的一个密度对比试件），将密度参考样件放在被测物体的待测区域附近与被测物体同时进行 CT 扫描；或将密度参考样件单独放在（与被测物体的待测区域）同一扫描位置，采用与被测物体扫描时相同的工艺参数，对密度对比试件单独进行扫描。

7.3.2 密度测量的 CT 扫描工艺条件如试件放置、扫描方式、扫描参数（管电压、管电流、焦点尺寸、滤波方法、切片厚度、视场直径、扫描矩阵、采样时间等）、重建参数等应与密度对比试件标定时的检测条件完全一致。

7.3.3 考虑到设备自身的稳定性问题，在实际检测过程中，根据情况，定期对密度对比试件重新扫描，测定密度对比试件 CT 数的变化，必要时对 CT 数和密度之间的函数关系进行修正，以提高检测准确性。

7.3.4 从密度参考样件的 CT 图像中，获取指定区域（指定区域内像素数宜不少于 100 个且不大于整个标准样件图像区域的 2/3）的平均 CT 密度 $\overline{f}$。

7.3.5 从被测物体的 CT 图像中，获取待测区域（区域内像素数宜不少于 100 个）的平均 CT 密度 $\overline{f}$。若使用方法二进行密度测量，则按式(3)进行归一化得到待测区域的平均 CT 数 $\overline{\mu}$。

7.3.6 根据被测物体的待测区域的平均 CT 数和已标定的函数关系，求得该区域平均物质密度。

7.3.7 重复测量同一均匀材质不同区域至少 5 次，以 5 次测得密度的平均值作为此材质的密度值，并计算密度测量的标准偏差。

7.3.8 若已知被测物质的成分和质量衰减系数，推荐使用方法一进行密度测量。

8 检测记录和报告

8.1 检测记录

8.1.1 检测记录应包括工件名称、编号、检测的部位、密度对比试件情况、设备型号、扫描方式、测量方法、扫描工艺、重建参数、图像描述、数据记录、曲线绘制、检测结果以及检测人、审核人、检测日期等。

8.1.2 图像数据文件中应包含 CT 设备型号、射线源、探测器、扫描方式、试件编号、图像编号、试件位置、扫描参数、重建参数等内容。图像数据应妥善保管在光盘、磁带或硬盘上面，至少应保存五年以上。

8.2 检测报告

检测报告的内容一般应包括：工件名称、编号、检测的部位、密度检测试件情况、设备型号、检测方法、切片位置、切片厚度、重建矩阵、检测结果、检测人、审核人、审批人、检测日期、报告日期等。

附 录 A
（资料性附录）
密度对比试件制作规范

A.1 基本结构

密度对比试件是以均质材料为基体(其衰减特性与被测工件密度检测区域周边材料相同或相近)的特定部位插入一系列已知密度的工件样件，且在基体上沿圆周均匀分布，基本结构如图 A.1 所示，其直径以 CT 系统最大成像直径的 2/3 为宜。

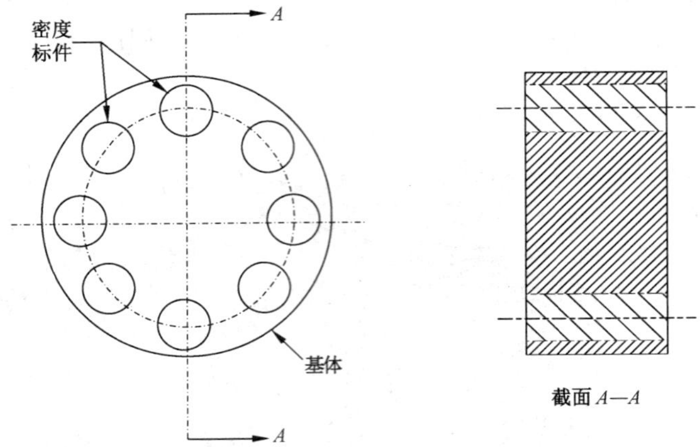

图 A.1 密度对比试件

A.2 设计要求

A.2.1 密度对比试件由一系列组分均匀、密度数值稳定、易加工的材料制作的标准样件，密度范围应包含待测材料，且每个标准样件的密度已知。

A.2.2 每个标准样件应材质均匀，各个标准样件的尺寸规格应相同，密度对比试件高度应为 CT 切片厚度的 3 倍以上。

A.2.3 每个标准样件的密度块需经过严格校准，密度标定精度应高于测量需求精度一个量级，密度块直径不大于基体直径的 1/7 为宜，CT 扫描时应尽量保证密度块安装稳固，且横截面与 CT 系统转台平面平行。

A.2.4 粉末类、液体类材料密度对比试件应密封保存。

A.3 使用要求

在密度检测中，密度对比试件的检测条件应与实际被测工件的条件相同，例如将密度对比试件放置在与实际工件相同的壳体内，以使射线衰减条件一致。

附　录　B
（资料性附录）
典型材料不同能量下质量衰减系数

典型材料不同能量下质量衰减系数 μ_m 见表 B.1。

表 B.1　典型材料不同能量下质量衰减系数 μ_m　　单位为克每立方厘米

光量子能量/Mev	镁	铝	硅	钛	铁	镍	铜	铅	空气	水	聚苯乙烯	高硼硅玻璃
0.01	20.8	26.2	34.1	113	172.0	213.8	224.2	136.6	5.04	5.21	2.17	17.1
0.02	2.7	3.39	4.36	15.8	25.5	31.7	33.7	85.5	0.758	0.778	0.429	2.24
0.03	0.914	1.12	1.41	4.88	8.11	10.3	10.9	29.1	0.35	0.371	0.261	0.785
0.04	0.481	0.565	0.693	2.18	3.61	4.62	4.88	13.8	0.248	0.267	0.216	0.43
0.05	0.327	0.367	0.435	1.19	1.94	2.52	2.61	7.71	0.206	0.022 5	0.197	0.299
0.06	0.257	0.277	0.319	0.752	1.2	1.52	1.6	4.87	0.187	0.020 5	0.186	0.241
0.08	0.195	0.201	0.223	0.4	0.59	0.723	0.768	2.37	0.167	0.018 5	0.173	0.19
0.1	0.169	0.17	0.184	0.271	0.37	0.446	0.462	5.78	0.155	0.171	0.164	0.166
0.2	0.125	0.122	0.128	0.132	0.147	0.159	0.157	1.104	0.124	0.137	0.132	0.125
0.3	0.107	0.104	0.108	0.104	0.11	0.116	0.112	0.406	0.107	0.119	0.115	0.107
0.4	0.094 8	0.092 6	0.096 1	0.090 8	0.094 1	0.097 8	0.094 2	0.233	0.095 4	0.106	0.103	0.095 3
0.5	0.086 3	0.084 4	0.087 5	0.081 8	0.084 1	0.087	0.083 5	0.161 4	0.086 8	0.096 6	0.093 7	0.086 8
0.6	0.079 6	0.077 9	0.080 6	0.075	0.076 8	0.079 3	0.076 2	0.124 9	0.080 4	0.089 4	0.086 7	0.080 1
0.8	0.069 9	0.068 2	0.070 8	0.065 7	0.066 9	0.068 8	0.065 9	0.088 6	0.070 6	0.078 5	0.076 1	0.070 4
1.0	0.062 8	0.061 3	0.063 4	0.058 9	0.06	0.061 5	0.059	0.070 8	0.063 5	0.070 6	0.068 3	0.063 3
1.5	0.051 2	0.050 0	0.051 7	0.047 8	0.048 7	0.05	0.047 9	0.051 8	0.051 7	0.057 5	0.056 7	0.051 5
2	0.044 1	0.043 1	0.044 7	0.041 7	0.042 5	0.043 7	0.041 9	0.045 5	0.044 4	0.049 3	0.047 6	0.044 4
3	0.036	0.035 3	0.036 7	0.035 0	0.036 1	0.037 3	0.035 9	0.041 7	0.035 8	0.039 6	0.038 1	0.036
4	0.031 6	0.031 1	0.032 4	0.031 8	0.033 1	0.034 4	0.033 2	0.041 5	0.030 8	0.034	0.032 6	0.031 4
5	0.028 8	0.028 4	0.029 7	0.029 8	0.031 5	0.032 9	0.031 8	0.042 4	0.027 6	0.030 3	0.028 9	0.028 4
6	0.026 8	0.026 6	0.027 9	0.028 6	0.030 6	0.032 1	0.031	0.043 6	0.025 2	0.027 7	0.026 3	0.026 3
8	0.024 4	0.024 4	0.025 7	0.027 5	0.029 9	0.031 6	0.030 7	0.046 7	0.022 3	0.024 3	0.022 7	0.023 7
10	0.023 1	0.023 2	0.024 6	0.027 3	0.029 9	0.031 9	0.031	0.049 6	0.020 5	0.022 2	0.020 6	0.022 1

附　录　C
（资料性附录）
等效能量计算方法

C.1　计算流程

C.1.1　将检测参数调设置为最高密度分辨率，使用工业 CT 对密度对比试件进行检测。

C.1.2　测定密度对比试件中每一个密度标准样件一定范围（测量范围宜为圆形区域，每个圆形区域像素数宜不少于 100 个，但不大于整个标准样件图像区域的 2/3 范围，测定次数不少于 5 次）的平均 CT 数，使用最小二乘法建立平均 CT 数和线性衰减系数之间的函数关系[式(1)]。

C.1.3　将每个样件的密度乘以质量衰减系数获得样件的线性衰减系数 μ_1，分别选取一组能量范围内（该范围应包括系统的等效能量）的质量衰减系数计算各个样件的线性衰减系数，即可得到不同能量下每个样件的线性衰减系数。

C.1.4　使用函数关系式[式(1)]计算每个样件的线性衰减系数 μ_2，分别计算不同能量下线性衰减系数 μ_1 和线性衰减系数 μ_2 之间的相关系数。

C.1.5　选择相关系数最大值对应的能量作为 CT 系统的等效能量。

C.2　计算实例

采用 9 MeV 的工业 CT 系统对三种物质甲基丙烯酸甲酯（methyl methacrylate，$H_8C_5O_2$）、四氟乙烯（tetrafluoroethylene，C_2F_4）和铝（aluminum，Al）进行密度检测，分别测量三种物质的平均 CT 数，使用最小二乘法计算出式(1)的系数 k、c，使用式(1)计算出各个物质的线性衰减系数 μ_1；查表获取 3 700 keV～4 000 keV 下各个物质的质量衰减系数并乘以对应的密度获得各个物质的线性衰减系数 μ_2，分别计算不同能量下线性衰减系数 μ_1 和线性衰减系数 μ_2 之间的相关系数。结果如表 C.1：

表 C.1　CT 系统等效能量计算表

物质名称	经验线性衰减系数 μ				
	CT 数	3 700 keV	3 800 keV	3 900 keV	4 000 keV
甲基丙烯酸甲酯	1 286	0.040 4	0.039 9	0.039 3	0.038 8
四氟乙烯	2 119	0.067 0	0.066 1	0.065 2	0.064 4
铝	2 756	0.087 0	0.086 2	0.085 1	0.084 3
相关系数	—	0.999 988 7	0.999 999 6	0.999 999 1	0.999 989 3

选取最大相关系数对应的能量值 3 800 keV 作为系统的等效能量。

ICS 77.140.35
H 40

中华人民共和国国家标准

GB/T 35840.1—2018

塑料模具钢　第1部分：非合金钢

Steels for plastic mould—Part 1: Non-alloy steels

2018-02-06 发布　　2018-11-01 实施

中华人民共和国国家质量监督检验检疫总局
中国国家标准化管理委员会　发布

前　言

GB/T 35840《塑料模具钢》分为 4 个部分：

——第 1 部分：非合金钢；

——第 2 部分：预硬化钢棒；

——第 3 部分：耐腐蚀钢；

——第 4 部分：预硬化钢板。

本部分为 GB/T 35840 的第 1 部分。

本部分按照 GB/T 1.1—2009 给出的规则起草。

本部分由中国钢铁工业协会提出。

本部分由全国钢标准化技术委员会(SAC/TC 183)归口。

本部分起草单位：江苏沙钢集团有限公司、抚顺特殊钢股份有限公司、钢铁研究总院、冶金工业信息标准研究院、唐山文丰山川轮毂有限公司、天津钢铁集团有限公司、唐山志威科技有限公司、江苏永钢集团有限公司。

本部分主要起草人：李晓波、郭桐、李玉藏、康爱军、马党参、颜丞铭、李建立、信海喜、曹立军、刘绍康、栾燕、谷强、迟宏宵、刘明、王佩鑫。

塑料模具钢　第1部分:非合金钢

1　范围

GB/T 35840的本部分规定了非合金塑料模具钢的订货内容、尺寸、外形、重量、技术要求、试验方法、检验规则、包装、标志及质量证明书。

本部分适用于制造塑料模具用热轧或锻制非合金圆钢、方钢、扁钢及钢板(以下简称钢材)。

2　规范性引用文件

下列文件对于本文件的应用是必不可少的。凡是注日期的引用文件,仅注日期的版本适用于本文件。凡是不注日期的引用文件,其最新版本(包括所有的修改单)适用于本文件。

GB/T 223.5　钢铁　酸溶硅和全硅含量的测定　还原型硅钼酸盐分光光度法

GB/T 223.11　钢铁及合金　铬含量的测定　可视滴定或电位滴定法

GB/T 223.18　钢铁及合金化学分析方法　硫代硫酸钠分离-碘量法测定铜量

GB/T 223.23　钢铁及合金　镍含量的测定　丁二酮肟分光光度法

GB/T 223.62　钢铁及合金化学分析方法　乙酸丁酯萃取光度法测定磷量

GB/T 223.64　钢铁及合金　锰含量的测定　火焰原子吸收光谱法

GB/T 223.72　钢铁及合金　硫含量的测定　重量法

GB/T 223.86　钢铁及合金　总碳含量的测定　感应炉燃烧后红外吸收法

GB/T 226　钢的低倍组织及缺陷酸蚀检验法

GB/T 231.1　金属材料　布氏硬度试验　第1部分:试验方法

GB/T 247　钢板和钢带包装、标志及质量证明书的一般规定

GB/T 709　热轧钢板和钢带的尺寸、外形、重量及允许偏差

GB/T 1299—2014　工模具钢

GB/T 1979　结构钢低倍组织缺陷评级图

GB/T 2101　型钢验收、包装、标志及质量证明书的一般规定

GB/T 2970—2016　厚钢板超声检测方法

GB/T 2975　钢及钢产品　力学性能试验取样位置及试样制备

GB/T 4336　碳素钢和中低合金钢　多元素含量的测定　火花放电原子发射光谱法(常规法)

GB/T 6402　钢锻件超声检测方法

GB/T 8170　数值修约规则与极限数值的表示和判定

GB/T 10561—2005　钢中非金属夹杂物含量的测定　标准评级图显微检验法

GB/T 17505　钢及钢产品　交货一般技术要求

GB/T 20066　钢和铁　化学成分测定用试样的取样和制样方法

GB/T 20123　钢铁　总碳硫含量的测定　高频感应炉燃烧后红外吸收法(常规方法)

3　订货内容

按本部分订购的钢材的合同或订单应至少包括下列内容:

a） 本部分编号；
b） 产品名称；
c） 牌号(见 5.1)；
d） 冶炼方法(见 5.2)；
e） 产品规格；
f） 尺寸、外形精度(见 4)；
g） 交货状态(见 5.3)；
h） 重量(或数量)；
i） 特殊要求。

4 尺寸、外形、重量

4.1 圆钢、方钢、扁钢的尺寸、外形及允许偏差应分别符合 GB/T 1299—2014 中 5.1、5.2 的规定。
4.2 钢板的尺寸、外形及允许偏差应分别符合 GB/T 709 的规定。
4.3 经供需双方协商，并在合同中注明，可供应其他尺寸、外形及允许偏差的钢材。
4.4 圆钢、方钢、扁钢通常按实际重量交货。钢板通常按理论重量交货，理论重量计算时，钢的密度为 7.85 g/cm^2。

5 技术要求

5.1 牌号及化学成分

钢的牌号及化学成分(成品分析)应符合表 1 的规定。

表 1 钢的牌号及化学成分

序号	统一数字代号	牌号	化学成分(质量分数)/%							
			C	Si	Mn	P	S	Cr	Ni	Cu
1	T10450	SM45	0.42～0.48	0.17～0.37	0.50～0.80	≤0.025	≤0.020	≤0.20	≤0.20	≤0.25
2	T10500	SM50	0.47～0.53							
3	T10550	SM55	0.52～0.58							
注 1：SM 由“塑料模具”中的“塑”、“模”的汉语拼音首位大写字母组成。 注 2：本部分规定的牌号与相关国内外标准相近牌号的对照表参见附录 A。										

5.2 冶炼方法

钢应经过真空脱气或电渣重熔冶炼，也可以采用能满足本部分要求的其他冶炼方法。

5.3 交货状态

钢材以热轧或热锻状态交货。

5.4 交货硬度

热轧或锻制状态交货钢材的硬度应符合表 2 的规定。

表 2 交货状态硬度

牌号	布氏硬度 HBW
SM45	155～215
SM50	165～225
SM55	170～230

5.5 超声检测

5.5.1 圆钢、方钢、扁钢应进行超声检测，超声检测应符合 GB/T 1299—2014 中 6.10 的要求。

5.5.2 钢板应进行超声检测。厚度不大于 200 mm 的钢板，合格级别应符合 GB/T 2970—2016 中Ⅱ级的规定；厚度大于 200 mm 的钢板，合格级别由供需双方协商确定。

5.6 低倍组织

5.6.1 圆钢、方钢、扁钢应进行低倍检验。在横截面酸浸低倍试片上不应有目视可见的缩孔、夹杂、分层、气泡和白点。中心疏松和锭型偏析分别按 GB/T 1299—2014 附录 A 中图 A.1 和图 A.2 评定，圆钢及方钢的合格级别应符合 GB/T 1299—2014 表 28 中 1 组的规定，扁钢的合格级别应符合表 3 的规定。

表 3 扁钢的低倍组织合格级别

钢材厚度/mm		中心疏松	锭型偏析
		级 不大于	
热轧扁钢	≤60	3.0	3.0
	＞60～120	3.5	3.0
	＞120	协议	协议
锻制扁钢	160～250	2.0	2.0
	＞250～400	3.0	3.0
	＞400	协议	协议

5.6.2 经供需双方协商，并在合同中注明，钢材低倍组织可按 GB/T 1979 检验，合格级别由供需双方协商确定。

5.7 非金属夹杂物

5.7.1 圆钢、方钢、扁钢应进行非金属夹杂物检验。非金属夹杂物应按 GB/T 10561—2005 中 A 法进行检验与评级，其结果应符合表 4 中 1 组的规定。

5.7.2 钢板应进行非金属夹杂物检验，其合格级别应符合表 4 中 2 组的规定。

表 4 非金属夹杂物合格级别

非金属夹杂物类别	1组		2组	
	细系	粗系	细系	粗系
	级 不大于			
A类	1.5	1.5	2.5	2.0
B类	1.5	1.5	2.5	2.0
C类	1.0	1.0	1.5	1.5
D类	2.0	1.5	2.5	2.0
根据需方要求，可检验DS类非金属夹杂物，合格级别由供需双方协商确定。				

5.8 表面质量

5.8.1 圆钢、方钢、扁钢

圆钢、方钢、扁钢表面不应有结疤、裂纹、折叠、夹杂、气泡和氧化皮压入等对使用有害的缺陷，圆钢、方钢、扁钢表面允许有从钢材公称尺寸算起深度符合表5规定的局部缺陷存在，但应保证钢材最小尺寸。

表 5 圆钢、方钢、扁钢表面质量

钢材直径、边长、厚度或宽度/mm	局部缺陷允许深度/mm 不大于
<80	公差之半
≥80	公差

5.8.2 钢板

5.8.2.1 钢板表面不应有结疤、裂纹、折叠、夹杂、气泡和氧化皮压入等对使用有害的缺陷。

5.8.2.2 钢板表面允许有不影响使用的薄层氧化铁皮、铁锈和轻微的麻点、划痕等局部缺陷，但其深度应不超过钢板厚度公差之半，并应保证钢板允许的最小厚度。

5.8.2.3 钢板表面缺陷允许清理。清理处应平缓无棱角，并应保证钢板的允许最小厚度。

5.9 特殊要求

根据需方要求，经供需双方协商，并在合同中注明，可增加下列特殊要求：

a) 按其他交货状态交货；

b) 检验力学性能；

c) 其他特殊要求。

6 试验方法

6.1 钢材的检验项目和试验方法应符合表6的规定。

表6 检验项目、试样数量、取样部位和试验方法

序号	检验项目		取样数量	取样部位	试验方法
1	化学成分		1个/炉	GB/T 20066	见6.2
2	交货硬度	圆钢、方钢、扁钢	5%，且不少于5支	不同支钢材	GB/T 231.1
		钢板	1个/批	任意张钢板	
3	超声检测	圆钢、方钢、扁钢	逐支	—	GB/T 6402
		钢板	逐张	—	GB/T 2970
4	低倍组织	圆钢、方钢、扁钢	2个/批	不同支钢材	GB/T 226、GB/T 1299—2014中附录A或GB/T 1979
5	非金属夹杂物	圆钢、方钢、扁钢	2个/批	不同支钢材	GB/T 10561—2005中A法
		钢板	1个/批	任意张钢板	
6	尺寸、外形		逐支(张)	—	符合精度要求的量具
7	表面质量		逐支(张)	—	目视及量具

6.2 钢的化学成分按GB/T 4336、GB/T 20123或通用的试验方法进行分析，但仲裁时应按GB/T 223.5、GB/T 223.11、GB/T 223.18、GB/T 223.23、GB/T 223.62、GB/T 223.64、GB/T 223.72、GB/T 223.86的规定进行。

7 检验规则

7.1 检查与验收

钢材的质量检查与验收由供方质量监督部门负责。必要时需方有权按本部分规定进行检查与验收。

7.2 组批规则

钢材应按批验收。每批钢材应由同一牌号、同一炉号、同一交货状态、同一规格和同一热处理批次的钢材组成。

7.3 取样数量和取样部位

钢材检验的取样数量和取样部位应符合表6的规定。

7.4 复验与判定

7.4.1 钢材检验结果不符合本部分要求时，可进行复验。检验项目的复验和判定规则应符合GB/T 17505的规定。

7.4.2 供方若能保证钢材合格时，对同一炉号钢材的低倍组织、非金属夹杂物的检验结果允许以坯代材，以大代小。

7.4.3 钢材各项检验测量值应按修约值比较法进行修约，数值修约规则应符合GB/T 8170的规定。

8 包装、标志及质量证明书

8.1 圆钢、方钢、扁钢的包装、标志及质量证明书应符合 GB/T 2101 的规定。

8.2 钢板的包装、标志及质量证明书应符合 GB/T 247 的规定。

附 录 A
（资料性附录）
本部分与相关国内外标准相近牌号对照表

表 A.1 列出了本部分与相关国内外标准相近牌号的对照。

表 A.1 本部分与相关国内外标准相近牌号对照表

本部分	YB/T 107—2013	YB/T 094—1997	GB/T 1299—2014	ISO 4957:1999	JIS G4051:2009
SM45	SM45	SM45	SM45	C45U	S45C
SM50	SM50	SM50	SM50	C45U	S50C
SM55	SM55	SM55	SM55	—	S55C

ICS 77.140.35
H 40

中华人民共和国国家标准

GB/T 35840.2—2018

塑料模具钢　第2部分：预硬化钢棒

Steels for plastic mould—Part 2: Pre-hardening steel bars

2018-05-14 发布　　　　2019-02-01 实施

国家市场监督管理总局
中国国家标准化管理委员会　发布

前　言

GB/T 35840《塑料模具钢》分为4个部分：

——第1部分：非合金钢；

——第2部分：预硬化钢棒；

——第3部分：耐腐蚀钢；

——第4部分：预硬化钢板。

本部分为GB/T 35840的第2部分。

本部分按照GB/T 1.1—2009给出的规则起草。

本部分由中国钢铁工业协会提出。

本部分由全国钢标准化技术委员会(SAC/TC 183)归口。

本部分起草单位：大冶特殊钢股份有限公司、抚顺特殊钢股份有限公司、钢铁研究总院、冶金工业信息标准研究院、江苏永钢集团有限公司、唐山志威科技有限公司、四川六合锻造股份有限公司。

本部分主要起草人：王佳友、张永强、黎作先、康爱军、马党参、颜丞铭、谷杰、刘道献、高茂乾、栾燕、谷强、迟宏宵、魏泽辉、汝亚彬、马野。

塑料模具钢　第 2 部分:预硬化钢棒

1　范围

GB/T 35840 的本部分规定了预硬化塑料模具钢棒的术语和定义、订货内容、尺寸、外形、技术要求、试验方法、检验规则、包装、标志及质量证明书。

本部分适用于制造塑料模具用热轧、锻制及机加工交货的预硬化圆钢、方钢、扁钢(以下简称钢材)。

2　规范性引用文件

下列文件对于本文件的应用是必不可少的。凡是注日期的引用文件,仅注日期的版本适用于本文件。凡是不注日期的引用文件,其最新版本(包括所有的修改单)适用于本文件。

GB/T 223.3　钢铁及合金化学分析方法　二安替比林甲烷磷钼酸重量法测定磷量

GB/T 223.5　钢铁　酸溶硅和全硅含量的测定　还原型硅钼酸盐分光光度法

GB/T 223.11　钢铁及合金　铬含量的测定　可视滴定或电位滴定法

GB/T 223.13　钢铁及合金化学分析方法　硫酸亚铁铵滴定法测定钒含量

GB/T 223.14　钢铁及合金化学分析方法　钽试剂萃取光度法测定钒含量

GB/T 223.18　钢铁及合金化学分析方法　硫代硫酸钠分离-碘量法测定铜量

GB/T 223.19　钢铁及合金化学分析方法　新亚铜灵-三氯甲烷萃取光度法测定铜量

GB/T 223.23　钢铁及合金　镍含量的测定　丁二酮肟分光光度法

GB/T 223.26　钢铁及合金　钼含量的测定　硫氰酸盐分光光度法

GB/T 223.28　钢铁及合金化学分析方法　α-安息香肟重量法测定钼量

GB/T 223.53　钢铁及合金化学分析方法　火焰原子吸收分光光度法测定铜量

GB/T 223.54　钢铁及合金化学分析方法　火焰原子吸收分光光度法测定镍量

GB/T 223.58　钢铁及合金化学分析方法　亚砷酸钠-亚硝酸钠滴定法测定锰量

GB/T 223.59　钢铁及合金　磷含量的测定　铋磷钼蓝分光光度法和锑磷钼蓝分光光度法

GB/T 223.60　钢铁及合金化学分析方法　高氯酸脱水重量法测定硅含量

GB/T 223.61　钢铁及合金化学分析方法　磷钼酸铵容量法测定磷量

GB/T 223.62　钢铁及合金化学分析方法　乙酸丁酯萃取光度法测定磷量

GB/T 223.63　钢铁及合金化学分析方法　高碘酸钠(钾)光度法测定锰量

GB/T 223.64　钢铁及合金　锰含量的测定　火焰原子吸收光谱法

GB/T 223.67　钢铁及合金　硫含量的测定　次甲基蓝分光光度法

GB/T 223.68　钢铁及合金化学分析方法　管式炉内燃烧后碘酸钾滴定法测定硫含量

GB/T 223.69　钢铁及合金　碳含量的测定　管式炉内燃烧后气体容量法

GB/T 223.71　钢铁及合金化学分析方法　管式炉内燃烧后重量法测定碳含量

GB/T 223.72　钢铁及合金　硫含量的测定　重量法

GB/T 223.76　钢铁及合金化学分析方法　火焰原子吸收光谱法测定钒量

GB/T 223.82　钢铁　氢含量的测定　惰气脉冲熔融热导法

GB/T 226　钢的低倍组织及缺陷酸蚀检验法

GB/T 230.1　金属材料　洛氏硬度试验　第 1 部分:试验方法(A、B、C、D、E、F、G、H、K、N、T 标尺)

GB/T 908—2008　锻制钢棒尺寸、外形、重量及允许偏差
GB/T 1299—2014　工模具钢
GB/T 2101　型钢验收、包装、标志及质量证明书的一般规定
GB/T 4336　碳素钢和中低合金钢　多元素含量的测定　火花放电原子发射光谱法(常规法)
GB/T 6394　金属平均晶粒度测定方法
GB/T 6402—2008　钢锻件超声检测方法
GB/T 8170　数值修约规则与极限数值的表示和判定
GB/T 10561—2005　钢中非金属夹杂物含量的测定　标准评级图显微检验法
GB/T 17505　钢及钢产品　交货一般技术要求
GB/T 20066　钢和铁　化学成分测定用试样的取样和制样方法

3　术语和定义

下列术语和定义适用于本文件。

3.1

预硬化　pre-hardening

通过热处理的方法，使模具钢在模具制造前达到服役特定硬度状态。

4　订货内容

按本部分订购钢材的合同或订单应包括下列内容：

a)　本部分编号；
b)　产品名称；
c)　牌号(见6.1)；
d)　冶炼方法(见6.2)；
e)　产品规格尺寸、外形及允许偏差组别(见第5章)；
f)　交货状态(见6.3)；
g)　重量(或数量)；
h)　特殊要求；

5　尺寸、外形、重量及允许偏差

5.1　热轧钢棒

5.1.1　热轧圆钢和方钢的尺寸、外形及允许偏差应符合GB/T 1299—2014中5.1.1的规定。

5.1.2　热轧扁钢的尺寸、外形及允许偏差应符合GB/T 1299—2014中5.1.2的规定。

5.2　锻制钢棒

5.2.1　锻制圆钢和方钢

锻制圆钢和方钢的尺寸、外形及允许偏差应符合GB/T 1299—2014中5.2.1的规定。

5.2.2　锻制扁钢

5.2.2.1　公称宽度40 mm～300 mm锻制扁钢的尺寸及其允许偏差应符合GB/T 908—2008的表4中

2组的规定。需方如要求其他组别尺寸允许偏差应在合同中注明。

5.2.2.2 公称宽度大于300 mm～1 800 mm锻制扁钢的尺寸及其允许偏差应符合表1的规定。

表1 公称宽度大于300 mm～1 800 mm锻制扁钢的尺寸及其允许偏差 单位为毫米

公称厚度	厚度允许偏差	公称宽度	宽度允许偏差
>160～200	+8 0	>300～400	+15 0
>200～400	+10 0	>400～600	+20 0
>400～1 000	+15 0	>600～1 500	+25 0
>1 000～1 200	+20 0	>1 500～1 800	+30 0
锻制扁钢的截面积不大于1 200 000 mm^2，宽度与厚度之比不大于6∶1。			

5.2.2.3 锻制扁钢的交货长度应不小于1 000 mm，允许搭交不超过总重10%、长度不小于500 mm的短尺料。

5.2.2.4 锻制扁钢的平面每米弯曲度应不大于5.0 mm，平面总弯曲度应不大于总长度的0.5%；扁钢的侧面每米弯曲度（镰刀弯）应不大于5.0 mm，侧面总弯曲度（镰刀弯）应不大于总长度的0.5%。

5.2.2.5 公称厚度或宽度不大于300 mm的扁钢，棱角处圆角半径R应不大于5.0 mm，每个面的交角为90°±2°；公称厚度或宽度大于300 mm～1 000 mm的扁钢，棱角处圆角半径R应不大于10.0 mm，每个面的交角为90°±4°，但扁钢在同一截面上两对角线长度差应不大于其公称宽度公差。扁钢不允许有显著的扭转。公称厚度或宽度大于1 000 mm的扁钢，经供需双方协商并在合同中注明，棱角处圆角半径R可另行规定。

5.2.2.6 锻制扁钢两端应锯切平直，公称厚度或宽度不大于300 mm的扁钢，端面切斜度应不大于5 mm；公称厚度或宽度大于300 mm～1 000 mm的扁钢，端面切斜度应不大于10 mm；公称厚度或宽度大于1 000 mm的扁钢，经双方协商并在合同中注明，切斜度可另行规定。

5.3 机加工交货钢材

机加工交货钢材的尺寸、外形及允许偏差应符合GB/T 1299—2014中5.5的规定。

5.4 重量

钢材一般按实际重量交货。

6 技术要求

6.1 牌号及化学成分

钢的牌号及化学成分（成品分析）应符合表2的规定。

表2 钢的牌号及化学成分

序号	统一数字代号	牌号	化学成分（质量分数）/%										
			C	Si	Mn	P	S	Cr	Mo	Ni	V	Cu	H
1	T25303	3Cr2Mo	0.28～0.40	0.20～0.80	0.60～1.00	≤0.020	≤0.010	1.40～2.00	0.30～0.55	—	—	≤0.20	≤0.000 2
2	T25553	3Cr2MnNiMo	0.32～0.40	0.20～0.40	1.10～1.50	≤0.020	≤0.010	1.70～2.00	0.25～0.40	0.85～1.15	—	≤0.20	≤0.000 2

表 2（续）

序号	统一数字代号	牌号	化学成分（质量分数）/%										
			C	Si	Mn	P	S	Cr	Mo	Ni	V	Cu	H
3	T25344	4Cr2Mn1MoS	0.35～0.45	0.20～0.40	1.30～1.60	≤0.020	0.05～0.10	1.80～2.10	0.15～0.25	—	—	≤0.20	≤0.000 2
4	T25512	2CrNiMoMnV	0.24～0.30	≤0.30	1.40～1.60	≤0.025	≤0.010	1.25～1.45	0.45～0.60	0.80～1.20	0.10～0.20	≤0.20	≤0.000 2

6.2 冶炼方法

钢应采用真空精炼、电渣重熔及其他满足要求的方法冶炼，具体冶炼方法应在合同注明。

6.3 交货状态

钢材以预硬化状态交货。

6.4 交货硬度

6.4.1 交货状态钢材的硬度值应符合表 3 的规定。

6.4.2 公称直径或厚度不大于 800 mm 钢材，同一截面的硬度差不大于 HRC 4；公称直径或厚度大于 800 mm 钢材，由供需双方协商确定。

表 3 交货状态的硬度

序号	牌号	洛氏硬度 HRC	
		1 组	2 组
1	3Cr2Mo	28～34	—
2	3Cr2MnNiMo	30～36	—
3	4Cr2Mn1MoS	28～34	—
4	2CrNiMoMnV	30～36	37～42

6.4.3 经供需双方协商并在合同中注明，可另行规定交货状态的钢材硬度值。

6.5 低倍组织

6.5.1 钢材应进行低倍检验，在横截面酸浸低倍试片上不应有目视可见的缩孔、夹杂、分层、裂纹、气泡和白点，中心疏松和锭型偏析应分别按 GB/T 1299—2014 附录 A 中图 A.1 和图 A.2 评定，其合格级别应符合下列要求：

a) 圆钢及方钢的中心疏松及锭型偏析应符合 GB/T 1299—2014 表 28 中 1 组规定；

b) 扁钢中心的疏松及锭型偏析应符合 GB/T 1299—2014 表 29 中 1 组规定。

6.5.2 经供需双方协商，并在合同中注明，电渣重熔钢的低倍组织可按附录 A 检验，合格级别由供需双方协商确定。

6.6 非金属夹杂物

6.6.1 电渣重熔钢非金属夹杂物应按 GB/T 10561—2005 的 A 法检验与评级，其结果应符合表 4 中

1组规定。

6.6.2 真空脱气钢非金属夹杂物应按 GB/T 10561—2005 的 A 法检验与评级，其结果应符合表 4 中 2 组规定。

6.6.3 根据需方要求，其他满足要求的方法冶炼的钢可进行非金属夹杂物检验，其合格级别由供需双方协商确定。

表 4 非金属夹杂物合格级别

<table>
<tr><th rowspan="3">非金属夹杂物</th><th colspan="2">1组</th><th colspan="2">2组</th></tr>
<tr><th>细系</th><th>粗系</th><th>细系</th><th>粗系</th></tr>
<tr><th colspan="4">级
不大于</th></tr>
<tr><td>A[a]</td><td>1.5</td><td>1.0</td><td>2.0</td><td>1.5</td></tr>
<tr><td>B</td><td>1.5</td><td>1.0</td><td>2.0</td><td>1.5</td></tr>
<tr><td>C</td><td>1.0</td><td>1.0</td><td>1.5</td><td>1.0</td></tr>
<tr><td>D</td><td>1.5</td><td>1.0</td><td>2.0</td><td>1.5</td></tr>
<tr><td colspan="5">根据需方要求可检验 DS 类非金属夹杂物，合格级别由供需双方协商确定。</td></tr>
<tr><td colspan="5">[a] 4Cr2Mn1MoS 钢不检验 A 类夹杂物。</td></tr>
</table>

6.7 超声检测

6.7.1 钢材应按 GB/T 6402—2008 进行超声检测，其内部不应有白点、夹渣、分层、内裂、缩孔等冶金缺陷存在。

6.7.2 超声检测允许极限值的大小分级和数量级别按 GB/T 1299—2014 表 36 和表 37 规定，其合格级别应符合表 5 中规定。

表 5 超声检测的合格级别

钢材直径、边长或厚度 mm	合格级别
≤150	E/e
>150～250	E/e
>250～500	E/e
>500	D/d

6.8 表面质量

6.8.1 热轧和锻制钢材表面质量应符合 GB/T 1299—2014 中 6.11.2 的规定。

6.8.2 机加工交货的钢材表面质量应符合 GB/T 1299—2014 中 6.11.5 的规定。

6.9 特殊要求

根据需方要求，可增加特殊检验项目，其检验项目的试验方法、试验数量、评级标准及合格级别由供需双方协商并在合同中注明：

a） 特殊化学成分；

b） 晶粒度；

c） 其他特殊要求。

7 试验方法

7.1 钢材的检验项目和试验方法应符合表 6 的规定。

表 6 钢材的检验项目、取样部位和取样数量、试验方法

<table>
<tr><th>序号</th><th>检验项目</th><th>取样数量[a]</th><th>取样部位</th><th>试验方法</th></tr>
<tr><td>1</td><td>化学成分</td><td>1 个/炉</td><td>GB/T 20066</td><td>见 7.2</td></tr>
<tr><td rowspan="2">2</td><td rowspan="2">交货硬度</td><td>3%，且不少于 3 个/批</td><td>圆棒：不同支钢材头尾，如下图所示：
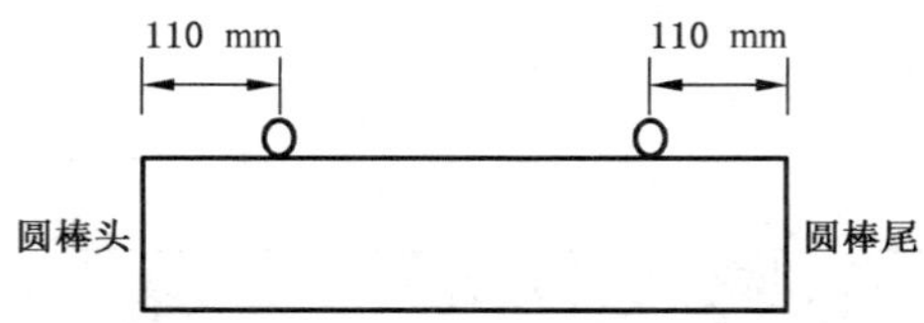
</td><td rowspan="2">GB/T 230.1</td></tr>
<tr><td>逐支</td><td>方扁钢：两端面对角线上，按角部、1/2 处、中心共 9 点检测，如下图所示：
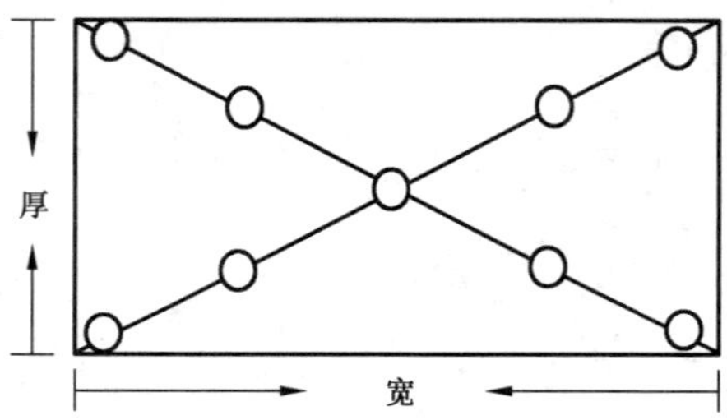
</td></tr>
<tr><td>3</td><td>低倍组织</td><td>2 个/批</td><td>相当于钢锭头部的不同支钢坯或钢材上</td><td>GB/T 226、GB/T 1299—2014 中附录 A 或本部分附录 A</td></tr>
<tr><td>4</td><td>非金属夹杂物[b]</td><td>2 个/批</td><td>相当于钢锭头部的不同支钢材上</td><td>GB/T 10561—2005 中 A 法</td></tr>
<tr><td>5</td><td>晶粒度</td><td>1 个/批</td><td>任一支钢材上</td><td>GB/T 6394</td></tr>
<tr><td>6</td><td>超声检测</td><td>逐支</td><td>—</td><td>GB/T 6402—2008</td></tr>
<tr><td>7</td><td>尺寸</td><td>逐支</td><td>—</td><td>卡尺、千分尺</td></tr>
<tr><td>8</td><td>表面质量</td><td>逐支</td><td>—</td><td>目视</td></tr>
<tr><td colspan="5">[a] 交货数量少于取样数量时，逐支取样。
[b] 对大规格钢材，非金属夹杂物可在改锻成直径或边长为 90 mm～120 mm 样坯上进行检验，经供需双方协商并在合同中注明钢材，也可另行规定检验方法。</td></tr>
</table>

7.2 钢的化学成分按 GB/T 4336 或通用的试验方法进行分析，但仲裁时应按 GB/T 223.3、GB/T 223.5、GB/T 223.11、GB/T 223.13、GB/T 223.14、GB/T 223.18、GB/T 223.19、GB/T 223.23、GB/T 223.26、GB/T 223.28、GB/T 223.53、GB/T 223.54、GB/T 223.58、GB/T 223.59、GB/T 223.60、GB/T 223.61、GB/T 223.62、GB/T 223.63、GB/T 223.64、GB/T 223.67、GB/T 223.68、GB/T 223.69、GB/T 223.71、GB/T 223.72、GB/T 223.76、GB/T 223.82 的规定进行。

8 检验规则

8.1 检查与验收

钢材的质量检查和验收由供方技术质量监督部门进行。必要时需方有权按本部分规定进行检查与验收。

8.2 组批规则

钢应成批检查和验收,真空精炼钢的每批钢材应由同一牌号、同一炉号、同一交货状态、同一规格和同一热处理炉次的钢材组成。电渣钢的每批钢材应由同一牌号、同一电渣炉号、同一交货状态、同一规格和同一热处理炉次的钢材组成。在工艺稳定且能保证本部分各项要求的条件下,电渣钢的化学成分应每个电渣炉号取1个。

8.3 取样数量和取样部位

钢材检验的取样数量和取样部位应符合表6的规定。

8.4 复验和判定规则

8.4.1 钢材复验与判定规则按GB/T 17505的规定。

8.4.2 供方若能保证钢材合格时,对同一炉号的钢材或钢坯的低倍组织、非金属夹杂物允许以大代小,以坯代材,以探伤代低倍。

8.4.3 钢材各项检验及检查测量值按修约值比较法进行修约,修约规则应符合GB/T 8170的规定。

9 包装、标志和质量证明书

钢材的包装、标志和质量证明书应符合GB/T 2101的规定。

附 录 A
（规范性附录）
重熔钢棒、钢坯低倍评级图

A.1 暗斑评级图见图 A.1～图 A.5。

图 A.1 暗斑——A 级

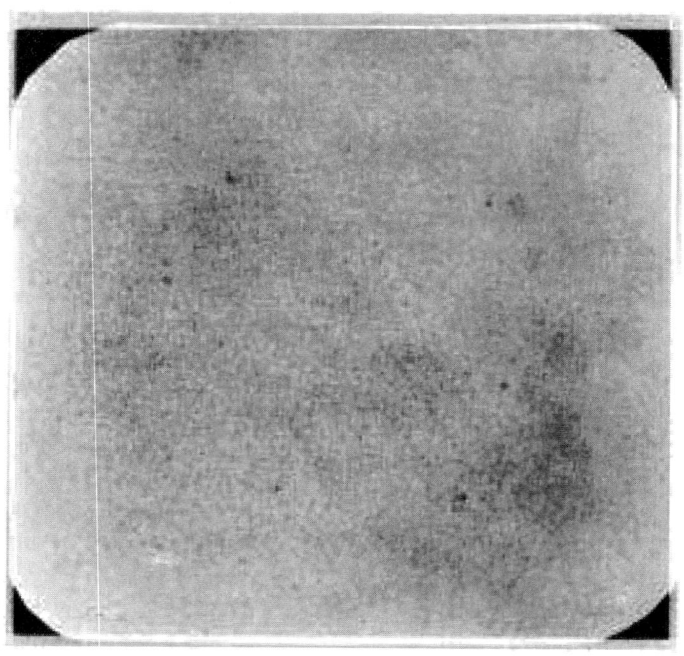

图 A.2 暗斑——B 级

图 A.3 暗斑——C 级

图 A.4 暗斑——D 级

图 A.5　暗斑——E 级

A.2　白斑评级图见图 A.6～图 A.10。

图 A.6　白斑——A 级

图 A.7 白斑——B 级

图 A.8 白斑——C 级

图 A.9　白斑——D 级

图 A.10　白斑——E 级

A.3 径向偏析评级图见图 A.11～图 A.15。

图 A.11 径向偏析——A 级

图 A.12 径向偏析——B 级

图 A.13　径向偏析——C 级

图 A.14　径向偏析——D 级

图 A.15 径向偏析——E 级

A.4 环状花样评级图见图 A.16～图 A.20。

图 A.16 环状花样——A 级

图 A.17 环状花样——B 级

图 A.18 环状花样——C 级

图 A.19 环状花样——D 级

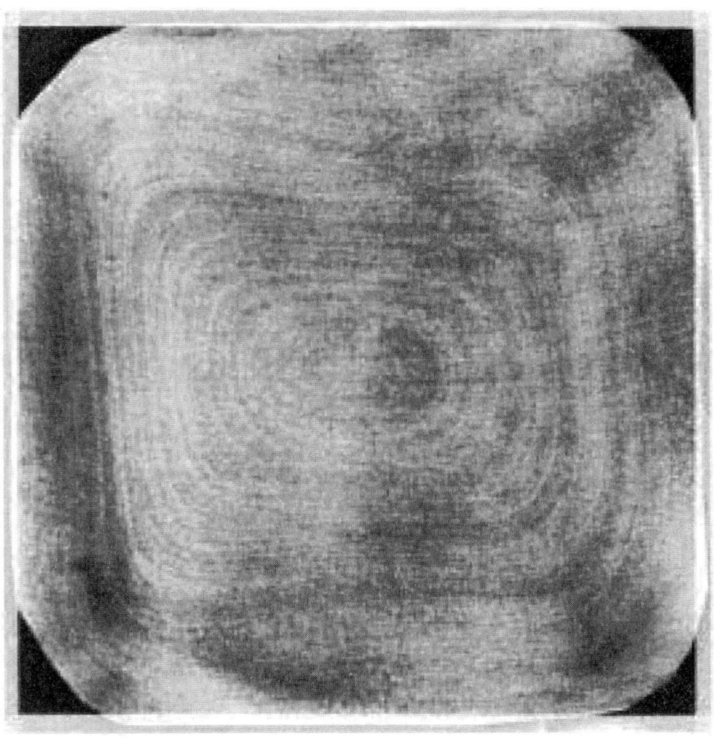

图 A.20 环状花样——E 级

ICS 77.140.35
H 40

中华人民共和国国家标准

GB/T 35840.3—2018

塑料模具钢　第3部分：耐腐蚀钢

Steels for plastic mould—Part 3：Corrosion resistant steels

2018-05-14 发布　　2019-02-01 实施

国家市场监督管理总局
中国国家标准化管理委员会　发布

前　言

GB/T 35840《塑料模具钢》分为4个部分：

——第1部分：非合金钢；

——第2部分：预硬化钢棒；

——第3部分：耐腐蚀钢

——第4部分：预硬化钢板。

本部分为GB/T 35840的第3部分。

本部分按照GB/T 1.1—2009给出的规则起草。

本部分由中国钢铁工业协会提出。

本部分由全国钢标准化技术委员会(SAC/TC 183)归口。

本部分起草单位：钢铁研究总院、抚顺特殊钢股份有限公司、冶金工业信息标准研究院、江苏天工工具有限公司、四川六合锻造股份有限公司、河冶科技股份有限公司。

本部分主要起草人：马党参、迟宏宵、周健、康爱军、谷强、颜丞铭、廖俊、栾燕、丁勇、张贝贝、刘宝石、冯淑玲、廖云虎、吴立志。

塑料模具钢 第3部分:耐腐蚀钢

1 范围

GB/T 35840 的本部分规定了耐腐蚀塑料模具钢的订货内容、尺寸、外形、重量、技术要求、试验方法、检验规则、包装、标志及质量证明书等。

本部分适用于制造塑料模具用热轧、锻制及机加工交货的耐腐蚀圆钢、方钢、扁钢(以下简称钢材)。

2 规范性引用文件

下列文件对于本文件的应用是必不可少的。凡是注日期的引用文件,仅注日期的版本适用于本文件。凡是不注日期的引用文件,其最新版本(包括所有的修改单)适用于本文件。

GB/T 223.3 钢铁及合金化学分析方法 二安替比林甲烷磷钼酸重量法测定磷量

GB/T 223.5 钢铁 酸溶硅和全硅含量的测定 还原型硅钼酸盐分光光度法

GB/T 223.11 钢铁及合金 铬含量的测定 可视滴定或电位滴定法

GB/T 223.13 钢铁及合金化学分析方法 硫酸亚铁铵滴定法测定钒含量

GB/T 223.14 钢铁及合金化学分析方法 钽试剂萃取光度法测定钒含量

GB/T 223.18 钢铁及合金化学分析方法 硫代硫酸钠分离-碘量法测定铜量

GB/T 223.19 钢铁及合金化学分析方法 新亚铜灵-三氯甲烷萃取光度法测定铜量

GB/T 223.22 钢铁及合金化学分析方法 亚硝基R盐分光光度法测定钴量

GB/T 223.23 钢铁及合金 镍含量的测定 丁二酮肟分光光度法

GB/T 223.26 钢铁及合金 钼含量的测定 硫氰酸盐分光光度法

GB/T 223.28 钢铁及合金化学分析方法 α-安息香肟重量法测定钼量

GB/T 223.29 钢铁及合金 铅含量的测定 载体沉淀-二甲酚橙分光光度法

GB/T 223.31 钢铁及合金 砷含量的测定 蒸馏分离-钼蓝分光光度法

GB/T 223.47 钢铁及合金化学分析方法 载体沉淀-钼蓝光度法测定锑量

GB/T 223.48 钢铁及合金化学分析方法 半二甲酚橙光度法测定铋量

GB/T 223.50 钢铁及合金化学分析方法 苯基荧光酮-溴化十六烷基三甲基胺直接光度法测定锡量

GB/T 223.53 钢铁及合金化学分析方法 火焰原子吸收分光光度法测定铜量

GB/T 223.54 钢铁及合金化学分析方法 火焰原子吸收分光光度法测定镍量

GB/T 223.58 钢铁及合金化学分析方法 亚砷酸钠-亚硝酸钠滴定法测定锰量

GB/T 223.59 钢铁及合金 磷含量的测定 铋磷钼蓝分光光度法和锑磷钼蓝分光光度法

GB/T 223.60 钢铁及合金化学分析方法 高氯酸脱水重量法测定硅含量

GB/T 223.61 钢铁及合金化学分析方法 磷钼酸铵容量法测定磷量

GB/T 223.62 钢铁及合金化学分析方法 乙酸丁酯萃取光度法测定磷量

GB/T 223.63 钢铁及合金化学分析方法 高碘酸钠(钾)光度法测定锰量

GB/T 223.64 钢铁及合金 锰含量的测定 火焰原子吸收光谱法

GB/T 223.67 钢铁及合金 硫含量的测定 次甲基蓝分光光度法

GB/T 223.68 钢铁及合金化学分析方法 管式炉内燃烧后碘酸钾滴定法测定硫含量

GB/T 223.69　钢铁及合金　碳含量的测定　管式炉内燃烧后气体容量法

GB/T 223.71　钢铁及合金化学分析方法　管式炉内燃烧后重量法测定碳含量

GB/T 223.72　钢铁及合金　硫含量的测定　重量法

GB/T 223.76　钢铁及合金化学分析方法　火焰原子吸收光谱法测定钒量

GB/T 223.82　钢铁　氢含量的测定　惰气脉冲熔融热导法

GB/T 223.85　钢铁及合金　硫含量的测定　感应炉燃烧后红外吸收法

GB/T 223.86　钢铁及合金　总碳含量的测定　感应炉燃烧后红外吸收法

GB/T 224　钢的脱碳层深度测定法

GB/T 226　钢的低倍组织及缺陷酸蚀检验法

GB/T 229　金属材料　夏比摆锤冲击试验方法

GB/T 230.1　金属材料　洛氏硬度试验　第1部分：试验方法(A、B、C、D、E、F、G、H、K、N、T标尺)

GB/T 231.1　金属材料　布氏硬度试验　第1部分：试验方法

GB/T 1299—2014　工模具钢

GB/T 2101　型钢验收、包装、标志及质量证明书的一般规定

GB/T 4336　碳素钢和中低合金钢　多元素含量的测定　火花放电原子发射光谱法(常规法)

GB/T 6394　金属平均晶粒度测定方法

GB/T 6402—2008　钢锻件超声检测方法

GB/T 8170　数值修约规则与极限数值的表示和判定

GB/T 10561—2005　钢中非金属夹杂物含量的测定　标准评级图显微检验法

GB/T 11261　钢铁　氧含量的测定　脉冲加热惰气熔融-红外线吸收法

GB/T 13298　金属显微组织检验方法

GB/T 17505　钢及钢产品　交货一般技术要求

GB/T 20066　钢和铁　化学成分测定用试样的取样和制样方法

GB/T 20123　钢铁　总碳硫含量的测定　高频感应炉燃烧后红外吸收法(常规方法)

GB/T 20124　钢铁　氮含量的测定　惰性气体熔融热导法(常规方法)

GB/T 35840.2—2018　塑料模具钢　第2部分：预硬化钢棒

3　分类

钢按使用加工方法分为两类：

a)　压力加工用钢　UP

　　1)　热压力加工　UHP

　　2)　冷压力加工　UCP

b)　切削加工用钢　UC

钢材的使用加工方法应在合同中注明。

4　订货内容

按本部分订购的钢材的合同或订单应包括下列内容：

a)　本部分编号；

b)　产品名称；

c)　牌号(见6.1)；

d) 冶炼方法(见 6.2);
e) 产品规格;
f) 尺寸、外形及允许偏差组别(见第 5 章);
g) 交货状态(见 6.3);
h) 重量(或数量);
i) 特殊要求。

5 尺寸、外形、重量

5.1 热轧圆钢和方钢的尺寸、外形及允许偏差应符合 GB/T 1299—2014 中 5.1.1 的规定。
5.2 热轧扁钢的尺寸、外形及允许偏差应符合 GB/T 1299—2014 中 5.1.2 的规定。
5.3 锻制圆钢和方钢的尺寸、外形及允许偏差应符合 GB/T 1299—2014 中 5.2.1 的规定。
5.4 锻制扁钢的尺寸、外形及允许偏差应符合 GB/T 1299—2014 中 5.2.2 的规定。
5.5 机加工交货钢材的尺寸、外形及允许偏差应符合 GB/T 1299—2014 中 5.5 的规定。
5.6 经供需双方协商,并在合同中注明,可供应其他尺寸、外形及允许偏差的钢材。
5.7 钢材一般按实际重量交货。

6 技术要求

6.1 牌号及化学成分

6.1.1 钢的牌号及化学成分(成品分析)应符合表 1 的规定。

表 1 钢的牌号与化学成分

序号	统一数字代号	牌号	化学成分(质量分数)/%						
			C	Si	Mn	Cr	Mo	Ni	V
1	S42043	4Cr13	0.36～0.45	≤0.60	≤0.80	12.00～14.00	—	≤0.60	[a]
2	T25444	4Cr13NiVSi	0.36～0.45	0.90～1.20	0.40～0.70	13.00～14.00	—	0.15～0.30	0.25～0.35
3	T25304	3Cr17Mo	0.33～0.45	≤1.00	≤1.50	15.50～17.50	0.80～1.30	≤1.00	—
4	T25513	3Cr17NiMoV	0.32～0.40	0.30～0.60	0.60～0.80	16.00～18.00	1.00～1.30	0.60～1.00	0.15～0.35
[a] 特殊要求时,允许含有小于 0.50%的钒含量。									

6.1.2 钢中磷、硫含量(成品分析)应符合表 2 的规定,未注明时按照 2 组执行。

表 2 钢中磷、硫含量

组别	化学成分(质量分数)/%	
	P	S
1	≤0.020	≤0.005
2	≤0.025	≤0.010

6.1.3 经供需双方协商,可对钢中铅、砷、锡、锑、铋、氢、氧、氮等元素进行检测,具体要求应在合同中注明。

6.2 冶炼方法

钢应采用电弧炉、电弧炉加真空脱气、电弧炉加电渣重熔、真空电弧重熔(VAR)或其他满足要求的方法冶炼,具体冶炼方法应在合同中注明。

6.3 交货状态

钢材一般以退火状态交货。根据需方需求,并在合同中注明,可以预硬化状态交货。

6.4 交货硬度

6.4.1 交货状态钢材的硬度值和试样淬火硬度值应符合表3的规定。供方若能保证试样淬火硬度值符合表3的规定时可不作检验。

6.4.2 经供需双方协商,并在合同中注明,交货状态钢材的硬度值以及预硬化的硬度值可另行规定。

表3 交货状态硬度和试样淬火后硬度值

牌号	交货状态的钢材硬度		试样淬火硬度		
	退火硬度 HBW 不大于	预硬化硬度 HRC	淬火温度 ℃	冷却剂	洛氏硬度 HRC 不小于
4Cr13	235	30～36	1 000～1 050	油	50
4Cr13NiVSi	235	30～36	1 000～1 050	油	50
3Cr17Mo	269	33～38	1 000～1 070	油	46
3Cr17NiMoV	269	33～38	1 030～1 070	油	50

6.5 低倍组织

6.5.1 钢材应进行低倍检验,在横截面酸浸低倍试片上不应有目视可见的缩孔、夹杂、分层、裂纹、气泡和白点。中心疏松和锭型偏析应分别按 GB/T 1299—2014 中附录 A 的图 A.1 和图 A.2 评定,其合格级别应分别符合下列要求:

a) 圆钢及方钢的中心疏松和锭型偏析应符合按 GB/T 1299—2014 表 28 中 1 组的规定;

b) 扁钢的中心疏松和锭型偏析应符合 GB/T 1299—2014 表 29 中 1 组的规定。

6.5.2 经供需双方协商,并在合同中注明,电渣重熔钢的低倍组织可按 GB/T 35840.2—2018 中附录 A 进行评级,合格级别由供需双方协商确定。

6.6 退火组织

对于 4Cr13 和 4Cr13NiVSi 钢,且边长不大于 200 mm 的方钢、厚度不大于 200 mm 的扁钢以及直径不大于 300 mm 的圆钢应按 A.1 检查退火组织,其合格级别由供需双方协商确定,并在合同中注明。

6.7 非金属夹杂物

非金属夹杂物应按 GB/T 10561—2005 的 A 法检验与评级,其结果应符合表 4 规定,未注明时按 2 组执行。

表 4 非金属夹杂物合格级别

非金属夹杂物类别	1 组		2 组	
	细系	粗系	细系	粗系
	级 不大于			
A	1.0	1.0	1.5	1.5
B	1.0	1.0	1.5	1.5
C	1.0	1.0	1.0	1.0
D	1.5	1.0	2.0	1.5
根据需方要求,可检验 DS 类非金属夹杂物,合格级别由供需双方协商确定。				

6.8 脱碳层

6.8.1 热轧和锻制钢材一边总脱碳层(铁素体＋过渡层合格级别应符合 GB/T 1299—2014 中 6.8.1 的规定。

6.8.2 根据需方要求,可检验扁钢的脱碳层,具体要求由供需双方协商确定。

6.8.3 机加工钢材表面不允许有脱碳层。

6.9 晶粒度

6.9.1 钢材应检验奥氏体晶粒度,其合格级别应为 7 级或更细。

6.9.2 晶粒度试样经 1 030 ℃±10 ℃保温 30 min,然后空冷至室温。

6.10 超声检测

钢材应进行超声检测,检测方法和合格级别应符合 GB/T 1299—2014 中 6.10 的规定。

6.11 表面质量

6.11.1 供压力加工用钢材的表面质量应符合 GB/T 1299—2014 中 6.11.1 的规定。

6.11.2 供切削加工用钢材的表面质量应符合 GB/T 1299—2014 中 6.11.2 的规定。

6.11.3 机加工交货的钢材的表面质量应符合 GB/T 1299—2014 中 6.11.5 的规定。

6.12 特殊要求

根据需方要求,经供需双方协商,并在合同中注明,可增加下列检验项目:

a) 特殊化学成分;

b) 特殊硬度值;

c) 特殊尺寸及其允许偏差;

d) 冲击韧性(见附录 A);

e) 其他要求。

7 试验方法

7.1 钢材检验项目和试验方法应符合表 5 的规定。

7.2 钢的化学成分按 GB/T 4336、GB/T 20123 或通用的试验方法进行分析，但仲裁时应按 GB/T 223.3、GB/T 223.5、GB/T 223.11、GB/T 223.13、GB/T 223.14、GB/T 223.18、GB/T 223.19、GB/T 223.22、GB/T 223.23、GB/T 223.26、GB/T 223.28、GB/T 223.29、GB/T 223.31、GB/T 223.47、GB/T 223.48、GB/T 223.50、GB/T 223.53、GB/T 223.54、GB/T 223.58、GB/T 223.59、GB/T 223.60、GB/T 223.61、GB/T 223.62、GB/T 223.63、GB/T 223.64、GB/T 223.67、GB/T 223.68、GB/T 223.69、GB/T 223.71、GB/T 223.72、GB/T 223.76、GB/T 223.82、GB/T 223.85、GB/T 223.86、GB/T 11261、GB/T 20124 的规定进行。

表 5 检验项目、试样数量、取样部位和试验方法

序号	检验项目	取样数量[a]		取样部位	试验方法
		电弧炉钢、真空脱气钢	电渣重熔钢、真空电弧重熔（VAR）钢		
1	化学成分	1 个/炉		GB/T 20066	见 6.2
2	交货硬度	5%/批，且不少于 5 个/批		不同支钢材上	GB/T 231.1
3	试样硬度	2 个/批	1 个/批	电弧炉钢、真空脱气钢：不同支钢材上 电渣重熔钢、真空电弧重熔钢：任一支钢材	GB/T 230.1
4	低倍组织	2 个/批	1 个/批	电弧炉钢、真空脱气钢：相当于钢锭头部的不同支钢坯或钢材上 电渣重熔钢、真空电弧重熔钢：相当于钢锭头部的任意支钢坯或钢材上	GB/T 226 GB/T 1299—2014 附录 A 或 GB/T 35840.2—2018 附录 A
5	退火组织	2 个/批	1 个/批	电弧炉钢、真空脱气钢：不同支钢材上 电渣重熔钢、真空电弧重熔钢：任一支钢材，在心部纵向取样	GB/T 13298 和本部分附录 B
6	非金属夹杂物[b]	2 个/批	1 个/批	电弧炉钢、真空脱气钢：不同支钢材上 电渣重熔钢、真空电弧重熔钢：任一支钢材上	GB/T 10561—2005 中 A 法
7	晶粒度	2 个/批	1 个/批		GB/T 6394
8	脱碳层	2 个/批	1 个/批		GB/T 224
9	超声检测	逐支		—	GB/T 6402
10	表面质量	逐支		—	目视及测量
11	尺寸、外形	逐支		—	卡尺、千分尺
12	冲击韧性	5 个/批		相当于钢材头部任一支钢材上	GB/T 229，本部分附录 B

[a] 交货数量少于取样数量时，逐支取样。

[b] 对大规格钢材，非金属夹杂物可在改锻呈直径或边长为 90 mm～120 mm 钢坯上进行检验；经供需双方协商并在合同中注明，钢材也可另行规定检验方法。

8 检验规则

8.1 检查与验收

钢材的质量检查与验收由供方技术质量监督部门负责。必要时需方有权按本部分规定进行检查与验收。

8.2 组批规则

8.2.1 钢材应按批检查和验收。每批钢材应由同一牌号、同一炉号、同一加工用途、同一交货状态、同一规格和同一热处理炉次的钢材组成。

8.2.2 电渣重熔钢每批应由同一子炉号、同一加工用途、同一交货状态、同一规格和同一热处理炉次的钢材组成在工艺稳定且能保证本部分各项要求的条件下，允许以电渣重熔的母炉号组批，但化学成分应按每个子炉号取 1 个。

8.3 取样数量和取样部位

钢材检验的取样数量和取样部位应符合表 5 的规定。

8.4 复验与判定

8.4.1 钢材检验结果不符合本部分要求时，可进行复验。复验和判定应符合 GB/T 17505 的规定。

8.4.2 钢材各项检验测量值应按修约值比较法进行修约，数值修约规则应符合 GB/T 8170 的规定。

9 包装、标志及质量证明书

钢材的包装、标志和质量证明书应符合 GB/T 2101 的规定。

附 录 A
（规范性附录）
冲击韧性测试方法

A.1 本方法适用于公称直径或边长或厚度不小于 80 mm 的钢材。

A.2 在钢材横截面的中心位置，取试料。方钢和扁钢取样位置见图 A.1，圆钢取样位置见图 A.2。

A.3 每批钢材应至少测试 1 组 5 个试样。5 个冲击试样毛坯应在一个试料上并列切取。

A.4 试样毛坯应留有充足的余料，并按表 A.1 进行淬火加回火热处理，然后加工成试样表面不允许有脱碳如果在保护性介质中进行热处理，试样毛坯可以直接加工至近终试样尺寸。

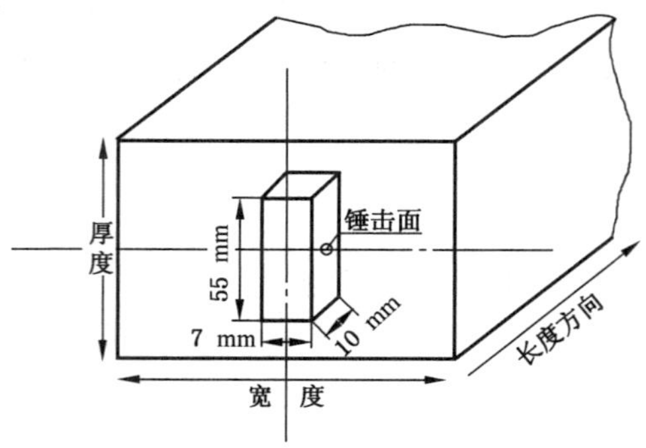

图 A.1 方钢和扁钢冲击韧性试样取样位置图

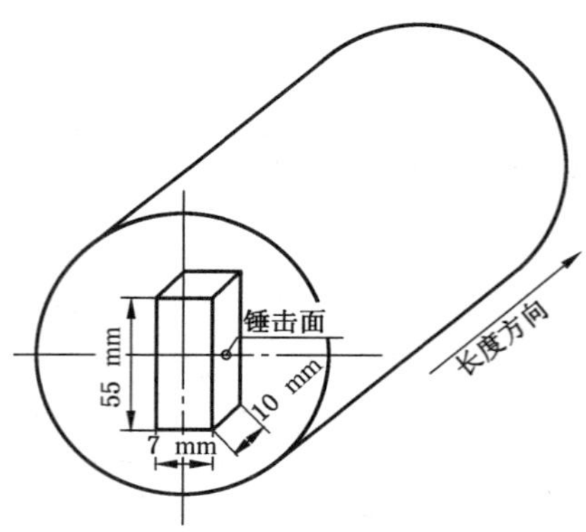

图 A.2 圆钢冲击韧性试样取样位置图

表 A.1 冲击韧性测试热处理要求

牌号	淬火	回火	洛氏硬度 HRC
4Cr13	1 030 ℃±10 ℃，保温 30 min，油淬	180 ℃～300 ℃或 500 ℃～560 ℃，保温不小于 2 h，2 次	49～51
4Cr13NiVSi			
3Cr17Mo	1 050 ℃±10 ℃，保温 30 min，油淬	180 ℃～300 ℃或 500 ℃～560 ℃，保温不小于 2 h，2 次	44～46
3Cr17NiMoV			

A.5 试样按照上述热处理制度进行热处理后，磨光到最终尺寸。采用无缺口试样，最终尺寸及极限偏差为(7±0.100)mm×(10±0.100)mm×(55±1.00)mm。

A.6 在进行冲击试验时，摆锤应撞击试样横向面的中心部位，见图 A.1 和图 A.2。在 5 个冲击试样的检测结果中，去掉 1 个最高值和 1 个最低值，余下 3 个结果取平均值(四舍五入到小数点后一位)。

附　录　B
（规范性附录）
耐蚀型塑料模具钢退火组织标准评级图

B.1　退火组织评级图见图 B.1。

B.2　退火组织评级图分为五类：

a）　A 类主要评定均匀性球化退火组织；

b）　B 类主要评定网状碳化物；

c）　C 类主要评定粗大液析碳化物；

d）　D 类主要评定组织偏析；

e）　E 类主要评定未球化组织。

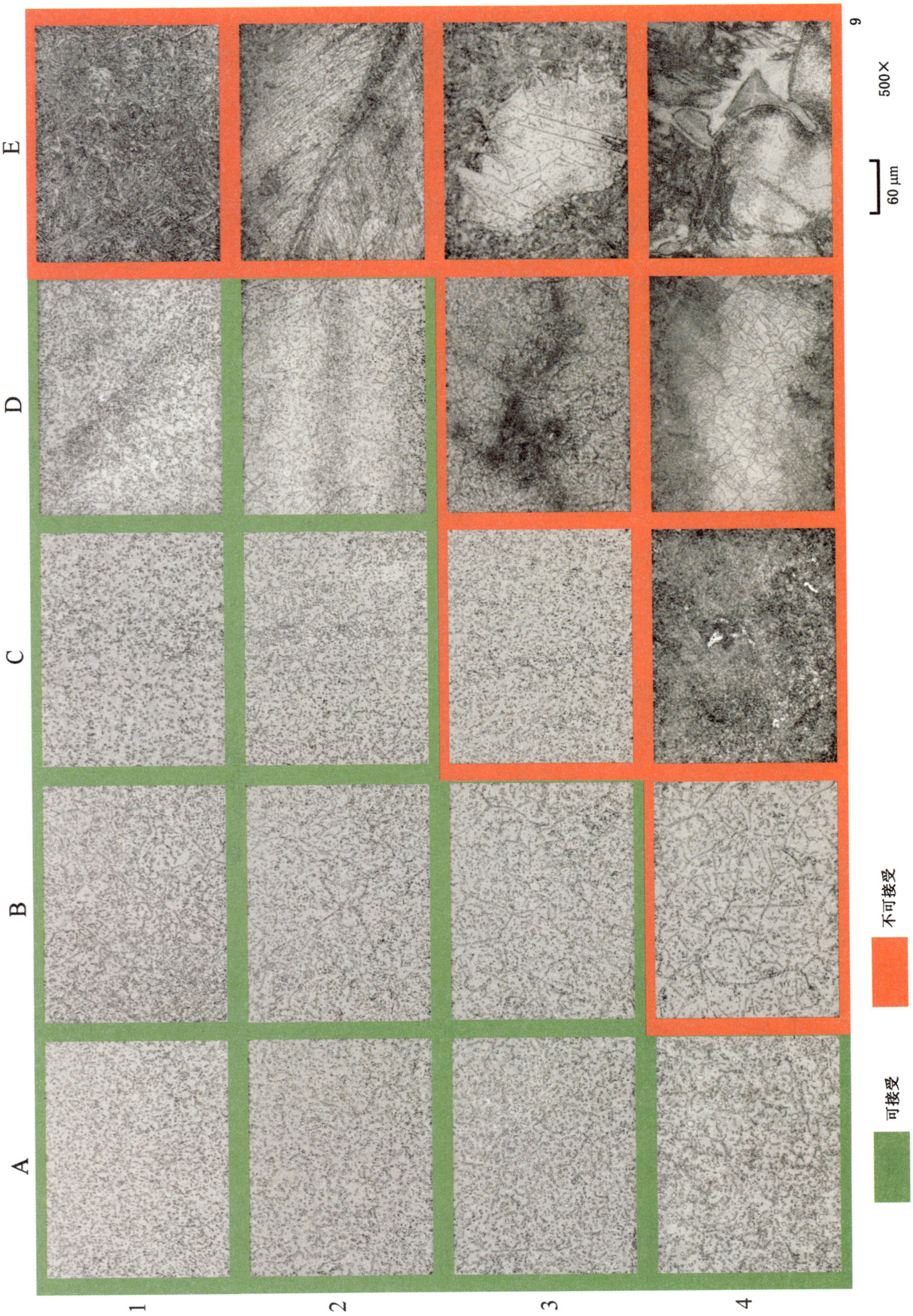

图 B.1 耐蚀型塑料模具钢退火组织标准评级图

ICS 77.140.50
H 46

中华人民共和国国家标准

GB/T 35841—2018

自卸矿车结构用高强度钢板

High strength steel plate for dump truck structure

2018-02-06 发布 2018-11-01 实施

中华人民共和国国家质量监督检验检疫总局
中国国家标准化管理委员会 发布

前　　言

本标准按照 GB/T 1.1—2009 给出的规则起草。

本标准由中国钢铁工业协会提出。

本标准由全国钢标准化技术委员会(SAC/TC 183)归口。

本标准起草单位:山东钢铁集团日照有限公司、冶金工业信息标准研究院。

本标准主要起草人:孙卫华、冯勇、张维旭、栾彩霞、李倩、胡淑娥、侯东华。

自卸矿车结构用高强度钢板

1 范围

本标准规定了自卸矿车结构用高强度钢板的订货内容、牌号表示方法、尺寸、外形、重量、技术要求、试验方法、检验规则、包装、标志及质量证明书。

本标准适用于制造厚度为 3 mm～80 mm 的大型矿山自卸矿车结构用高强度钢板（以下简称钢板）。

2 规范性引用文件

下列文件对于本文件的应用是必不可少的。凡是注日期的引用文件，仅注日期的版本适用于本文件。凡是不注日期的引用文件，其最新版本（包括所有的修改单）适用于本文件。

GB/T 222 钢的成品化学成分允许偏差

GB/T 223.5 钢铁 酸溶硅和全硅含量的测定 还原型硅钼酸盐分光光度法

GB/T 223.9 钢铁及合金 铝含量的测定 铬天青 S 分光光度法

GB/T 223.11 钢铁及合金 铬含量的测定 可视滴定或电位滴定法

GB/T 223.14 钢铁及合金化学分析方法 钽试剂萃取光度法测定钒含量

GB/T 223.18 钢铁及合金化学分析方法 硫代硫酸钠分离-碘量法测定铜量

GB/T 223.23 钢铁及合金 镍含量的测定 丁二酮肟分光光度法

GB/T 223.26 钢铁及合金 钼含量的测定 硫氰酸盐分光光度法

GB/T 223.40 钢铁及合金 铌含量的测定 氯磺酚 S 分光光度法

GB/T 223.62 钢铁及合金化学分析方法 乙酸丁酯萃取光度法测定磷量

GB/T 223.63 钢铁及合金化学分析方法 高碘酸钠(钾)光度法测定锰量

GB/T 223.69 钢铁及合金 碳含量的测定 管式炉内燃烧后气体容量法

GB/T 223.72 钢铁及合金 硫含量的测定 重量法

GB/T 228.1 金属材料 拉伸试验 第 1 部分：室温试验方法

GB/T 229 金属材料 夏比摆锤冲击试验方法

GB/T 247 钢板和钢带包装、标志及质量证明书的一般规定

GB/T 709 热轧钢板和钢带的尺寸、外形、重量及允许偏差

GB/T 2970 厚钢板超声检测方法

GB/T 2975 钢及钢产品 力学性能试验取样位置及试样制备

GB/T 4336 碳素钢和中低合金钢 多元素含量的测定 火花放电原子发射光谱法（常规法）

GB/T 8170 数值修约规则与极限数值的表示和判定

GB/T 14977 热轧钢板表面质量的一般要求

GB/T 17505 钢及钢产品 交货一般技术要求

GB/T 20066 钢和铁 化学成分测定用试样的取样和制样方法

GB/T 20123 钢铁 总碳硫含量的测定 高频感应炉燃烧后红外吸收法（常规方法）

GB/T 20125 低合金钢 多元素含量的测定 电感耦合等离子体原子发射光谱法

3 订货内容

按本标准订货的合同或订单应包括下列内容：

a) 本标准编号；
b) 产品名称；
c) 牌号；
d) 规格；
e) 尺寸、外形精度；
f) 交货状态；
g) 重量；
h) 特殊要求。

4 牌号表示方法

钢的牌号由代表钢的屈服强度的“屈”字汉语拼音首字母、规定最小屈服强度值、质量等级符号三个部分组成。

示例：Q1170E

Q ——屈服强度的“屈”字汉语拼音的首字母；

1170——规定最小屈服强度数值，单位为兆帕(MPa)；

E ——质量等级为 E 级。

5 尺寸、外形、重量

5.1 钢板不平度应符合表 1 中 N 类的规定，经供需双方协商并在合同中注明，不平度也可按表 1 中 S 类的规定。

表 1 不平度

单位为毫米

公称厚度	N 类		S 类	
	下列测量长度的不平度[a] 不大于			
	1 000	2 000	1 000	2 000
3～6	10	12	9	11
＞6～8	9	11	8	10
＞8～15	8	10	7	9
＞15～25	7	9	6	8
＞25～50	7	9	6	8
＞50～80	8	10	7	9

[a] 当波形间距大于 1 000 mm 时，测量长度为 1 000 mm。

5.2 除钢板不平度外，钢板的尺寸、外形、重量及允许偏差应符合 GB/T 709 的规定。

5.3 经供需双方协商，可供应其他尺寸、外形、重量及允许偏差的钢板。

6 技术要求

6.1 牌号及化学成分

6.1.1 钢的牌号和化学成分(熔炼分析)应符合表 2 规定。

表 2 化学成分

牌号	化学成分(质量分数)/%										
	C	Si	Mn	P	S	Ni	Cr	Mo	Nb	V	Als
	不大于										不小于
Q700D	0.20	0.55	1.80	0.020	0.015	1.00	1.00	0.60	0.100	0.100	0.015
Q700E	0.20	0.55	1.80	0.020	0.015	1.20	1.00	0.60	0.100	0.100	0.015
Q900D	0.25	0.55	1.80	0.020	0.015	1.00	1.30	0.60	0.100	0.100	0.015
Q900E	0.25	0.55	1.80	0.020	0.015	1.20	1.30	0.60	0.100	0.100	0.015
Q1070D	0.26	0.55	1.60	0.020	0.015	1.10	1.40	0.60	0.050	0.100	0.015
Q1070E	0.26	0.55	1.60	0.020	0.015	1.30	1.40	0.60	0.060	0.100	0.015
Q1170D	0.30	0.55	1.60	0.020	0.015	1.10	1.50	0.60	0.050	0.100	0.015
Q1170E	0.30	0.55	1.60	0.020	0.015	1.30	1.50	0.60	0.060	0.100	0.015

6.1.2 为改善力学性能,供方也可添加表 2 规定以外的其他合金元素。

6.1.3 钢中 Cu 为残余元素时,其含量应不大于 0.30%,Cu 为合金元素时,其含量应不大于 0.80%。

6.1.4 当采用全铝(Alt)含量计算时,全铝含量应不小于 0.020%。

6.1.5 根据需方要求,由供需双方协议,可规定各牌号碳当量,碳当量(CEV)按式(1)计算(附录 A 列出了碳当量参考值)。

$$CEV = C + Mn/6 + (Cr + Mo + V)/5 + (Cu + Ni)/15 \quad \cdots\cdots (1)$$

6.1.6 钢的成品化学成分允许偏差应符合 GB/T 222 的规定。

6.2 冶炼方法

钢由转炉或电炉冶炼,并应进行炉外精炼。

6.3 交货状态

钢板以淬火、淬火+回火、热机械轧制(TMCP)或热机械轧制(TMCP)+回火状态交货。

6.4 力学性能

6.4.1 钢板的力学性能应符合表 3 的规定。

6.4.2 厚度小于 12 mm 的钢板应采用小尺寸试样进行夏比(V 型缺口)冲击试验。钢板厚度>8 mm～<12 mm 时,试样尺寸为 7.5 mm×10 mm×55 mm,其试验结果应不小于规定值的 75%;钢板厚度 6 mm～8 mm 时,试样尺寸为 5 mm×10 mm×55 mm,其试验结果应不小于规定值的 50%;厚度小于 6 mm 的钢板不做冲击试验。

6.4.3 钢板的夏比(V 型缺口)冲击试验结果按一组三个试样的算术平均值计算,允许其中一个试样值低于规定值,但不应低于规定值的 70%。如果试验结果不符合上述规定时,应从同一张钢板(或同一样坯上)再取 3 个试样进行试验,前后两组 6 个试样的算术平均值不应低于规定值,允许有 2 个试样小于规定值,但其中小于规定值 70%的试样只允许有 1 个。

表 3 力学性能

牌号	拉伸试验				夏比(V 型缺口)冲击试验	
	规定塑性延伸强度 $R_{p0.2}$/MPa 不小于	抗拉强度 R_m/MPa 厚度/mm		断后伸长率 A/% 不小于	温度/℃	冲击吸收能量/(KV_2/J) 不小于
		3~50	>50~80			
Q700D	700	770~1 090	770~1 090	12	−20	35
Q700E	700	770~1 090	770~1 090	12	−40	35
Q900D	900	960~1 290	协议	10	−20	31
Q900E	900	960~1 290	协议	10	−40	31
Q1070D	1 070[a]	1 130~1 450	协议	8	−20	17
Q1070E	1 070[a]	1 130~1 450	协议	8	−40	17
Q1170D	1 170[a]	1 230~1 550	协议	8	−20	17
Q1170E	1 170[a]	1 230~1 550	协议	8	−40	17

[a] Q1070D/E 及 Q1170D/E 规定塑性延伸强度仅供参考。

6.5 表面质量

6.5.1 钢板表面不准许存在裂纹、气泡、结疤、折叠和夹杂等缺陷。钢板不应有分层。如有上述表面缺陷,允许清理,清理深度从钢板实际尺寸算起,不应超过钢板厚度公差之半,并应保证钢板的最小厚度。缺陷清理处应平滑无棱角。

6.5.2 钢板表面允许有不妨碍检查表面缺陷的薄层氧化铁皮、铁锈、由压入氧化铁皮脱落所引起的表面粗糙、划伤、压痕及其他局部缺欠,但其深度不应大于厚度公差之半,并应保证钢板的最小厚度。

6.5.3 钢板不准许焊补。

6.5.4 除焊补的规定外,经供需双方协商,并在合同中注明,表面质量也可执行 GB/T 14977 的规定。

6.6 超声检测

根据需方要求,对于厚度不小于 16 mm 的钢板应逐张进行超声检测,检测方法按照 GB/T 2970 的规定,Ⅲ级合格。经双方协商,也可采用其他检测标准,具体检测标准和合格级别应在合同中注明。

6.7 特殊要求

经供需双方协商,可对钢板提出其他特殊要求。

7 试验方法

7.1 钢的化学成分试验方法应按照 GB/T 223.5、GB/T 223.9、GB/T 223.11、GB/T 223.14、GB/T 223.18、GB/T 223.23、GB/T 223.26、GB/T 223.40、GB/T 223.62、GB/T 223.63、GB/T 223.69、GB/T 223.72、GB/T 4336、GB/T 20123、GB/T 20125 或通用方法的规定进行,但仲裁时应按 GB/T 223.5、GB/T 223.9、GB/T 223.11、GB/T 223.14、GB/T 223.18、GB/T 223.23、GB/T 223.26、GB/T 223.40、

GB/T 223.62、GB/T 223.63、GB/T 223.69、GB/T 223.72 的规定进行。

7.2 钢板的检验项目和试验方法应符合表 4 的规定。

表 4 钢板的检验项目、取样数量、取样方向、取样方法及试验方法

序号	检验项目	取样数量	取样方向	取样方法	试验方法
1	化学成分	1 个/炉	—	GB/T 20066	见 7.1
2	拉伸试验	1 个/批	横向	GB/T 2975	GB/T 228.1
3	冲击试验	3 个/批	纵向	GB/T 2975	GB/T 229
4	尺寸、外形	逐张	—	—	适宜的量具
5	表面质量	逐张	—	—	目视
6	超声检测	逐张	—	—	GB/T 2970

8 检验规则

8.1 钢板由供方质量技术监督部门检查和验收。

8.2 钢板应按批验收，每批由同一牌号、同一炉号、同一厚度、同一轧制制度、同一热处理制度的钢板组成，每批重量不大于 60 t。

8.3 钢板检验项目的取样数量、取样方向及取样方法应符合表 4 的规定。

8.4 钢板检验结果不符合本标准要求时，可进行复验。检验项目的复验和判定规则应符合 GB/T 17505 的规定。

8.5 力学性能和化学成分试验结果采用修约值比较法，修约规则应符合 GB/T 8170 的规定。

9 包装、标志及质量证明书

钢板的包装、标志及质量证明书应符合 GB/T 247 的规定。

附 录 A
（资料性附录）
碳当量参考值

碳当量参考值见表 A.1。

表 A.1 碳当量参考值

牌号	碳当量（CEV）/% 不大于
Q700D/Q700E	0.47
Q900D/Q900E	0.49
Q1070D/Q1070E	0.52
Q1170D/Q1170E	0.57

ICS 91.140.60
P 40

中华人民共和国国家标准

GB/T 35842—2018

城镇供热预制直埋保温阀门技术要求

Technical requirements for pre-insulated directly buried valve of urban heating

2018-02-06 发布　　2019-01-01 实施

中华人民共和国国家质量监督检验检疫总局
中国国家标准化管理委员会　发布

前　　言

本标准按照GB/T 1.1—2009给出的规则起草。

本标准由中华人民共和国住房和城乡建设部提出。

本标准由全国城镇供热标准化技术委员会(SAC/TC 455)归口。

本标准起草单位:北京豪特耐管道设备有限公司、北京市热力集团有限责任公司、上海市特种设备监督检验技术研究院、北京市热力工程设计有限责任公司、北京市建设工程质量第四检测所、北京威克斯威阀门有限公司、乌鲁木齐市热力总公司、中国中元国际工程公司、北京阀门总厂(集团)有限公司、唐山兴邦管道工程设备有限公司、大连益多管道有限公司、河北昊天能源投资集团有限公司、河北通奥节能设备有限公司。

本标准主要起草人:王孝国、高洪泽、张书臣、白冬军、符明海、贾丽华、刘炬、梁晨、何宏声、李国鹏、郭姝娟、穆金华、胡全喜、郝志忠、邱晓霞、郑中胜、孙永林、叶连基、冯文亮、张红莲、王志强。

城镇供热预制直埋保温阀门技术要求

1 范围

本标准规定了城镇供热预制直埋保温阀门的一般要求、要求、试验方法、检验规则、标识、运输和贮存等。

本标准适用于输送介质连续运行温度大于或等于4 ℃、小于或等于120 ℃,偶然峰值温度小于或等于140 ℃,工作压力小于或等于2.5 MPa的直埋敷设的预制保温阀门的制造与检验。

2 规范性引用文件

下列文件对于本文件的应用是必不可少的。凡是注日期的引用文件,仅注日期的版本适用于本文件。凡是不注日期的引用文件,其最新版本(包括所有的修改单)适用于本文件。

GB/T 12224 钢制阀门 一般要求

GB/T 13927—2008 工业阀门 压力试验

GB/T 29046 城镇供热预制直埋保温管道技术指标检测方法

GB/T 29047 高密度聚乙烯外护管硬质聚氨酯泡沫塑料预制直埋保温管及管件

CJJ/T 81 城镇供热直埋热水管道技术规程

JB/T 12006 钢管焊接球阀

3 术语和定义

下列术语和定义适用于本文件。

3.1

保温阀门 valve assembly

由高密度聚乙烯外护管(以下简称外护管)、硬质聚氨酯泡沫塑料保温层(以下简称保温层)、钢制焊接阀门、阀门直管段组成的元件。

3.2

阀门直管段 valve extension pipes

为便于阀门保温和安装,焊接在阀门两端的钢管。

3.3

阀门焊接端口 welding end on valve

阀门直管段与工作钢管连接处的端口。

3.4

开关扭矩 breakaway thrust/breakaway torque

在最大压差下开启和关闭阀门所需的扭矩。

3.5

弯矩 bending moment

阀门在承受弯曲荷载时产生的力矩。

3.6

无荷载状态　valve unload

阀门无轴向力和弯矩时的状态。

4　一般要求

4.1　保温阀门结构示意图如图1所示。

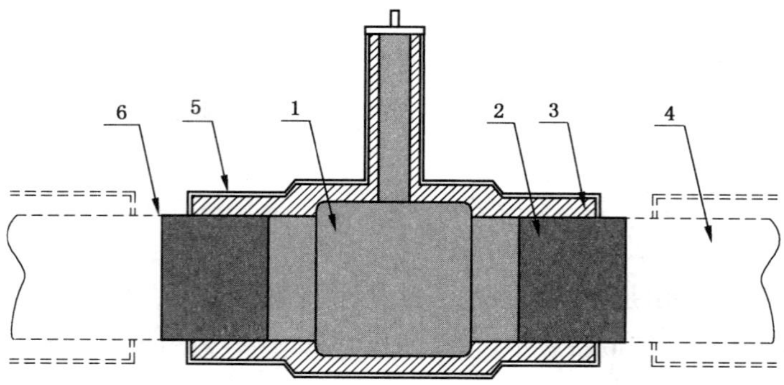

说明：

1——阀门；

2——阀门直管段；

3——保温层；

4——工作钢管；

5——外护管；

6——阀门焊接端口。

图1　保温阀门结构示意图

4.2　阀门应采用钢制全焊接式球阀或蝶阀。球阀应采用双向密封，且应符合 JB/T 12006 的规定；蝶阀应采用双向金属密封，且应符合 GB/T 12224 的规定。

4.3　阀门的结构应符合下列规定：

a）应能承受管道的轴向推力；

b）应使阀门能在保温层之外进行开/闭操作；

c）应能承受冷、热、潮气、地下水和盐水等地下条件的影响。

4.4　阀门应为顺时针旋转关闭，逆时针旋转打开。

4.5　除阀杆密封系统外，法兰或螺栓等可分离的连接方式不应用于阀门的承压区域。

4.6　阀杆的结构和长度应能使阀门在操作面上用T型操纵杆进行操作。

4.7　当阀杆采用两层或多层O型圈时，顶端的O型圈应能在不破坏保温层的情况下予以调整或更换。

4.8　保温阀门防腐保护应符合下列规定：

a）在保温阀门的工作年限内，阀门应进行防腐保护。

b）阀杆穿出保温层的部分，应采取防止水进入保温层的密封措施。

c）保温层外的阀杆结构应由抗腐蚀的金属材料制成或进行永久性的防腐保护。阀杆末端防腐保护的长度 M 不应小于100 mm，阀门主要尺寸偏差及防腐保护示意图如图2所示。

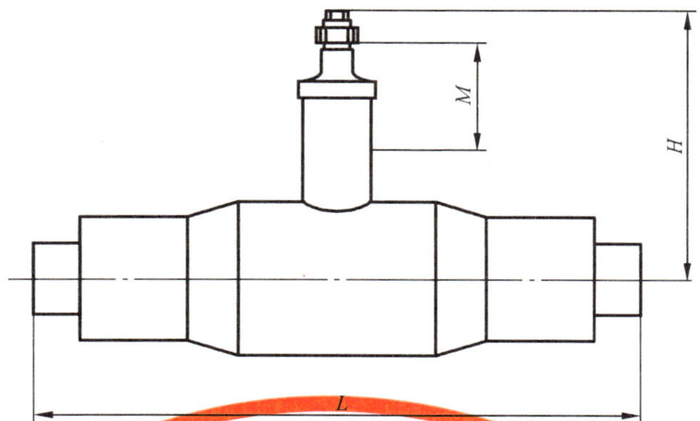

说明：
H ——阀杆顶端距管中心线的高度；
L ——阀门两接口端面之间的长度；
M ——阀杆末端防腐保护的长度。

图 2 阀门主要尺寸偏差及防腐保护示意图

4.9 公称直径大于或等于 DN300 的蝶阀和公称直径大于或等于 DN200 的球阀，应带有移动便携式或固定式齿轮机构。

4.10 驱动器连接部分键槽的尺寸宜为 60 mm、70 mm 和 90 mm。

4.11 阀门上应装有止动装置，并应能在不去除保温层的情况下予以调整或更换。

4.12 与阀门连接的直管段应符合 GB/T 29047 的规定。

4.13 阀门直管段的焊接应符合下列规定：

a) 蝶阀应在完全关闭的状态下进行焊接，关闭前应清洁阀座密封圈和阀板表面；

b) 球阀应在完全开启的状态下进行焊接。

4.14 在阀门保温制作过程中不应拆装阀门的齿轮箱。

4.15 保温阀门的预期寿命与长期耐温性及蠕变性能应符合 GB/T 29047 的规定。

5 要求

5.1 阀门

5.1.1 壳体

壳体的密封应符合 GB/T 13927—2008 的规定。

5.1.2 阀座密封性

5.1.2.1 阀座的密封应符合 GB/T 13927—2008 的规定。

5.1.2.2 阀座的双向最大允许泄漏率均不应大于 GB/T 13927—2008 中 C 级的规定。

5.1.3 无荷载状态下阀门开关扭矩

无荷载状态下开、关阀门所需的最大力不应大于 360 N。

5.1.4 轴向压力

阀门的轴向压力应符合设计要求。当设计无要求时，应符合附录 A 中表 A.1 的规定。

5.1.5 轴向拉力

阀门轴向拉力应符合设计要求。当设计无要求时,应符合表 A.1 的规定。

5.1.6 径向弯矩

阀门径向弯矩应符合设计要求。当设计无要求时,应符合表 A.1 的规定。

5.2 保温阀门

5.2.1 外护管

外护管的外观、密度、拉伸屈服强度与断裂伸长率、纵向回缩率、耐环境应力开裂、外径和壁厚应符合 GB/T 29047 的规定。

5.2.2 保温层

保温层的泡孔尺寸、空洞、气泡、密度、压缩强度、吸水率、闭孔率、导热系数、保温层厚度应符合 GB/T 29047 的规定。

5.2.3 外护管焊接

外护管焊接应符合 GB/T 29047 的规定。

5.2.4 阀杆末端密封性

阀杆穿出保温层的部分应进行密封,不应渗水。

5.2.5 挤压变形及划痕

保温层受挤压变形时,其径向变形量不应超过其设计保温层厚度的 15%。外护管划痕深度不应超过外护管最小壁厚的 10%,且不应超过 1 mm。

5.2.6 管端垂直度

保温阀门管端垂直度应符合 GB/T 29047 的规定。

5.2.7 管端焊接预留段长度

保温阀门两端应留出 150 mm~250 mm 无保温层的焊接预留段,两端预留段长度之差不应大于 40 mm。

5.2.8 轴线偏心距

保温阀门任意位置外护管轴线与工作钢管轴线间的最大轴线偏心距应符合 GB/T 29047 的规定。

5.2.9 保温层厚度

保温层厚度应符合 GB/T 29047 的规定,最小保温层厚度不应小于保温管保温层厚度的 50%,且任意点的保温层厚度不应小于 15 mm。

5.2.10 主要尺寸偏差

5.2.10.1 阀门两接口端面之间的长度 L 示意图见图 2,长度偏差值应符合表 1 的规定。

5.2.10.2　阀杆顶端距管中心线的高度 H 示意图如图 2，高度偏差值应符合表 1 的规定。

表 1　阀门尺寸偏差

单位为毫米

公称直径 DN	阀门两接口端面之间的长度偏差值	阀杆顶端距管中心线的高度偏差值
≤300	±5	±20
>300	±10	±50

5.2.11　报警线

保温阀门的报警线应符合 GB/T 29047 的规定。

5.2.12　阀门直管段焊接

阀门直管段的焊接应符合 GB/T 29047 的规定。

6　试验方法

6.1　阀门

6.1.1　试验阀门选取

试验应选取未使用过的阀门。选取的阀门应具有代表性，且应在同一个阀门上依次进行下列试验。

6.1.2　试验介质

试验介质应采用清洁水。

6.1.3　壳体

壳体试验应按 GB/T 13927—2008 的规定执行。

6.1.4　阀座密封性

6.1.4.1　阀座密封性试验应按 GB/T 13927—2008 的规定执行。

6.1.4.2　试验压力不应小于阀门在 20 ℃时允许的最大工作压力的 1.1 倍。

6.1.5　无荷载状态下的阀门开关扭矩

6.1.5.1　在测量扭矩之前，阀门应关闭 24 h。阀门内应注满 23 ℃±2 ℃的水。

6.1.5.2　打开和关闭阀门时，测量并记录阀门所需的扭矩。阀门应能正常开启关闭。

6.1.6　轴向压力

6.1.6.1　将阀门处于开启位置，施加附录 A 表 A.1 中规定的轴向压力。测试条件如下：

a)　阀门内的水压为阀门公称压力；

b)　水温为 140 ℃±2 ℃。

6.1.6.2　测试中施加的最大扭矩值不应高于阀门出厂技术参数规定最大值的 110%。

6.1.6.3　测试持续时间为 48 h，当打开和关闭阀门时，测量并记录轴向压力、水温和开关扭矩，每天应测量 2 次。2 次测量的最小时间间隔为 6 h。按 6.1.4 和 6.1.5 的规定分别测量阀座的密封性和开关扭矩。

6.1.6.4　以上测试结束后，阀门应在无荷载状态下，按 6.1.4 和 6.1.5 的规定分别测试阀座的密封性和开关扭矩。

6.1.7 轴向拉力

6.1.7.1 试验水温应为 23 ℃±2 ℃。

6.1.7.2 试验时阀门应处于开启位置，向阀门内注入水，水的压力为阀门公称压力，然后施加表 A.1 中规定的轴向拉力。

6.1.7.3 试验持续时间为 48 h。当打开和关闭阀门时，测量并记录轴向拉力、水温和开关扭矩，每天应测量 2 次。2 次测量的最小时间间隔为 6 h。在不卸载阀门轴向拉力的状态下，按 6.1.4 的规定测试阀座的密封性。

6.1.8 径向弯矩

6.1.8.1 试验应在环境温度 23 ℃±2 ℃的条件下进行。如使用一个新的阀门单独进行径向弯矩试验，应将阀门从环境温度加热至 140 ℃(阀体温度)，循环加热 2 次。

6.1.8.2 所有规格的阀门应按附录 B 进行四点弯曲试验测试，测试应在两个平面上进行，一个平面在阀杆的轴线平行，另一个平面垂直于阀杆的轴线。当 DN 小于或等于 200 时也可按附录 B 中 B.2.2 的规定进行测试。加荷载后，打开和关闭阀门所施加的扭矩不应大于阀门出厂技术参数规定最大值的 110%。

6.1.8.3 径向弯矩测试完成后，按 6.1.4 的规定测试阀座的密封性。

6.2 保温阀门

6.2.1 外护管

6.2.1.1 外护管的外观、密度、拉伸屈服强度与断裂伸长率、纵向回缩率、耐环境应力开裂、外径和壁厚应按 GB/T 29046 的规定进行测试。

6.2.1.2 发泡后，阀门外护管的焊接密封性应按 GB/T 29046 的规定进行测试。

6.2.2 保温层

保温层的泡孔尺寸、空洞、气泡、密度、压缩强度、吸水率、闭孔率、导热系数、保温层厚度应按 GB/T 29046 的规定进行测试。

6.2.3 外护管焊接

外护管焊接应按 GB/T 29046 的规定进行测试。

6.2.4 阀杆末端密封性

将阀杆末端密封处完全浸入密闭的水箱，水温 23 ℃±2 ℃，使水着色并增压至 30 kPa，保持恒压 24 h 后，切开密封部分，检查是否有水渗入密封处的内部保温层。

6.2.5 挤压变形及划痕

挤压变形及划痕应按 GB/T 29046 的规定进行测试。

6.2.6 管端垂直度

管端垂直度应按 GB/T 29046 的规定进行测试。

6.2.7 管端焊接预留段长度

管端焊接预留段长度应按 GB/T 29046 的规定进行测试。

6.2.8 轴线偏心距

保温阀门任意位置外护管轴线与工作钢管轴线间的最大轴线偏心距应按 GB/T 29046 的规定进行测试。

6.2.9 保温层厚度

保温层厚度应按 GB/T 29046 的规定进行测试。

6.2.10 主要尺寸偏差

主要尺寸偏差应按 GB/T 29046 的规定进行测试。

6.2.11 报警线

报警线应按 GB/T 29046 的规定进行测试。

6.2.12 阀门直管段焊接

阀门直管段焊接完成后应按 GB/T 29047 的规定进行检测。

7 检验规则

7.1 检验分类

产品检验分为出厂检验和型式检验。

7.2 出厂检验

7.2.1 出厂检验分为全部检验和抽样检验，检验项目应符合表 2 的规定。

表 2 检验项目表

检验项目			出厂检验		型式检验	要求	试验方法
			全部检验	抽样检验			
阀门	壳体		√	—	√	5.1.1	6.1.3
	阀座密封性		√	—	√	5.1.2	6.1.4
	无荷载状态下的阀门开关扭矩		—	—	√	5.1.3	6.1.5
	轴向压力		—	—	√	5.1.4	6.1.6
	轴向拉力		—	—	√	5.1.5	6.1.7
	径向弯矩		—	—	√	5.1.6	6.1.8
保温阀门	外护管	外观	√	—	√	5.2.1	6.2.1
		密度	—	√	√		
		拉伸屈服强度与断裂伸长率	—	√	√		
		纵向回缩率	—	—	√		
		耐环境应力开裂	—	—	√		
		外径和壁厚	—	√	√		

表 2（续）

检验项目			出厂检验		型式检验	要求	试验方法
			全部检验	抽样检验			
保温阀门	保温层	泡孔尺寸	—	√	√	5.2.2	6.2.2
		空洞、气泡	—	√	√		
		密度	—	√	√		
		压缩强度	—	√	√		
		吸水率	—	√	√		
		闭孔率	—	√	√		
		导热系数	—	√	√		
		保温层厚度	√	—	√		
	外护管焊接		—	√	√	5.2.3	6.2.3
	阀杆末端密封性		—	—	√	5.2.4	6.2.4
	挤压变形及划痕		√	—	√	5.2.5	6.2.5
	管端垂直度		√	—	√	5.2.6	6.2.6
	管端焊接预留段长度		√	—	√	5.2.7	6.2.7
	轴线偏心距		√	—	√	5.2.8	6.2.8
	保温层厚度		√	—	√	5.2.9	6.2.9
	主要尺寸偏差		√	—	√	5.2.10	6.2.10
	报警线		√	—	√	5.2.11	6.2.11
	阀门直管段焊接		√	—	√	5.2.12	6.2.12

7.2.2 保温阀门出厂检验应按 GB/T 29047 中保温管件的规定执行。所有检验项目合格时为合格。保温阀门应在出厂检验合格后方可出厂，出厂时应附检验合格报告。

7.2.3 全部检验的项目应对所有产品逐件进行检验。

7.2.4 抽样检验应每月抽检 1 次，检验应均布于全年的生产过程中，抽检项目应按表 2 的规定执行，其中壳体试验和阀座密封性试验由阀门制造商负责并提供出厂检验报告。

7.3 型式检验

7.3.1 在下列情况时应进行型式检验：

a) 新产品或老产品转厂生产的试制定型鉴定时；

b) 正式生产后，当结构、材料、工艺有较大改变，可能影响产品性能时；

c) 停产 1 年后恢复生产时；

d) 正常生产时，每 2 年。

7.3.2 型式检验项目应按表 2 的规定执行，其中阀门制造商负责提供阀门的型式检验报告，保温阀门厂家提供保温阀门的型式检验报告。

7.3.3 型式检验试验样品由型式检验机构在制造单位成品库或者生产线经检验合格等待入库的产品中采用随机抽样方法抽取，每一选定规格仅代表向下 0.5 倍直径、向上 2 倍直径的范围。

7.3.4 型式检验任何一项指标不合格时，应在同批、同规格产品中加倍抽样，复检其不合格项目。如复检项目合格，则该结构型式产品为合格，如复检项目仍不合格，则该结构型式产品为不合格。

8 标识、运输和贮存

8.1 标识

8.1.1 保温阀门可用任何不损伤外护管性能的方法标志，标识应能经受住运输、贮存和使用环境的影响。

8.1.2 保温阀门应在明显位置上标识如下内容：

a) 外护管外径尺寸和壁厚；
b) 阀门的公称直径和公称压力；
c) 阀门直管段外径、壁厚、材质；
d) 保温阀门制造商标志；
e) 生产日期和执行标准；
f) 永久性的开闭位置标志。

8.2 运输

8.2.1 保温阀门在移动及装卸过程中，不应碰撞、抛摔和在地面拖拉滚动。不应损伤阀门的执行机构、手轮、外护管及保温层。

8.2.2 移动阀门时，应使用吊装带，不应从阀门执行机构和手轮处吊装阀门。

8.2.3 运输过程中，保温阀门应固定牢靠。

8.3 贮存

8.3.1 贮存场地地面应有足够的承载力，且应平整、无碎石等坚硬杂物。

8.3.2 保温阀门应贮存于干净且干燥处，管端端口应进行防尘保护。

8.3.3 保温阀门应单件码放，贮存过程中不应损伤阀门的执行机构。

8.3.4 露天存放时应用蓬布遮盖，避免受烈日照射、雨淋和浸泡。

8.3.5 贮存场地应有排水措施，地面不应有积水。

8.3.6 贮存处应远离热源和火源。

8.3.7 当温度低于－20 ℃时，不宜露天存放。

附　录　A
（规范性附录）
轴向力和弯矩表

轴向力和弯矩见表 A.1。

表 A.1　轴向力和弯矩

阀门公称直径 DN/mm	工作钢管外径 D_0/mm	壁厚 δ/mm	轴向力		弯矩[d,e]/N·m
			拉力[f]/kN	压力[a,b,c]/kN	
DN15	21	3	42	28	214
DN20	27	3	56	37	390
DN25	34	3	72	48	664
DN32	42	3	91	60	1 066
DN40	48	3.5	121	80	1 617
DN50	60	3.5	154	102	2 642
DN65	76	4	224	149	4 929
DN80	89	4	264	175	6 920
DN100	108	4	324	215	10 437
DN125	133	4.5	450	298	17 981
DN150	159	4.5	541	359	26 132
DN200	219	6	994	659	66 281
DN250	273	6	1 483	792	100 425
DN300	325	7	2 060	1 101	120 937
DN350	377	7	2 397	1 281	141 449
DN400	426	7	2 715	1 451	161 961
DN450	478	7	3 052	1 631	182 473
DN500	529	8	3 858	2 062	202 985
DN600	630	9	5 173	2 765	223 497
DN700	720	11	7 219	3 858	406 537
DN800	820	12	8 975	4 796	656 410
DN900	920	13	10 914	5 832	1 005 815
DN1000	1 020	14	13 036	6 967	1 477 985
DN1200	1 220	16	17 831	9 529	2 895 609
DN1400	1 420	19	24 638	12 607	5 417 659
DN1600	1 620	21	31 080	15 903	8 902 324

[a] 按供热运行温度 130 ℃、安装温度 10 ℃计算。

[b] DN≥250 mm 时，采用 Q235B 钢材，弹性模量 $E=198\ 000$ MPa、线膨胀系数 $\alpha=0.000\ 012\ 4$ m/m·℃；DN≤200 mm 时，采用 20＃钢材，弹性模量 $E=181\ 000$ MPa、线膨胀系数 $\alpha=0.000\ 011\ 4$ m/m·℃。

[c] 最不利工况按管道泄压时的工况计算轴向压力。

[d] 当 DN≤250 mm 时，弯矩值取圆形横截面全塑性状态下的弯矩。全塑性弯矩为最大弹性弯矩的 1.3 倍，依据最大弹性弯曲应力计算得出最大弹性弯矩。计算所用应力为屈服应力。

[e] 当 DN≥600 mm 时，弯矩值为管沟及管道的下沉差异(100 mm/15 m)形成的弯矩；当 250 mm＜DN＜600 mm 时，介于 DN250 和 DN600 之间的弯矩值随着规格的增大采用等值递增的方式取值。

[f] 拉伸应力取 0.67 倍的屈服极限。DN≥250 mm 时，采用 Q235B 钢材，$\delta\leqslant16$ mm 时拉伸应力$[\sigma]_L=157$ MPa，$\delta>16$ mm 时拉伸应力$[\sigma]_L=151$ MPa；DN≤200 mm 时，采用 20＃钢材，拉伸应力$[\sigma]_L=164$ MPa，如管道的材质、壁厚和温度发生变化应重新进行校核。

附　录　B
（规范性附录）
径向弯矩试验方法

B.1　弯矩测试值计算

B.1.1　当阀门公称直径小于或等于 250 mm 时，总弯矩应按式(B.1)计算：

$$M = 1\,300\,\frac{\pi(D_0^4 - D_i^4)}{32D_0} \times \sigma_b \qquad \text{(B.1)}$$

式中：

M ——总弯矩，单位为牛毫米(N・mm)；

D_0——工作钢管外径，单位为毫米(mm)；

D_i——工作钢管内径，单位为毫米(mm)；

σ_b ——钢材抗拉强度最小值，单位为兆帕(MPa)。

B.1.2　当阀门公称直径大于或等于 600 mm 时，总弯矩应按式(B.2)计算：

$$M = \frac{W_A \times 3E \times I}{L^2} \qquad \text{(B.2)}$$

式中：

M ——总弯矩，单位为牛毫米(N・mm)；

W_A——挠度，单位为毫米(mm)，可按 100 mm 取值；

E ——弹性模量，单位为兆帕(MPa)；

I ——截面惯性弯矩，单位为四次方毫米(mm^4)；

L ——阀门端口到受力点距离，单位为毫米(mm)，取值为 15 000 mm。

B.1.3　当阀门公称直径大于或等于 250 mm 小于或等于 600 mm 时，总弯矩可在公称直径 250 mm 和公称直径 600 mm 的阀门弯矩值之间取值，取值方式随着规格的增大等值递增。

B.2　抗弯曲测试方法

B.2.1　标准测试方法(四点弯曲测试方法)

B.2.1.1　按图 B.1 连接保温阀门。阀门应能承受弯矩 M。弯矩 M 在测试中由 M_D、M_F 和 M_C 共同形成，最终测试结果以满足 M 为合格。测试前，需先计算形成弯矩 M_D 的测试荷载 F 值。

B.2.1.2　测试荷载 F 形成的弯矩 M_D 见图 B.1，并应按式(B.3)计算：

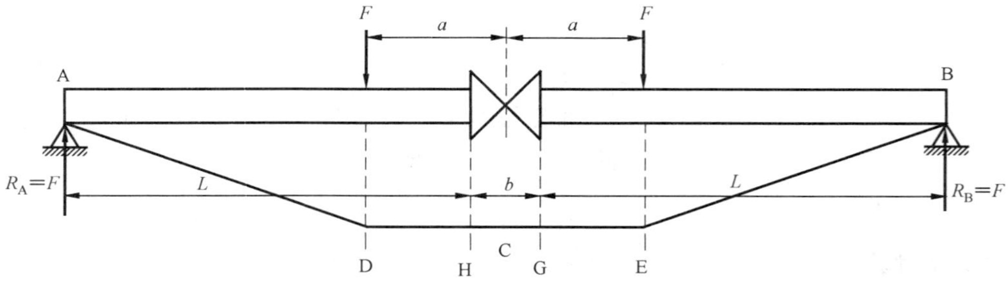

说明：

A/B ——支撑点；

C ——试件的中心点；

D/E ——测试力的施加点；

F ——测试力；

H/G ——阀门端面；

L ——阀门端面到支撑点(A/B)间的距离；

R_A/R_B——支撑点(A/B)产生的反作用力；

a ——阀门中心到施力点(D/E)间的距离；

b ——阀门长度。

图 B.1 测试荷载 *F* 形成的弯矩 M_D

$$M_D = F \times \left(L + \frac{b}{2} - a\right) \qquad \cdots\cdots\text{(B.3)}$$

式中：

M_D——荷载 F 形成的弯矩，单位为牛毫米(N·mm)；

F ——荷载(测试力)，单位为牛(N)；

L ——阀门端面到支撑点(A/B)间的距离，单位为毫米(mm)；

b ——阀门长度，单位为毫米(mm)；

a ——阀门中心到施力点(D/E)的距离，单位为毫米(mm)。

B.2.1.3 均布荷载 q 形成的弯矩 M_F 见图 B.2，并应按式(B.4)计算：

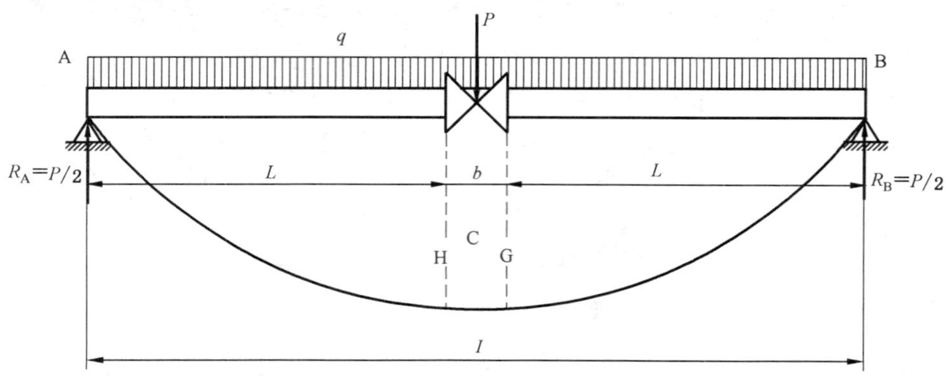

说明：

A/B ——支撑点；

C ——试件的中心点；

H/G ——阀门端面；

I ——支撑点(A/B)间的距离；

L ——阀门端面到支撑点(A/B)间的距离；

P ——管道重量；

R_A/R_B——支撑点(A/B)产生的反作用力；

b ——阀门长度；

q ——均布荷载和水产生的弯矩。

图 B.2 均布荷载 *q* 形成的弯矩 M_F

$$M_F = \frac{P}{2} \times \frac{L(L+b)}{2L+b} \qquad \text{(B.4)}$$

式中：

M_F ——均布荷载 q 形成的弯矩，单位为牛毫米(N・mm)；

P ——管道重量(管道自重和管道中水的重量)，单位为牛(N)；

L ——阀门端面到支撑点的长度，单位为毫米(mm)；

b ——阀门的长度，单位为毫米(mm)。

B.2.1.4 阀门重量形成的弯矩 M_C 见图 B.3，并应按式(B.5)计算：

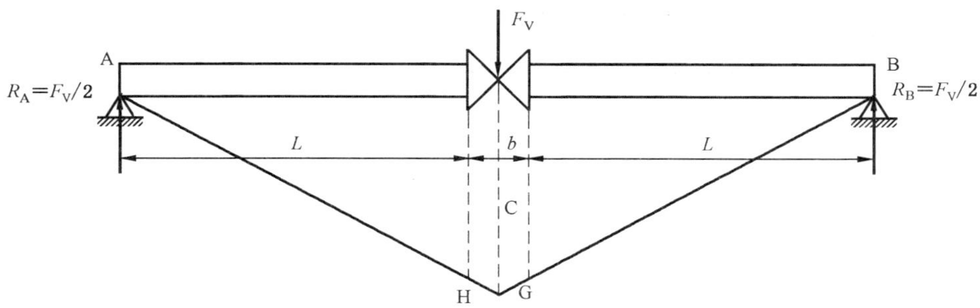

说明：

A/B ——支撑点；

C ——试件的中心点；

F_V ——阀门的重量；

H/G ——阀门端面；

L ——阀门端面到支撑点(A/B)间的距离；

R_A/R_B——支撑点(A/B)产生的反作用力；

b ——阀门长度。

图 B.3 阀门重量形成的弯矩 M_C

$$M_C = \frac{F_V}{2} \times L \qquad \text{(B.5)}$$

式中：

M_C ——阀门重量形成的弯矩，单位为牛毫米(N・mm)；

F_V ——阀门重量，单位为牛(N)；

L ——阀门端面到支撑点(A/B)间的距离，单位为毫米(mm)。

B.2.1.5 确定荷载 F 值应符合下列规定：

a) 荷载 F 值应按式(B.6)计算：

$$F = \left[M - \frac{P \times L}{2}\left(\frac{L+b}{2L+b}\right) - \frac{F_V \times L}{2}\right] \times \left(\frac{2}{2L+b-2a}\right) \qquad \text{(B.6)}$$

式中：

F ——测试力，单位为牛(N)；

M ——总弯矩，单位为牛毫米(N・mm)；

P ——管道自重和管道中水的重量之和，单位为牛(N)；

F_V——阀门重量，单位为牛(N)；

L ——阀门端面到支撑点(A/B)间的距离，单位为毫米(mm)；

b ——阀门的长度，单位为毫米(mm)；

a ——阀门中心到施力点(D/E)距离，单位为毫米(mm)。

b） 按照计算得出的测试荷载 F 值进行试验，阀座应符合严密性要求。

B.2.2 替代测试方法

B.2.2.1 当管道公称直径小于或等于 200 mm 时，也可按图 B.4 进行弯矩测试，图 B.4 中，阀门/法兰的焊接点的弯矩应按式（B.7）计算：

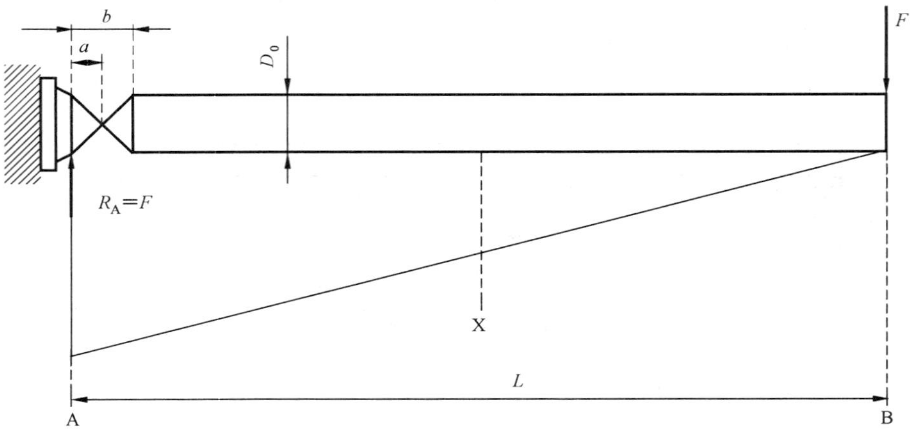

说明：

A ——支撑点；

B ——施力点；

D_0——工作钢管外径；

F ——测试力；

L ——阀门端面到支撑点（A）和施力点（B）间的距离；

R_A——支撑点（A）产生的反作用力；

X ——测试结构整体重心点；

a ——阀门中心到施力点（D/E）的距离；

b ——阀门长度。

图 B.4 F 形成的弯矩 M_A

$$M_A = F \times L \qquad \cdots\cdots（B.7）$$

式中：

M_A ——阀门/法兰的焊接点弯矩，单位为牛毫米（N·mm），不应小于表 A.1 中的弯矩；

F ——测试力，单位为牛（N）；

L ——阀门端面到支撑点（A）和施力点（B）间的距离，单位为毫米（mm）。

B.2.2.2 作用力 F 最小的偏移长度（L）应按式（B.8）计算：

$$L = 7D_0 \qquad \cdots\cdots（B.8）$$

式中：

L ——阀门端面到支撑点（A）和施力点（B）间的距离，单位为毫米（mm）；

D_0——工作钢管外径，单位为毫米（mm）。

B.2.2.3 阀杆轴到固定点的距离 a 不应超过 2 倍的管道外径，如果同时满足 L 和 a 的要求，在计算最大弯矩时，可忽略管道的重量和阀门的重量。

B.2.2.4 图 B.4 中阀门/法兰的焊接点在测试过程中应无永久变形产生。

B.2.2.5 按照式（B.7）和式（B.8）计算得出测试荷载 F 值，按图 B.5 和图 B.6 分别将阀杆朝上和阀杆水平依次进行弯矩测试 1 和测试 2，弯矩测试完成后，阀座应符合严密性要求。

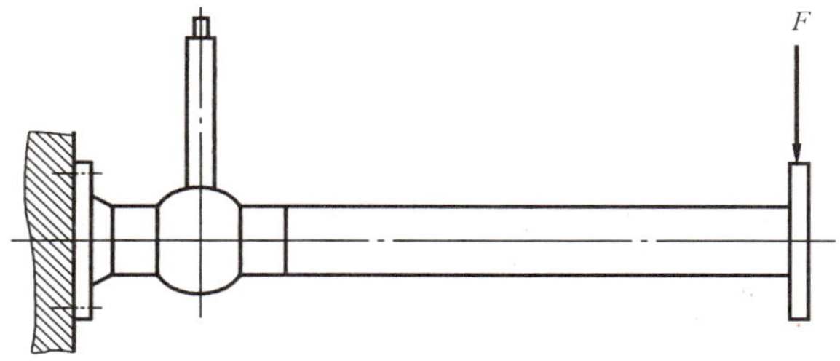

图 B.5 测试 1

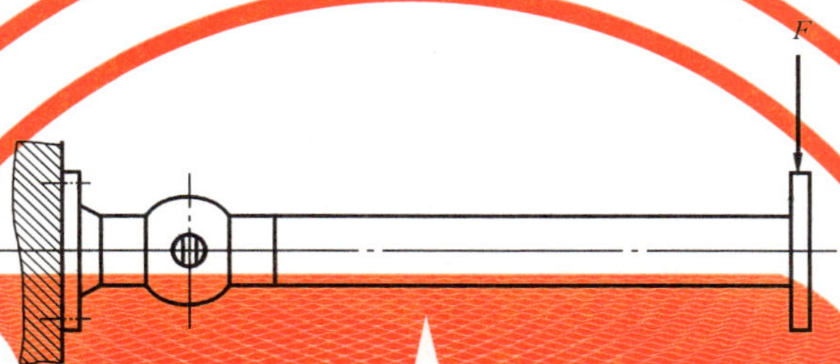

图 B.6 测试 2

参 考 文 献

[1] EN 488 District heating pipes—Pre-insulated bonded pipe systems for directly buried hot water networks—Steel valve assembly for steel service pipes, polyurethane thermal insulation and outer casing of polyethylene

ICS 91.100.99
Q 04

中华人民共和国国家标准

GB/T 35843—2018

纤维增强混凝土及其制品的纤维含量试验方法

Test method of fiber content of fiber reinforced concrete and its product

2018-02-06 发布　　2019-01-01 实施

中华人民共和国国家质量监督检验检疫总局
中国国家标准化管理委员会　发布

前　　言

本标准按照 GB/T 1.1—2009 给出的规则起草。

本标准由中国建筑材料联合会提出。

本标准由全国水泥制品标准化技术委员会(SAC/TC 197)归口。

本标准负责起草单位:沈阳市政集团有限公司、重庆交通建设(集团)有限责任公司、辽宁省产品质量监督检验院。

本标准参加起草单位:沈阳建筑大学、武汉市市政建设集团有限公司、抚顺水利勘测设计研究院、重庆市公路工程质量检测中心、重庆艺华建设工程集团有限公司、上海市建筑科学研究院、重庆恒佳工程技术咨询有限公司。

本标准主要起草人:郑怡、刘春发、熊卫士、孙大庆、孙大雨、高辉、邱兆军、韩东、姜大伟、张昶、张延年、王璞东、倪志军、刘宝珍、于海波、彭勇、陈丽、敖光智、刘鸿博、刘新、赵立群、宋篪、王立新、王芗音、姜琪。

纤维增强混凝土及其制品的纤维含量试验方法

1 范围

本标准规定了纤维增强混凝土及其制品的纤维含量试验方法的试验设备、试样、新拌试样试验、硬化后钢纤维试样试验、结果计算等。

本标准适用于新拌和硬化后钢纤维混凝土及其制品、新拌聚丙烯纤维混凝土及其制品、新拌混杂钢纤维和聚丙烯纤维的混凝土及其制品。

2 规范性引用文件

下列文件对于本文件的应用是必不可少的。凡是注日期的引用文件，仅注日期的版本适用于本文件。凡是不注日期的引用文件，其最新版本(包括所有的修改单)适用于本文件。

FZ/T 50031 碳纤维 含水率和饱和吸水率试验方法

3 试验设备

3.1 天平

最大称量范围应大于1 000 g，精确至0.01 g。

3.2 烘干箱

温度范围0 ℃～200 ℃。

3.3 容器

直径大于300 mm、高大于300 mm的塑料容器。

3.4 试验筛

孔径为0.30 mm、0.15 mm、0.08 mm的试验筛。

3.5 托盘

尺寸大于试验筛的尺寸。

3.6 广口瓶

500 mL广口瓶。

3.7 压力试验机

试样的预期破坏荷载值为量程的20%～80%，试验机的上下压板尺寸应大于试样的尺寸。

3.8 磁铁

吸附面积应大于 2 000 mm^2,垂直吸力应大于 50 kg。

3.9 钢直尺

分度值不大于 1 mm。

4 试样

4.1 试样数量

每组试样数量为 5 个。

4.2 新拌试样

试样的尺寸应为 150 mm×150 mm×150 mm。

4.3 硬化后试样

对硬化后试样应采取钻芯取样,芯样直径应为 150 mm,芯样高度宜为 150 mm(如果样品厚度小于 150 mm,则钻芯高度应等于层厚度),取样点应均匀分布于样品表面。

5 新拌试样试验

5.1 钢纤维类试验方法

5.1.1 用钢直尺测量试模,计算其体积。

5.1.2 试样全部倒入塑料容器中,加水打散,人工搅拌使试样分离。

5.1.3 倾斜塑料容器,在流水下方放置 0.30 mm 试验筛,0.30 mm 试验筛下面放置好托盘,见图 1。用水不断冲洗试样,直至容器内水清澈为止。

5.1.4 用磁铁吸附试验筛和托盘上的钢纤维,收集钢纤维,在 105 ℃±5 ℃的温度下烘干至恒重,烘干时间应不少于 1 h,冷却至室温后称其质量,直到连续两次称量之差<0.1 g 时为止,精确至 0.01 g。

5.2 聚丙烯纤维类试验方法

5.2.1 用钢直尺测量试模,计算其体积。

5.2.2 试样全部倒入塑料容器中,加水打散,人工搅拌使试样分离。

5.2.3 倾斜塑料容器,在流水下方依次放置 0.30 mm 试验筛和 0.15 mm 试验筛,用水不断冲洗试样,见图 2,直至容器内水清澈为止。

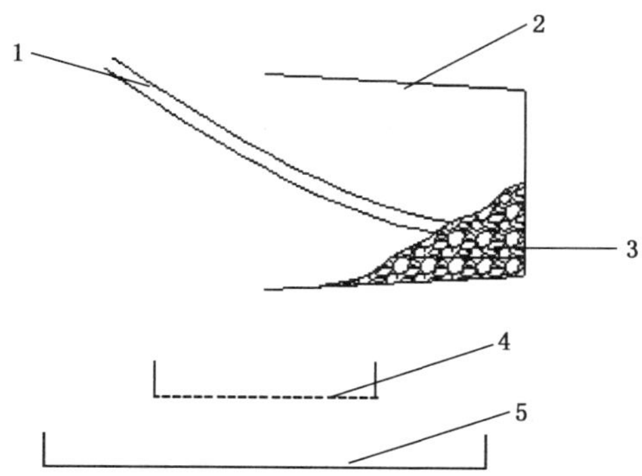

说明：
1——水管；
2——塑料容器；
3——试样；
4——0.30 mm 试验筛；
5——托盘。

图 1　钢纤维类试验方法试验操作示意图

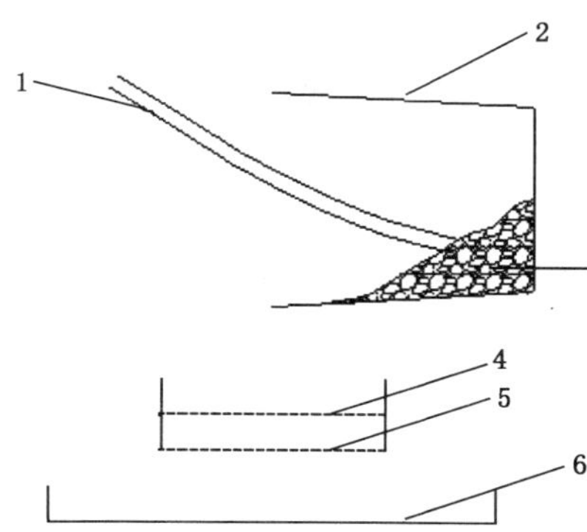

说明：
1——水管；
2——塑料容器；
3——试样；
4——0.30 mm 试验筛；
5——0.15 mm 试验筛；
6——托盘。

图 2　聚丙烯纤维类、混杂钢纤维和聚丙烯纤维类试验方法试验操作示意图

5.2.4　用清水冲洗 0.30 mm 试验筛上聚丙烯纤维，直至无浑浊液体流出为止。

5.2.5　将 0.15 mm 试验筛上剩余物用水冲洗入空塑料容器中，加水至容器深 1/2 位置并搅拌，使纤维和其他材料分离，静置 2 h。

5.2.6　将 0.30 mm 试验筛上聚丙烯纤维用水冲洗入空塑料容器中，加水至容器深 1/2 位置并搅拌，使纤维和其他材料分离，静置 2 h。

5.2.7 用 0.08 mm 试验筛捞取以上两桶内漂浮的纤维，放入广口瓶中。

5.2.8 取出纤维，在 80 ℃±5 ℃的温度下烘干至恒重，烘干时间应不少于 1 h，冷却至室温后称其质量，直到连续两次称量之差<0.02 g 时为止，精确至 0.01 g。

5.2.9 按照 FZ/T 50031 测定与试样同批次未使用过的纤维含水率。

5.2.10 根据 5.2.8 和 5.2.9 计算试样中原有纤维质量。

5.3 混杂钢纤维和聚丙烯纤维类试验方法

5.3.1 用钢直尺测量试模，计算其体积。

5.3.2 试样全部倒入塑料容器中，加水打散，人工搅拌使试样分离。

5.3.3 倾斜塑料容器，在流水下方依次放置 0.30 mm 试验筛和 0.15 mm 试验筛，用水不断冲洗试样，直至容器内水清澈为止。

5.3.4 用清水冲洗 0.30 mm 试验筛上聚丙烯纤维，直至无浑浊液体流出为止。

5.3.5 将 0.15 mm 试验筛上剩余物用水冲洗入空塑料容器中，加水至容器深 1/2 位置并搅拌，使纤维和其他材料分离，静置 2 h。

5.3.6 将 0.30 mm 试验筛上聚丙烯纤维用水冲洗入空塑料容器中，加水至容器深 1/2 位置并搅拌，使纤维和其他材料分离，静置 2 h。

5.3.7 用 0.08 mm 试验筛捞取以上两容器内漂浮的纤维，放入广口瓶中。

5.3.8 取出纤维，在 80 ℃±5 ℃的温度下烘干至恒重，烘干时间应不少于 1 h，冷却至室温后称其质量，直到连续两次称量之差<0.02 g 时为止，精确至 0.01 g。

5.3.9 按照 FZ/T 50031 测定与试样同批次未使用过的纤维含水率。

5.3.10 用磁铁吸附 5.3.3 中 0.30 mm 和 0.15 mm 试验筛上的钢纤维，在 105 ℃±5 ℃的温度下烘干至恒重，烘干时间应不少于 1 h，冷却至室温后称其质量，直到连续两次称量之差<0.1 g 时为止，精确至 0.01 g。

5.3.11 根据 5.3.8 和 5.3.9 计算试样中聚丙烯纤维质量。

5.3.12 根据 5.3.10 计算钢纤维的质量。

6 硬化后钢纤维试样试验

6.1 用钢直尺测量试样，计算其体积。

6.2 先将试样在压力试验机粉碎，在 1 m×1 m 的树脂板上用铁锤将大块混凝土砸碎，使钢纤维充分与混凝土分离，用磁铁吸附钢纤维，吸附结束后将粘有混凝土块的钢纤维再次砸碎，收集钢纤维。

6.3 钢纤维称重，精确至 0.01 g。

7 结果计算

纤维含量的计算通过式(1)计算：

$$C_f = \frac{m_f}{V_d} \times 10^6 \qquad \cdots\cdots (1)$$

式中：

C_f ——纤维含量，单位为千克每立方米（kg/m^3），精确至 0.01；

m_f ——从试样中取出的纤维的质量，单位为克(g)；

V_d ——试样体积，单位为立方毫米（mm^3）。

以 5 个试样的算术平均值为试验结果。如 5 个计算值中有一个超出五个平均值的±10%，应剔除该结果，以剩下 4 个平均值为试验结果。如果 4 个计算值中再有超过它们平均值±10%的，则此组结果作废。